2019
Visual C#
程序设计从零开始学

李馨 编著

U0301164

清華大學出版社
北 京

内 容 简 介

本书针对零基础用户，以丰富的范例程序精要地讲解 Visual C#语言。全书内容分 4 部分：程序基础篇（第 1~5 章）介绍变量、常数基本数据类型的使用、流程控制的条件选择和循环以及数组和字符串等；对象使用篇（第 6~9 章）探讨面向对象程序设计的三大特性，即继承、封装和多态，了解集合的特性等；Windows 接口篇（第 10~14 章）以 Windows Form 为主，了解 MDI 窗体的工作方式，认识鼠标事件及键盘事件，从窗体的坐标系统认识画布的基本运行方式，同时介绍 Graphics 类绘图的相关方法；应用篇（第 15 和 16 章）探讨 System.IO 命名空间和数据流的关系，由关系型数据库的概念入手，以 Access 数据库为模板，配合 DataGridView 控件显示数据表的记录。

学习程序设计语言的捷径就是以范例程序为蓝本，动手编写、修改、调试、测试范例程序中使用的范例文件和范例数据库。本书丰富的范例讲解和每章最后的习题实践，适合对 Visual C#语言感兴趣及想对.NET Framework 类库有更多认识的读者学习与参考。

本书为荣钦科技股份有限公司授权出版发行的中文简体字版本

北京市版权局著作权合同登记号　图字：01-2021-1318

图书在版编目（CIP）数据

Visual C# 2019 程序设计从零开始学/李馨编著. —北京：清华大学出版社，2021.3

ISBN 978-7-302-57567-2

Ⅰ．①V… Ⅱ．①李… Ⅲ．①C 语言—程序设计 Ⅳ．①TP312.8

中国版本图书馆 CIP 数据核字（2021）第 028928 号

责任编辑：夏毓彦
封面设计：王　翔
责任校对：闫秀华
责任印制：宋　林

出版发行：清华大学出版社
　　　　　　网　　址：http://www.tup.com.cn，http://www.wqbook.com
　　　　　　地　　址：北京清华大学学研大厦 A 座　　　　　邮　　编：100084
　　　　　　社 总 机：010-62770175　　　　　　　　　　　邮　　购：010-62786544
　　　　　　投稿与读者服务：010-62776969，c-service@tup.tsinghua.edu.cn
　　　　　　质量反馈：010-62772015，zhiliang@tup.tsinghua.edu.cn
印 装 者：小森印刷霸州有限公司
经　　销：全国新华书店
开　　本：190mm×260mm　　　　　**印　张**：32　　　　　**字　数**：839 千字
版　　次：2021 年 5 月第 1 版　　　　**印　次**：2021 年 5 月第 1 次印刷
定　　价：129.00 元

产品编号：090125-01

改编说明

与 Java 有着惊人相似之处的 C#，几乎集成了当今所有关于软件开发和软件工程研究的最新成果，从微软公司 2000 年发布 C#至今，经过十多年的不断完善和发展，用"安全、稳定、简单、优雅、高效"这些关键词来描绘 C#的"如日中天"一点也不夸张。C#综合了 VB 简单的可视化操作和 C/C++运行的高效率，使其成为 .NET 开发的首选语言。

本书的写作目的是希望帮助 C/C++、VB 的程序员或者类似语言的开发人员迅速转向 C#，从而可以使用 C# 高效地开发基于微软 .NET 网络框架（平台）的各种应用程序。

要学习一门新的程序设计语言的捷径就是以范例程序为蓝本，动手修改、调试、测试程序。本书的一大特点就是范例程序丰富而实用，我们花了大量时间在 Visual Studio 2019 的简体中文环境下编写、修改、调试和测试范例程序，并不遗余力地修改范例程序运行中使用的范例文件和范例数据库，以及每章习题部分的编程实践题，以保证正文中的范例程序及为实际应用提供的参考范例程序都准确无误。

书中所有的范例程序都在下列开发环境中修改、调试并顺利测试通过，可以正常运行。

- Microsoft Visual Studio Community 2019，版本 16.7.7 或之后的版本。
- Microsoft .Net Framework 版本 4.8.0。
- Microsoft Access。

使用范例程序的注意事项如下：

（1）为了让所有范例程序（包含每章实践作业的参考范例程序）不经过任何修改就能直接编译运行，建议把范例程序压缩文件解压到 D 盘的"\C#Lab"文件夹下，注意路径字符串中的空格，完整的路径是"D:\C#Lab"。

（2）第 16 章范例程序需要用到的 Microsoft Access 数据库文件中的查询程序、数据表、报表、窗体设计、宏以及程序模块都已修正、调试并测试通过。这个数据库文件放在第 16 章的范例程序文件夹下，文件名为"School.accdb"。在"\C#Lab\DataBase"文件夹下还保留了这个数据库文件的备份。

为了方便读者学习，本书提供的所有范例程序、课后实践题的范例解答都可以扫描右侧二维码进行下载。

如果下载有问题，请发送电子邮件至 booksaga@126.com，邮件主题为"求 Visual C# 2019 程序设计从零开始学下载资源"。

解压缩后生成的目录结构如下：

CH01

CH02

......

CH15

CH16

DataBase

File

Icon

章节编程实践题答案

最后祝大家学习顺利！

资深架构师 赵军

2020 年 12 月

序

　　Visual Studio 2019 是一个安全性高、功能丰富的集成开发环境（IDE），开发人员可以在这个集成开发环境中使用 Visual Basic、C#、Visual C++等程序设计语言开发和设计在 Android、iOS 和 Windows 等平台上运行的应用程序。本书所涉及的程序设计语言为 Visual C#。另外，本书从 4 个方面带领读者来认识 Visual C# 语言。

程序基础篇（第 1 章~第 5 章）

　　踏上学习之旅的第一步，首先把焦点放在 Visual Studio 2019 集成开发环境，以 Visual Studio Community 版本为基础，由简单的界面——控制台应用程序来浅尝 Visual C# 程序语言的魅力；从变量、常数到枚举；从条件结构、选择结构到循环结构；最后再介绍数组与字符串的声明与应用。

对象学习篇（第 6 章~第 9 章）

　　首先以面向对象的技术为基础，认识类和对象。接着认识面向对象程序设计的三个特性：继承（Inheritance）、封装（Encapsulation）和多态（Polymorphism）。探讨构造函数如何初始化对象，如何对封装的属性设置初值，介绍静态类到静态构造函数，以及它们的不同之处；介绍方法的传递机制，传值调用和传引用调用。然后介绍通过命名空间 System.Collections.Generics 来认识泛型（Generics）及泛型集合。最后，认识委派（Delegate）和新加入的成员 Lambda 表达式。

Windows 接口篇（第 10 章~第 14 章）

　　Windows 应用程序主要围绕着 .NET Framework 创建。它以窗体（Form）为主，使用工具箱放入控件，即使我们不编写任何程序语句也能得到一个简易的窗体界面（接口）。Windows 应用程序以公共控件为主，提供了各种不同用途的对话框。了解 MDI 窗体的工作方式，认识鼠标事件及键盘事件，从窗体的坐标系统认识画布的基本运行方式，同时介绍 Graphics 类绘图的相关方法。

应用篇（第 15 章~第 16 章）

探讨 System.IO 命名空间和数据流的关系。打开文件进行读取，创建文件写入数据，这些不同格式的数据流可搭配不同的读取器和写入器。对于离线数据库的运行，ADO.NET 是不可或缺的组件。从关系数据库的概念着手，以 Access 数据库为模板，配合 DataGridView 控件显示数据表的记录。

笔者在编著本书时秉持严谨的态度，辅以精练扼要的表达方式，希望本书让初学者在学习 Visual C# 的同时，也能对 .NET Framework 的类库有更全面的了解。

编　者
2020 年 12 月

目　　录

第 1 篇　程序基础篇

第 3 篇　Windows 接口篇

第 4 篇　应用篇

第1章

Visual Studio 快速入门

章 | 节 | 重 | 点

❋ 认识.NET Framework 框架，包含公共语言运行库和.NET Framework 类库。

❋ 下载与安装 Visual Studio 2019 软件。

❋ 初探 Visual Studio 2019 工作环境、解决方案和项目的关系。

1.1 从.NET Framework 说起

.NET Framework 由微软公司开发，从字面上来看，可解释成"骨干""框架""架构"，目前的版本是 4.8，它为 Visual Studio 2019 提供了一个安全性高、集成性强的综合开发环境，用户可以使用 Visual Basic、C#、Visual C++ 等程序设计语言来进行应用程序的开发。除了用于 Windows 应用的开发，也能致力于 Web 的开发，通过图 1-1 来做初步的认识。

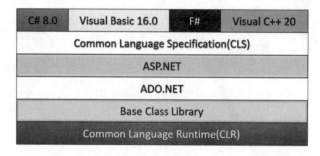

图 1-1   .NET Framework 框架

.NET Framework 包括两大组件：

- 公共语言运行库（Common Language Runtime，CLR，或称为公共语言运行时环境），它是应用程序的执行引擎。
- .NET Framework 类库，它是用于测试、可重复使用的程序代码链接库，可供开发人员在开发应用程序时调用

1.1.1   公共语言运行库

"公共语言运行库"为.NET Framework 提供了应用程序的虚拟运行环境，使得我们用不同程序设计语言编写的程序代码语言，可以在这个共享的类库下能彼此协调、相互合作。以公共语言运行库为核心并经过编译的程序代码称为"托管（Managed）程序代码"，她具有以下功能。

- 改善内存的回收（GC）机制，自动分配内存，配合对象的引用，内存不再使用时就加以释放。
- 由于基类是由 .NET Framework 类系统定义的，因此能进行跨语言整合，不同程序设计语言所编写的对象可以彼此互通。
- 具有强制类型的安全检查，在通用类型的系统下确保"托管"能自我描述。
- 支持结构化异常情况处理。

1.1.2   .Net Framework 类库

无论开发的应用程序是 Windows 窗体（Form）、Web Form（网页窗体）还是 Web Service（网页服务），都需要.NET Framework 提供的类库（Class Library）。为了让不同的程序设计

语言之间具有"互操作性"(Interoperability)，在公共语言规范(Common Language Specification，CLS）的要求下，使用.NET Framework 类。此外，.NET Framework 类库也能实现面向对象程序设计，包含派生自行定义的类、组合接口和创建抽象(Abstract)类。为了建立分层结构，.NET Framework 类库也提供了"命名空间"（Namespace）的功能。

1.1.3　程序的编译

一般来说，编写的程序代码（Source Code）要经过编译才能执行。使用 Visual C# 程序设计语言编写的程序需要经过 C#编译器（Compiler，编译程序）才能运行。.NET Framework 4.8 中的 JIT 编译程序是以 .NET Core 2.1 中的 JIT 编译程序为基础。64 位的 JIT 编译器能将 C# 程序代码编译成 MSIL（Microsoft Intermediate Language）中间语言，大幅提升了程序的性能。它产生的汇编程序（Assembly）是可执行文件，扩展名是"EXE"或"DLL"，编译过程如图 1-2 所示。

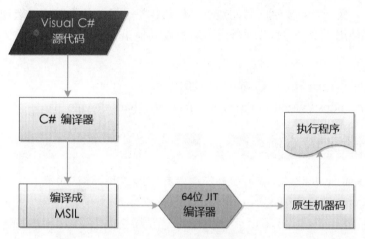

图 1-2　C# 程序代码的编译过程和执行示意图

经过编译的程序代码要运行时，汇编程序会以 .NET Framework 的 CLR 来加载，符合安全性需求后，再由 JIT（Just-in-Time）编译器将 MSIL 转译成原生机器码才能执行。简单来说，我们要将 C# 的程序代码编译成可执行文件（*.EXE），运行的环境必须安装 .NET Framework 软件才能顺利执行。

1.2 ▸ 认识 Visual Studio 2019

Visual Studio 2019 是一款集成开发环境，能编写、编译、调试、测试和部署应用程序的软件，也支持跨平台移动设备的开发。Visual Studio 2019 也是程序设计语言的组合套件，可以使用 Visual Basic、Visual C#、Visual C++、F#、JavaScript、Python、Type Script 等程序设计语言，可用于开发 Windows、Android、iOS 平台上运行的应用程序，涉及的应用程序类型有 Web、Windows、Office、数据库和移动设备等，并提供了 Microsoft Azure（云计算）服务功能。

1.2.1　Visual Studio 2019 的版本

Visual Studio 2019 分为三种版本，其中的 Enterprise 企业版、Professional 专业版提供 60 天的试用期。要注意的是，"免费下载"和"免费试用"不太相同，免费试用会有试用期限。Visual Studio 2019 的各个版本如下：

- Visual Studio Enterprise 2019：企业版，适用于企业组织团队开发。
- Visual Studio Professional 2019：专业版，适用于小型团队的专业开发人员。
- Visual Studio Community 2019：社区版，是一个完全免费，功能完整的集成开发环境（IDE）软件，适合初学者，也是本书采用的版本。

1.2.2　下载、安装 Visual Studio 2019

Visual Studio 2019 软件做了一些变革，安装时虽然无法做到"一键到底"，却给用户提供了更多的选择权。第一步，安装时先通过"工作负载"选择工具集的安装选项，想要做更多的选择，第二步可使用"单个组件"来补充。若需要其他语言的支持，则可进入"语言包"进行选择。

- 下载软件：Visual Studio Community 2019。
- 下载网址：https://visualstudio.microsoft.com/zh-hans/downloads/。

操作 Visual Studio Community 2019 的下载与安装

STEP 01 进入 Visual Studio 官方。先用鼠标左键单击"社区"下方的"免费下载"按钮来下载 Visual Studio Community 2019 软件，如图 1-3 所示。

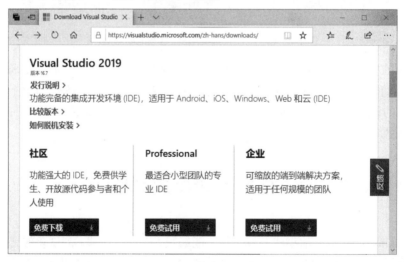

图 1-3　选择下载 Visual Studio 2019 的社区（Community）版本

STEP 02 准备安装 Visual Studio。用鼠标左键双击已下载好的 Visual Studio Community 2019 安装包，它会先进行解压缩，然后进入如图 1-4 所示的"Visual Studio Installer"界面（安装向导）。

STEP 03 进入安装程序的准备窗口，如图 1-5 所示。

图 1-4　启动 Visual Studio 安装程序　　　　图 1-5　Visual Studio 安装程序的准备窗口

STEP 04 选择要安装的工具集，从窗口左侧主模块的"工作负载"开始，勾选".NET 桌面开发"，如图 1-6 所示。

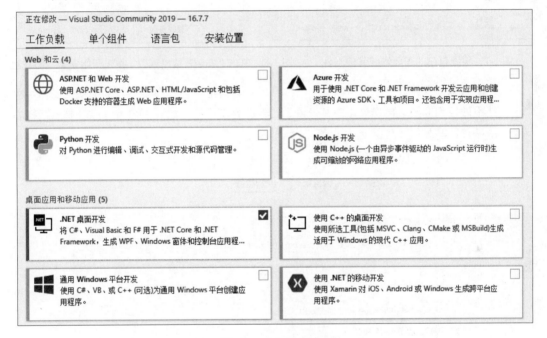

图 1-6　安装模块界面

STEP 05 勾选了模块之后，窗口右侧会显示出所勾选模块要默认安装的或者可选安装的各个工具或组件，如图 1-7 所示。

STEP 06 如果要增减其他组件，可以再切换到①"单个组件"。例如找到"代码工具"，②勾选"LINQ to SQL 工具"，③勾选"类设计器"，完成增减组件的设置后，可以单击窗口下方的"更改…"文字链接来更改安装的目标路径，如图 1-8 所示。最后单击窗口右下角的"安装"按钮开始安装，完成增减设置之后，单击窗口右下角的"安装"或"修改"按钮开始安装或卸载组件，如图 1-9 所示。注意：第一次安装 Visual Studio Community 2019 时，右下角显示的是"安装"按钮，以后再为 Visual Studio Community 2019 增减组件时，这个按钮就会显示成"修改"。

5

图 1-7　根据自己的需要增减其他组件　　图 1-8　单击"安装"或"修改"按钮开始安装或卸载组件

07 "语言包"默认为"中文（简体）"，可以勾选其他语言。在本书我们都使用简体，故此
处不做任何变更。再切换"安装位置"，若想要变更软件的安装位置，可以单击路径右侧
的…按钮，如图 1-9 所示。

图 1-9　设置 Visual Studio Community 2019 的安装位置

08 完成所有设置后，单击窗口右下角的"安装"按钮进行软件的安装，如图 1-10 所示。

09 画面会回到"Visual Studio Installer"，完成安装之后，系统会要求用户重新启动计算机，
直接单击"重新启动"按钮即可，如图 1-11 所示。

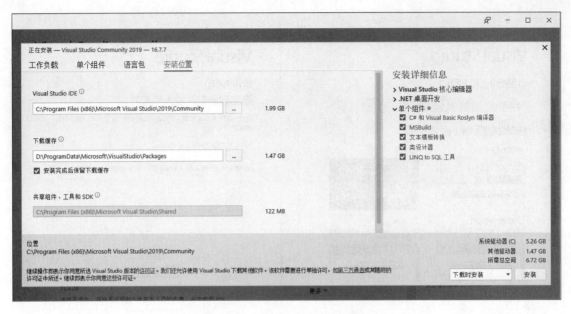

图 1-10　单击"安装"按钮开始安装软件

图 1-11　重新启动计算机

1.2.3　启动 Visual Studio 2019

第一次启动 Visual Studio Community 2019 时，要对它的操作界面进行简单的设置。

操作 Visual Studio 2019 的启动与设置

01 在 Windows 操作系统中，从"开始"菜单中找到 Visual Studio 2019 软件并用鼠标单击之以启动它。①把开发设置为"Visual C#"；②颜色主题选择为"浅色"；③单击"启动 Visual Studio"按钮，如图 1-12 所示。

02 进入 Visual Studio 欢迎窗口，如果有账号，就可以登录；如果没有账号，可以先选择"以后再说"，如图 1-13 所示。

03 进入 Visual Studio 2019 的"开始"窗口，如图 1-14 所示。

图 1-12　选择自己喜欢的"颜色主题"，
然后启动 Visual Studio 2019

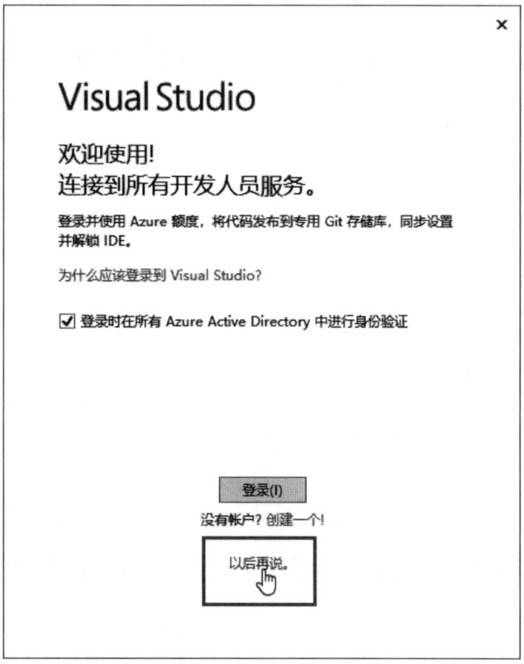

图 1-13　Visual Studio 欢迎窗口

图 1-14　Visual Studio 2019 的"开始"窗口

在"开始"窗口中，"最近"部分会以列表的方式显示曾经使用过的解决方案或项目。第一次启动 Visual Studio 2019 时，看不到任何文件。若有文件，则只要利用鼠标左键单击即可打开该项目或解决方案。如果 Visual Studio 2019 已经使用过一段时间，起始页就会不同，如图 1-15 所示。

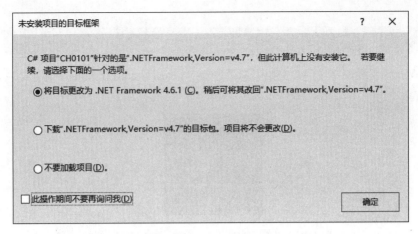

图 1-15　打开旧项目遇到所需的 .NET Framework 版本未安装的问题

开启窗口中，开启的项目或方案会停留在窗口左侧，窗口右侧可以看到多个不同功能的按钮，常用的功能按钮说明如下：

- **克隆存储库**：从 GitHub 或 Azure DevOps 等联机存储库获取代码。
- **打开项目或解决方案**：依据项目或方案存储的位置来加载项目或方案。
- **打开本地文件夹**：依据指定位置打开文件夹。
- **创建新项目**：依据选取的程序设计语言来创建项目。

1.2.4　扩充其他模块

完成 Visual Studio 2019 软件的安装之后，如果还想安装其他的模块，该如何做呢？重新启动"Visual Studio Installer"。此外，如果是 Visual Studio 2017 或更早版本编写的程序，那么确认 .NET Framework 的版本之后，通过"修改"程序加入相关模块，避免旧版的项目无法开启，显示如图 1-15 所示的信息，说明旧版项目的 .NET Framework 版本为 4.7，但 Visual Studio 2019 并没有此组件，因此必须添加这些组件。

要解决上述问题，选择把图 1-16 中的第二个选项"下载 .NET Framework, Version = 4.7 的目标包。项目将不会更改（D）"，然后单击右下角的"确定"按钮，或者通过"Visual Studio Installer"中的"单个组件"来安装所需的相关组件，如图 1-16 所示。

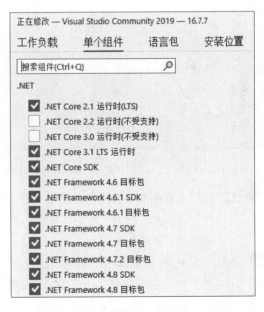

图 1-16　旧版本所需补充的支持组件

操作 Visual Studio 2019 扩充其他模块

01 从 Windows 操作系统的"开始"菜单找到"Visual Studio Installer"并启动它，如图 1-17 所示。

图 1-17 "Visual Studio Installers"的启动图标

02 进入"Visual Studio Installer"窗口，如图 1-18 所示，单击"修改"按钮会进入如图 1-19 所示的安装组件的窗口；再通过"工作负载"或"单个组件"来安装或卸载相关组件。

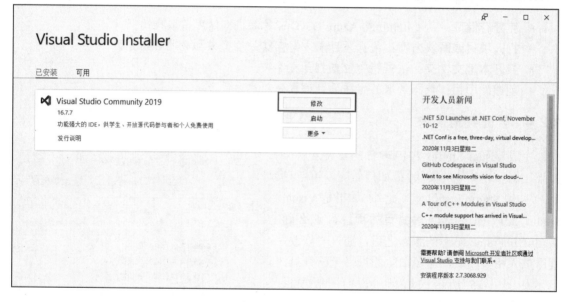

图 1-18 单击"Visual Studio Installers"窗口的"修改"按钮

03 选择要安装的组件且完成设置，此处切换到①"单个组件"；②勾选要安装的组件；③单击右下角的"修改"按钮，如图 1-19 所示。要注意的是，如果 Visual Studio 2019 处于开启状态，则要先关闭之。

04 完成安装后，①单击"启动"按钮进入 Visual Studio 2019"开始"窗口；②再单击右上角的"✕"按钮来关闭此窗口，如图 1-20 所示。

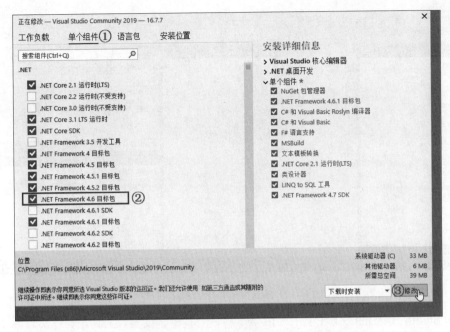

图 1-19　选择要安装的组件进行安装

图 1-20　启动 Visual Studio 2019

1.3 ▶ Visual Studio 2019 的工作环境

　　Visual Studio 2019 是一款具有集成开发环境（Integrated Development Environment，IDE）的软件，具有程序代码编辑器，可用于协助程序的编写、调试和执行；进行文件的管理，部署项目并发布；将相关工具集成在同一个环境下，便于开发人员使用。本书的项目模板会以控制台应用程序和 Windows 窗体（Form）应用程序为主，下面从图 1-21 来认识它的工作环境。

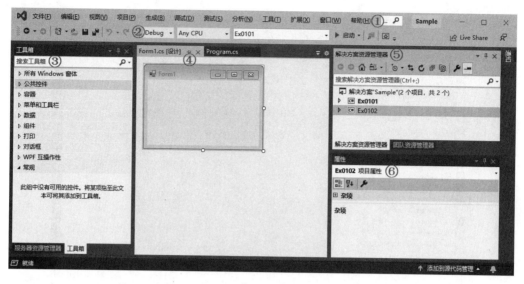

图 1-21　Visual Studio 2019 的工作环境

Visual Studio 2019 的工作环境主要由菜单栏、工具栏、页签、工具箱、解决方案资源管理器和属性组成。

① 菜单栏：提供 Visual Studio 2019 所需的相关菜单选项（指令）。

② 工具栏：提供图标按钮，在 Windows 窗体项目会显示"版面配置"工具栏。如何得知？依次选择"视图→工具栏"菜单选项就能看到相关工具栏，被"勾选"的工具会显示在窗口上方。

③ 工具箱：提供 Windows 窗体控件。

④ 页签：用来切换不同的工作区。

⑤ 解决方案资源管理器：管理解决方案和项目。

⑥ 属性：分为属性和事件两种。

1.3.1　"解决方案资源管理器"窗口

在 Visual Studio 2019 操作界面中，工具窗口位于窗口两侧，右侧窗口有解决方案资源管理器和属性窗口（参考图 1-22）。先认识位于窗口右上角的解决方案资源管理器窗口。

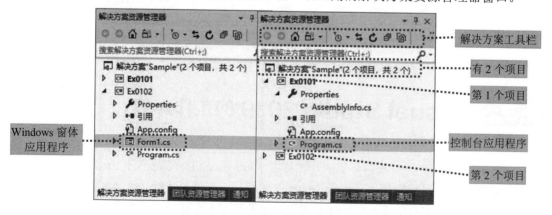

图 1-22　"解决方案资源管理器"窗口

通过图 1-22 可知,解决方案"Sample01"下有 2 个项目,分别是 Ex0101 和 Ex0102。展开项目 Ex0101(◢表示展开,▷表示收合),从中可以看到:

- Properties: 设置此项目的相关信息。
- 引用 App.config: 是与项目有关的应用程序配置。
- Program.cs: 默认的 C#程序文件,扩展名为"*.cs"。以 C#语言所编写的程序文件的扩展名必须是"CS"。

项目 Ex0102 本身是 Windows 窗体(Form)应用程序,它有一个窗体程序"Form1.cs",也是用 C# 编写的程序文件。那么解决方案和项目有什么不同之处呢?如果通过文件资源管理器来查看,在"Sample01"文件夹下,解决方案对应文件的扩展名是"*.sln",包含"Ex0101"和"Ex0102"两个项目子文件夹,项目对应文件的扩展名是"*.csproj",参考图 1-23 就可以清楚地知道解决方案和项目是不同的。

简单的应用程序可能只需要一个项目,若是更为复杂的应用程序,则需要多个项目才能组成一个完整的解决方案。由于 Visual Studio 2019 使用解决方案这种机制来管理多个项目,因此上述两个项目都包含在解决方案 Sample01 的文件夹中,其结构如图 1-24 所示。

图 1-23 解决方案和项目并不相同

图 1-24 一个解决方案下可以有多个项目

1.3.2 工具箱

位于 Visual Studio 2019 集成开发环境左侧的工具箱存放着种类众多的控件,它通常会自动隐藏于 Visual Studio 2019 界面的左侧,被鼠标单击时才会显示出来,如图 1-25 所示。

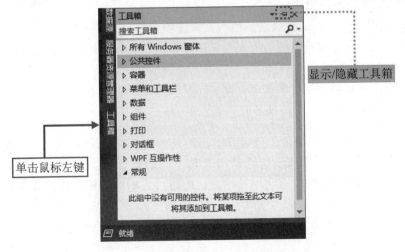

图 1-25 工具箱的显示与隐藏

若要把工具箱固定在集成开发环境的界面上，则可利用鼠标单击工具箱标题栏上的"图钉"按钮，当"图钉"变成直立状即固定好了，或者单击工具箱标题栏的▼按钮展开菜单，选择其中的菜单选项来更改工具箱的状态，如图 1-26 所示。

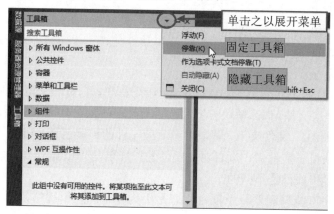

图 1-26　设置工具箱在集成开发环境界面中的显示方式

1.3.3　"属性"窗口

"属性"窗口提供了两种功能：属性和事件。用于窗体对象或控件的属性设置，当用户利用鼠标双击某个事件之后，就会进入事件处理程序，可以在其中编写事件处理所需的程序代码。选择工具栏中的"按分类顺序"和"按字母顺序"可以决定属性或事件按照哪一种方式显示出来，参考图 1-27 上的数字编号和下面的释文。当"按分类顺序"和"属性"按钮呈按下状态时，表示"属性"窗口中的内容将按照布局、窗口样式、行为、焦点等分类顺序显示。

"属性"窗口中功能含义如下：

① 对象下拉菜单：在窗体上加入的控件（包含窗体）都使用菜单来选择控件、修改"属性"窗口中的内容。图 1-27 所示为窗体被选中后，"属性"窗口中会显示与该窗体有关的属性。

② 工具栏：在图 1-27 中，按钮▦（按分类顺序）和🔧（属性）被单击（选择状态），表示按属性分类顺序列出各个属性。

③ 属性：根据控件的特征配合工具栏的按钮选项来显示。

④ 属性值：当插入点移向右侧设置属性值的字段时，左侧的属性名就会以蓝底白字显示，表示插入焦点在此属性上。

⑤ 说明：提供焦点所在属性的简要说明。以图 1-27 为例，焦点停留在属性名称 Text 上，"属性"窗口下方就会显示"与控件关联的文本"的简易说明。

如何让"属性"窗口按"事件"分类显示呢？参考图 1-28 来解释下面的简易步骤。①单击工具栏中的"按字母顺序"按钮；②再单击"事件"按钮，为某个事件编写事件处理的程序代码；③将插入点移向该事件，再利用鼠标双击即可进入程序代码编辑区并创建事件的程序区块。

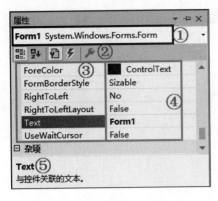

图 1-27   "属性"窗口   图 1-28   从"属性"窗口进入"事件"处理程序

※ 提示 ※

如果在 Visual Studio 2019 界面的两侧没有看到这些工具面板该如何处理呢？

● 单击"视图"菜单，可以在弹出的下拉菜单选项中找到它们，如解决方案管理器，属性窗口以及工具箱等，如图 1-29 所示。

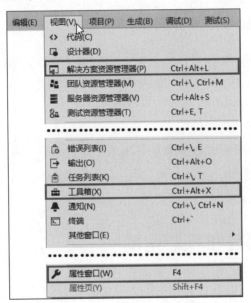

图 1-29   "视图"菜单中的部分菜单选项

1.3.4   工作区

位于 Visual Studio 2019 集成开发环境中间的工作区会根据项目模板的不同而有所变化。如果项目为控制台应用程序，就会直接进入程序代码编辑区，如图 1-30 所示。

参照图 1-30，我们来简单介绍一下程序代码编辑区。

① 页签：显示 C#程序的默认文件名"Program.cs"，若没有更改设置值，则新加入的页签会停留在工作区的左侧。

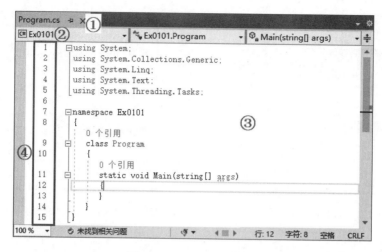

图 1-30　程序代码编辑区

② 下拉菜单：可用于选择其他已创建的项目，图 1-30 中当前显示的项目名称为"Ex0101"。

③ 程序代码编辑器：创建控制台应用程序之后，就会产生相关的程序代码框架，用户可以在其中编写具体的程序代码。

④ 行号：随程序代码所产生的行号。

如果创建的项目为 Windows 窗体应用程序，那么工作区会以窗体为主。加入控件之后，要对相关事件编写对应的事件处理程序。可以使用以下几种方式进入程序代码编辑器：

- 依次选择菜单选项"视图→代码"。
- 在窗体上右击，从弹出的快捷菜单中选择"查看代码"选项，如图 1-31 所示。
- 选中窗体后，直接按 F7 键。

图 1-31　查看代码方式

1.4 ▶ 创建项目和获取帮助

对解决方案和项目有了初步了解之后，参照图 1-24 所示的结构来创建一个解决方案和两个项目。

1.4.1　启动软件和创建项目

第一个项目是控制台应用程序，第二个项目是 Windows 窗体（Forms）程序，本书讨论的范围也是以它们为主。

- **控制台应用程序**：只会以文字输出结果。
- **Windows 窗体应用程序**：含有窗体，可加入控件或其他组件。

相关选项或命令：

（1）在 Visual Studio 2019 的"开始"窗口，单击"创建新项目"，如图 1-32 所示。

图 1-32　单击"创建新项目"选项

（2）新建项目：依次选择菜单选项"文件→新建→项目"。

（3）添加第二个项目：依次选择菜单选项"文件→添加→新建项目"。

范例　项目"Ex0101.csproj"创建控制台应用程序项目

STEP 01　启动 Visual Studio 2019，在"开始"窗口中，单击"创建新项目"，或者在 Visual Studio 2019 进入窗口界面后依次选择菜单选项"文件→新建→项目"，进入如图 1-33 所示的对话框。

图 1-33　为创建新项目设置进行相应的设置

17

02 新建一个控制台应用程序项目。①所有语言改为"C#";②所有平台改为"Windows 桌面";③所有项目类型改为"控制台";④项目模板选择"控制台应用(.NET Framework)";⑤单击"下一步"按钮继续。

步骤说明

- 控制台应用程序若要跨台执行,则模板可选取"控制台应用(.NET Core)"。
- 若选择"控制台应用 (.NET Framework)"模板,则只能在 Windows 操作系统中执行。

03 配置新项目:①将项目命名为"Ex0101";②可以更改项目存储的位置;③将解决方案命名为"Sample";④"框架"选择为".NET Framework 4.8";⑤最后单击"创建"按钮完成设置,如图 1-34 所示。

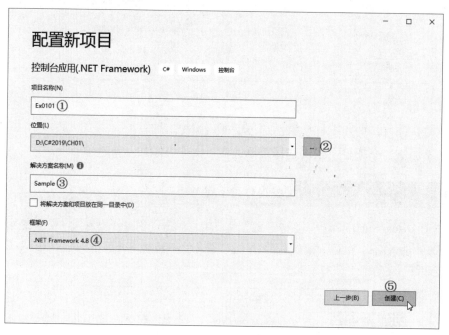

图 1-34　配置并创建新项目

步骤说明

- 步骤①默认的控制台应用程序项目名称为"ConsoleApp"+流水号。
- 步骤②项目默认的存储位置为"C:\users\用户名\source\repos"文件夹下,此处更改为"D:\C#2019\CH01"。

04 完成控制台应用程序项目的创建之后,可直接展开程序代码编辑器,其中已经自动加入了部分程序代码,可参考图 1-30。

　　在当前的解决方案"Sample.sln"下,延续前一个项目的创建步骤,添加第二个 Windows 窗体应用项目。遵循下列步骤之一就可以:

- 依次选择菜单选项"文件→添加→新建项目",进入"添加新项目"对话框。
- 通过"解决方案资源管理器"窗口,在解决方案"Sample.sln"名称上单击鼠标右键,在弹出的快捷菜单中选择"添加→新建项目"选项。

范例 项目"Ex0102.csproj"创建 Windows 窗体应用项目

01 依次选择菜单选项"文件→添加→新建项目",进入"添加新项目"对话框。

02 添加一个 Windows 窗体应用项目。①保持语言选择"C#"、平台选择"Windows";②项目类型更改为"桌面";③模板选择"Windows 窗体应用(.NET Framework)";④单击"下一步"按钮,如图 1-35 所示。

图 1-35　为添加新的 Windows 窗体应用项目

03 进入"配置新项目"对话框。设置新项目:①将项目命名为"Ex0102"(系统默认名称 WindowsFormsApp1);②存储位置和框架以默认设置为主;③单击"创建"按钮,如图 1-36 所示。

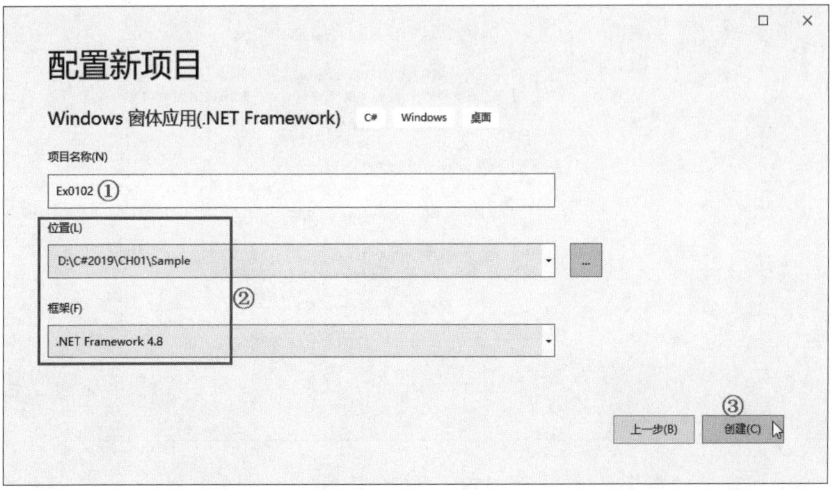

图 1-36　配置并创建新的 Windows 窗体应用项目

04 生成 Windows 窗体项目，进入窗体设计的窗口，如图 1-37 所示。

图 1-37　窗体设计的窗口

※ 提示 ※

能否直接创建项目？

● 依次选择菜单选项"文件→新建→项目"，进入"创建新项目"对话框，①为项目选择"控制台应用(.NET Framework)"模板；②单击"下一步"按钮，如图 1-38 所示。

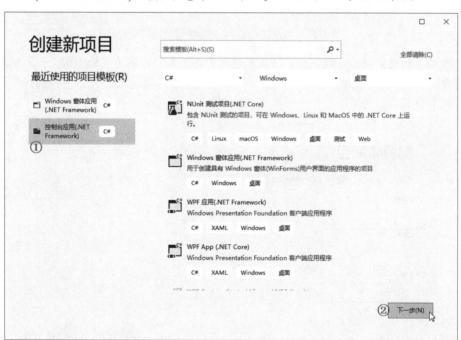

图 1-38　直接创建项目

- ①将项目命名为"Ex0103"；②勾选"将解决方案和项目放在同一目录中"复选框；③单击"创建"按钮，如图 1-39 所示。

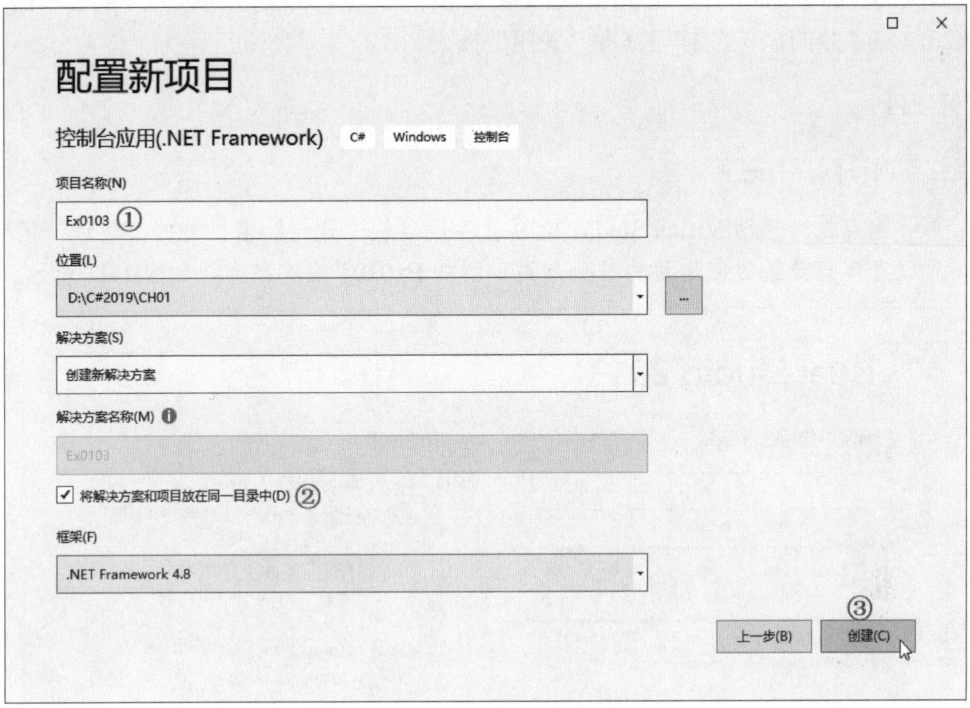

图 1-39　配置新项目

- 完成项目的创建后，进入文件资源管理器进行查看。因为创建项目时勾选了"将解决方案和项目放在同一目录中"复选框，所以解决方案会和项目同名（文件扩展名不同），并与项目存储在同一个目录中，如图 1-40 所示。

图 1-40　解决方案文件和项目文件在同一个目录中

1.4.2　打开和关闭项目

根据解决方案、项目和文件三者之间的结构来看对应的"关闭"选项。依次选择菜单选项"文件→关闭"，这时"关闭"选项的功能是关闭当前正在使用的文件。如果当前正在使用的是项目文件，就会关闭"Program.cs"文件。若依次选择菜单选项"文件→关闭解决方案"，则会关闭当前打开的解决方案，而不会关闭 Visual Studio 2019 集成开发环境。

若要关闭 Visual Studio 2019 软件，可以依次选择菜单选项"文件→退出"，或者单击 Visual Studio 2019 右上角的"✕"按钮（即"关闭"按钮）。

⊃ 打开项目

要打开项目同样有三种方法。

■ 第一种方式：启动 Visual Studio 2019 软件后，从"开始"窗口处的"最近"区域中就可以直接打开最近使用过的解决方案，例如 Ex0103 解决方案，如图 1-41 所示。

图 1-41 在"起始页"中打开最近使用过的解决方案及其项目

■ 第二种方式：在"开始"窗口中，单击"打开项目或解决方案"，即可进入如图 1-44 所示的对话框。之后的操作就与第三种方式相同了。

■ 第三种方式：依次选择菜单选项"文件→打开→项目/解决方案"，进入"打开项目"对话框，①选择存储路径；②进入项目所在的文件夹；③单击项目名称；④再单击"打开"按钮即可打开项目，如图 1-42 所示。

※ 提示 ※
如何打开项目或解决方案？ ● 解决方案文件夹中的项目，如 Sample.sln，鼠标左键单击之，即可打开解决方案并加载项目。 ● 解决方案、项目位于相同的文件夹，如 Ex0103.csproj，进入"打开项目/解决方案"对话框后，用鼠标左键单击解决方案文件"Ex0103.sln"或项目文件"Ex0103.csproj"即可打开解决方案并加载项目。

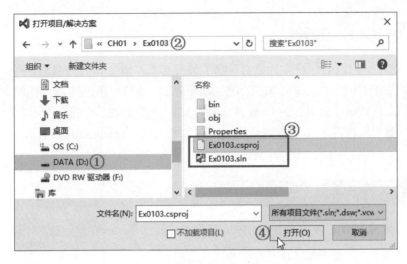

图 1-42　打开项目或解决方案

1.4.3　项目的启动和卸载

如果解决方案中只含有一个项目，那么这个项目一定是启动项目；如果解决方案中有多个项目，而只能有一个启动项目，那么需要设置其中一个为启动项目。

操作 把 Ex0101.csproj 设置为启动项目

STEP01 确认解决方案 Sample.sln 已经打开。

STEP02 从"解决方案资源管理器"中选取欲启动的项目，再依次选择菜单选项"项目→设为启始项目"。如果要移除解决方案中的某个项目，由于项目受到解决方案的管辖，因此必须先卸载项目才能移除，可参考下面的步骤。

操作 把 Ex0102.csproj 卸载并移除项目

STEP01 确认解决方案 Sample.sln 已经打开。从"解决方案资源管理器"中选取欲卸载的项目，再依次选择菜单选项"项目→卸载项目"。

STEP02 可以进一步查看"解决方案资源管理器"，被卸载的项目 Ex0102 会显示"已卸载"信息；①直接在 Ex0102 项目上右击；②在弹出的快捷菜单中选择"移除"选项，即可移除此项目，如图 1-43 所示。

图 1-43　移除已卸载的项目

1.4.4　帮助（Help）查看器

学习 C# 这样一门新的程序设计语言，除了参考与 C# 语言相关的书籍之外，也可以通过网络连接到微软的官方网站，参阅 MSDN 的文档或 C# 的语言帮助文档，让学习内容的来源更加丰富。安装了 Visual Studio 2019 软件之后，同时也就安装了"帮助查看器"。通过它可以下载 MSDN 或 C# 程序设计语言的帮助文件。如何通过 Visual Studio 2019 获取帮助，步骤如下：

操作 设置"帮助查看器"

STEP 01 启动 Visual Studio 2019 软件，依次选择菜单选项"帮助→查看帮助"，默认情况下，会进入微软官方的在线帮助网站，如图 1-44 所示。

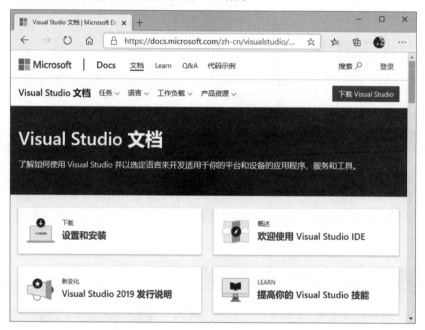

图 1-44　微软官方的在线帮助网站

STEP 02 根据自己的需要选择要查询的帮助文件。

1.5　重点整理

- .NET Framework 提供应用程序框架，包含公共语言运行库（CLR）和 .NET Framework 类库两大组件。
- 经过公共语言运行库（CLR）编译的程序代码称为"托管（Managed）程序代码"，负责垃圾收集管理、跨语言整合，并支持异常处理（Exception Handing），具有强制类型安全检查和简化版本管理及安装的功能。

- .NET Framework 的类库（Class Library）让不同的语言之间具有"互操作性"（Interoperability），在"公共语言规范"（Common Language Specification，CLS）要求下，使用 .NET Framework 类型。
- .NET Framework 4.8 版为 64 位的 JIT（Just-in-Time）编译器，这个新版本的 JIT 将 C# 程序代码编译成 MSIL（Microsoft Intermediate Language）中间语言，当已编译的程序代码要执行时，必须由 JIT 编译器将 MSIL 转译成机器码。
- Visual Studio 2019 包含 Professional 专业版、Enterprise 企业版和适合初学者的 Community 社区版。
- Visual Studio 2019 以解决方案机制来管理多个项目。简单的应用程序可能只需要一个项目，若是更为复杂的应用程序，则需要多个项目才能组成一个完整的解决方案。
- "属性"窗口提供了两种功能：属性和事件。用于窗体对象或控件的属性设置，利用鼠标双击某个事件之后，就会进入事件处理程序，可以在其中编写事件处理所需的程序代码。
- 位于 Visual Studio 2019 集成开发环境中间的工作区会根据项目模板的不同而有所变化。如果项目为控制台应用程序，就会直接进入程序代码编辑区。如果项目为 Windows 窗体应用程序，就会以窗体为主，加入控件之后，需要对相关事件编写响应事件的程序代码。
- 依次选择菜单选项"文件→关闭"，可关闭当前正在使用的文件。若依次选择菜单选项"文件→关闭解决方案"，则会关闭当前打开的解决方案，而不会退出 Visual Studio 2019 集成开发环境。

1.6 课后习题

一、填空题

1. 以 .NET Framework 为核心框架的 Visual Studio 2019，目前版本是＿＿＿＿＿＿，Visual C# 版本则是＿＿＿＿＿＿。

2. 公共语言运行库的简称是＿＿＿＿＿＿；经过其编译的程序代码被称为＿＿＿＿＿＿。

3. 请列举三个可以在 .NET Framework 框架上开发的程序设计语言：①＿＿＿＿＿＿、②＿＿＿＿＿＿、③＿＿＿＿＿＿。

4. 请说明 Visual Studio 2019 工作环境中各个组成部分的作用，参考图 1-45。①＿＿＿＿＿＿；②＿＿＿＿＿＿；③＿＿＿＿＿＿；④＿＿＿＿＿＿。

5. 位于 Visual Studio 2019 集成开发环境中间的工作区，如果项目为＿＿＿＿＿＿应用程序，就会直接进入程序代码编辑区；如果项目为＿＿＿＿＿＿应用程序，则会以窗体为主，加入控件之后，需要对相关事件编写响应事件的程序代码。

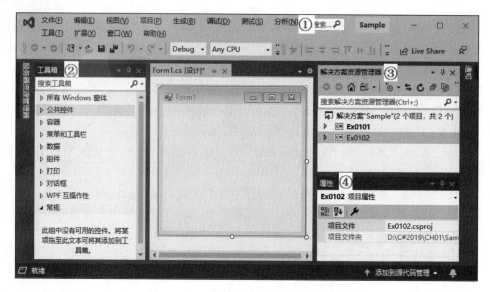

图 1-45　Visual Studio 2019 的工作环境

二、问答题

1. Visual Studio 2019 包含哪些版本，请简单说明。

2. 简单说明解决方案和项目的不同。

第2章

开始编写应用程序

章 | 节 | 重 | 点

✲ 分别编写控制台应用程序和 Windows 窗体应用程序。

✲ 从程序语句到程序区块，适时地缩进和注释能让程序具有更好的阅读性。

✲ 了解 Read()和 ReadLine()方法有何不同？Write()和 WriteLine()方法有什么不一样？

✲ 格式化输出时，配合格式化字符串的使用可以让变量和字符串的输出变得为更简洁。

2.1 C#应用程序的两个模板

本书的内容以 C# 提供的两个模板为主线贯穿起来，分别是只有文字的控制台应用程序及要以窗体为依托配合控件来运行的 Windows 窗体应用程序。下面就以这两个应用程序来体验一下 Visual C# 程序的魅力。

2.1.1 认识 Visual C# 语言

编写程序前，先来认识一下什么是C#(读成"C-sharp")？由 Anders Hejlsberg 带领Microsoft团队参考 C、C++和 Java 语言的特色，创造发明了一门新的语言，并交由 ECM 和 ISO 完成标准化的工作。

C# 是一门面向对象的程序设计语言（Object-Oriented Programming，OOP），具有对象、类和继承。微软称之为"Visual C#"，表示它是一个简单、通用的高级程序设计语言。随着时间的推移，配合 .NET Framework 和 Visual Studio 软件不断发展，Visual C# 目前的版本是8.0，可以通过表 2-1 来了解它的发展史。

表 2-1　Visual C# 语言的发展史

Visual Studio	.NET Framework	C#版本
2002	1.0	1.0
2003	1.1	1.2
2005	2.0	2.0
2008	3.5	3.0
2010	4	4.0
2012	4.5	5.0
2013	4.5.2	5.0
2015	4.6.1	6.0
2017	4.7	7.0
2019	4.8	8.0

2.1.2 我的控制台程序

在第 1 章介绍的控制台应用程序，其语法和结构简单明了，下面就以它为基础来编写第一个 Visual C# 程序，顺便也了解一下解决方案与项目的关系。

范例 项目"Sample02.sln/Ex0201.csproj"控制台应用程序

01 启动 Visual Studio 2019 软件，依次选择菜单选项"文件→新建→项目"，进入"新建项目"对话框。

02 要创建控制台应用程序项目，①选择先前使用的模板"控制台应用程序"；②单击"下一步"按钮进入"配置新项目"对话框，如图 2-1 所示。

图 2-1　新建解决方案及其项目的步骤

03 创建新项目：①将项目命名为"Ex0201"；②存储位置和框架以默认设置为主；③解决方案命名为"Sample02"；④单击"创建"按钮，如图 2-2 所示。

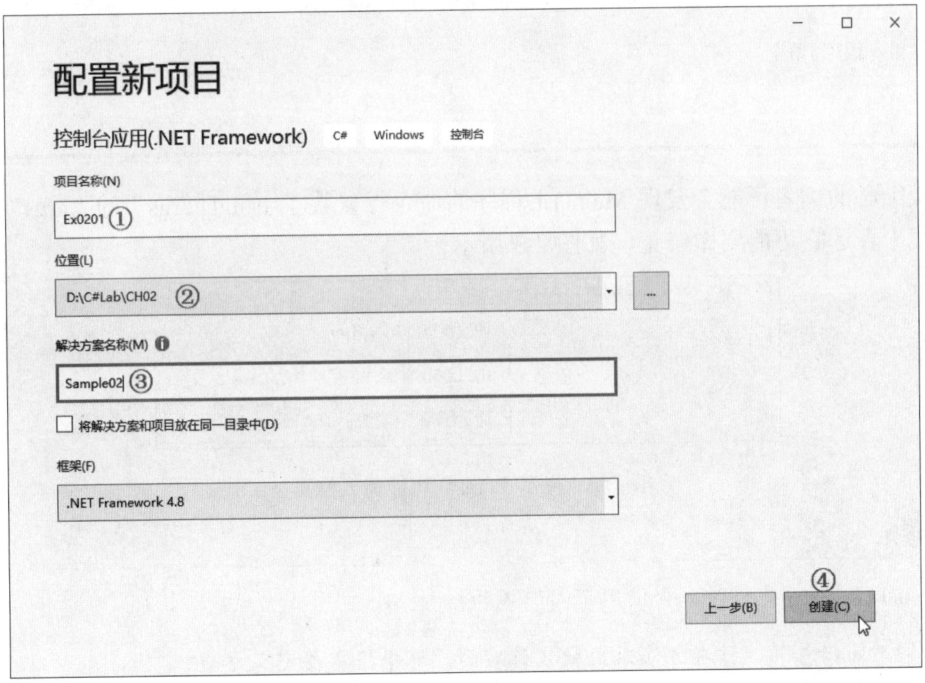

图 2-2　配置好要创建的解决方案及其项目

程序代码要从何处开始编写呢？从 Main()主程序的程序区块开始。Main()本身是一个方法（Method，方法是面向对象程序设计的概念），也是 Visual C#应用程序的主入口点（Entry Point）。也就是说，执行程序时，无论是控制台应用程序还是 Windows 窗体应用程序都从 Main()主程序开始。

```
static void Main(string[] args)
{
    //加入程序代码

}
```

- ◆ Main()方法必须在类或结构中声明，加入 static 来表示它是静态方法，但存取修饰词 public 不一定要加入。
- ◆ 关键字"void"表示不需有返回值，括号中的"string[] args"是命令行参数，是在程序执行时输入要传递到程序中的参数。这些参数是可选的。

Main()主程序若不需要使用命令行参数"string[] args"，则可在编写控制台应用程序时省略它们，做法如下：

```
static void Main()
{
    //加入程序代码

}
```

```
static int Main()
{
    //加入程序代码
    Return 0;

}
```

比较细心的读者可能会发现 Main()主程序的命令行参数"string[] args"的"args"会有虚线的底线来表达它可能要做修正，如图 2-3 所示。

图 2-3 提示"args"可能需要修正

※ 提示 ※

编写 Visual C# 程序代码时，会使用不同形式的括号。

- ( )：即"圆括号"，放在方法或函数名称后面，可根据需要定义参数。
- { }：即"大括号"，用来表示某个程序区块，如 Main() 主程序区块。
- [ ]：即"方括号"，使用它声明数组，表示数组的维数。
- < >：即"尖括号"，使用泛型会用到。

调用 Console 类的 WriteLine() 方法输出整行字符串，例如：

```
WriteLine("第一个 C#程序");
```

◆ 输出字符串时，要在前后加双引号 "" ""。

范例 项目 "Ex0201.csproj" 控制台应用程序（续）

01 使用 "using static" 语句导入静态类 Console，此处保留原有的 System 命名空间，另外导入 Console 静态类，如图 2-4 所示。

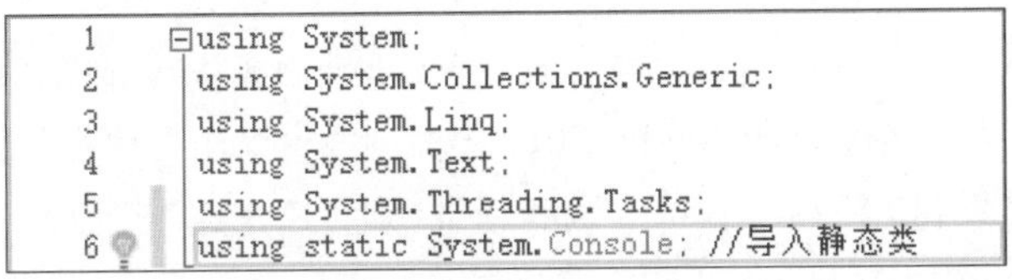

```
1  using System;
2  using System.Collections.Generic;
3  using System.Linq;
4  using System.Text;
5  using System.Threading.Tasks;
6  using static System.Console; //导入静态类
```

图 2-4 导入 Console 静态类

02 将鼠标指针移向第 14 行的左括号之后，单击鼠标左键形成插入点，再按 Enter 键插入新行，如图 2-5 所示。

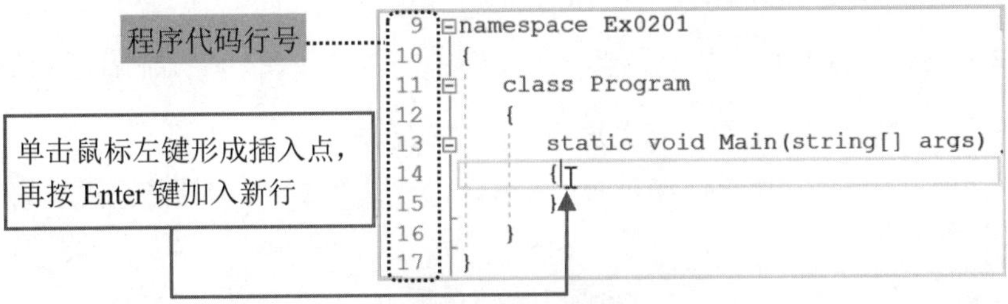

程序代码行号
单击鼠标左键形成插入点，再按 Enter 键加入新行

```
 9  namespace Ex0201
10  {
11      class Program
12      {
13          static void Main(string[] args)
14          {
15
16          }
17  }
```

图 2-5 在程序中确定输入程序语句的插入点

03 在第 15 行加入程序代码（见图 2-6），程序运行时这条语句中的字符串会输出到计算机屏幕上。

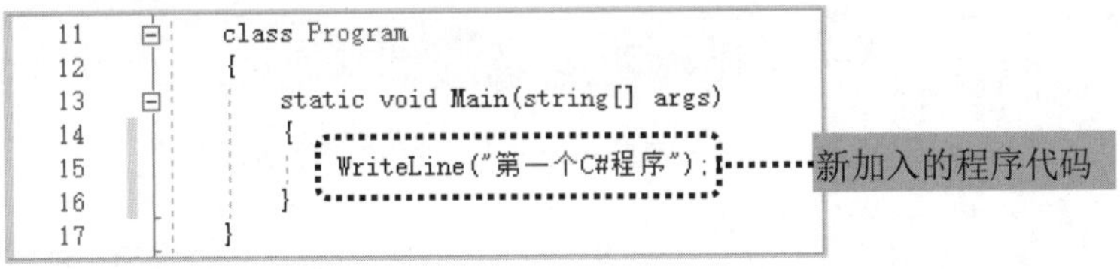

```
11      class Program
12      {
13          static void Main(string[] args)
14          {
15              WriteLine("第一个C#程序");  ......新加入的程序代码
16          }
17  }
```

图 2-6 加入程序语句

步 骤 说 明

◆ 由于 C# 是一门结构严谨的语言，程序中的英文字母大小写是严格区分的，例如，"Console" 不能写成 "console"，它们表示两个不同的标识符，因此方法 "WriteLine" 中的 W 和 L 一定要保持大写字母。

◆ 每一行的语句之后一定要加上表示本行语句结束的分号 ";"。

31

2.1.3 生成可执行程序再运行

编写完成的程序要先生成（Build）可执行程序才能运行，有以下两种方式可以完成该步骤。

- 依次选择菜单选项"调试→开始调试"或按 F5 键，若程序尚未保存，则会先将程序存盘再生成可执行程序。
- 依次选择菜单选项"调试→开始执行（不调试）"或按 Ctrl + F5 组合键，程序存盘后会直接生成可执行程序。

范例 项目"Ex0201.csproj"控制台程序（续）

01 保存程序文件，再编译、执行。按 Ctrl + F5 组合键或依次选择菜单选项"调试→开始执行（不调试）"，在 Visual Studio 2019 界面下方会弹出"输出"面板来显示成功生成可执行程序的结果，如图 2-7 所示。若没有错误，则会打开控制台窗口显示程序的执行结果，如图 2-8 所示。

图 2-7　成功生成可执行程序的结果

图 2-8　控制台程序的执行结果

02 按任意键或单击控制台窗口右上角的"✕"按钮关闭窗口。

03 保存程序。当程序语句被改动过时，就会在行号以黄色显示，完成存盘后会变成绿色，如图 2-9 所示。

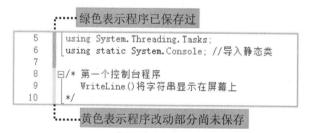

图 2-9　行号以黄色标示出程序语句被改动过

那么直接按 F5 键或 Ctrl + F5 组合键有何不同？按 F5 键，虽然会弹出控制台窗口，但是我们尚未看清楚程序的具体执行过程就一闪而过，程序结束控制台窗口就立刻关闭了。为了让程序执行的结果画面暂停，可以在主程序 Main() 末尾加入如下一行语句：

```
static void Main(string[] args)
{
  WriteLine("第一个 C#程序");
  ReadKey();
}
```

ReadKey()方法是 Console 类用来读取用户输入的任意键。执行程序之后在用户未按下任意键之前，程序的执行结果画面会暂停，直到用户按下任意键为止，如图 2-10 所示。如果没有加入这行语句，执行过程就会一闪即失，我们无法看到程序的输出结果。

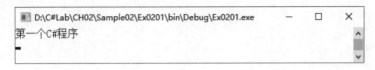

图 2-10　增加 ReadKey()方法后程序执行的结果会暂停，直到用户按下任意键为止

2.1.4　Windows 窗体应用程序

前面的范例程序严格来讲其实只有一行语句，下面尝试以 Windows 窗体为模板编写应用程序。在窗体中加入 Label（标签）和 Button（按钮）控件，要处理的事件就是单击 Button 控件后，Label 会显示出"Visual C#应用程序"的信息。

范例 项目"Ex0202.csproj"Windows 窗体应用程序

01 添加第二个项目。依次选择菜单选项"文件→添加→新建项目"，进入"添加新项目"对话框。

02 添加新项目：①选择先前使用的项目模板"Windows 窗体应用（.NET Framework）"；②单击"下一步"按钮，如图 2-11 所示。

图 2-11　为解决方案添加第二个项目

03 设置新的项目；①将项目命名为"Ex0202"，存储位置和框架以默认设置为主；②单击"创建"按钮，如图 2-12 所示。

04 在工作区会看到 Windows 窗体应用程序的窗体，如图 2-13 所示。

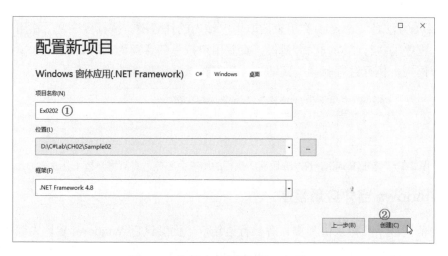

图 2-12　为解决方案添加第二个项目

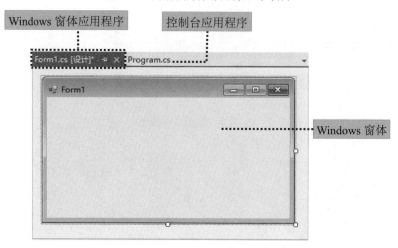

图 2-13　新添加的 Windows 窗体应用程序窗体

05 在窗体上加入控件。在工具箱①展开"公共控件"；②将 Label 控件拖曳到窗体上，如图 2-14 所示。

06 以相同的方法将 Button 控件也添加到窗体中，如图 2-15 所示。

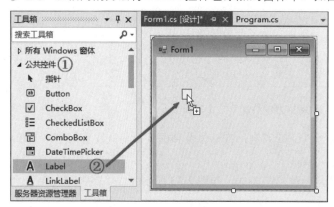

图2-14　在窗体上加入控件

图2-15　将 Button 控件也添加到窗体中

07 改变字体的大小。①选择 Label 控件；②将"属性"窗口中的 Font 展开（从+变成-）；③将 Size 修改为 18，如图 2-16 所示。

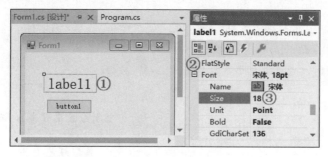

图 2-16　改变 Label 控件的字体大小

08 改变 Button 控件的显示文字。①选择 Button 控件；②将"属性"窗口中的 Text 由原来的 button1 更改为"单击"，如图 2-17 所示。

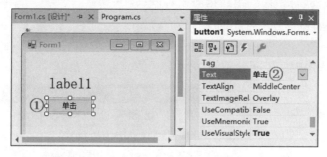

图 2-17　改变 Button 控件的显示文字

09 利用鼠标双击 Button 控件，进入其事件处理程序并编写程序代码。在 Button 控件单击鼠标左键，Label 控件会显示其信息。

```
41  private void button1_Click(object sender, EventArgs e)
42  {
43    label1.Text = "Visual C#应用程序";
44  }
```

10 由于解决方案中只能有一个项目被执行,因此依次选择菜单选项"项目→设为启动项目",把 Ex0202 变更为启动项目。

生成可执行程序，再按 F5 键，程序的执行结果如图 2-18 所示。

图 2-18　程序的执行过程

※ 提示 ※

若要先生成可执行程序再执行程序，可以通过标准工具栏中提供的 ▶ 启动 ▾ 按钮来完成。

- 依次选择菜单选项"视图→工具栏"，确认已勾选"标准"选项，确保标准工具栏显示在 Visual Studio 2019 工作界面中。
- 生成可执行程序时，也可以利用鼠标单击"启动"按钮。

⊃ 编写程序的步骤

综合上述两个简单范例程序的编写过程，将编写程序的步骤归纳如下（参考图 2-19）。

⊃ 认识 Windows 窗体应用程序的文件

从"解决方案资源管理器"窗口中查看控制台应用程序和 Windows 窗体应用程序的文件，可以发现控制台应用程序只有一个 Program.cs 文件，那么 Windows 窗体应用程序呢？下面参考图 2-20 来了解。

图 2-19　编写程序的步骤

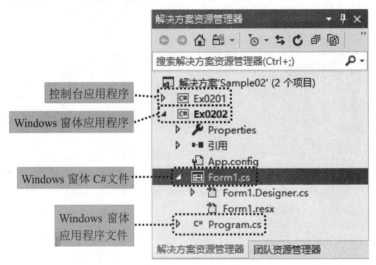

图 2-20　Windows 窗体应用程序文件

Windows 窗体应用程序除了 Forms1.cs 文件之外，还有一个 Program.cs 文件。展开"Form1.cs"之后还可以看到"Form1.Designer.cs"和"Form1.resx"两个文件，它们有何用途呢？

- Form1.Designer.cs：是一个 C#文件。窗体上加入的控件所设置的属性会以程序代码方式存放于此，不要任意更改其内容或将其删除。
- Form1.resx：是一个资源文件。窗体加载外部图片或其他文件时会存放于此。

创建 Windows 窗体应用程序之后，工作区会有两个页签可供切换，参照图 2-21 的说明。

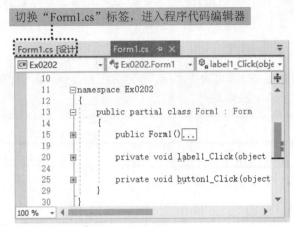

图 2-21 工作区可用于切换的页签

2.2 ▶ Visual C#的编写风格

不同的程序设计语言有不同的编写风格，即语言的规范。本节我们一起来认识一下 Visual C# 有哪些程序设计语言的规范。

2.2.1 程序语句

Visual Studio 2019 的集成开发环境以解决方案为主，管理一个或多个项目，每一个项目又可能有一个或多个程序集（Assembly），由一个或多个程序编写和编译而成。这些程序代码可能是类（Class），也可能是结构（Structure）、模块（Module）等。无论是哪一种，它们都是一行又一行的程序"语句"（Statement）。下面先从控制台应用程序讲起，其包括（参考图 2-22）：

```
1  ☐using System;
2   using System.Collections.Generic;      ┄ 导入的命名空间
3   using System.Linq;
4   using System.Text;
5   using System.Threading.Tasks;
6   using static System.Console; //导入静态类
7
8  ⊞/* 第一个控制台程序 ...                  ┄ 自定义的命名空间
11 ☐namespace Ex0201
12   {                                      ┄ 类
13 ☐    class Program
14       {                                  ┄ 主程序
15 ⊞         static void Main(string[] args)...
20       }
21   }
```

图 2-22 用 Visual C# 语言编写的控制台应用程序

- 导入的命名空间（Namespace）和自定义的命名空间。
- 类（Class）：以类来区分不同的作用，使用关键字"class"开头。

37

- 主程序 Main(): 为 Visual C# 控制台应用程序或 Windows 窗体应用程序的主入口点。应用程序启动时，Main()是第一个被调用的方法。

每一行的"语句"中，可能包含了方法（Method）、标识符（Identifier，程序代码编辑器会以黑色字体来显示它们）、关键字（Keyword，程序代码编辑器会以蓝色字体来显示它们）和其他的字符和符号。例如：

```
WriteLine("第一个 C#程序");
```

- ✦ WriteLine()为方法。
- ✦ 完成的语句要以半角分号";"来表示这行程序语句已结束。

※ 提示 ※

程序语句忘了写结尾的分号？

- 新手上路，较为疏忽之处就是每行语句后面忘记加结尾的分号";"，如图 2-23 所示。
- 直接生成可执行程序会发生错误，单击"否"按钮结束其操作，如图 2-24 所示。

图 2-23　程序编辑器会提示缺少了结尾的分号　　图 2-24　对话框提示生成可执行程序时发生了错误

- "错误列表"面板也会指出发生错误的行号，如图 2-25 所示。

图 2-25　"错误列表"面板指出程序发生错误所在的行

2.2.2　程序的编排

为了分隔不同的语句，可根据关键字的适用范围组成不同的程序区块（Block of Code，或称为代码区块、程序区段）。程序区块由一对"{}"大括号所构成，从左大括号"{"开始，进入某个程序区块，而右大括号"}"则表示此程序区块的结束。

```
private void button1_Click(object sender, EventArgs e)
{
    label1.Text = "Visual C#应用程序";
}
```

◆ 由 button1_Click（利用鼠标左键单击按钮）组成的程序区块。

范例"Ex0201"为控制台应用程序，可以看到三个程序区块：①自定义命名空间 namespace{}、②类 class{}和③主程序 Main{}，参考图 2-26。

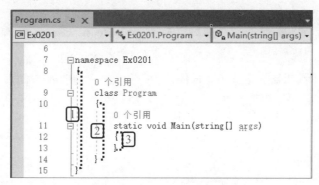

图 2-26　大括号组成的程序区块

从图 2-26 中可知，范围最大的是命名空间"Ex0201"，然后是类"Program"，范围最小的是主程序 Main()。程序区块还可以展开或收合：①🖃表示 namespace 和 class 程序区块已经展开；②🖽表示 Main 主程序区块已经收合，呈 … 状态，将鼠标移向类"Program"时，会以浅灰色底纹背景显示其区域范围，如图 2-27 所示。

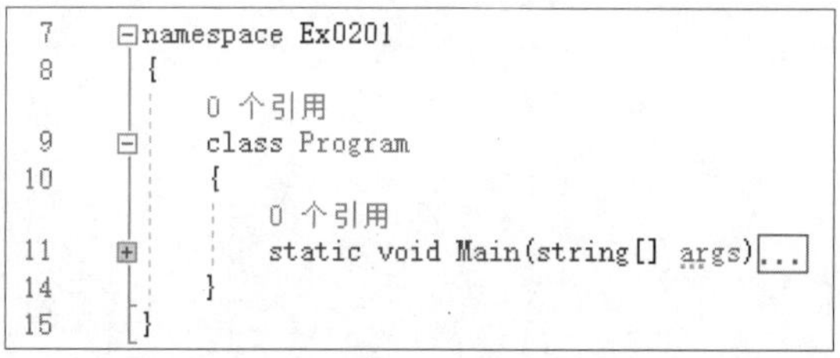

```
  7  namespace Ex0201
  8  {
         0 个引用
  9      class Program
 10      {
             0 个引用
 11          static void Main(string[] args)…
 14      }
 15  }
```

图 2-27　程序区块的收合与展开

此外，当程序区块随着程序语句向下延展时，Visual Studio 2019 还会提供垂直的虚线来标示对应的程序区块起止的大括号，如图 2-28 所示。

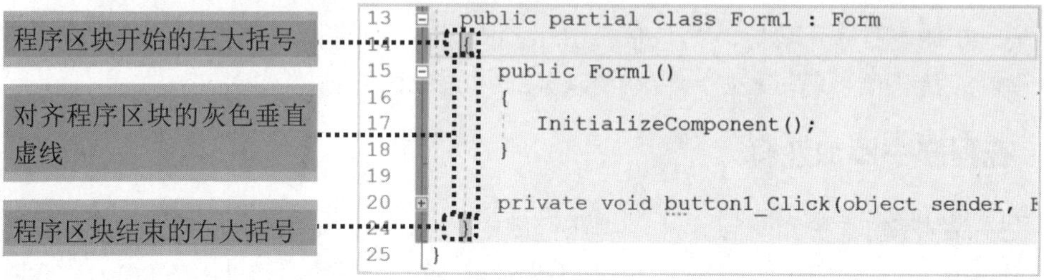

程序区块开始的左大括号 ⋯⋯⋯⋯⋯
对齐程序区块的灰色垂直虚线 ⋯⋯⋯⋯⋯
程序区块结束的右大括号 ⋯⋯⋯⋯⋯

```
 13      public partial class Form1 : Form
 14      {
 15          public Form1()
 16          {
 17              InitializeComponent();
 18          }
 19
 20          private void button1_Click(object sender, E
 24          }
 25      }
```

图 2-28　用垂直虚线标示对应的程序区块起止的大括号

为了突显不同的程序区块，必须根据程序区块的范围大小采用缩进格式。在上面的程序中，自定义的命名空间"Ex0201"维持不变，而 class 的程序区块必须向右侧缩进，程序区块范围更小的 Main() 主程序则要进一步缩进。什么情况下要配合大括号形成的程序区块进行缩进呢？除了上述情况外，就是参考流程控制或自定义方法的区块范围等。

那么缩进时要空出多少个字符才适宜呢？Visual Studio 2019 对于缩进采用默认的方式，它会根据程序的编排方式自动缩进 4 个空格字符的位置。在编写程序时，按 Tab 键会产生缩进，而按 Shift + Tab 组合键则是减少缩进。若想改变缩进的空格字符数，方法如下：

操作 Visual Studio 2019 变更缩进设置

01 依次选择菜单选项"工具→选项"，进入"选项"对话框。

02 ①展开"文本编辑器"选项；②再展开"C#"选项；③选择"制表符"；④修改"制表符大小"和"缩进大小"的值，默认值为 4，此例中修改为 3，⑤最后单击"确定"按钮，如图 2-29 所示。

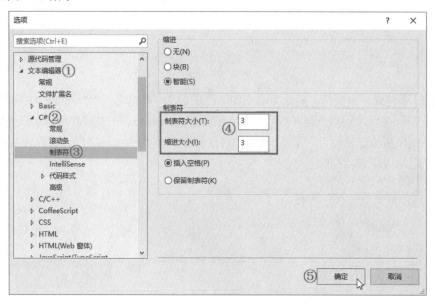

图 2-29　程序语句的缩进设置

如图 2-29 所示，程序"缩进"选项有"无""块"和"智能"三种，说明如下：

- 无：不缩进。
- 块：在编写程序代码时，如果按下 Enter 键，下一行语句就会与上一行语句对齐。
- 智能：默认值，编写程序时由系统决定采用适当的缩进样式。

2.2.3　在程序中添加注释

为了提高程序的维护和易阅读性，可在程序中加入注释（Comment）文字。Visual C# 使用"//"作为单行注释，或者使用以"/*"作为注释文字的开始，以"*/"作为注释文字的结束来形成多行注释，可参考图 2-30。文本编辑器会以绿色来显示注释文字，编译时编译器（Compiler）会忽略这些注释文字。

有时需要将某一行程序用单行进行注释，可以单击"文本编辑器"工具栏中的"注释选中行 ▤"按钮，而单击"取消对选中行的注释 ▤"按钮则会把注释行恢复原状。

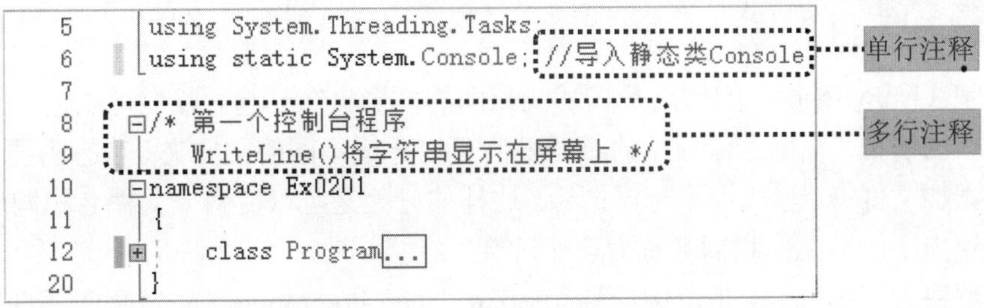

```
5    using System.Threading.Tasks;
6    using static System.Console;   //导入静态类Console ·········· 单行注释
7
8    /* 第一个控制台程序
9       WriteLine()将字符串显示在屏幕上 */ ·········· 多行注释
10   namespace Ex0201
11   {
12       class Program...
20   }
```

图 2-30　程序中的单行与多行注释

操 作　Visual Studio 2019 产生注释行

01 产生注释行。将插入点停留在程序第 16 行，单击"文本编辑器"工具栏中的"注释选中行"按钮后，插入焦点所在的程序语句就会变成单行注释，如图 2-31 所示。

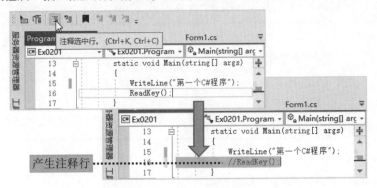

图 2-31　产生单行注释

02 再单击"文本编辑器"工具栏中的"取消对选中行的注释"按钮，就会恢复到原有程序语句的非注释状态，如图 2-32 所示。

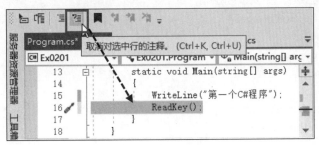

图 2-32　取消注释行

2.3　C#程序设计语言的结构

对 Visual C# 程序设计语言的规范有了初步体验之后，再来看控制台应用程序和 Windows 窗体应用程序究竟隐藏着什么秘密值得我们去挖掘？

2.3.1　命名空间

命名空间（Namespace）的作用是把功能相同的类聚集在一起。我们可以把它想象成计算机里存储数据的磁盘，根据存储数据的不同性质可以分成不同的文件夹；若有需要，则可以在文件夹下再添加文件夹，形成一个分层结构。这样的好处是可以将两个文件名相同的文件存放在不同的文件夹下，避免因相同名称而产生冲突。

在范例解决方案中，无论是范例项目"Ex0201"的"Program.cs"还是范例项目"Ex0202"的"Form1.cs"都有两个命名空间：

- .NET Framework 类库会根据不同的类组成不同的命名空间，可以使用关键字"using"来导入它们。
- 创建项目后，可使用关键字"namespace"根据项目名称来产生命名空间。

下面为属于控制台应用程序所导入的 System 命名空间：

```
using System;
using System.Collections.Generic;
using System.Linq;
using System.Text;
using System.Threading.Tasks;
using static System.Console; //导入静态类
```

- 使用 using 语句导入命名空间时，要将其放在程序的开头。
- Using static 语句导入静态类 Console。

Windows 窗体应用程序所导入的命名空间如下：

```
using System;
using System.Collections.Generic;
using System.ComponentModel;
using System.Data;
using System.Drawing;
using System.Linq;
using System.Text;
using System.Threading.Tasks;
using System.Windows.Forms;
```

- 编写 Windows 窗体应用程序时，要导入"System.Windows.Forms"命名空间。

这些命名空间就是 .NET Framework 提供的类库。要想进一步存取 System 下的其他类，可以使用"."（句点）运算符，如"System.Text"。那么不使用 using 语句来导入命名空间会如何？由于 System 命名空间提供了 Visual C# 运行的基本函数，因此使用 Console 类则必须如下编写：

```
System.Console.WriteLine();
```

本书在第 10 章之前会以讲述控制台应用程序为主。System 命名空间的 Console 类支持控制台应用程序（Console Application）的标准输入、输出和错误数据流。如果未导入 System 命名空间而直接使用 Console 类，则会让程序产生错误。编译程序会在 Console 类下方加上红色波浪线来标示它有错误，如图 2-33 所示。

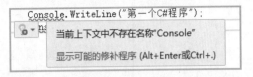

图 2-33　未导入 System 命名空间而发生的错误

◯ 使用 using static 语句导入静态类

在 Visual C# 6.0 版本之后，using 语句也稍微做了升级，本来 using 语句只能导入命名空间，现在配合 static 关键字，也能导入静态类了，如 Console 类。将相关语句归纳如下：

`System.Console.WriteLine();`	//未导入 System 命名空间
`using System;` `Console.WriteLine();`	//导入 System 命名空间

`using System;`
`using static System.Console;`
`WriteLine();`
	//必须保留原有的命名空间
	//导入静态类 Console
	//直接调用 WriteLine 方法

> ※ 提示 ※
>
> **如何知道类是静态的？通过"速览定义"来查看。**
>
> ● 将插入点停留在程序中的"Console"字符串上，单击鼠标右键打开快捷菜单，从中选择"速览定义"选项。
>
> ● 或者把插入点停留在程序的"Console"字符串中，再按 Alt + F12 组合键展开 Console 有关的定义，得到的结果如图 2-34 所示。

图 2-34　识别静态类

2.3.2 善用 IntelliSense 功能

程序代码编辑器提供了 IntelliSense 功能，可以简化程序代码的编写工作。依次选择菜单选项"编辑→IntelliSense"，查看支持的各项功能，如"列出成员""参数信息""快速信息""完成单词"和"插入片段"等，如图 2-35 所示。

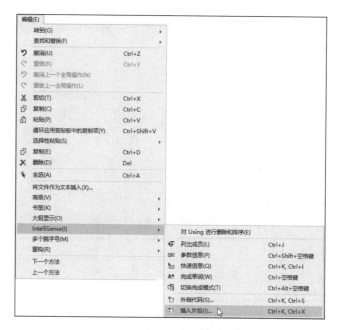

图 2-35　IntelliSense 提供的各项功能

　　编写程序时，只要输入关键字的部分字符串，如图 2-36 所示，IntelliSense 就会列出与关键字相关的候选成员。要想选择某个成员，可移动向上或向下的箭头键（方向键）选中这个成员，然后按下 Enter 或 Tab 键即可。

⊃ **列出相关的候选成员**

　　若输入的类名称无误，且在输入"."（句点）之后，则会自动列出该类的属性、方法或枚举常数，如图 2-37 所示。

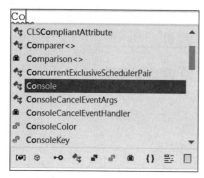

图 2-36　输入关键字的部分字符串，IntelliSense 就会　　图 2-37　输入类名和"."后，IntelliSense 会列出
　　　　　列出相关的候选内容　　　　　　　　　　　　　　　该类的相关属性、方法或枚举常数

　　编写程序输入关键字的部分字符串之后，Visual Studio 2019 会列出相关的候选成员列表，以图 2-36 为例，最下面的一排按钮用于提供这些候选成员的提示说明，如局部变量和参数 [●]、属性 🔧、事件 ⚡、方法、接口 -○、类 ⚙、结构 ◆、枚举 📁、委托 🏛、命名空间 {} 等。它们有什么作用呢？例如，输入 Console 类之后，若单击"属性"按钮，则会列出与 Console 类有关的属性。

⊃ 快速信息

　　如果将鼠标移向某个方法，就能获取它的完整语法说明。如图 2-38 所示，把鼠标指针移向 WriteLine()方法后，IntelliSense 就会列出它的类型和简易说明。

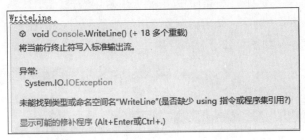

图 2-38　查询 WriteLine()方法的语法说明

⊃ 插入片段

　　在编写程序代码时，若想要获取某个语法的结构，也可以使用 IntelliSense 的插入程序片段的概念。可依次选择"编辑→IntelliSense→插入片段"菜单选项，或者在编写程序时单击鼠标右键，在弹出的快捷菜单中依次选择"片段→插入片段"选项。

操作　Visual Studio 2019 插入片段

01 在程序编辑区单击鼠标右键，在弹出的快捷菜单中依次选择"片段→插入片段"选项，如图 2-39 所示。

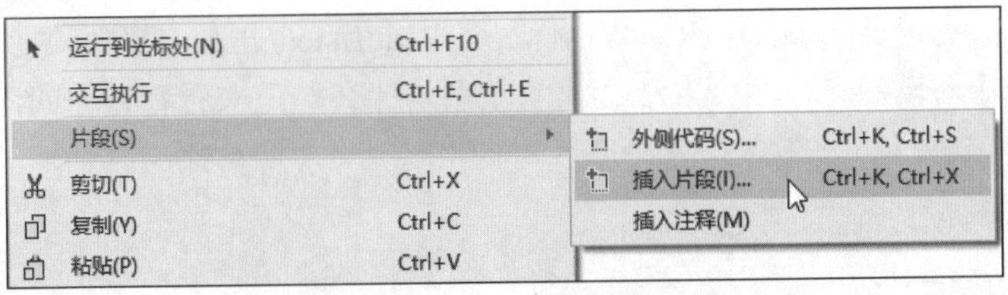

图 2-39　在程序中插入程序片段

02 弹出选择列表后，①利用鼠标双击"Visual C#"以展开列表；②再利用鼠标双击"do"选项，如图 2-40 所示。

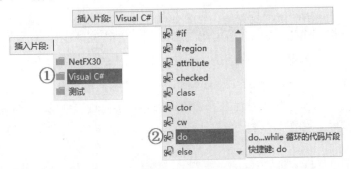

图 2-40　选择 Visual C# 的程序片段

03 插入"do/while"循环，如图 2-41 所示，再根据程序的具体需求进行修改。

04 如果不想按图索骥来加入某个代码片段，利用 Tab 键也能达到同样的效果。例如，在程序中加入 for 循环语句，①可直接输入 for 关键字；②再按两次 Tab 键就能补上 for 循环的代码片段，如图 2-42 所示。

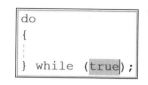

图 2-41　插入"do/while"循环
程序片段的结果

图 2-42　按两次 Tab 键也可以补齐程序片段

2.3.3 输入与输出

编写控制台应用程序必须对数据进行输入和输出的处理，.NET Framework 类库的 System.Console 类可用于处理标准的数据流。要读取输入的数据时，可使用 Read()或 ReadLine()方法；要输出数据时，可使用 Write()或 WriteLine()方法。

读取数据时，无论是 Read()、ReadKey()还是 ReadLine()方法，都必须指定输入设备，通常键盘为默认的输入设备。这三个方法之间的差别是什么？先来看看它们的语法：

```
Console.Read();
Console.ReadKey();
Console.ReadLine();
```

- Read()方法：从标准输入数据流读取下一个字符。
- ReadKey()方法：获取用户按下的下一个字符或功能键，按键值会反馈到控制台窗口中。
- ReadLine()方法：读取用户输入的一连串字符，可以通过变量存储该字符串。

范例　项目"Ex0203.csproj"用 ReadLine()方法读取数据

01 依次选择"文件→新建→项目"菜单选项，进入"创建新项目"对话框。

02 选择"控制台应用程序(.NET Framework)"项目模板，再单击"下一步"按钮，进入"配置新项目"对话框，把项目命名为"Ex0203"；要勾选"将解决方案和项目放在同一目录中"复选框，如图 2-43 所示。

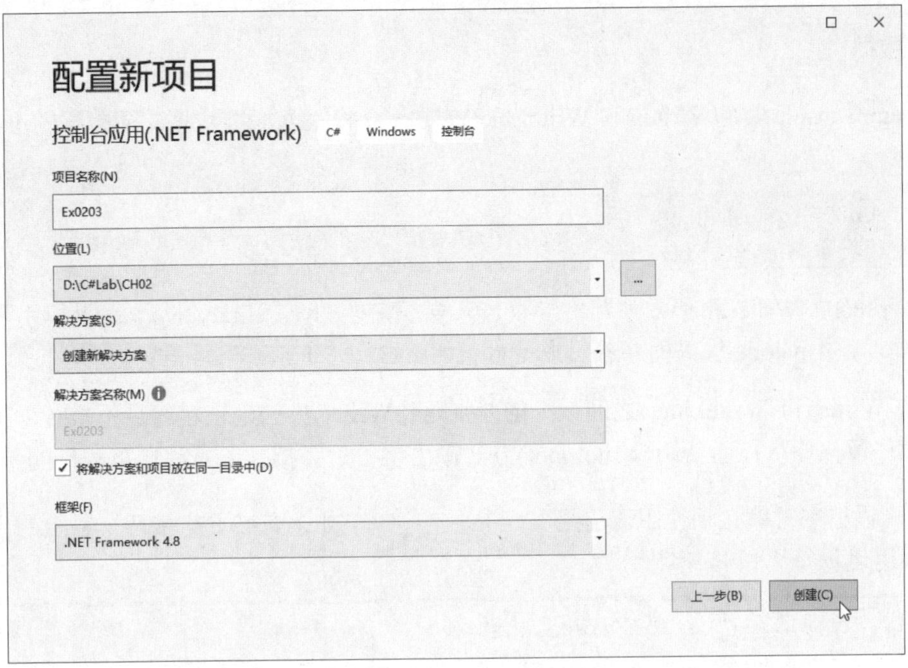

图 2-43　配置新项目 Ex0203

03 在主程序 Main() 中编写如下程序代码。

```
10 using static System.Console; //导入静态类 Console
11 static void Main(string[] args)
12 {
13    Write("请输入你的名字：");
14    string name = ReadLine();
15    WriteLine("Good Day! {0}", name);
16    ReadLine(); //暂停
17 }
10 生成可执行程序、再执行
```

【生成可执行程序再执行】

按 F5 键，若程序无错误，则会启动控制台窗口，输入名字并按 Enter 键后，显示出程序的运行结果，如图 2-44 所示。插入点会停留在最后一行，再按一次 Enter 键会关闭程序运行窗口。

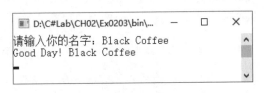

图 2-44　范例项目 Ex0203 的运行过程和结果

【程序说明】

◆ 第 14 行：用 ReadLine() 方法读取输入名称并交给变量 name 存储。

◆ 第 15 行：用 WriteLine() 方法输出变量 name 所存储的值。

◆ 第 16 行：ReadLine() 方法能让程序运行暂停，必须等用户按下 Enter 键后才会关闭窗口。

◐ 输出数据

System.Console 类的 Write()和 WriteLine()方法，会将写入标准数据流的数据输出。相关语法如下：

```
Console.Write(String);
Console.WriteLine(String);
```

◆ Write()或 WriteLine()方法都有参数，只要是符合 .NET Framework 的数据类型都能处理，像 Unicode 编码的字符，或是数值的 Int32、Single 或 Double 类型等。

方法 Write()和 WriteLine()之间最大的差别是：Write()方法输出字符后不换行，也就是插入点依然停留在原行；而使用 WriteLine()方法输出字符后会把插入点移向下一行的最前端。

例一：输出字符串必须使用双引号""""括住字符串，如果有必要串接两个以上的字符串，就可以使用运算符 "+" 来串接。

```
Console.WriteLine("Hello! Visual C#");
Console.WriteLine("Hi!" + "Visual C#");
```

例二：输出数字，直接将数字或算术表达式写在 WriteLine()方法中，进行数学运算后会直接输出结果。

```
Console.WriteLine(242);
Console.WriteLine(14 + 116 + 239);
```

例三：用于强化输出的效果，直接调用 WriteLine()方法而不加任何参数，有换行的作用。

```
Console.WriteLine();
```

2.3.4 格式化输出

有时为了让变量按指定格式输出值，可以通过 format 参数来设置定义好的格式化项（Format Item），将对象的值转换为字符串，format 会预留零到多个下标编号与参数列表的对象逐一对应。每个格式化项会被所对应的对象值取代并将其插入到字符串中，语法如下：

```
WriteLine("format{0}...{1}...", arg0, arg1, …);
```

◆ format: 欲格式化的项要用大括号{}括住，索引从编号 0 开始。
◆ arg0, arg1: 格式化项中对应的对象是要带入的变量。

在图 2-45 所示的语句中，表示变量 num1 的值会写入{0}，而变量 num2 的值会写入{1}中。

图 2-45　示例语句

再仔细观察，我们会发现字符串的输出格式与大括号{}中所设置的值有关。先来看看{}是如何进行设置的？语法如下：

```
{ N [, M ] [: 指定的格式]}
```

- N: 格式项，以 0 开始的索引参数，表示要进行格式化输出的项。0 代表第一个要格式化输出的项，1 表示第二个要格式化输出的项。
- M: 字符串格式化时的对齐方式、字段宽度的设置。
- 指定的格式（Format）: 有数值、时间与用户自定义三种格式。

为了让 WriteLine()方法输出数据时更符合需求，String 类中的 Format()方法为 Visual C# 提供了更加丰富的格式化字符，如在输出时以数字指定字段宽度或对齐方式。表 2-2 为标准数值的格式化字符。

表 2-2　标准数值格式化字符

格式化字符	说明（以数值 1234.5678 为例）
C 或 c	将数字转为表示货币金额的字符串，如{0:C}，输出"$1234.5678"
D 或 d	将数字转为十进制数，如{0:D4}，输出 4 位整数"1234"，不足 4 位左边补 0
E 或 e	以科学记数法来表示，小数默认位数是 6 位，如{0:E}，输出"1.234568+e003"
Fn 或 fn	表示含 n 位小数，如{0:F3}，输出"1234.568"
G 或 g	以常规格式表示，如{0:G}，输出"1234.5678"
N 或 n	含两位小数，并带有千分号，如{0:N}，输出"1,234.57"；{0:N3}，输出"1,234.568"
X 或 x	以十六进制表示。数值 1234，如{0:X}，输出"4D2"
Yes/No	数值为 0 则显示 No，否则显示 Yes
True/False	数值为 0 则显示 False，否则显示 True
On/Off	数值为 0 则显示 Off，否则显示 On

除了使用标准数值格式外，C# 也提供了自定义数值格式化字符。以 toString()方法将数值数据以指定格式输出，可参考表 2-3 的说明。

表 2-3　自定义数值格式化字符

自定义格式化字符	说明（以数值 1234 为例）
0	表示零值的占位符，如 toString("00000")，输出"01234"
#	表示数值的占位符，如 toString("#####")，输出"1234"（前端空 1 位）
.	小数点默认位数，数值 123.456，如 toString("##.00")，输出"123.46"
,	每个千分号代表 1/1,000，数值 1234567，如 toString("#,#")，输出"1,234,567"；toString("#,#,")，输出"1,235"
%	百分比默认位置，数值 0.1234，如 toString("#0.##%")，输出"12.34%"
E+0	使用科学记数法，以 0 表示指数位数，如 toString("0.##E+000")，输出"1.23E+003"
\	转义字符"\"会让下一个字符进行特殊处理，如 WriteLine("D:\\menu.txt")，输出"D:\menu.txt"

格式化项的对象若为日期或时间，可参考表 2-4 列出的时间格式化指定字符。

表 2-4　日期/时间格式化字符

时间字符	说　　明
G	使用地区设置来显示常规时间格式，可以显示时间与（或）日期，视给定的时间信息是否完整
g	使用地区设置来显示简短日期及简短时间
D	使用地区设置来显示完整日期格式
d	使用地区设置来显示简短日期格式
T	使用地区设置来显示完整时间格式
t	使用 24 小时制来显示时间
f	使用地区设置来显示完整日期及简短时间
F	使用地区设置来显示完整日期及完整时间

⊃ 字符串内插

Visual C# 6.0 版本以后，WriteLine()方法可以使用"字符串内插"（String Interpolation）方式进行格式化输出，语法如下：

```
Console.WriteLine($"{变量}");
```

- 以$为前导字符，表示"字符串内插"，大括号的索引值以变量来取代。
- 变量必须放在双引号中，以成对的大括号括住。

先来看看范例项目"Ex0203"原来的输出方式：

```
WriteLine("Good Day! {0}", name);
```

使用"字符串内插"时，将语句修改如下：

```
WriteLine($"Good Day! {name}");
```

- 将变量 name 放在大括号{}中。

这种"字符串内插"表达方式是不是比原来将格式项使用索引来表示更加清晰明了？本书后续编写的程序代码都会以"字符串内插"的方式来输出内容。

范例　项目"Ex0204.csproj" WriteLine()方法输出数据

➡01 依次选择"文件→新建→项目"菜单选项，进入"创建新项目"对话框。
➡02 选择"控制台应用程序(.NET Framework)"项目模板，再单击"下一步"按钮，进入"配置新项目"对话框，把项目命名为"Ex0204"；项目的存储位置和框架以默认设置为主；要勾选"将解决方案和项目放在同一目录中"复选框。
➡03 在主程序 Main()编写如下程序代码。

```
01 using static System.Console;//导入静态类 Console
```

```
11 static void Main(string[] args)
12 {
13    Write("请输入名称: ");
14    string name = ReadLine();
15    Write("请输入提款金额: ");
16    int money = int.Parse(ReadLine());
17    WriteLine($"Hi! {name}, 提款金额: {money:C0}");
18    ReadKey();
19 }
```

【生成可执行程序再执行】

按 F5 键，若程序无错误，则会启动控制台窗口，分别输入名称和金额，再按 Enter 键，程序将会显示执行结果，如图 2-46 所示。

图 2-46　范例项目 Ex0204 的执行结果

【程序说明】

◆ 第 16 行: 获取输入的金额, 由于 ReadLine() 方法读取的是字符串数据, 因此必须用 Parse() 方法配合关键字 "int" 将其转换为整数类型。

◆ 第 17 行: 使用字符串内插, {money:C0} 中的变量 money 配合标准格式字符 "C", 表示以货币符号并含有千位符的格式来输出。

2.4 ▶ 重点整理

◆ 每一个项目可能有一个或多个程序集（Assembly），由一个或多个程序编写和编译而成。这些程序代码可能是类（Class）、结构（Structure）、模块（Module）等，无论是哪一种，它们都是一行又一行的程序 "语句"（Statement）。

◆ 为了分隔不同的语句，可根据关键字的适用范围组成不同程序区块（Block of Code，或称为代码区块、程序区段）。程序区块由一对 "{}" 大括号构成，从左大括号 "{" 开始，进入某个程序区块，而右大括号 "}" 则表示此程序区块的结束。

◆ 每一行的 "语句" 中，可能包含方法（Method）、标识符（Identifier）、关键字（Keyword）和其他的字符和符号。

◆ 程序代码要从何处开始编写呢？从 Main() 主程序的程序区块开始。Main() 本身是一个方法（Method，方法是面向对象程序的概念），也是 Visual C#应用程序的主入口点（Entry Point）。也就是说，执行程序时，无论是控制台应用程序还是 Windows 窗体应用程序都从 Main() 主程序开始。

- 导入命名空间（Namespace）。使用关键字 using 来导入.NET Framework 类库；自定义命名空间使用关键字"namespace"为开头。
- 为了提高程序的维护和易阅读性，可在程序中加入注释（Comment）文字。Visual C# 使用"//"作为单行注释，或者以"/*"作为注释文字的开始，以"*/"作为注释文字的结束来形成多行注释。
- 控制台应用程序输入输出语句。使用 System.Console 类的 Read()、ReadLine()方法来读取数据；使用 Write()、WriteLine()方法配合格式化字符来指定输出格式。
- 有时为了让变量按指定格式输出值，可以通过 format 参数来设置定义好的格式化项（Format Item），将对象的值转换为字符串；Visual C# 6.0 版本以后，WriteLine()方法可以使用"字符串内插"（String Interpolation）方式进行格式化输出。

2.5 课后习题

一、填空题

1. Visual C# 项目模板中，只有文字的是＿＿＿＿＿＿＿；程序的主入口点是指＿＿＿＿＿＿＿。

2. Windows 窗体应用程序除了 Forms1.cs 文件之外，还有哪两个文件与其有关？
①＿＿＿＿＿＿＿；②＿＿＿＿＿＿＿。

3. 根据图 2-47 所示的控制台应用程序的结构填入相关文字。

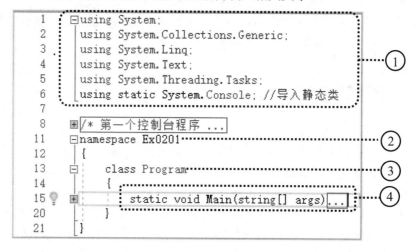

图 2-47　控制台应用程序的结构

①＿＿＿＿＿＿＿；②＿＿＿＿＿＿＿；③＿＿＿＿＿＿＿；④＿＿＿＿＿＿＿。

4. 导入 .NET Framework 类库的命名空间使用关键字＿＿＿＿＿＿＿；自定义命名空间使用关键字＿＿＿＿＿＿＿为开头；导入静态类使用＿＿＿＿＿＿＿语句。

5. 为了提高程序的维护和易阅读性，Visual C#使用＿＿＿＿＿＿＿作为单行注释，或者以＿＿＿＿＿＿＿作为注释文字的开始,以＿＿＿＿＿＿＿作为注释文字的结束来形成多行注释。

6. 将下列语句修改为"字符串内插"方式的格式化输出。

```
int num1 = 20;
int num2 = 33;
Console.WriteLine("{0} * {1} = {2}", num1, num2, num1*num2);
```

```
Console.WriteLine($"{num1} * { num2} = { num1*num2}");
```

二、问答题与实践题

1. 执行程序时，按 F5 键或 Ctrl + F5 组合键有何不同？

2. 简单说明编写 Windows 窗体应用程序的步骤。

3. 在控制台应用程序中，请说明使用 Read()、ReadLine()、Write()、WriteLine()方法的不同。

第 **3** 章

数据与变量

章 | 节 | 重 | 点

* 在通用类型系统中，C# 的数据类型有两种：值类型和引用类型。
* 变量：经过运算后会改变其值；常数：赋予初值就不能改变。
* 为什么需要类型转换？隐式类型转换和显式类型转换如何实现？
* 运算要有操作数和运算符；C# 提供了算术、赋值、关系和逻辑运算符等。
* Main()主程序可以省略命令行自变量。

3.1 ▶ 认识通用类型系统

不同数据要有适当的装载容器。举个比较简单的例子，购买 500 毫升的绿茶，茶铺的销售人员不会拿 1000 毫升的杯子来装，有浪费之嫌；更不会使用 350 毫升的杯子来装，有溢出的危险。因此，数据类型（Data Type）决定了数据的存放空间。

所有数据都收纳于 .NET Framework 类库中，为了确保运行程序的安全性，数据会以通用类型系统（Common Type System，CTS）为主，让所有托管的程序代码都能强化它的类型安全。C#是一种强类型（Strongly Typed）语言，无论是变量还是常数都要定义类型。C#语言有以下两种类型。

- **值类型**（Value Type）：数据存储于内存中（参考图 3-1），包含所有值类型，也包括了布尔、字符，枚举和结构。

图 3-1　值类型的数据存储于内存中

- **引用类型**（Reference Type）：字符串、数组、委托和类等这种类型的变量只存储对象的内存地址（参考图 3-2）。

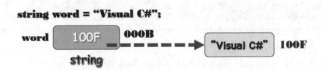

图 3-2　引用类型的变量只存储对象的内存地址

3.1.1 整数类型

整数数据类型（Integral Data Type）表示数据中只有整数，不含小数部分。根据存储容量的不同，第一种整数数据类型是含正负值的有符号整数（Signed Integral），包含 sbyte（字节）、short（短整数）、int（整数）、long（长整数）。表 3-1 同时列出了 C# 和 .NET Framework 类库中 System 命名空间默认定义类型的别名。

表 3-1　含正负值的有符号整数类型

C#的数据类型	.NET Framework	占用空间	数值范围
sbyte（字节）	System.Sbyte	1 Byte	-128 ~ 127
short（短整数）	System.Int16	2 Bytes	-32 768 ~ 32 767
int（整数）	System.Int32	4 Bytes	-2 147 483 648 ~ 2 147 483 647
long（长整数）	System.Int64	8 Bytes	-9 223 372 036 854 775 808 ~ 9 223 372 036 854 775 807

另外一种是不含负值的无符号整数（Unsigned Integral）。表 3-2 列出了 4 种：byte（无符号字节正整数）、ushort（无符号短整数）、uint（无符号整数）和 ulong（无符号长整数）。

表 3-2　无负值的无符号整数类型

C# 的数据类型	.NET Framework	占用空间	数值范围
byte（无符号字节）	System.Byte	1 Byte	0 ~ 255
ushort（无符号短整数）	System.Int16	2 Bytes	0 ~ 65535
uint（无符号整数）	System.UInt32	4 Bytes	0 ~ 4 294 967 295
ulong（无符号长整数）	System.UInt64	8 Bytes	0 ~ 18 446 744 073 709 551 616

⊃ C#的新功能

例一：数值允许使用 "_" 下画线字符作为数值的千位分隔符。

范例 项目 "Ex0301.csproj"

```
int num1 = 123456;  //原来用法
long num2 = 456_789_123;
int num3 = 0b1011_110;   //二进制数值
```

◆ 声明变量 num1 为 int 类型；num2 为长整数类型（long）；0b 代表二进制数值。

例二：此外，允许使用 "_" 下画线字符作为二进制数或十六进制数的前导符。

范例 项目 "Ex0301.csproj"

```
int num4 = 0b_0111_1010;  //0b 表示二进制数
int num4 = 0b_111_110_10; //加入下画线字符来增加易阅读性
```

例三：说明 C# 的数据类型与 .NET Framework 的关系。

范例 项目 "Ex0301.csproj"

```
Console.WriteLine(num1.GetType());
```

◆ 使用 GetType()方法会返回 number 的数据类型；GetType()方法来自 System 命名空间，是 object 类的方法。

操作 Visual Studio 2019 生成可执行程序时发生错误

➡ 01 创建控制台应用程序项目 "Ex0301.csprojg"，要勾选 "将解决方案和项目放在同一目录中"复选框。

➡ 02 在 Main()主程序编写如下程序代码。

```
01 using static System.Console; //导入静态类
```

```
11 static void Main(string[] args)
12 {
13     int num1 = 1_23_456;          //任意下画线
14     long num2 = 456_789_123L;     //长整数加后置字符 L
15     long max = Int64.MaxValue;
16     long min = Int64.MinValue;
17     int num3 = 0b1011_110;        //二进制数
18     int num4 = 0b_1111_1010;      //0b 二进制数
19     int num5 = 0x_FB12;           //0x 十六进制数
20     WriteLine($"Number: {num1:N0}, {num2:n0}");
21     WriteLine($"二进制数转换为十进制数: {num3:D5}, {num4:d5}");
22     WriteLine($".NET Framework 类型: {num1.GetType()}");
23     WriteLine($"最大值: {max}, \n 最小值: {min}");
24     ReadKey();  //暂停
25 }
```

【生成可执行程序再执行】

按 F5 键，执行结果如图 3-3 所示。

【程序说明】

图 3-3 执行结果

- 第 13 行，下画线字符可以随意配合整数类型。
- 第 14 行: 声明变量 num2 为长整数类型，并以 "_" 作为千位分隔符，便于数字的阅读。
- 第 15、16 行: 长整数为 .NET Framework 的 Int64，使用其属性 MaxValue 和 MinValue 来获取其最大值和最小值。
- 第 18、19 行: 当数值为二进制数或十六进制数时，可以在前导字符后加上下画线。
- 第 20 行: 配合使用格式化字符 "num1:N0"，输出的数值含有千位符号但不含小数。
- 第 21 行: 配合使用格式化字符 "num3:D5"，把字段宽度设置为 5，数值位数不足的在其前方补 0。
- 第 22 行: 用 GetType()方法获取 int 类型的通用类型系统(CTS)的类型(.NET Framework 类型)。

※ 提示 ※

long 类型是否使用后置字符 L?

- 使用 L 后置字符时，系统会根据整数值的大小，判断它是 long 还是 ulong。若小于 ulong 的取值范围，就把它视为 long 类型。
- 声明的数值 "long number = 5_300_100_500;" (超过 uint 的取值范围)，若未加后置字符 L，则编译器会参照 int、uint、log、ulong 找出它的适用范围。为了加速数据的处理，long 类型使用后置字符是较妥当的用法。

3.1.2 浮点数类型和货币

数值中除了整数外还包含小数部分的是"浮点数据类型"（Floating Point Types），会以近似值的方式存储于内存中，如表 3-3 所示。

表 3-3　含有小数的浮点数据类型

C# 的数据类型	.NET Framework	占用空间	数值范围	精　确　度
float（浮点数）	System.Single	4 Bytes	$\pm1.5e\text{-}45\sim\pm3.4e38$	7 位数
double（双精度浮点数）	System.Double	8 Bytes	$\pm5.0e\text{-}324\sim\pm1.7e308$	15～16 位数
decimal（高精度浮点数）	System.Decimal	16 Bytes	$-7.9e28\sim7.9e28$	28～29 位数

使用浮点数据类型，可以根据其数值范围来声明数据类型。如果处理的数值需要精确度且范围较小时，decimal 是最佳的选择，能支持 28~29 个有效数字，如财务工作。decimal 会根据指定的数值来调整有效范围，与 float、double 相比，更加精确。

基本上，系统默认的数据处理会以 double 为主。如果要以 float 或 decimal 为数据类型，就必须加上后置字符让编译器认出其不同之处。例如：

```
float num1 = 12.4578F;
decimal num3 = 1.23456M;
```

◆ float 使用后置字符 F 或 f；decimal 使用的后置字符为 M 或 m。

就 float 类型而言，如果声明的变量值未加后置字符，编译器就会在数值下方显示红色波浪线指出它有错误，如图 3-4 所示。

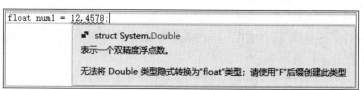

图 3-4　float 类型要有后置字符 F 或 f

范例 项目"Ex0302.csproj"处理实数

新建控制台应用程序项目，勾选"将解决方案和项目放在同一目录中"复选框。在 Main() 主程序中编写如下程序代码。

```
01 using static System.Console; //导入静态类
11 static void Main(string[] args)
12 {
13    //声明 float 和 decimal 类型，要加后置字符
14    float num1 = 1.2233445566778899F;
15    double num2 = 1.2233445566778899;
16    decimal num3 = 1.2233445566778899M;
17    WriteLine($"Float  : {num1}");
```

```
18    WriteLine($"Double : {num2}");
19    WriteLine($"Decimal: {num3}");
20    //输出 4 位小数的数值
21    WriteLine($"Float: {num1:f4}");
22    ReadKey();
23  }
```

【生成可执行程序再执行】

按 F5 键，执行结果如图 3-5 所示。

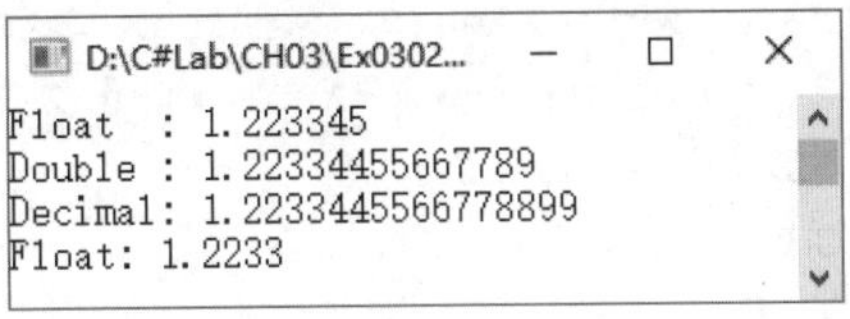

【程序说明】

```
D:\C#\Lab\CH03\Ex0302...   —   □   ×
Float : 1.223345
Double : 1.22334455667789
Decimal: 1.2233445566778899
Float: 1.2233
```

图 3-5　执行结果

- 第 14~16 行：分别声明数据类型为 float、double、decimal 的三个变量。

- 第 17~19 行：由于 float 只能处理 7 位小数，因此会发生四舍五入的误差，我们看到的输出是 "1.223345"，其余小数舍入了；double 可以处理 14 位小数；decimal 可以处理 28 或 29 位小数，因此将小数全部原样输出了。

3.1.3　其他数据类型

还有哪些数据类型呢？请参考表 3-4 的说明。

表 3-4　其他的数据类型

C# 的数据类型	.NET Framework	占用空间	数值范围
bool（布尔）	System.Boolean	1 Byte	True 或 False
char（字符）	System.Char	2 Bytes	Unicode 16 位字符

布尔值可使用关键字 bool 来表示，是 System.Boolean 的别名，用于表示逻辑的 True（真）与 False（假，默认值）两种状态。要特别注意的是，布尔的值无法像 C++程序设计语言那样以数值进行转换，它是以 True 或 False 来返回运算的结果。

⊃ char 类型

字符数据类型在 C# 中以关键字 char 来表示，是.NET Framework 用来表达 Unicode 字符的 Char 结构的实例。在内存中占有两字节的长度，若用来存储整数，则可以存储无符号整数的数值范围为 0~65535，而每个字符可以对应一个 Unicode 编码。下面是字符类型的几种声明方式：

```
char key = 'B';       //声明字符时使用单引号
char ch2 = '\x0042';  //以十六进制数表示
```

范例 项目 "Ex0303.csproj" 使用 int、char 类型转换字符、数值

新建控制台应用程序项目，勾选 "将解决方案和项目放在同一目录中" 复选框。在 Main() 主程序编写如下程序代码。

```
01  using static System.Console; //导入静态类
11  static void Main(string[] args)
24  {
25      char chM = 'M';
26      int num1 = (int)chM;
27      int num2 = 78;
28      char chN = Convert.ToChar(78);
29      //输出结果
30      WriteLine($"字符 {chM}, ASCII 值 = {num1}");
31      WriteLine($"ASCII {num2}, 字符 {chN}");
32      ReadKey();
33  }
```

【生成可执行程序再执行】

按 F5 键，程序的执行结果如图 3-6 所示。

【程序说明】

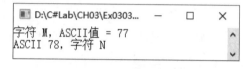

图 3-6　执行结果

- 第 13 和第 14 行: 声明字符变量 chM 并直接用类型 int 转换为 ASCII 值。

- 第 15 和第 16 行: 将 ASCII 值通过 Convert 类的 ToChar()方法转换为字符。

3.2　变量与常数

学习 C# 程序设计语言需先了解数据的处理，数据要获取"存储空间"才能存储或运算。"存储空间"通常是指计算机的内存，占用内存空间的大小与存储的数据类型（Type）有关。使用"变量"（Variable）获得此存储空间，变量中的值会随着程序的运行而改变，也就是这个存储空间中存储的值会随着程序的运行而改变。

3.2.1　标识符的命名规则

变量需要赋予名称，是"标识符"（Identifier）的一种。程序中声明变量后，系统会分配内存空间。标识符包含变量、常数、对象、类、方法等，必须遵守以下命名规则（Rule）。

- 不可使用 C#关键字来命名。
- 名称的第一个字符使用英文字母或 "_"（下画线）字符。
- 名称中的其他字符可以包含英文字母、数字和下画线。
- 名称的长度不可超过 1023 个字符。
- 尽可能少用单一字母来命名，会增加阅读的难度。

对于初学者来说，只要遵循上述规则即可。不过，Visual C#有三项标识符的惯例：

- PascalCasing：如 "MyComputer"。
- camelCasing：如 "myComputer"。
- 建议避免使用分隔符，如下画线 "_" 和连字符 "-"。

因为 Visual C#的命名惯例是区分英文字母大小写的，所以标识符 "birthday" "Birthday" "BIRTHDAY" 是三个不同的名称。以下标识符对 C#来说也是不正确的。

```
Birth day    //变量不正确，中间有空格符
const        //不能以关键字为标识符
5_number     //不能以数字作为第一个字符
```

3.2.2 关键字

对编译器来说，关键字（Keyword）通常具有特殊意义，所以要预先保留，无法作为标识符。C# 中的关键字如表 3-5 所示。

表 3-5　C#语言的关键字

abstract	as	base	bool	break	byte
case	catch	char	checked	class	const
continue	do	default	delegate	decimal	double
explicit	else	event	enum	extern	false
finally	for	float	fixed	foreach	goto
interface	if	in	int	implicit	internal
namespace	lock	long	is	new	null
operator	out	object	override	params	private
protected	ref	readonly	public	return	sbyte
stackalloc	short	sizeof	sealed	static	string
struct	try	this	throw	true	switch
unchecked	uint	ulong	typeof	unsafe	ushort
volatile	void	using	virtual	while	unsafe

另外一种上下文关键字（Contextual Keyword）必须依据上下文来做判断，它并不是 Visual C#的关键字，但会用于 C# 的类或方法，因此使用标识符名称时应该尽可能地避开它们，可参考表 3-6。

表 3-6　上下文关键字

ascending	add	async	await	alias	from	into
dynamic	get	global	group	set	nameof	value
orderby	let	join	partial	remove	select	when
descending	var	where	yield			

3.2.3 声明变量

声明变量的作用是为了获得内存的使用空间，之后才能存储设置的数据或运算后的数据。语法如下：

```
数据类型 变量名称；
```

一个变量只能存放一份数据，存放的数据值为"变量值"。声明变量的同时可以使用"="（等号运算符，即赋值符号）给变量赋初值。例一语法如下：

```
int number = 25;
float result = 356.78F;
```

→ 给变量赋值时，若是浮点数 float 的值，则要在数值后面加上后置字符 f 或 F。

例二：声明变量的合法语句。

```
float num1, num2;          //变量 num1 和 num2 都声明为 float 类型
num1 = num2 = 25.235F;  //给变量 num1 和 num2 赋予相同的值
```

归纳以上语句，使用变量时所具备的基本属性如表 3-7 所示。

表 3-7　变量的基本属性

属　　性	说　　明
名称（Name）	能在程序代码中予以识别
数据类型（DataType）	决定变量值可存放的内存空间
地址（Address）	存放变量值的内存地址
值（Value）	存储在内存中的数据，可以随程序的执行而改变
生命周期（Lifetime）	变量值使用时的"存活"时间
作用域（Scope）	声明变量后能起作用的范围

对于控制台应用程序而言，使用的变量若声明于 Main()主程序中，则它就是一个"局部变量"（Local Variable），只适用于 Main()主程序的范围内。离开了主程序，局部变量的生命周期就"结束"了。

范例 项目 "Ex0304.csproj" 声明变量并设置初值

新建控制台应用程序项目，勾选"将解决方案和项目放在同一目录中"复选框。在 Main()主程序编写如下程序代码。

```
01 using static System.Console; //导入静态类
11 static void Main(string[] args)
12 {
13     int num1 = 120;        //声明第一个变量并赋予初值
14     int num2 = 42_578;     //声明第二个变量并赋予初值
```

```
15    WriteLine($"数值一：{num1}，数值二：{num2}");
16    WriteLine($"两数相加： {(num1 + num2):N0}");
17    ReadKey();
18 }
```

【生成可执行程序再执行】

按 F5 键，程序执行结果如图 3-7 所示。

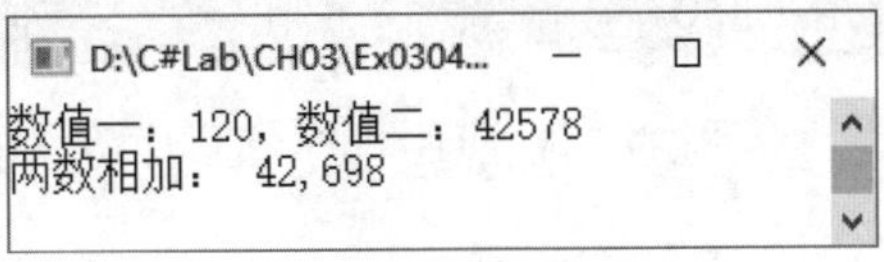

【程序说明】

◆ 第 13 和第 14 行：声明变量 num1 和 num2，
再把它们相加。

```
D:\C#\Lab\CH03\Ex0304...    —    □    ×
数值一：120，数值二：42578
两数相加： 42,698
```

图 3-7 执行结果

◆ 第 16 行：调用 WriteLine()方法输出时，设置
格式化字符 "(num1 + num2):N0"，表示数值含有千位符号但不含小数。

◯ **将数值声明为 short 类型**

因为编译器碰到整数时，会默认为 int 类型，所以当两个 short 类型的数值相加就会发生
错误，如图 3-8 所示。

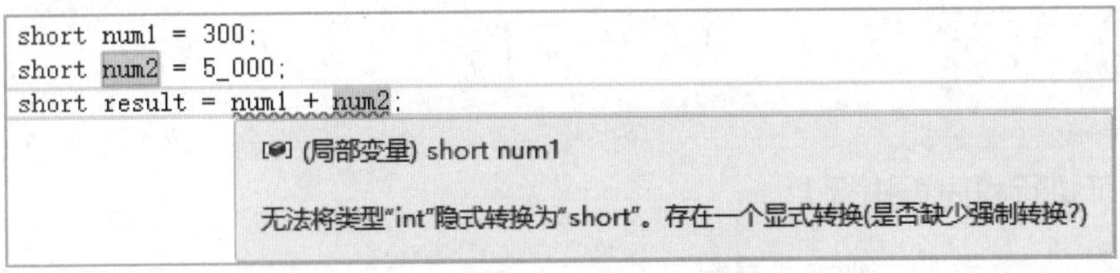

```
short num1 = 300;
short num2 = 5_000;
short result = num1 + num2;
          ⟨☑⟩ (局部变量) short num1

          无法将类型"int"隐式转换为"short"。存在一个显式转换(是否缺少强制转换?)
```

图 3-8 将数值声明为 Short 类型

要如何处理呢？方法一是将两个数值相加的结果转换为 short 类型；方法二是将存储结果
的变量声明为 int 类型，这样运算结果会自动转换为 int 类型。

```
short num1 = 300;
short num2 = 5_000;
short result = (short)(num1 + num2);   //强迫转换为 short 类型
int result2 = num1 + num2;             //将变量 result2 声明为 int 类型
```

3.2.4 常数

在某些情况下会希望在执行应用程序的过程中变量的值维持不变，这时使用常数
（Constant）来代替是一个比较好的方式。或许要思考这样的问题：为什么要使用常数？主要
是避免程序代码的出错。例如，有一个数值 "0.000025"，运算时有可能打错而导致结果错误，
如果以常数值处理，只要记住常数名称，就可以减少程序出错的概率。

◯ **声明常数**

在 C#中使用常数时要加入关键字 "const"，声明常数的同时要赋予初值，语法如下：

```
const 数据类型 常数名称 = 常数值;
```

常数名称也要遵守标识符的规范，以常数声明圆周率 π 的语句如下：

```
const double PI = 3.141596;
```

范例 项目 "Ex0305.csproj" 实数声明常数，将输入坪数换算为平方米

新建控制台应用程序项目，在 Main()主程序中编写如下程序代码。

```
01 using static System.Console; //导入静态类
11 static void Main(string[] args)
12 {
13     //将换算单位声明为常数，结果存储在 area 中
14     const float Square = 3.0579F;
15     float area;
16     Write("请输入坪数: ");
17     //用 Parse()方法转换为 float 类型
18     area = float.Parse(Console.ReadLine());
19     WriteLine($"{area} = {Square * area}平方米");
20     ReadKey();
21 }
```

【生成可执行程序再执行】

按 F5 键，若无错误，则输入整数值并按下 Enter
键，程序的执行结果如图 3-9 所示。

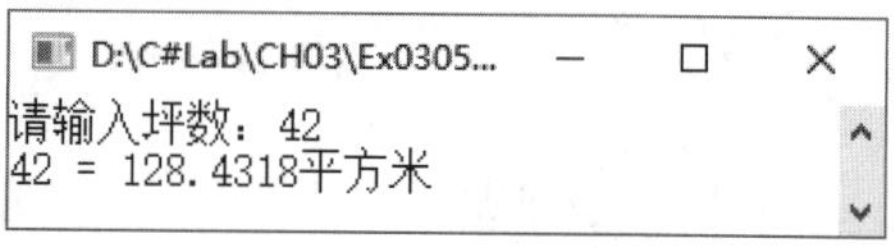

【程序说明】

图 3-9　执行结果

◆ 第 14 行: 声明 Square 为常数并设置常数值。
◆ 第 18 行: 由于 ReadLine()方法读进来的是字符串，因此必须用 Parse()方法转换为浮
点数。

3.3 ▶ 自定义类型与转换

除了 Visual C#提供的值类型外，我们还可以用枚举自定义常数值，或者以结构类型来设
置不同类型的数据。之前已经使用过类型的转换，下面再来看看有哪些类型转换的方法。

3.3.1 枚举类型

枚举数据类型（Enumeration）提供相关整数的组合，只能以 byte、short、int 和 long 为数
据类型。定义的枚举成员需将常数值初始化，语法如下：

```
enum EnumerationName [: 整数类型]
{
    成员名称 1 [ = 起始值]
    成员名称 2 [ = 起始值]
    . . .

}
```

- 声明枚举常数值，必须以 enum 关键字为开头。
- EnumerationName: 枚举类型名称。命名规则采用 PascalCasing，也就是第一个英文字母要大写。
- 枚举的数据类型只能以整数声明，默认数据类型是 int。
- 枚举成员名称后，可指定常数值。若未指定，则默认常数值从 0 开始。

通常在命名空间下定义枚举类型，便于命名空间的存取。枚举类型以"{"左大括号开始，以"}"右大括号结束，枚举成员定义于大括号括起来的区块中。

例一：

```
enum Season {spring, summer, autumn, winter};
```

- 表示枚举成员 spring 的值从 0 开始，按序递增，所以 summer 的值是 1，winter 的值是 3。

例二：将东、西、南、北以枚举类型定义为常数值。

```
enum Location : byte
   {east = 11, west = 12, south = 13, north = 14};
```

- 将东、西、南、北以枚举类型来定义，并指定它的值类型为 byte。

定义了枚举类型的成员之后，直接使用"枚举名称.成员"来调用某个枚举成员。

```
Console.WriteLine("Location.east");                    //输出 east
Console. WriteLine($"east={(byte)Location.east}");     //输出 11
```

使用已定义的枚举来声明变量，相关语法如下：

```
EnumerationName 变量名称;
变量名称 = EnumerationName.枚举成员;
```

在上述例子中，声明了 Location 的枚举常数之后，我们就可以直接使用枚举成员或变量名来存取枚举类型的成员了。

```
Location site;              //声明枚举类型的变量
site = Location.east;    //存取枚举类型的变量
Location site = Location.east;    //将两行语句合并成一行语句
```

范例 项目 "Ex0306.csproj" 使用枚举

01 新建控制台应用程序项目。

02 在命名空间 "Ex0306" 下声明 enum（输入 enum 关键字，再按两次 Tab 键产生相关语句），如图 3-10 所示。

步 骤 说 明

何处可声明枚举？除了命名空间之下，还可以在类程序下声明。

```
class Program
{
    //声明枚举
    enum City { . . .}
        static void Main() { . . .}
}
```

03 若声明的 enum 无误，则输入 "."（句点）运算符时会列出 enum 成员，移动箭头键进行选择，选中后会呈反白状态，按 Enter 键或空格键可将枚举成员加入程序语句，如图 3-11 所示。

```
 7  □namespace Ex0306
 8   {
 9        //声明枚举类型常数值
10   □    enum City : int
11        {
12            Shanghai = 200000,
13            Hangzhou = 310000,
14            Ningbo = 315000,
15            Shaoxing = 312000,
16            Wenzhou = 325000
17        }
```

图 3-10　声明枚举　　　　　　　　图 3-11　将枚举成员加入程序语句

04 在 Main() 主程序中编写如下程序代码。

```
01 using static System.Console;    //导入静态类
11 static void Main(string[] args)
12 {
13    //step2.声明枚举变量
14    City zone1, zone2;
15    int pt1, pt2;
16    //step3.存取枚举成员
17    zone1 = City.Shanghai;
18    zone2 = City.Hangzhou;
19    //输出常数值必须指定类型转换
20    pt1 = (int)City.Ningbo;
```

```
21     pt2 = (int)City.Shaoxing;
22     WriteLine($"城市: {zone1}, {zone2}");
23     WriteLine($"宁波、绍兴的邮政编码: {pt1}, {pt2}");
24     ReadLine();
25  }
```

【生成可执行程序再执行】

按 F5 键，程序的执行结果如图 3-12 所示。

【程序说明】

◆ 第 14、15 行：声明枚举变量 zone1、zone2 和
数值变量 pt1、pt2，分别用于存取枚举类型
City 的成员。

图 3-12　执行结果

◆ 第 17、18 行：以枚举变量存取枚举类型成员。

◆ 第 20、21 行：一般变量存取枚举成员时，成员要按其类型转换为 int，此处使用显式
类型转换，可参考第 3.3.3 小节。

◆ 第 22、23 行：输出 enum 成员时，枚举变量只会用成员名称来输出，而变量则会输出
所定义的常数值。

3.3.2　结构

在存储数据时，有时会碰到数据由不同的数据类型组成的情况。例如，学生注册时要有
姓名、入学日期、缴纳费用等。以"用户自定义类型"（User Defined Type）来看，"结构"
（Structure）可符合上述需求，即组合不同类型的数据项，语法如下：

```
[AccessModifier] struct 结构名称
{
    数据类型 成员名称1;
    数据类型 成员名称2;
}
```

◆ AccessModifier 是存取权限修饰词，设置结构的存取范围，包含 public、private 等。

◆ 定义结构时，必须以{}来表示结构的开始和结束。

◆ "结构名称"的命名规则采用 PascalCasing，也就是第一个英文字母要大写。

◆ 每一个结构成员可以根据需求定义不同的数据类型。

结构类型是一种"复合数据类型"。要先创建一个结构变量才能使用此结构类型的成员，
语法如下：

```
结构类型 结构变量名称;
结构变量名称.结构成员
```

◆ 要存取结构成员，同样要使用"."（句点）运算符。

范例 项目"Ex0307.csproj"结构类型的使用

01 新建控制台应用程序项目并命名为"Ex0307"，在此命名空间下，编写结构类型的程序代码，如图 3-13 所示。

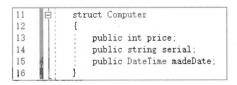

```
11  ⊟    struct Computer
12       {
13            public int price;
14            public string serial;
15            public DateTime madeDate;
16       }
```

图 3-13　编写程序代码

步 骤 说 明

枚举和结构名称的第一个英文字母必须大写，否则系统会提示错误信息，如图 3-14 所示。

```
struct computer
```
```
     struct Ex0307.computer
     命名规则冲突: 这些字必须以大写字符开头: computer
     显示可能的修补程序 (Alt+Enter或Ctrl+.)
```

图 3-14　提示错误信息

02 在 Main() 主程序中编写如下程序代码。

```
01 using static System.Console; //导入静态类
11 static void Main(string[] args)
12 {
13     Computer personPC;   //声明结构变量
14     personPC.price = 6_750;
15     personPC.madeDate = DateTime.Today;
16     personPC.serial = "ZCT-20180309B";
17     WriteLine($"计算机价格 {personPC.price:c0}" +
18         $"\n制造日期 {personPC.madeDate:D}" +
19         $"\n序号 {personPC.serial}");
20     ReadKey();
21 }
```

【生成可执行程序再执行】

按 F5 键，程序执行结果如图 3-15 所示。

【程序说明】

图 3-15　执行结果

◆ 第 13 行，声明一个结构变量 personPC，用来存取结构成员。

◆ 第 14~16 行，用结构变量设置成员的初值，使用 "."（句点）运算符存取结构成员，DateTime.Today 能获取今天的日期，再赋值给结构成员 madeDate。

◆ 第 17~19 行：输出结构变量的值，price 之后的 c0 会以货币加上千位分隔号的格式来输出，madeDate 获取系统当前的日期，D 表示只输出日期。

> ※ 提示 ※
>
> 对于 C# 来说，如何把程序代码分行？只要有括号、逗点，就可以将语句折成两行。使用"字符串内插"方式时，则是把字符串折行，所以要用"+"字符进行串接。

```
WriteLine($"价格-{personPC.price:C}" +
          $"\n 制造日期：{personPC.madeDay:D}" +
          $"\n 序号：{personPC.serial}");
```

3.3.3 隐式类型转换

"数据类型转换"（Type Conversion）就是将 A 数据类型转换为 B 数据类型。什么情况下会需要类型转换呢？例如，运算的数据同时拥有整数和浮点数。还有一种常见的情况，例如范例"Ex0306"中的语句：

```
pt1 = (int)City.Ningbo;
```

◆ 将枚举常数用转换运算符()转为 int 类型。

"隐式类型转换"是指程序在运行过程中根据数据的作用自动转换为另一种数据类型。可以通过图 3-16 来说明不同类型之间的转换原则。

图 3-16　含有正负符号的数值类型转换

当数据含有正负值（有符号数）时，图 3-16 最左边的"sbyte"是占用内存空间最小的数据类型，最右边的"double"是占用内存空间最大的数据类型。从小空间转换成大空间是"扩展转换"，如图 3-17 所示。"缩小转换"则是从大空间转换成小空间，但有可能造成存储数值的遗失。例如，数据类型为"long"的变量，转换成 decimal、float 或 double 都为"扩展转换"，转换为 int、short、sbyte 则可能会因溢出现象（overflow）造成数据的遗失。

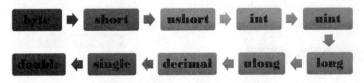

图 3-17　无符号数值的类型转换

当数据不含正负值（无符号数）时，从图 3-17 可以得知："byte"是占用内存空间最小的数据类型，"double"是占用内存空间最大的数据类型。"扩展转换"就是从 byte 按箭头方向转换至大空间；"缩小转换"则是从 double 大空间按箭头反方向转换成小空间，这种情况有可能造成存储值的遗失。例如，数据类型为"uint"的变量，转换成 long、ulong、decimal、float 或 double 都为"扩展转换"，转换为 int、ushort、short、byte 可能会因溢出现象造成数据的遗失。更明确的做法可参考表 3-8 的说明。

表 3-8　隐式类型转换

类型	可以自动转换的类型
sbyte	short、int、long、float、double 或 decimal
byte	short、ushort、int、unit、long、ulong、float、double 或 decimal
short	int、long、float、double 或 decimal
ushort	int、uint、long、ulong、float、double 或 decimal
int	long、float、double 或 decimal
uint	long、ulong、float、double 或 decimal
long	float、double 或 decimal
char	ushort、int、unit、long、ulong、float、double 或 decimal
float	double
ulong	float、double 或 decimal

范例 项目"Ex0308.csproj"类型自动转换

01 新建控制台应用程序项目。

02 控制台应用程序项目的 Program.cs 文件名可以使用"属性"窗口来修改其名称，如图 3-18 所示。

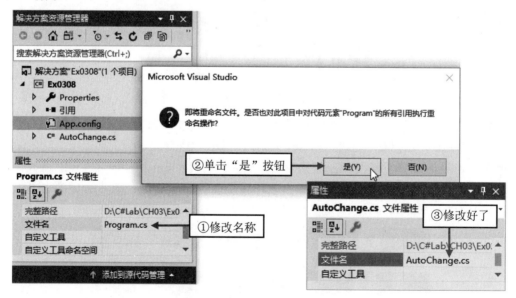

图 3-18　把 Program.cs 文件名修改为 AutoChange.cs

03 在 Main() 主程序中编写如下程序代码。

```
01 using static System.Console; //导入静态类
```

```
11 static void Main(string[] args)
12 {
13    //num1 自动转换为 float 类型
14    int num1 = 125;
15    float num2 = 64.78F;
16    float result = num1 + num2;
17    WriteLine($"{num1} + {num2} = {result}");
18    ReadKey();
19 }
```

【生成可执行程序再执行】

按 F5 键，程序执行结果如图 3-19 所示。

【程序说明】

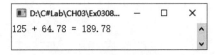

图 3-19 执行结果

- 第 14、15 行：变量 num1 为 int 类型，变量 num2 为 float 类型。
- 第 16 行：将两个变量相加，其中 num1 会自动转换为 float 类型，表示从小空间转换成大空间，数据并无遗失之虑。

3.3.4 显式类型转换

系统的"隐式类型转换"能减轻编写程序代码的负担，相对地，有可能会让数据的类型不明确，或者转换成错误的数据类型。为了降低程序的错误，有必要对数据进行明确的"转型"（Cast）。转型是明确地告知编译器要转换的类型。若是"缩小转换"，则有可能造成数据遗失。进行类型转型时，有以下三种方式：

- 使用转换运算符()（括号）。
- 使用 Parse()方法。
- 用 Convert 类提供的方法进行转换。

转换类型时，要在变量或表达式前用转换运算符 "()" 指明要转换的类型，语法如下：

```
变量 = (要转换类型) 变量或表达式；
```

这种显式类型转换的方法在前面的范例中都使用过。例如：

```
pt2 = (int)City.Shaoxing;
```

- 用转换运算符()将获取的数据转换为 int 类型。

⊃ Parse()方法

类型转换的第二种方法是指定要转换的数据类型。使用 Parse()方法的语法如下：

```
数值变量 = 数据类型.Parse(字符串)；
```

- 用 Parse()方法转换类型时，以 C# 程序设计语言的数据类型为主。

在控制台应用程序中，用 ReadLine()方法读入的数据是字符串，要通过 Parse()方法转换成指定的值类型才能进行后续的运算，语句如下：

```
area = float.Parse(Console.ReadLine());
```

* 用 Parse()方法转换 float 类型，再赋值给 area 变量。

范例 项目"Ex0309.csproj"用 Parse()方法转换类型

新建控制台应用程序项目，在 Main()主程序中编写如下程序代码。

```
01 using static System.Console; //导入静态类
11 static void Main(string[] args)
12 {
13    const double Pound = 2.20462D;//常数
14    Write("请输入千克：");
15    int weight = int.Parse(ReadLine());
16    WriteLine($"{weight}千克 = {weight * Pound}磅");
17    ReadKey();
18 }
```

【生成可执行程序再执行】

按 F5 键，若无错误，则程序执行后提示输入数值，将用户输入的数值进行单位换算，如图 3-20 所示。

D:\C#\Lab\CH03\Ex0309...
请输入千克：52
52千克 = 114.64024磅

图 3-20 执行结果

【程序说明】

* 第 13 行：声明 Pound 为常数并设置常数值。
* 第 15 行：由于 ReadLine()方法读取的值是字符串，因此要用 Parse()方法转换为 int 类型，再赋值给 weight 变量。
* 第 16 行：使用"字符串内插"方式输出计算的结果。

从执行结果可知，变量 weight 虽声明为 int 类型，经过运算后，已从 int 类型自动转换为 double 类型。

⊃ Convert 类

使用 Convert 类提供的方法将表达式转换为兼容的类型。以.NET Framework 的数据类型为主，表 3-9 是与字符串部分有关的方法。

表 3-9 Convert 类提供的方法

C#的类型	Convert 类方法	C# 的类型	Convert 类方法
decimal	ToDecimal(String)	float	ToSingle(String)
double	ToDouble(String)	short	ToInt16(String)
int	ToInt32(String)	long	ToInt64(String)

（续表）

C#的类型	Convert 类方法	C# 的类型	Convert 类方法
ushort	ToUInt16(String)	uint	ToUInt32(String)
ulong	ToUInt64(String)	DateTime	ToDateTime(String)

Convert 类还可以配合其他类型进行数据格式的转换。下面的范例项目中以 ToDateTime() 方法把读取的字符串转为日期格式。ToDateTime()方法的语法如下：

```
DateTime 对象 = Convert.ToDateTime(字符串);
```

◆ DateTime 结构类型用来处理日期和时间。

范例 项目 "Ex0310.csproj" 用 Convert 类中的方法转换类型

新建控制台应用程序项目，在 Main()主程序中编写如下程序代码。

```
01 using static System.Console; //导入静态类
11 static void Main(string[] args)
12 {
13    string thisDay, birth;
14    //DateTime 对象
15    DateTime special, Atonce;
16    Write("请输入你的生日: ");
17    birth = ReadLine(); //读取日期
18    special = Convert.ToDateTime(birth);
19    Atonce = DateTime.Now;
20    thisDay = Convert.ToString(Atonce);
21    WriteLine($"今天是{thisDay} \n 你的生日 {special}");
22    ReadKey();//暂停
23 }
```

【生成可执行程序再执行】

按 F5 键，若无错误，则执行程序时输入正确格式的日期，得到如图 3-21 所示的结果。

【程序说明】

◆ 第 14 行：声明 DataTime 结构类的对象 special、Atonce。

◆ 第 17、18 行：ReadLine()方法读取输入字符串后，赋值给 birth 变量。Convert 类的 ToDateTime()方法将读取的数据转换为日期后，赋值给 special 对象。

◆ 第 19、20 行：通过 DateTime 结构类的属性 Now 获取当前的日期和时间，再用结构类的对象 Atonce 来存储，然后调用 Convert 类的 ToString()方法把 Atonce 的内容转换为字符串，赋值给 thisDay 变量。

需要注意的是，执行时输入的日期格式必须是"1996/3/25"，不能输入"19960325"，编译器会认为后者是数字而抛出如图 3-22 所示的异常（Exception），程序会进入中断模式（见图 3-23），必须依次选择"调试→停止调试"菜单选项，或者关闭控制台窗口来恢复原状。

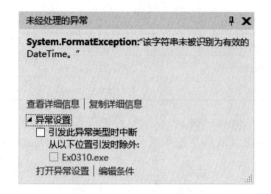

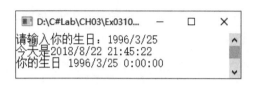

图 3-21　执行结果　　　　　　　　图 3-22　输入错误产生的异常情况

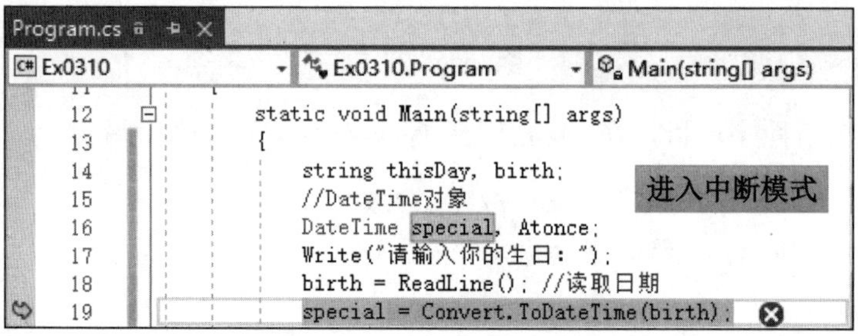

图 3-23　输入错误而导致进入中断模式

3.4 运算符

在程序设计语言中，通过运算会产生新值，其中的表达式（Expression）就是由操作数和运算符结合而成。"操作数"（Operand）是被运算符处理的数据，包括变量、常数值等；"运算符"（Operator）指的是一些数学符号，如＋（加）、－（减）、*（乘）、/（除）等。运算符会针对特定的操作数进行处理，例如：

```
total = A + (B * 6);
```

在上述表达式中，操作数包含变量 total、A、B 和数值 6，包括运算符 =、+、()、*。表达式可由多个操作数配合运算符来组成，若运算符只使用一个操作数，则被称为"单目"（Unary）运算符；如果有两个操作数，就被称为"双目"（Binary）运算符。"? :"是 C# 语言中唯一的三目运算符。C# 语言究竟提供了哪些运算符呢？大致分为以下几种。

- 算术运算符：用于数值计算。
- 赋值运算符：可用于给变量设置值，也可以用于简化加、减、乘、除的运算。
- 关系运算符：比较两个表达式，并返回 True 或 False 的比较结果。
- 逻辑运算符：用于流程控制，对操作数进行逻辑判断。

需要注意的是，"="（等号）运算符是指"赋值、设置为"，而不是数学式中的"相等"。常见的做法是把等号右边的数值赋值给等号左边的变量使用。

3.4.1 算术运算符

算术运算符用来进行加、减、乘、除的计算。表 3-10 列出了常用的算术运算符。

表 3-10 算术运算符

运 算 符	例 子	说 明
+	x = 20 + 30	将两个操作数（数值）20、30 相加，可当正号使用
—	x = 45 − 20	将两个数值相减，可当负号使用
*	x = 25 * 36	将两个数值相乘
/	x = 50 / 5	将两个数值相除
%	x = 20 % 3	相除后取所得的余数，x = 2

表达式中有多个运算符时，运算优先级的原则就是"从左到右，先乘除后加减，有括号的优先"。单目运算符的用法较为特殊，可以配合加、减运算符构成递增或递减运算符，范例语句如下：

```
int num1 = 5;
int num2 = 10;
++num1;  //递增运算符：表示操作数本身会自行加 1
--num2;  //递减运算符：表示操作数本身会自行减 1
```

使用递增或递减运算符时，运算符放在操作数前，称为"前置"运算；运算符放在操作数后，称为"后置"运算。范例语句如下：

范例 项目"Ex0311.csproj"算术运算

```
int num1 = 5;
int num2 = 10;
int number = num1 + ++num2;  //num2 执行前置运算
Console.WriteLine("number = {0}, num2 = {1}", number, num2);
number = num1 + num2--;      //num2 执行后置运算
Console.WriteLine("number = {0}, num2 = {1}", number, num2);
```

- num2 执行前置运算，它要先自行加 1，再与 num1 进行加法运算，这条语句执行完得到的结果是"number 的值为 16，num2 的值为 11"。
- num2 执行后置运算，它要先与 num1 进行加法运算，然后本身再自行减 1（即 11 - 1，因为在前面的运算中 num2 加过一次 1 了），这条语句执行完得到的结果是"number 的值为 16，num2 的值为 10"。

范例 项目"Ex0312.csproj"数值的基本运算

新建控制台应用程序项目，在 Main()主程序中编写如下程序代码。

```
01 using static System.Console; //导入静态类
02 static void Main(string[] args)
03 {
04     int num1 = 14_652; int num2 = 35;
05     //两数相除,将变量num2转换为float类型
06     float result = (float)num1/num2;
07     WriteLine($"{num1} + {num2} = {(num1 + num2):n0}");
08     WriteLine($"{num1} - {num2} = {(num1 - num2):n0}");
09     WriteLine($"{num1} * {num2} = {(num1 * num2):n0}");
10     WriteLine($"{num1} / {num2} = {result:f5}");
11     WriteLine($"{num1} % {num2} = {(num1 % num2):n0}");
12     ReadKey();
13 }
```

【生成可执行程序再执行】

按 F5 键,程序执行的结果如图 3-24 所示。

【程序说明】

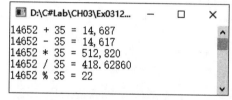

- ◆ 声明两个整数变量并赋值,以执行基本的相加、相减、相乘、相除和求取余数运算。
- ◆ 第 15 行: 两数相除不一定能整除,将变量 num1 转换为 float 类型,同时把存储运算结果

图 3-24 执行结果

的 result 变量声明为 float 类型,这样才能有效地存储含有小数的运算结果。

- ◆ 第 19 行: WriteLine()方法输出时会输出 5 位小数。

3.4.2 赋值运算符

赋值运算符用来简化加、减、乘、除的表达式。例如,将两个操作数相加,语句如下:

```
int num1 = 25;
int num2 = 30;
num1 = num1 + num2; //可以使用赋值运算符进行运算并修改相关变量的值

num1 += numb2;
```

原本是 num1 与 num2 相加后再赋值给 num1 变量,但可经过赋值运算符简化语句。C# 中有哪些赋值运算符呢? 这里先列举表 3-11 中的几种。

表 3-11　赋值运算符

运　算　符	例　　子	说　　明
=	op1 = op2	将操作数 op2 赋值给变量 op1
+=	op1 += op2	op1、op2 相加后,再赋值给 op1
—=	op1 —= op2	op1、op2 相减后,再赋值给 op1
*=	op1 *= op2	op1、op2 相乘后,再赋值给 op1

（续表）

运 算 符	例 子	说 明
/=	op1 /= op2	op1、op2 相除后，再赋值给 op1
%=	op1 %= op2	op1、op2 相除后，将所得余数赋值给 op1

范例 项目 "Ex0313.csproj" 赋值运算符

新建控制台应用程序项目，在 Main()主程序中编写如下程序代码。

```
01 using static System.Console; //导入静态类
11 static void Main(string[] args)
12 {
13    float num1 = 52.00F;
14    float num2 = 123_788.655F;
15    WriteLine($"num1 = {num1}, num2 = {num2}");
16    WriteLine($"num1 += num2, num1 = {num1 += num2:n3}");
17    WriteLine($"num1 -= num2, num1 = {num1 -= num2:n3}");
18    WriteLine($"num1 *= num2, num1 = {num1 *= num2:n3}");
19    //重新给变量 num1、num2 赋值
20    num1 = 123_788.655F; num2 = 52.0F;
21    WriteLine($"num1 /= num2, num1 = {num1 /= num2:n5}");
22    WriteLine($"num1 %= num2, num1 = {num1 %= num2:n3}");
23    ReadKey();
24 }
```

【生成可执行程序再执行】

按 F5 键，程序执行的结果如图 3-25 所示。

【程序说明】

◆ 使用赋值运算符执行基本运算。

◆ 第 15 行：WriteLine()方法输出变量的值。

◆ 第 16 行：将变量 num1、num2 相加后的结果
以赋值运算符赋值给变量 num1。

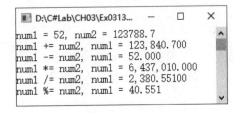

图 3-25 执行结果

◆ 第 17、18、21、22 行：将变量 num1、num2 执行相应的运算，再用赋值运算符把结果
赋值给变量 num1。

3.4.3 关系运算符

关系运算符用来比较两边的表达式，包括字符串、数值等，返回 True 或 False 的结果，
通常应用于流程控制中，可通过表 3-12 来认识它们。

表 3-12　关系运算符

运　算　符	例　子	结　果	说明（op1=20, op2=30）
=	op1 = op2	False	比较两个操作数是否相等
>（大于）	op1 > op2	False	op1 是否大于 op2
<（小于）	op1 < op2	True	op1 是否小于 op2
≥（大于或等于）	op1≥op2	False	op1 是否大于或等于 op2
≤（小于或等于）	op1≤op2	True	op1 是否小于或等于 op2
!=（不等于）	op1 != op2	True	op1 是否不等于 op2

范例 项目 "Ex0314.csproj" 关系运算符

新建控制台应用程序项目，在 Main()主程序中编写如下程序代码。

```
01 using static System.Console; //导入静态类
11 static void Main(string[] args)
12 {
13     int a = 25; int b = 147; int c = 67;
14     WriteLine($"a={a}, b={b}, c={c}");
15     bool result = (a + b) > (a + c);
16     WriteLine($"a+b > a+c, 返回 {result}");
17     result = (b - c) < (c - a);
18     WriteLine($"b-c < c-a, 返回 {result}");
19     result = a == 25;
20     WriteLine($"a == 25, 返回 {result}");
21     result = b != 25;
22     WriteLine($"b != 25, 返回 {result}");
23     ReadKey();
24 }
```

【生成可执行程序再执行】

按 F5 键，程序执行的结果如图 3-26 所示。

【程序说明】

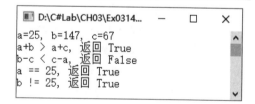

图 3-26　执行结果

- 第 14 行：WriteLine()方法输出变量的值。
- 第 15 行：因为表达式 a+b 的结果确实大于表达式 a+c 的结果，所以返回 True。
- 第 19 行：变量 a 是否等于数值 25，使用 "==" 运算符（两个等号连起来用表示 "等于"），因为 25 确实等于 25，所以返回 True。
- 第 21 行：变量 b 是否不等于数值 25，使用 "!=" 运算符，因为 147 确实不等于 25，所以返回 False。

3.4.4 逻辑运算符

Visual C# 为程序的控制流程提供了用于逻辑判断的逻辑运算符。逻辑运算符也可以用于两个关系表达式之间的逻辑运算，也就是说，可以与关系运算符配合使用，返回的结果为"真（True）"或"假（False）"两种值。它的语法如下：

结果 = 表达式 1 逻辑运算符 表达式 2;

将操作数进行逻辑判断，返回 True 或 False 的结果，以表 3-13 来说明。

表 3-13　逻辑运算符

运　算　符	表达式 1	表达式 2	结　　果	说　　明
&&（与）	True	True	True	两边表达式为 True 才会返回 True
	True	False	False	
	False	True	False	
	False	False	False	
||（或）	True	True	True	只要一边表达式为 True 就会返回 True
	True	False	True	
	False	True	True	
	False	False	False	
!（否）	True	--	False	将表达式取反，所得结果与原来相反
	False	--	True	

逻辑运算符是如何进行运算的呢？通常采取"短路求值"（Short-Circuit Evaluation）法：

- &&（AND）运算：如果表达式 1 的结果为 False 值，就不会继续对表达式 2 进行判断（或求值）。
- ||（OR）运算：如果表达式 1 的结果为 True 值，就不会继续对表达式 2 进行判断（或求值）。

范例 项目"Ex0315.csproj"使用逻辑运算符

新建控制台应用程序项目，在 Main() 主程序中编写如下程序代码。

```
01 using static System.Console;    //导入静态类

11 static void Main(string[] args)
12 {
13    int a = 25; int b = 55; int c = 147; int d = 223;
14    WriteLine($"a={a}, b={b}, c={c}, d={d}");
15    //&&运算符需两边的表达式都成立才会返回 True
16    bool result = (b > a) && (d > c);
17    WriteLine($"(a>b) && (c>d) = {result}");
18    result = (a > b) || (c > d);
19    WriteLine($"(a>b) || (c>d) = {result}");
```

```
20     result = !(a > b);
21     WriteLine($"!(a>b) = {result}");
22     ReadKey();
23  }
```

【生成可执行程序再执行】

按 F5 键，程序执行的结果如图 3-27 所示。

【程序说明】

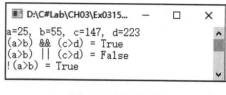

图 3-27　执行结果

- 第 16 行：变量 b 的值大于变量 a，而变量 d 的值也大于 c，由于两边的表达式都成立，因此 && 运算符的运算结果会返回 True。

- 第 18 行：|| 运算符只要一边的表达式成立就会返回 True，而变量 a 的值没有大于 b，变量 c 的值也没有大于 d，所以两边的表达式都不成立，于是返回 False。

- 第 20 行：! 运算符是取反运算，变量 a 的值没有大于 b，返回 False，取反后就变成 True。

3.4.5　运算符的优先级

当表达式中有不同表达式时需要考虑运算符的优先级，采用如下原则：

- 算术运算符的优先级会高于关系运算符、逻辑运算符。
- 比较运算符的优先级都相同，且高于逻辑运算符。
- 优先级相同的运算符根据表达式的位置从左到右执行。

运算符的优先级如表 3-14 所示。

表 3-14　运算符的优先级

优　先　级	运　算　符	运算次序
1	()括号、[]下标	由内向外
2	+（正号）、−（负号）、!、++、--	由内向外
3	*、/、%	从左向右
4	+（加）、−（减）	从左向右
5	<、>、≤、≥	从左向右
6	==、!	从左向右
7	&&	从左向右
8	||	从左向右
9	?:	从右向左
10	=、+=、−=、*=、/=、%=	从右向左

3.5 ▶ 重点整理

- ✦ Visual C# 是一种强类型（Strongly Typed）语言，在 CTS（Common Type System，通用类型系统）下有两种数据类型：值类型和引用类型。
- ✦ 整数类型可分为有符号的类型（有 sbyte、short、int、long）和无符号的类型（有 byte、ushort、uint、ulong）。
- ✦ 浮点数数据类型有 float 和 double。其他数据类型有 bool、char、decimal 和枚举（enum）和结构（struct）。
- ✦ 标识符命名规则（Rule）：①不可使用 C#关键字；②第一个字符使用英文字母或下画线 "_" 字符；③名称中其他字符可以包含英文字符、数字和下画线；④名称长度不可超过 1023 个字符。
- ✦ 变量的基本属性有名称（Name）、数据类型（DataType）、地址（Address）、值（Value）、生命周期（Lifetime）、作用域（Scope，或称为使用范围）。
- ✦ 枚举类型（Enumeration）用一组名称来提供相关常数的组合，只能以 byte、short、int 和 long 为数据类型；定义的枚举类型成员必须以常数值初始化。
- ✦ 结构（Structure）可以在声明范围内组成不同类型的数据项。
- ✦ "隐式类型转换" 是指程序在运行过程中系统会根据数据的作用自动转换为另一种数据类型。
- ✦ .NET Framework 也提供显式类型转换，如 ToString()、Parse()方法，或者使用 Convert 类来转换类型数据。
- ✦ 算术运算符用来执行加、减、乘、除的运算，赋值运算符则用来给变量赋值，或者简化加、减、乘、除的运算。
- ✦ 关系运算符用来比较两边的表达式，包含字符串、数值等，再返回 True 或 False 的结果，通常用于程序的流程控制中。
- ✦ Visual C# 为程序的控制流程提供了用于逻辑判断的逻辑运算符。逻辑运算符也可以用于两个关系表达式之间的逻辑运算，也就是可以与关系运算符配合使用，返回的结果为 "真（True）" 或 "假（False）" 两种值。

3.6 ▶ 课后习题

一、填空题

1. 在 C#语言中，根据数据存储于内存中的情况，分成两种类型：①_____、②_____。

2. 数据类型中，无符号的整数类型有：①_____、②_____、③_____、④_____。

3. decimal 类型提供了数字的最大有效位数，共有_____位。浮点数数据类型是以_____为默认处理的数据类型。

4. 有一个数值为"7894562"，以 int 数据类型配合下画线字符要如何表示？_____。

5. float 类型的后置字符，以_____表示；long 以_____表示；decimal 以_____表示。

6. 声明常数以关键字_____为开头，并且要赋予_____。

7. 声明枚举以关键字_____为开头，默认的数据类型为_____，此外也可使用_____、_____、_____的数据类型。

8. _____是指程序在运行过程中系统会根据数据的作用自动转换为另一种数据类型。

9. 数据类型进行转换时，_____从小空间转换成大空间，如 byte 类型转换成 long 类型；_____从大空间转换成小空间，如 decimal 类型转换成 int 类型。

10. 使用 Convert 进行数据类型转换时，若要把数据转换为 int 类型，则要使用_____；若要把数据转换为 float 类型，则要使用_____。

11. 逻辑运算符_____必须两边表达式为 True 才会返回 True；逻辑运算符_____只要有一边表达式为 True 就会返回 True。

二、问答题与实践题

1. 请说明标识符的命名规则。

2. 使用变量时要有哪些基本属性？请简要说明。

3. 将输入的厘米换算成英寸，"1 inch = 2.54cm"声明为常数，并用 Convert 类把输入值进行数据类型转换。

4. 定义一个以一周内各天为主的枚举常数类型，输出下列结果。

```
Mon = 周 1
Tue = 周 2
 . . .
Sun = 周 7
```

5. 参考范例项目"Ex0309"的方法，将输入的磅数转换为千克值，并用 Parse() 方法进行转换，将原有的 Program.cs 文件更名为"Q5Kgs.cs"。

第4章

流程控制

章 | 节 | 重 | 点

✼ 认识结构化程序是学习程序设计语言的必备基础，借助 UML 活动图来说明流程控制的意义。

✼ 有条件可以选择，从单一条件到多种条件，学习使用 if 语句、if/else 语句、if/else if 语句和 switch/case 语句。

✼ 循环会处理重复的语句，包含 for、while 和 do/while 循环。

✼ break 和 continue 语句通常会配合循环让流程控制更具弹性。

4.1 ▶ 认识结构化程序

常言道：“工欲善其事，必先利其器”。编写程序也要善用技巧，“结构化程序设计”是一种软件开发的基本精神，也就是开发程序时，根据从上而下（Top-Down）的设计策略，将复杂的问题分解成小且简单的问题，产生“模块化”程序代码，由于程序逻辑仅有单一的入口和出口，因此能单独运行。一个结构化的程序包含以下三种流程控制。

- 顺序结构（Sequential）：从上而下的程序语句，这也是前面章节较为常见的处理方式，例如声明变量后，设置变量的初值，如图 4-1 所示。

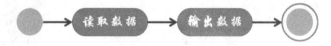

图 4-1　顺序结构

- 选择结构（Selection）：选择结构是一种条件选择语句，可以根据单一条件判断结果的“真”或“假”进行不同分支的选择，或者也可以在多重条件下只能择一。
- 循环结构（Iteration）：循环结构就是循环控制，在条件符合时重复执行，直到条件不符合为止。例如拿了 1000 元去超市购买物品，直到钱花光了才停止购物。

◯ 使用 UML 活动图

后续的流程图中，我们以 UML 的活动图来表达流程控制，有关 UML 活动图的元素可参考表 4-1。

表 4-1　UML 活动图元素

元　　素	说　　明
●	起始点，表示活动的开始
◉	结束点，表示活动的结束
▢	活动，表示一连串的执行细节
→	转移，代表控制权的改变
◇	判断，代表分支转移的准则

4.2 ▶ 条件选择

选择结构根据其条件进行选择；条件分为“单一条件”和“多重条件”。处理单一条件时，if/else 语句能提供单向或双向的处理；多重条件情况下，要返回单一结果，switch/case 语句是处理的法宝。

4.2.1 单一条件选择

我们常常会说:"如果明天下雨,就乘坐公交车吧!"。句子中指出"下雨"是单一条件,"下了雨"表示条件成立,只有一个选择"乘坐公交车",就像 if 语句,语法如下:

```
if(条件表达式) //如果下雨
{
    条件表达式结果为 True 时要执行的程序语句;      //就去乘坐公交车
}
```

- ✦ 使用 if 语句可用一对大括号 {} 来产生程序区块,如果只有一条语句则不需要。
- ✦ "条件表达式"可配合使用关系运算符。若条件成立(True),则会进入程序区块执行其中的语句;若条件不成立(False),则不会进入程序区块。

例如:if 语句配合"关系运算符"判断成绩是否大于等于 60 分。

```
if(grade >= 60)
  Console.WriteLine("Passing…");
```

- ✦ 若 grade 的变量值大于或等于 60,则会输出 "Passing…";若 grade 变量值小于 60,则不会输出任何数据。

以 UML 活动图来表示单一条件的 if 语句,如图 4-2 所示。

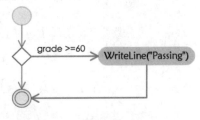

图 4-2　单一条件的 if 语句

操作 "Visual Studio 2019" 输入 if 语句

01 要使用 Visual Studio 2019 的智能输入功能输入 if 语句,可在程序代码编辑器中依次选择 "编辑→IntelliSense→外侧代码"菜单选项。

02 启动"外侧代码"选项列表之后,①选择 if 语句即可加入部分程序代码;②if 语句中的 True 可用条件表达式替换,如图 4-3 所示。

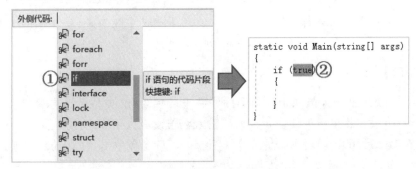

图 4-3　启动"外侧代码"选项列表

※ 提示 ※

快速加入语句

● 先输入关键字 if 再按 Tab 键两次，IntelliSense 就会补上 if 语句的其他代码段，效果和上面的步骤相同。

```
if (True) //将 True 替换为条件表达式
{
    //编写条件表达式为 True 时要执行的语句
}
```

范例 项目 "Ex0401.csproj" 单一条件的 if 语句

新建控制台应用程序项目，在 Main()主程序中编写如下程序代码。

```
01  static void Main(string[] args)
12  {
13      Write("请输入分数: ");
14      //将输入数值转换为 int 类型
15      int score = int.Parse(ReadLine());
16      //分数大于或等于 60 分才会显示"Passing..."
17      if (score >= 60)
18      {
19          WriteLine("Passing...");
20      }
21      ReadLine();//按 Enter 键才能关闭窗口
22  }
```

【生成可执行程序再执行】

按 F5 键，输入数值并按 Enter 键，程序执行结果如图 4-4 所示。

分数大于等于 60 分会显示的信息

分数小于 60 分后不会显示任何信息

图 4-4　执行结果

【程序说明】

◆ 第 5 行: 使用 Parse()方法将读取到的字符串转换为 int 类型后，再赋值给 score 变量。

◆ 第 7 ~ 10 行: if 单一条件语句，如果输入数值没有大于 60，就不会进入 if 程序区块；如果分数大于 60，即表示条件成立（True），就会显示出 "Passing ..." 字符串。

4.2.2 双重条件选择

"如果明天下雨，就乘坐公交车去上课；如果没有下雨，就骑自行车"。表示下雨是单一条件；没有下雨条件就不会成立。此时有两种选择：下了雨，符合条件（True），就乘坐公交车；不下雨，不符合条件（False），就改骑自行车。当单一条件有双向选择时，就得采用 if/else 语句，其语法如下：

```
if(条件表达式)
{
    True 程序语句;
}
else
{
    False 程序语句;
}
```

如果条件的运算结果符合（True），就进入 if 程序块的语句；如果运算结果不符合（False），就执行 else 程序块的语句。else 的语句有多行，要加上{}（大括号）形成程序块。if/else 语句的例子如下：

```
if(grade >= 60)
    Console.WriteLine("Passing…");
else
    Console.WriteLline("Failed");
```

◆ 如果 grade 的变量值大于或等于 60（True），就输出"Passing"；如果 grade 变量值小于 60（False），就输出"Failed"。

以 UML 活动图表示 if/else 单一条件的双向语句，如图 4-5 所示。

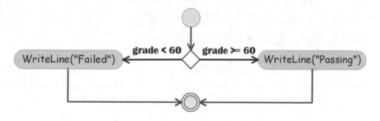

图 4-5　if/else 单一条件的双向语句

范例 项目"Ex0402.csproj" if/else 语句

新建控制台应用程序项目，在 Main()主程序中编写如下程序代码。

```
01 static void Main()
02 {
03    Write("请输入分数：");
```

```
04    int grade = int.Parse(Console.ReadLine());//将输入数值转换为 int 类型
05    if (grade >= 60)            //单一条件的 if 语句
06       WriteLine("考试通过..."); //条件成立
07    else                        //条件不成立
08       WriteLine("多多加油!!");
09    ReadLine();
10  }
```

【生成可执行程序再执行】

按 F5 键，输入分数并按 Enter 键，程序执行的结果如图 4-6 所示。

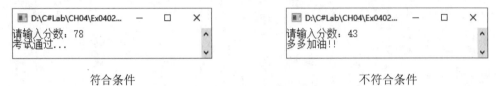

符合条件   不符合条件

图 4-6　执行结果

【程序说明】

- 第 5~6 行：if/else 语句的 if 程序区块，当 grade 变量值大于或等于 60 时，表示条件表达式符合（即结果为 True），则会输出第 9 行的信息。
- 第 9~10 行：由于 else 语句之后只有一条语句，因此省略了大括号。当条件不符合时（即结果为 False），则会输出"多多加油"的信息。

⊃ 使用条件运算符

if/else 语句也可以使用 "?:" 条件运算符来取代，它是 Visual C# 唯一的三元运算符。因为运算时需要三个操作数故得此名，其语法如下：

```
条件表达式 ? True 语句 : False 语句
```

- 条件表达式成立时，执行 "?" 运算符后的语句。
- 条件表达式不成立时，则执行 ":" 运算符后的语句。

例如：将前一个范例用条件运算符来表达。

```
var result = (grade >= 60) ? "Passing..." : "Failed!!";
WriteLine(result);
```

- 用 var 关键字声明 result 变量，执行时让编译器指派适合的类型。
- 条件运算后的结果赋值变量 result，再用 WriteLine()方法输出结果。

在控制台应用程序中，条件运算符也能配合 WriteLine()方法进行输出，通过下述范例来实际了解一下。

范例 项目 "Ex0403.csproj" 条件运算符

新建控制台应用程序项目，在 Main()主程序中编写如下程序代码。

```
01 using static System.Console;
02 using static System.Math;
11 static void Main(string[] args)
12 {
13    ushort guess = 79;
14    Write("请输入 1~100 的数值: ");
15    ushort result = ushort.Parse(ReadLine());
16    //条件运算符?: result>one, 则显示 result, 否则就显示 guess
17    WriteLine(result > guess ?        //条件表达式
18       $"{result} 大于默认值 {guess}" :  //True 时执行的语句
19       $"{result} 小于默认值 {guess}");  //False 时执行的语句
20    WriteLine(result > guess ? //条件表达式
21       $"{guess}平方根 = {Sqrt(guess):f6}" : //True
22       $"{result}的 3 次方 = {Pow(result, 3):N0}"); //False
23    ReadKey();
24 }
```

【生成可执行程序再执行】

按 F5 键，输入数值并按 Enter 键，程序执行的结果如图 4-7 所示。

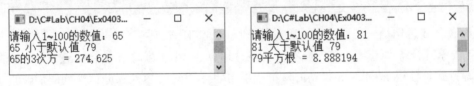

图 4-7 执行结果

【程序说明】

◆ 第 2 行：Math 本身为静态类，提供了数学计算的方法，用 using static 语句导入。

◆ 第 15 行：ReadLine()方法读取输入数值，用 Parse()方法转换为 ushort 类型，再赋值给变量 result。

◆ 第 17~19 行：用 WriteLine()方法输出时，配合 "? :" 条件运算符进行判断。若 result 变量值大于 guess 的值，就输出 result；反之，就输出 guess 的默认值。

◆ 第 20~22 行：根据前一个条件语句，若 result 值大于 guess 值，则会算出 guess 的平方根，否则计算 result 的 3 次方的值。

4.2.3 嵌套 if 语句

嵌套 if 基本上是 "if/else" 语句的变形，换句话说就是 "if/else" 语句中还含有 "if/else"，如同洋葱一般，一层一层由外向内裹成条件。执行时，符合第一个条件，才会进入第二个条件，一层层进入到最后一个条件。所以使用嵌套 if 可以让程序语句有所变化，其语法如下：

```
if(条件运算1)    //第一层 if
{
    if(条件运算2)    //第二层 if
    {
        if(条件运算3)    //第三层 if
        {
        //符合条件运算1、2、3时要执行的语句;
        }
        else
        {
            //符合条件运算1、2，但不符合条件运算3时要执行的语句;
        }
    }
    else    //第二层 else
    {
        //符合条件运算1，但不符合条件运算2时要执行的语句;
    }
}
else    //第一层 else
{
    //不符合条件运算1时要执行的语句
}
```

因为嵌套 if 语句是一层层进入，所以第三层 if 语句代表它符合条件运算 1、2、3。第三层 else 语句表示符合条件运算 1、2，但不符合条件运算 3。由于嵌套 if 结构比较复杂，因此比较好的编写方式是使用 IntelliSense 先加入第一层 if/else 语句，填入部分程序代码后，再加入第二层 if/else 语句，以此方式往下加入下一层 if/else 语句，如图 4-8 所示。

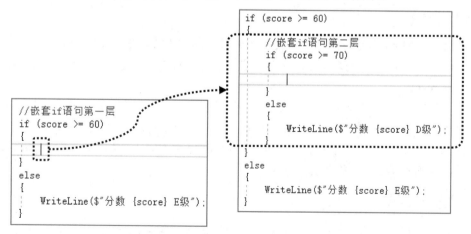

图 4-8　编写嵌套 if 语句

程序代码的适时注释和缩排便于阅读和日后维护，没有缩排的程序代码还有可能会造成编译的错误。如图 4-9 所示，程序代码没有缩进，增加了阅读的困难度。

我们把成绩单的分数分成 5 个等级，等级 A 为 90~100 分、等级 B 为 80~89 分、等级 C 为 70~79 分、等级 D 为 60~69 分、等级 E 为 60 分以下，使用嵌套 if 实现成绩的分级，流程控制如图 4-10 所示。

```
if (score >= 60)
{
if (score >= 70)
{
    ⋮
}
else
    WriteLine($"分数 {score} D级");
}
else
    WriteLine($"分数 {score} E级");
```

图 4-9　没有缩排的程序代码

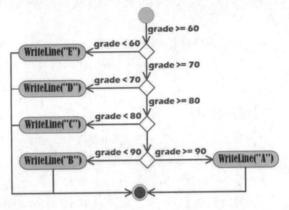

图 4-10　嵌套 if 语句

范例 项目 "Ex0404.csproj" 嵌套 if 语句

新建控制台应用程序项目，在 Main() 主程序中编写如下程序代码。

```
01  static void Main(string[] args)
02  {
03    Write("请输入分数：");
04    ushort score = ushort.Parse(ReadLine());
05    if (score >= 60)    //嵌套 if 语句第一层：大于或等于 60 分
06    {
07      if (score >= 70)    //嵌套 if 语句第二层：大于或等于 70 分
08      {
09        if (score >= 80)    //嵌套 if 语句第三层：大于或等于 80 分
10        {
11          //条件运算符：大于或等于 90 分
12          WriteLine(score >= 90 ? $"分数 {score} A级"
13            : $"分数 {score} B级");
14        }
15        else
16          WriteLine($"分数 {score} C级");
17      } //第二层 if
18      else
19        WriteLine($"分数 {score} D级");
20    } //第一层 if
21    else
```

```
22        WriteLine($"分数 {score} E级");
23        ReadKey();
24    }
```

【生成可执行程序再执行】

按 F5 键，输入分数并按 Enter 键，程序执行的结果如图 4-11 所示。

图 4-11 执行结果

【程序说明】

- 第 5~22 行：第一层 if/else 语句，如果分数大于或等于 60，就进入第二层 if 语句；如果小于 60 分，就进入第 22 行 else 语句，得到评级为 E 级的结果。

- 第 7~19 行：第二层 if/else 语句，如果分数大于或等于 70，就进入第三层 if 语句；如果分数小于 70 分，就进入第 19 行 else 语句，得到评级为 D 级的结果。

- 第 9~16 行：第三层的 if/else 语句，如果分数大于或等于 80，就进入第三层 if 语句；如果分数小于 80 分，就进入第 16 行 else 语句，得到评级为 C 级的结果。

- 第 12~13 行：使用条件运算符，如果分数大于或等于 90，就输出评级为 A 级；如果分数小于 90 分，就输出评级为 B 级。

4.2.4 多重条件选择

当条件是多个的情况下，if/else 语句变身为嵌套 if，会增加程序编写的难度。因此，if/else 变成 "if/else if/else" 语句，或者使用 "switch/case" 语句，都是不错的处理方法。先来看一下 switch/case 的语法：

```
switch(表达式)
{
   case 值1：
      程序块1；
      break；
   case 值2：
      程序块2；
      break；
...
   case 值n：
      程序块n；
      break；
   default：
      程序块n+1；
      break；
}
```

- switch 语句会形成一个程序区块，其表达式可为数值或字符串。
- 每个 case 标签都会指定一个常数值，但不能以相同的值同时提供给两个 case 语句使用。另外，case 语句中常数值的数据类型必须和表达式相同。
- 执行 switch 语句，会进入 case 区块寻找匹配的值，执行完 case 程序区块中的语句后，以 break 语句离开 switch 程序区块。
- 如果没有任何值匹配 case 语句，就会跳到 default 语句，执行该程序区块中的语句。

※ 提示 ※

按两次 Tab 键自动输入相关的语句。

- 如何快速输入 switch/case 语句呢？在程序代码编辑区，输入部分关键字 "swit"，再连续按两次 Tab 键，就能自动输入 switch 程序语句区块的框架，如图 4-12 所示。

```
switch (switch on)
{
    default:
}
```

图 4-12 自动输入 switch 程序语句区块的框架

- 再把其中的 "switch_on" 修改为表达式，然后补入其他语句即可。

范例 项目 "Ex0405.csproj" switch/case 语句

下面列出与 switch/case 语句有关的部分程序代码。完整的范例项目可参考 "MoreSelects.cs"。

```
01  switch (days)//进行多重条件判断
02  {
03    case 0: //数值 0 是星期天，存取枚举成员
04      WriteLine($"{Weeks.Sunday} 是星期天");
05      break;
06    case 1:  //数值 1 是星期一
07      WriteLine($"{Weeks.Monday} 是星期一");
08      break;
09    case 2:  //数值 2 是星期二
10      WriteLine($"{Weeks.Tuesday} 是星期二");
11      break;
12      //省略部分程序代码
13    default: //输入 0~6 以外的数值
14      WriteLine("数字不正确，请重新输入");
15      break;
16  }
```

図 4-13 执行结果

【生成可执行程序再执行】

按 F5 键，输入数值并按 Enter 键，程序执行的结果如图 4-13 所示。

【程序说明】

- 先使用"枚举"定义星期常数值，再以 switch 判断输入的数值应转换的星期数字。
- 第 1~16 行：使用 switch 语句判断输入的 day 值。如果输入的是 0~6 以外的数值，就跳到第 13 行的 default 语句，提示用户重新输入数值。
- 第 3~5 行：若 days 值为 0，则 "Weeks.Sunday"（Weeks 为枚举名称）输出星期天，并以 break 结束 switch 语句并停止程序的运行。

⊃ if/else if 语句

要处理多个条件还可以使用 "if/else if" 语句，可以说是 if/else 语句的进化版本，通过以下语句来认识。

```
if(条件运算 1)
{
    //满足条件运算 1（True）时要执行的语句
}
else
{
    if(条件运算 2)
    {
    }
}
```

将上述 if/else 语句改进后，可以形成如下语句：

```
if(条件运算 1)
{
    满足条件运算 1 时要执行的语句;
}
else if(条件运算 2)
{
    满足条件运算 2 时要执行的语句;
}
else
{
    上述条件运算都不满足时要执行的语句;
}
```

"if/else if"语句会将条件逐一过滤,经过运算找到符合条件的结果后就不会再往下执行,所以它与 switch/case 有异曲同工之妙。

范例 项目"Ex0406.csproj"if/else if 语句

下面列出 if/else if 语句的部分程序代码。完整的范例项目可参考"ManyConditions.cs"。

```
01  if (result > 4400000)
02  {
03      result = result * 0.4M - 805000;
04      WriteLine($"税率 40%,缴交税额 = {result:N0}");
05  }
06  else if (result > 2350000)
07  {
08      result = result * 0.3M - 365000;
09      WriteLine($"税率 30%,缴交税额 = {result:N0}");
10  }
11  //省略部分程序代码
12  else
13  {
14      result *= 0.05M;
15      WriteLine($"税率 5%,缴交税额 = {result:N0}");
16  }
```

【生成可执行程序再执行】

按 F5 键,输入数值进行计算,控制台窗口的显示结果如图 4-14 所示。

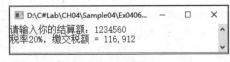

图 4-14　执行结果

【程序说明】

◆ 使用 if/else if 语句,按金额大小计算个人综合所得额税率。

◆ 第 1~5 行:if 语句程序区块。如果变量 result 大于 4 400 000,就执行第一个条件运算并显示结果。由于是 decimal 类型,因此第 3 行的"0.4"要加上后置字符 M。

◆ 第 6~10 行:else if 语句程序区块。如果 result 值小于或等于 4 400 000,就继续前往第二个条件;如果 result 值大于 2 350 000,就执行计算并显示结果。

◆ 第 12~16 行:上述条件都不满足或成立,就会执行 else 语句后的计算并显示结果。

4.3　循环

循环结构(或重复结构)的流程处理,其逻辑性就如同生活中的"如果...就持续..."。当程序中某一个条件成立时,重复执行某一段语句,我们把这种流程结构称为"循环"。由于重复处理的流程取决于设置的条件运算，假如条件判断式的设计不当，就会造成"无限循环"现象，因此设计时必须小心注意。一般来说，循环包含以下几种。

- for 和 for/each 循环：可计次循环，通过计数控制循环执行的次数，for/each 循环可读取集合的每个对象。
- while 循环：前测试循环。条件判断为 True 的情况下才会进入循环体，直到条件判断为 False 才会离开循环体。
- do/while 循环：后测试循环。先进入循环体执行语句，再进行条件运算。

4.3.1 for 循环

使用 for 循环时，必须有计数器、条件运算和控制表达式来完成重复计次的工作，其语法如下：

```
for(计数器; 条件表达式; 控制表达式)
{
    //程序语句;
}
```

- 计数器：控制 for 循环的次数，声明变量后须进行初始化设置；第一次进入循环会被执行一次。
- 条件表达式：条件运算成立（True）时，会进入循环体内运行程序语句，不断重复执行，直到条件值为 False 时，才会停止并离开循环体。
- 控制表达式：当条件表达式为 True 时执行此表达式，作为 for 循环计数器的增减值，在循环体内的语句执行后才会被运算。
- 注意计数器、条件表达式和控制表达式要以 ";"（分号）隔开。

使用 for 循环经典的范例就是把数字累加，从 "1+2+3+...+10" 来了解 for 循环的运行方式。for 循环的流程图如图 4-15 所示。

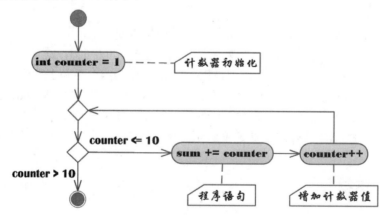

图 4-15   for 循环的流程图

for 循环究竟是如何工作的呢？参考图 4-16 的简要说明。

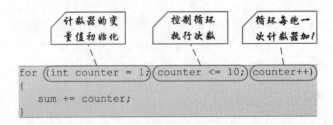

图 4-16　for 循环的示意图

- 计数器: 因为声明变量并设置初值, 所以 "int counter = 1"。由于 counter 是一个局部变量, 因此只适用于 for 循环, 离开此循环就无法使用。
- 条件表达式 "counter <= 10": 控制循环执行次数, 条件成立时, 就会进入 for 循环体执行语句, 直到计数器值大于 10 (表示条件不成立) 时才会离开循环体。
- 控制表达式 "counter++": 根据计数器给予的初值, 在条件表达式成立的情况下, 每进入 for 循环一次, 就累加一次, 直到循环结束为止。

如何使用智能输入来执行 for 循环语句呢? 输入关键字 for, 再连续按两次 Tab 键即可输入如图 4-17 所示的 for 循环组成的部分程序代码, 其中的变量 "i" 为计数器, 再修改变量 "length" 为所需的变量值。

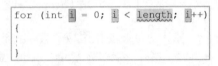

图 4-17　for 循环的代码段

范例　项目 "Ex0407.csproj" for 循环累加数值

新建控制台应用程序项目, 在 Main() 主程序中编写如下程序代码。

```
01  static void Main()
02  {
03    int sum = 0;  //存储累加的结果
04    for (int k = 1; k <= 10; k++)
05    {
06       Console.WriteLine($"k={k:d2}, sum={sum += k:d2}");
07    }
08    Console.ReadKey();
09  }
```

【生成可执行程序再执行】

按 F5 键, 程序执行的结果如图 4-18 所示。

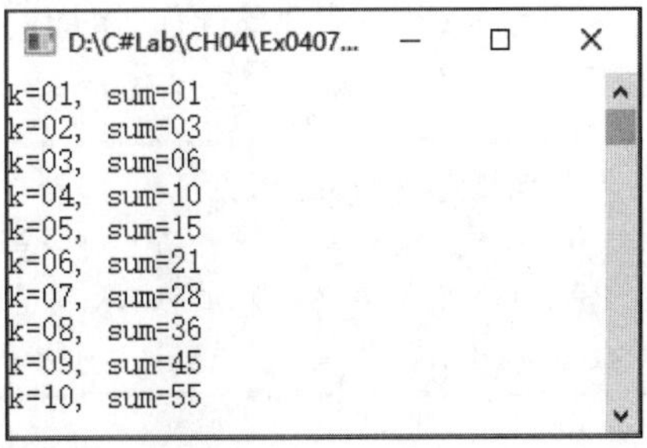

【程序说明】

- 第 4~7 行: for 循环, 设置计数器的初值为 1, 条件运算为 "k <= 10", 控制运算是循环每执行一次就加 1。

```
D:\C#Lab\CH04\Ex0407...   □  ×
k=01, sum=01
k=02, sum=03
k=03, sum=06
k=04, sum=10
k=05, sum=15
k=06, sum=21
k=07, sum=28
k=08, sum=36
k=09, sum=45
k=10, sum=55
```

图 4-18　执行结果

♦ 第 6 行：输出计数器和每次数值累加的结果，将 sum 变量的初值设为 0，存储数值累加的结果。从"k=1, sum=1"开始，直到 counter 的值大于 11，表示条件运算不成立，就会结束循环。

⮑ 局部变量的作用域

在 for 循环中声明的变量为局部变量，离开 for 循环，若继续使用，则会发生错误。

```
int sum = 0;  //存储累加的结果
for (int k = 1; k <= 10; k++)
{
    sum += k;
}
Console.WriteLine($"k = {k}, sum = {sum}");
```

♦ 变量 k 的作用域（Scope）只能在 for 循环内，超出其范围就会发生错误，如图 4-19 所示。

要让变量 k 的作用域变大，就是把变量 k 声明在 for 循环之外。如果进一步把 WriteLine()方法放在 for 循环之外，那么它只会输出数值累加后的结果。

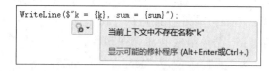

图 4-19　变量 k 只能在 for 循环内使用

```
int sum = 0;  //存储累加的结果
int k = 1;
for (k = 1; k <= 10; k++)
{
    sum += k;    //存放数值的累加
}
Console.WriteLine($"k = {k}, sum = {sum}");
```
```
输出：k = 11, sum = 55
```

♦ 为什么"counter = 11"？这是因为计数器通过控制运算加 1，由 10 变成了 11，还要对比循环的条件表达式，发现条件不成立才结束循环。

⮑ 不同变化的数值累加

使用 for 循环进行数值的累加，调整计数器、条件运算和控制运算会有不同的结果，列举如下：

```
//将偶数值 2+4+6…相加
for (counter = 2; counter <= 10; counter += 2)
//将奇数值 1+3+5+…相加
for (counter = 1; counter <= 10; counter += 2)
```

⮁ 变化的 for 循环

虽然我们强调 for 循环是一个可计次的循环，但是在很多情况下，for 循环也可以形成无限循环。做法很简单，就是 for 循环不使用计数器和条件表达式，语句如下：

```
for( ; ;)
{
    //程序语句
}
```

范例 项目 "Ex0408.csproj" 有变化的 for 循环

新建控制台应用程序项目，在 Main() 主程序中 for 循环部分的程序代码如下。

```
01  for (; ; )
02  {
03      Write("请输入数值：");
04      number = int.Parse(ReadLine());
05      count++;//计数器累计次数
06      sum += number;//存储数值
07      Write("还要继续吗?(Y 继续 N 离开)");
08      endkey = ReadLine();
09      if (endkey == "y" || endkey == "Y")
10          continue;//继续执行
11      else if (endkey == "n" || endkey == "N")
12          break;//结束循环
13  }
```

【生成可执行程序再执行】

按 F5 键，输入数值并按 Enter 键，程序执行的结果如图 4-20 所示。

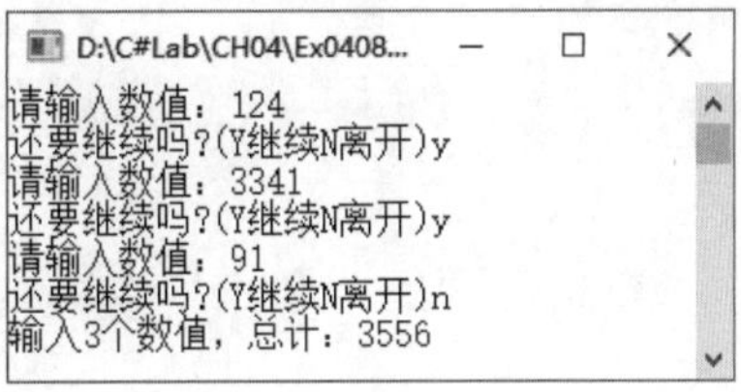

【程序说明】

图 4-20　执行结果

- ◆ 第 1~13 行：for 循环，不设计数器、条件运算和控制运算。计数器由 count 取代，用户按 "Y or y" 累计次数。
- ◆ 第 8 行：endkey 变量，存储用户输入的字符。
- ◆ 第 9~12 行：使用 "if/else if" 语句判断按下的按键。"Y or y" 表示继续，continue 语句会继续运行程序；"N or n" 表示不再继续，break 语句中断循环，输出累加的结果。

4.3.2　while 循环

如果不知道循环要执行几次，那么 while 循环或 do-while 循环就是比较好的处理方式。语句如下：

```
while(条件表达式)
{
    条件表达式成立（True）时要执行的语句；
}
```

进入 while 循环时，必须先检查条件表达式，如果符合，就会执行循环体内的语句；如果不符合，就会跳离循环。因此循环内的某一段语句必须以改变条件表达式的值来结束循环的执行，否则就会形成无限循环。那么 while 循环与 for 循环有什么不同？通过以下例子来说明。

```
int counter = 1;//计数器
while(counter <= 10)
{
    sum += counter;
    counter++;//将计数累加
}
Console.WriteLine("累加结果: {0}", sum);
```

使用 while 循环来处理时，counter 变量相当于 for 循环的计数器。"counter≤10"的条件表达式相当于 for 循环的条件表达式，"sum += counter"是将相加后的结果存储于 sum 变量中。控制运算以 counter 变量进行计数累加，与 for 循环的控制表达式是一样的，如图 4-21 所示。

范例"Ex0409"使用 while 循环来求取两个整数的最大公约数（GCD），使用数学除法原理，让两数相除来获取 GCD 的值。其流程控制图如图 4-22 所示。

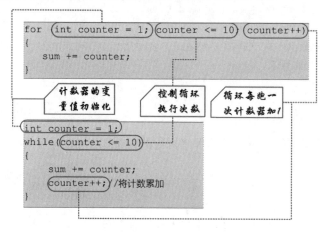

图 4-21　for 循环和 while 循环

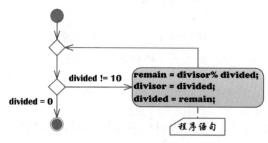

图 4-22　使用 while 循环求取最大公约数的流程图

项目 "Ex0409.csproj" 使用 while 循环求取最大公约数（GCD）

新建控制台应用程序项目，在 Main() 主程序中 while 循环部分的程序代码如下。

```
01  while (divided != 0)    //被除数不为 0 时
02  {
03      remain = divisor % divided; //求余数
04      divisor = divided;  //被除数(divided)更换为除数(divisor)
05      divided = remain;   //将前式所得的余数更换为除数(divisor)
06  }
```

【生成可执行程序再执行】

按 F5 键，输入数值并按 Enter 键，程序执行的结果如图 4-23 所示。

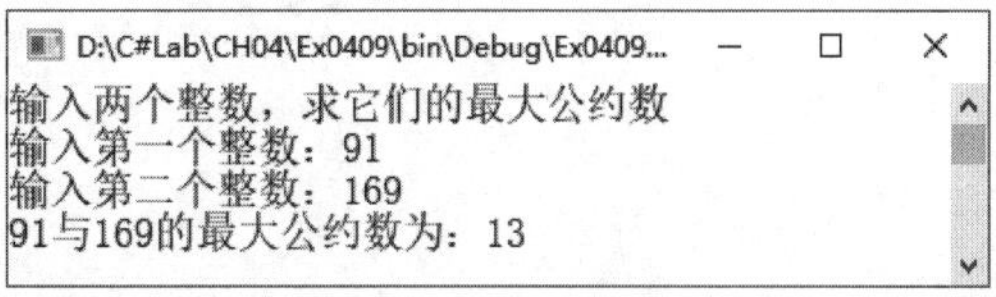

```
D:\C#Lab\CH04\Ex0409\bin\Debug\Ex0409...      —    □    ×
输入两个整数，求它们的最大公约数
输入第一个整数: 91
输入第二个整数: 169
91与169的最大公约数为: 13
```

图 4-23 执行结果

【程序说明】

- 第 1~6 行：while 循环。条件表达式的被除数 "dividend != 0" 情况下（True），才能进入循环体执行语句。若 "dividend = 0"，则条件不成立，不会再进入 while 循环。
- 第 3 行：将两数相除取得余数，若余数为 0，则除数（divisor）就是这两个整数的最大公约数。
- 第 4 行：处理余数不是 0 的情况，必须将除数（divisor）更换成被除数（dividend）。
- 第 5 行：取得第 27 行所得余数并变更为除数，继续执行，直到余数为 0 为止。

4.3.3 do/while 循环

无论是 while 循环还是 do/while 循环都是用来处理未知循环执行次数的程序。while 循环先进行条件运算，再进入循环体执行语句；do/while 循环恰好相反，先执行循环体内的语句，再进行条件运算。对于 do/while 循环来说，循环体内的语句至少会被执行一次；while 循环在条件运算不符合的情况下不会进入循环体来执行语句。do/while 循环语法如下：

```
do{
   //程序语句;
}while(条件运算);
```

不要忘记条件运算后要有 ";" 结束循环。那么什么情况下会使用 do/while 循环呢？通常是询问用户是否要让程序继续执行时。下面还是以 "1+2+3+...+10" 为例来认识一下 do/while 循环，语句如下：

```
int counter = 1, sum =0;//counter 是计数器
do{
   sum += counter;       //sum 存储数值累加的结果
   counter++;            //控制运算: 让计数器累加
}while(counter <= 10);   //条件表达式
```

表示会进入循环体内，运行程序语句后再进行条件运算，若条件为 True 则继续执行，不断重复，直到 while 语句的条件运算为 False 才会离开循环。它的流程控制图如图 4-24 所示。

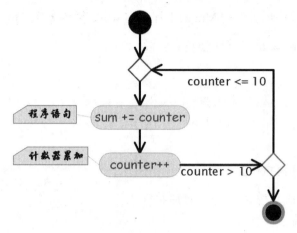

图 4-24　do/while 流程控制

范例 项目 "Ex0410.csproj" do/while 循环

新建控制台应用程序项目，在 Main()主程序中 do/while 循环部分的程序代码如下。

```
01  do
02  {
03     Write("请输入介于 1~100 之间的整数:");
04     int keyin = Convert.ToInt32(ReadLine());
05     if (keyin > value)
06        WriteLine($"第{counter}次，{keyin}数字太大了!");
07     else if (keyin < value)
08        WriteLine($"第{counter}次，{keyin}数字太小了!!");
09     else
10     {
11        WriteLine(
12           $"第{counter}次，终于猜中了，数字是{keyin}!!");
13        guess = True;    //表示猜对了
14     }
15     counter++;          //累加猜的次数
16  } while (!guess);      //以 guess 作为条件判断
```

【生成可执行程序再执行】

按 F5 键，输入数值并按 Enter 键，程序执行的结果如图 4-25 所示。

【程序说明】

➡ 第 1~16 行：do/while 循环，没有猜对的情况下（条件成立）会继续执行循环，直到用户猜对才会结束循环。

- 第 5～14 行: if/else if/else 语句。将用户输入的数值和默认值进行比较。
- 第 5、6 行: 若输入的数字太大, 则执行 if 程序块的语句, 并告知用户输入的数字太大。
- 第 7、8 行: 若输入的数字太小, 则执行 else if 程序块的语句, 并告知用户输入数字太小。

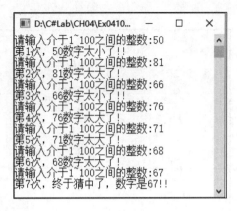

图 4-25　执行结果

4.3.4　嵌套 for 循环语句

使用循环也会有嵌套循环, 表示循环内还有循环, 最常看到就是 for 循环。通常是每一层循环体都有独立的循环控制, 这种做法和前面的嵌套 if 相同, 也就是循环体之间不可以将程序块重叠。

范例 项目 "Ex0411.csproj" 嵌套 for 循环语句

新建控制台应用程序项目, 在 Main() 主程序中编写如下的程序代码。

```
01  static void Main(string[] args)
02  {
03    for (int one = 5; one >= 1; one--)  //外层 for 循环控制行数
04    {
05       for (int two = 1; two <= one; two++)  //内层 for 循环控制输出的数量
06          Write("*");
07       WriteLine();
08    }
09    ReadKey();
10  }
```

【生成可执行程序再执行】

按 F5 键, 程序执行的结果如图 4-26 所示。

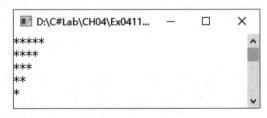

图 4-26　执行结果

【程序说明】

- 第 3～8 行: 外层 for 循环, 控制行数。
- 第 5、6 行为内层 for 循环, 负责输出 * 字符。下面通过表 4-2 来说明。

表 4-2 双层 for 循环的运行方式

外层 for 循环			内层 for 循环			备　注
循　环	计数器 one	条件表达式 one≥1	循　环	计数器 two	条件表达式 two≤one	Write("*")
1	5	5≥1, True	1	1	1≤5, True	*
			2	2	2≤5, True	**
			3	3	3≤5, True	***
			4	4	4≤5, True	****
			5	5	5≤5, True	*****
			6	6	6≤5, False	外层 for 换行
2	4	4≥1, True	1	1	1≤4, True	*
			2	2	2≤4, True	**
			3	3	3≤4, True	***
			4	4	4≤4, True	****
			5	5	5≤4, False	外层 for 换行
3	3	3≥1, True	1	1	1≤3, True	*
			2	2	2≤3, True	**
			3	3	3≤3, True	***
			4	4	4≤3, False	外层 for 换行
4	2	2≥1, True	1	1	1≤2, True	*
			2	2	2≤2, True	**
			3	3	3≤2, False	外层 for 换行
5	1	1≥1, True	1	1	1≤1, True	*
			2	2	2≤1, False	外层 for 换行
6	0	0≥1, False			结束循环	

- 外层 for 停留在第一行。内层 for 循环，使用 Write() 方法打印出 5 个*字符，执行到条件运算为 False 时，外层 for 循环的 WriteLine() 方法会换到新行。以此类推，直到外层 for 循环结束。

- 嵌套 for 的特色就是内层 for 循环没有结束时，外层 for 循环不会变更计数器的值；每次进入内层 for 循环都是从设置的初值开始。

4.3.5　其他语句

一般来说，break 语句用来中断循环的执行，continue 语句用来暂停当前执行的语句，它会回到当前语句的上一个区块，让程序继续执行下去。因此，可以在 for、while、do…while 循环中的程序语句中加入 break 或 continue 语句，使用一个简单的范例来说明这两者之间的差异。

范例 项目 "Ex0412.csproj" continue 和 break 语句

新建控制台应用程序项目，在 Main() 主程序中编写如下程序代码。

```
01  static void Main(string[] args)
02  {
03     int counter, sum = 0;
04     for (counter = 0; counter <= 20; counter++)
05     {
06        if (counter % 2 == 0)//找出奇数
07        {
08           continue;    //继续循环
09        }
10        sum += counter;
11        if (sum > 60)    //第二个 if 语句
12           break;        //中断循环
13        WriteLine($"Counter = {counter}, Sum = {sum}");
14     }
15     ReadKey();
16  }
```

【生成可执行程序再执行】

按 F5 键，程序执行的结果如图 4-27 所示。

【程序说明】

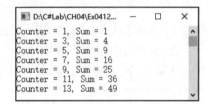

图 4-27　执行结果

- 第 4~14 行：以 for 循环将数值相加。使用 if 语句找出奇数值，当累加数值大于 60 时停止循环的执行。
- 第 6 行：if 语句判断计数器（counter）的值，把它除以 2，若余数为 0，则不再继续下一条语句；它会回到上一层 for 循环继续循环的执行。所以 counter 的值是 "2,4, 6, …" 的偶数值时，就不进行数值累加；for 循环只会针对奇数值进行累加。
- 第 11 行：第 2 个 if 语句程序区块，当 sum 累加的值大于 60 时，就以 break 语句来中断整个循环的执行并结束应用程序，得到如图 4-28 所示的结果。

4.4　重点整理

- "结构化程序设计"是一种软件开发的基本精神，根据从上而下（Top-Down）的设计策略，将复杂的问题分解成小且简单的问题，产生"模块化"程序代码。"结构化程序设计"包含三种流程控制，即顺序结构、选择结构和循环结构。
- 条件选择的"单一选择"是 if 语句，若条件运算成立（True），则执行程序块中的语句。"双向选择"是使用 if/else 语句，若条件运算成立，则执行 if 程序块中的语句；若条件不成立（False），则执行 else 程序块中的语句。
- 条件运算符可以简化 if/else 语句，若条件符合，则执行 "?" 运算符后的语句；若条件不符合，则执行 ":" 运算符后的语句。

- 嵌套 if 是 "if/else" 语句的变形，也就是 "if/else" 语句中还含有 "if/else"。执行时，符合第一层条件才会进入第二个条件，一层层进入到最后一个条件。
- 条件选择有多重时，if/else if 或 switch/case 语句都能处理。switch 语句的运算可以是数值或常数，case 语句所处理的数据类型必须和表达式相同；不符合的值就使用 default 语句。
- 重复流程结构有 for 循环、while 循环和 do/while。
- for 循环是可计次循环，必须配合计数器、条件运算和条件控制进行循环控制。
- while 循环是前测试循环，要符合指定条件才会进入循环体，直到条件不符合才离开循环。do/while 循环则是后测试循环，会先进入循环体执行语句，再进行条件判断。
- break 语句用来中断循环的执行，continue 语句则是跳过当前这一轮循环尚未执行的语句，进入下一轮循环，让程序继续执行。

4.5 课后习题

一、填空题

1. 请说明 UML 活动图中这些图标的作用：◉＿＿＿＿＿＿＿、◇＿＿＿＿＿＿、▢＿＿＿＿＿＿。
2. 流程控制共有三种：①＿＿＿＿＿＿、②＿＿＿＿＿＿、③＿＿＿＿＿＿。
3. 请回答下列语句的执行结果，执行后会输出＿＿＿＿＿＿。

```
int score = 75, grade = 60;
Console.WriteLine(score > grade ? "Passing" : "Failed");
```

4. 将下列 if/else 语句用三元运算符改写。＿＿＿＿＿＿＿＿＿＿＿＿＿＿＿＿＿＿＿＿＿

```
int number = 75;
if(score > number)
  Console.WriteLine("Passing");
else
  Console.WriteLine("Failed");
```

5. 请填入下述语句中的关键字：①＿＿＿＿＿＿、②＿＿＿＿＿＿、③＿＿＿＿＿＿。

```
switch(表达式)
{
  ①值 1:
      程序区块 1;
      ②;
...
  ③://上述条件都不成立
      程序区块 n+1;
      break;
}
```

6. 请说明下列 for 循环语句中的标号各代表的意义：①_____、②_____、③_____。

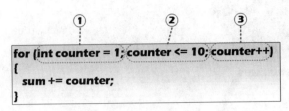

```
for (int counter = 1; counter <= 10; counter++)
{
    sum += counter;
}
```

7. _____循环进入程序区块后会先执行语句，再执行条件表达式的判断。

8. 在下列 while 循环中，①计数器_____；②条件运算_____；③控制运算_____。

```
int counter = 1, sum = 0;
while(counter <=10)
{
    sum += counter;
    counter++;
}
```

二、问答题与实践题（新建解决方案并加入下列 5 个项目）

1. 将范例项目"Ex0406.csproj"改为 if/else if 语句。

2. 使用 switch/case 语句输出如图 4-28 所示的结果。

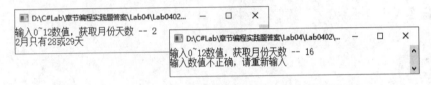

图 4-28　输出结果

3. 请用 for 循环输出如图 4-29 所示的结果。

4. 将上面的实践题 2 加以改进，让程序可以重复执行。

5. 使用双重 for 循环输出如图 4-30 所示的星形图案。

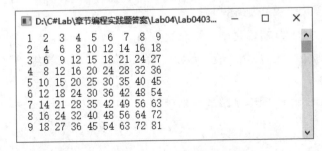

图 4-29　输出结果

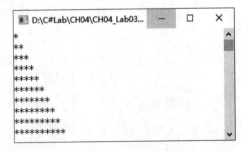

图 4-30　输出结果

第5章

数组和字符串

章 | 节 | 重 | 点

✛ 由一维数组开始，从声明、分配内存空间到设置初值。也可以简化步骤，将数组初始化；要读取数组中的元素，可配合 for、foreach 循环。

✛ 认识二维数组，了解它如何声明；或者以初始化操作来产生数组。

✛ 数组长度不固定时，使用"不规则数组"，它意味着"数组中有数组"。"隐式数组"是数组的数据类型未进行显式声明。

✛ 认识 String 的不变性，StringBuilder 是管理字符串的好帮手。

5.1 ▶ 数组

数组是由数组元素组成的。为什么要使用数组？先来了解一些实际情况。若要以程序来处理某一项"数据"，必须先设置一个变量名称，再将这项数据赋值给这个变量。举例来说，学校里要计算学生的成绩，每位学生成绩可能有 4 或 5 科的分数，如果通过程序处理，这些成绩就需要 4 或 5 个变量来存储。如果全班有 30 个学生，就需要更多变量。假设一个年级有三个班，那么统计全校学生的成绩可能还需要更多变量才能处理。

计算机的内存有限，为了让内存空间的利用率发挥到及致，使用"数组"这种特殊的数据结构可以解决上述问题。把程序中同类信息全部记录在某一段内存中，既可以省去为同类信息逐一命名的步骤，又可以通过"下标值"（Index，索引值）获取在内存中真正需要的信息。因此，数组可视为一连串数据类型相同的变量。

5.1.1 声明一维数组

变量与数组差别在于一个变量只能存储一个数据，而数组能把类型相同的数据集合在一起，称为"数组元素"，它占用连续的内存空间。数组依照排列方式和占用的内存空间大小可分为一维数组、二维数组等。

⊃ **第一步：声明数组**

声明变量后，内存要分配空间才能存放变量值；声明变量并给予初值，表示完成变量的"初始化"。产生一个完整的数组有三个步骤：①声明数组；②创建数组；③数组初值设置。声明一维数组的语法如下：

```
数据类型[] 数组名;
```

- ◆ 数据类型：为了获取内存空间，必须告知编译器要使用的数据类型，如 int、string、float、double 等。
- ◆ []（中括号，或称下标）表示数组的维数（Dimension），括号中没有任何字符，表示它是一维数组（Single-Dimension）。
- ◆ 数组名：标识符名称的一种，数组名的使用方式必须遵守标识符名称的规范。

⊃ **第二步：分配内存**

数组经过声明不代表已获得内存空间，必须以 new 运算符实例化（Instance）才能进一步获得内存空间的分配。其语法如下：

```
数组名 = new 数据类型[size];
```

- ◆ size：中括号中的数值，表示数组长度或大小，也就是可以存放数组元素的数量。

如同变量的做法，也可以将第一步和第二步合并：声明数组并以 new 运算符来设置数组长度。合并后的语法如下：

```
数据类型[] 数组名 = new 数据类型[size];
```

如何在程序代码中声明数组，其语句如下：

```
int[] grade;                 //声明数组
grade = new int[4];          //以 new 运算符实例化长度为 4 的数组
int[] grade = new int[4];    //可以将上述两行合并成一行
```

声明了一个 int 类型的数组，其名称是 grade。

声明数组后，如何存放于内存呢？使用图 5-1 来说明。

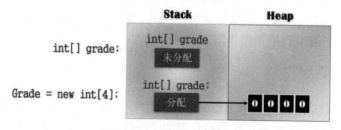

图 5-1　创建数组并获得内存分配的空间

● 第三步：为数组赋予初值

数组经过声明，以 new 运算符获得了连续的内存空间，不过数组里并无任何元素（Element）。若是值类型，则会将初值设为 0；若是字符串类型（string），则会将初值设为空字符串。要在数组中存放数据，可以针对各个数组元素给予初值，其语法如下：

```
数组名[下标编号] = 初值;
```

数组的下标编号（Index）从 0 开始。在[]（中括号）内标上数字代表下标编号，一个下标编号只能存放一个数组元素。例如：

```
int[] grade = new int[4];
grade[2] = 34;
```

◆ 声明一维数组 grade，以 new 运算符实例化之后，表示可存放 4 个元素，它的下标编号从 grade[0]到 grade[3]。
◆ 指定 grade[2]存放数值 "34"。

● 数组初始化

我们也可以在声明数组时进行初始化设置，也就是将产生数组的步骤简化成两步或一步，配合{}（大括号）填入数组元素。要怎么做呢？

方法一：声明数组并初始化，使用例子来说明。

```
int[] grade = {20, 145, 34, 57};
```

◆ 声明一维数组 grade 并在大括号内填入数组元素，元素与元素之间用逗号隔开。

grade 变量如何存放数组元素，通过图 5-2 来说明。

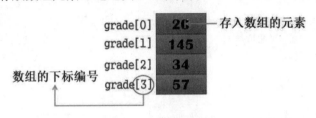

图 5-2　数组元素

方法二：声明数组并以 new 运算符完成初始化。例如：

```
int[] grade2;
grade2 = new int[]{20, 145, 34, 57};
int[] grade3 = new int[] {20, 145, 34, 57};
```

◆ 声明一维数组 grade2，以 new 运算符初始化数组元素。
◆ 声明一维数组 grade3，把前述两行语句合并成一行语句。

不管是数组 grade2 还是 grade3，因为都使用大括号{}来初始化数组元素，所以数据类型后[]（中括号）可以不填数值。

5.1.2　数组元素的存取

一个经过初始化的数组可使用 foreach 循环读取其元素，它会按照数组元素返回的顺序进行处理，从下标编号 0 开始到最后。其语法如下：

```
foreach(数据类型 对象变量 in 集合)
{
    程序区块语句;
}
```

◆ 对象变量：对象变量的内容包含数组甚至对象，数据类型必须和集合或数组相同。
◆ 集合（Collection）：数据类型必须和对象变量相同。
◆ foreach 循环语句执行程序块中的语句时，根据数组的长度来决定循环次数。可配合 break 或 continue 语句。

范例 项目 "Ex0501.csproj" foreach 循环读取数组元素

新建控制台应用程序项目，在 Main()主程序中编写如下程序代码。

```
01   static void Main(string[] args)
02   {
03     int[] grade;
04     grade = new int[] { 78, 65, 92, 85 };
05     int index = 0;   //声明下标变量, 设置初值从 0 开始
06     foreach (int item in grade)
07     {
08       WriteLine($"{index} - {item}");
09       index += 1; //递增
10     }
11     ReadKey();
12   }
```

【生成可执行程序再执行】

按 F5 键，程序执行的结果如图 5-3 所示。

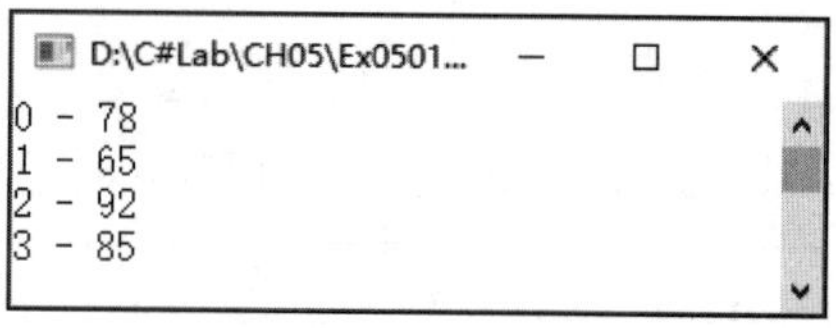

【程序说明】

```
D:\C#\Lab\CH05\Ex0501...   —   □   ×
0 - 78
1 - 65
2 - 92
3 - 85
```

图 5-3 执行结果

- 第 3、4 行: 声明数组 grade，使用 new 运算符
  将其初始化。
- 第 6~10 行: foreach 循环读取数组元素，会从下标编号 0 的元素开始，直到数组元素
  读取完毕。

⊃ **使用 for 循环读取数组**

for 循环虽然也能处理数组，但必须获取数组的长度才能读取数组元素。此时要使用来自
System 命名空间的 Array 类（参考 5.2 节）所提供的属性 "Length" 获取数组的长度，语法
如下：

> 数组名.Length

for 循环读取数组的简单例子如下：

```
for(int item =0; item < grade.Length; item++)
{
  Console.WriteLine($"grade[{item}]={grade[item]})");
}
```

- for 循环中的计数器 "item = 0": 表示从数组的下标编号 0 开始。
- 条件运算 "item < grade.Length": 表示计数器大于数组的长度就会停止运算离开循环。
- 条件控制 "item++": 每读取一个数组元素，计数器就加 1，直到数组读取完毕。
- 要输出每个元素的存储值，必须以数组名[下标编号]进行输出。

5.2 ▸ Array 类

Array 类属于 System 命名空间，是所有数组的基类，提供了所有数组的属性和方法。表 5-1 介绍了它的属性和方法。

表 5-1　Array 类的属性和方法

属性、方法	说　明
Length	获取数组所有维度的元素总数（数组的长度）
Rank	获取数组的维数（Number of Dimensions）
IsFixedSize	数组的大小是否已固定，返回布尔值（True 或 False）
BinarySearch()	在已排序的一维数组里查找某项或某个元素
Copy()	将数组 A 指定其范围的元素复制到数组 B
CopyTo()	将当前一维数组的所有元素复制到指定的一维数组
GetLength()	获取指定维度的项数（长度）
Sort()	将一维数组排序
Reverse()	将一维数组的所有元素反转其顺序
IndexOf()	查找一维数组中指定的对象，返回第一个符合条件的元素索引
Resize()	将一维数组的长度更改为指定大小

5.2.1 排序与查找

将数值从小到大排序称为递增；将数值从大到小排序则称为递减。Sort()方法可以对一维数组进行升序排序（即递增），想要进行递减排序，必须先用 Sort()方法完成排序，再用 Reverse()方法反转数组元素。Sort()和 Reverse()方法的语法如下：

```
Array.Sort(数组名1, [数组名2]);  //数组元素从小到大排序
Array.Reverse(数组名);          //将数组元素进行反转
```

- ◆ 数组 1：按键（Key）排序。
- ◆ 数组 2：选项参数。表示数组 1 和数组 2 都以数组 1 的值作为键进行排序。

范例 项目 "Ex0502.csproj" Sort()方法排序

新建控制台应用程序项目，在 Main()主程序中编写如下程序代码。

```
01  static void Main(string[] args)
02  {
03    int[] number = { 56, 78, 9, 354 };
04    Write("排序前: ");
05      foreach (int element in number)
```

```
06        Write($"{element,3} ");
07      Array.Sort(number);          //进行升序排序
08      //Array.Reverse(number);     //反转数组元素
09      Write("\n排序后: ");
10      for (int item = 0; item < number.Length; item++)
11        Write($"{number[item],3} ");
12      WriteLine();
13      ReadKey();
14    }
```

【生成可执行程序再执行】

按 F5 键，程序执行的结果如图 5-4 所示。

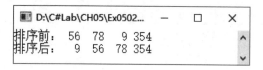

Sort()方法进行升序排序

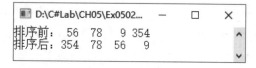

先用 Sort()方法再以 Reverse()方法进行降序排序

图 5-4   执行结果

【程序说明】

- 创建一维数组并初始化数组元素。排序前使用 foreach 循环，排序后则以 for 循环处理，让大家了解这两种循环的不同之处。
- 使用 foreach 循环读取数组元素时，只要设置对象变量 "element" 再把其输出即可；for 循环读取元素后，必须以数组名加上中括号和下标编号。
- 第 3 行：声明一维数组 number 并初始化数组元素。
- 第 5、6 行：未排序的数组元素由 foreach 循环读取并输出。
- 第 7、8 行：以 Array 类的 Sort()方法把 number 数组排序。如果按递减排序，就取消第 8 行的注释（Sort()方法先进行升序排序，Reverse()方法再反转数组就能达到降序排序的目的）。
- 第 10、11 行：以 for 循环输出排序后的数组元素。{0, 3}表示会预留 3 位数，不足位数者前方保留空白。

如果要排序的对象是名字加数值，还是可以调用 Sort()方法，参考下面的范例。

范例 项目 "Ex0503.csproj" 用 Sort()方法处理两个字段

新建控制台应用程序项目，在 Main()主程序中编写如下程序代码。

```
01  static void Main(string[] args)
02  {
03      //声明数组并初始化元素
04      int[] number = { 56, 78, 9, 354 };
05      string[] name = { "Mary", "Judy", "Tomas", "Molly" };
```

```
06     //省略部分程序代码
07     Array.Sort(number, name);   //进行升序排序
08     Write("\n 排序后: \n");
09     for (int item1 = 0; item1 < number.Length; item1++)
10       Write("{0, 6} ", number[item1]);
11     WriteLine();
12     for (int item2 = 0; item2 < name.Length; item2++)
13       Write("{0, 6} ", name[item2]);
14     WriteLine();
15     ReadKey();
16   }
```

【生成可执行程序再执行】

按 F5 键，程序执行的结果如图 5-5 所示。

【程序说明】

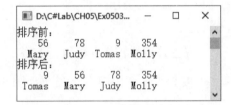

- 第 4、5 行: 声明两个数组元素并初始化，分别 是存放分数的 number 和名称的 name。
- 第 7 行: 调用 Sort()方法把放入的两个数组作为 参数进行排序。

图 5-5   执行结果

- 第 9~13 行: 由于是两个数组，因此使用两个 for 循环以属性 Length 获取长度再进行读取。

⮑ 在数组中查找

每个数组元素都会有下标编号，想要知道数组里是否有某个元素，可通过 IndexOf()方法 查找，再返回它的下标编号。IndexOf()的语法如下:

```
Array.IndexOf(数组名, value[,start, count])
```

- value: 数组中查找的对象，找到匹配的第一个元素就会返回结果。大多数数组会以 0 为下标的下限，找不到 value 时，将 -1 作为返回值。
- start: 指定要开始查找的下标值，若省略此参数，则从下标编号 0 开始查找。
- count: 配合 start 值指定要查找的元素数目,若省略此参数,则以整个数组为查找对象。

在下面的例子中，IndexOf()方法会返回数组元素"354"的下标编号"3"。

```
int[] number = {56, 78, 9, 354, 17};//声明数组并初始化
int index = Array.IndexOf(number, 354);
```

范例 项目"Ex0504.csproj"用 IndexOf()方法查找数组元素

新建控制台应用程序项目，在 Main()主程序中编写如下程序代码。

```
01   static void Main(string[] args)
02   {
03     string[] name =
04       {"Molly", "Eric", "John", "Janet", "Iron"};
05     int[] age = { 25, 26, 27, 26, 28 };
06     int index = Array.IndexOf(age, 26);
07     WriteLine("符合26岁的人: ");
08     while (index >= 0)
09     {
10       Write($"{name[index], 6} ");
11       //继续往下一笔去查找
12       index = Array.IndexOf(age, 26, index + 1);
13     }
14     ReadKey();
15   }
```

【生成可执行程序再执行】

按 F5 键，程序执行的结果如图 5-6 所示。

【程序说明】

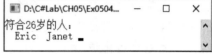

图 5-6　执行结果

- 使用 IndexOf()方法找出数组中年龄是 26 岁的人。先以 IndexOf()方法查找 age 数组中年龄 26 岁的下标编号，再使用 while 循环重复查找数组中下一个年龄是 26 岁的人。

- 第 3~5 行：声明两个数组，name 存放名字，age 存放年龄。

- 第 6 行：使用 IndexOf()方法找出 26 岁的下标编号。

- 第 8~13 行：使用 while 循环，以下标编号大于或等于 0 为条件运算，以 "index + 1" 查找数组元素中下一个符合年龄是 26 岁的人。

5.2.2　改变数组的大小

创建数组时通常要指定它的大小。要改变数组的大小可以使用 Resize()方法，语法如下：

```
Array.Resize(ref 数组名, newSize)
```

- ref 数组名：要在数组名加上 ref 来引用数组，而且必须是一维数组。

- newSize：表示要重新指定数组的大小。

以 Resize()重新分配数组大小时，newSize 参数有以三种情况需要注意：

- newSize 等于旧数组长度，Resize()方法不会执行。

- newSize 大于旧数组长度，旧数组的所有元素会复制到新数组。

- newSize 小于旧数组长度，旧数组元素复制填满新数组，多出的元素会被舍弃。

范例 项目"Ex0505.csproj"改变数组大小的 Resize()方法

新建控制台应用程序项目，在 Main()主程序中编写如下程序代码。

```
01  static void Main(string[] args)
02  {
03     //省略部分程序代码
04     Array.Resize(ref fruit, fruit.Length + 2);
05     //加入数组元素
06     fruit[4] = "Waterlemon";
07     fruit[5] = "Strawberry";
08     WriteLine("\n 改变后的数组元素:");
09     foreach (string item in fruit)
10        Write($"{item,5} ");
11     Array.Resize(ref fruit, fruit.Length - 1);
12     WriteLine("\n 变小后的数组元素:");
13     foreach (string item in fruit)
14        Write($"{item,5} ");
15     ReadKey();
16  }
```

【生成可执行程序再执行】

按 F5 键，程序执行的结果如图 5-7 所示。

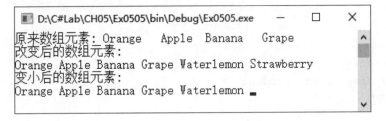

图 5-7　执行结果

【程序说明】

◆ 先设置类型为 string 的一维数组，第一次以 Array.Resize()方法将数组加大，第二次以 Array.Resize()方法将数组变小。通过 foreach 循环的读取来了解数组的内部变化。

◆ 第 4~7 行：以 Array.Resize()方法将 fruit 数组加大，并加入两个元素。

◆ 第 9、10、13、14 行：使用 foreach 循环读取数组元素，查看 fruit 数组的改变情况。

◆ 第 11 行：以 Array.Resize()将数组变小，它会舍弃部分元素。

5.2.3　数组的复制

要复制数组，需考虑数组本身是引用类型，因而必须指定它的开始和结束范围。下面来认识 Array 类提供的第一个方法 CopyTo()，其语法如下：

```
CopyTo(array, index);
```

- array: 指定的目标数组。
- index: 要复制数组的开始位置。

因为使用 CopyTo()方法会将源数组的元素全部复制到目标数组，所以要用源数组来调用 CopyTo()方法。若指定要复制的元素，则调用 Array 类的静态方法 Copy()，语法如下：

```
Array.Copy(sourceArray, destinationArray, length)
```

- sourceArray: 源数组。
- destinationArray: 目的数组。
- length: 要复制的数组元素个数，其数据类型为 Int32 或 Int64。

范例 "Ex0506.csproj" 201D 复制数组

新建控制台应用程序项目，在 Main()主程序中编写如下程序代码。

```
01  static void Main(string[] args)
02  {
03    string[] fruit = {"orange", "apple", "lemon",
04      "pineapple", "papaya", "guava"};
05    string[] produce = new string[fruit.Length];
06    string[] product = new string[4];
07    fruit.CopyTo(produce, 0);
08    WriteLine("使用 CopyTo()方法");
09    foreach (string item in produce)
10      Write($"{item},");
11    WriteLine();
12    Array.Copy(fruit, product, 4);
13    //省略部分程序代码
14  }
```

【生成可执行程序再执行】

按 F5 键，程序执行的结果如图 5-8 所示。

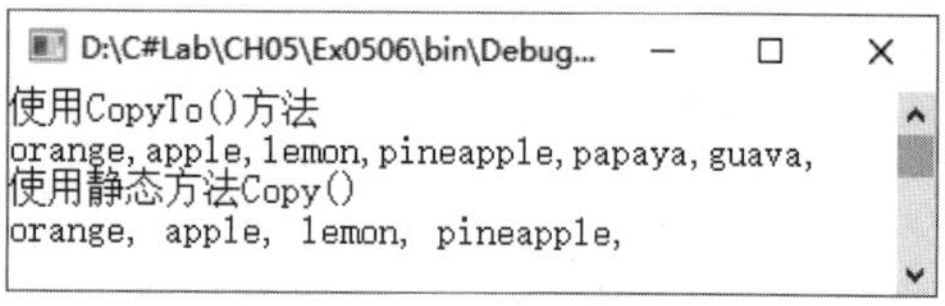

【程序说明】

- 第 3、4 行：创建来源数组 fruit。

图 5-8　执行结果

- 第 5、6 行：创建两个目的数组 produce 和 product，以便存放复制后的元素，数据类型必须与 fruit 相同。其中数组 produce 的长度必须与 fruit 相同，声明时以 fruit 数组为其长度。第二个 product 数组只存放 4 个元素。
- 第 7 行：fruit 数组调用 CopyTo()方法，会将所有元素复制给数组 produce。
- 第 12 行：调用 Array 类的静态方法 Copy()，复制前 4 个元素到 product 数组中。

5.3 数组结构面面观

数组的维数是"一"（或只有一个下标），称为"一维数组"（Single-Dimensional Array）。在程序设计需求上，也会使用维数为 2 的"二维数组"（Two-Dimensional Array），比较简单的例子就是 Microsoft Office 软件中的 Excel 电子表格，使用行与列的概念来表示位置。如果教室里只有一排学生，就可以使用一维数组来处理。如果有 5 排学生，每一排有 4 个座位，则表示教室里能容纳 20 个学生，这样的描述表达了二维数组的基本概念（由行、列组成）。当数组的维数是二维（含）以上，又称"多维数组"（Multi-Dimensional Array），例如一栋建筑物含有多间教室时，就构成了多维数组。

5.3.1 创建二维数组

与一维数组相同，通过声明、以 new 运算符分配内存空间，再给数组元素赋值，或者直接以初始化来产生二维数组。二维数组的语法如下：

```
数据类型[,] 数组名;                    //步骤1：声明二维数组
数组名 = new 数据类型[行数, 列数]; //步骤2：分配内存
数据类型[,] 数组名 = new 数据类型[行数, 列数];
```

- 声明二数组后，以 new 运算符来分配内存空间。
- 声明二维数组并以 new 运算符分配行数、列数。

声明二维数组，以[]（中括号）内加上逗号来表示它有行有列；同样地，行、列都有长度或大小。例如，声明一个 4×3 的整数类型数组，语句如下：

```
int[,] number;         //声明数组
number = new int[4, 3]; //创建 4 行 3 列的数组
```

创建了一个 4 行 3 列的二维数组 number，它的下标编号位置如图 5-9 所示。

	第0列	第1列	第2列
第0行	number[0, 0]	number[0, 1]	number[0, 2]
第1行	number[1, 0]	number[1, 1]	number[1, 2]
第2行	number[2, 0]	number[2, 1]	number[2, 2]
第3行	number[3, 0]	number[3, 1]	number[3, 2]

图 5-9　二维数组 number 的下标编号

5.3.2 二维数组初始化

以 new 运算符分配二维数组的内存空间后，必须进行数组元素的初值设置。其语法如下：

```
数组名[行下标编号, 列下标编号] = 初值;
```

以一个简单例子来了解。

```
int[,] number = new int[4, 3];
number[0, 1] = 64;
```

- 声明二维数组 number 并以 new 运算符获得 4 行 3 列的内存空间。
- 在第 1 行（下标编号 0）第 2 列（下标编号 1）的空间存放数值 "64"。

声明二维数组的同时进行初始化。例如：

```
int[,] number = {
    {75, 64, 96}, {55, 67, 39}, {45, 92, 85}, {71, 69, 81}};
int[,] number2 = new int[4, 3]
    {{75, 64, 96}, {55, 67, 39}, {45, 92, 85}, {71, 69, 41}};
```

- 声明二维数组 number 的同时将数组元素初始化，大括号内有 4 组大括号{}，表示行的长度为 4。每一行存放 3 个数组元素，所以它是一个 4 行 3 列的二维数组。
- 二维数组以 new 运算符创建并初始化数组元素，它的存放位置如图 5-10 所示。

	第0列	第1列	第2列
第0行	number[0, 0] = 75	number[0, 1] = 64	number[0, 2] = 96
第1行	number[1, 0] = 55	number[1, 1] = 67	number[1, 2] = 39
第2行	number[2, 0] = 45	number[2, 1] = 92	number[2, 2] = 85
第3行	number[3, 0] = 71	number[3, 1] = 69	number[3, 2] = 41

图 5-10　初始化数组元素

⊃ GetLength()方法

如果数组维数是 2 以上，要获取数组的长度，就可以使用 GetLength()方法来获取指定维数的长度。其语法如下：

```
数组名.GetLength(数组维数);
```

使用 GetLength()方法获取数组维数的值后再赋给变量使用。例如：

```
int[,] score = {{75, 64, 96}, {55, 67, 39}};
int row = score.GetLenght(0);
int column = score.GetLength(1);
```

- 表示 score 数组是一个 2×3 的二维数组，行数为 "2"，列数为 "3"。
- 获取行数值（第 1 维数组），变量 row 返回值是 "2"。
- 获取列数值（第 2 维数组），变量 column 返回值是 "3"。

与 GetLength()方法用法很接近的是获取数组下标的上边界值、下边界值的 GetLowerBound()和 GetUpperBound()方法。例如：

```
string[] name = {"Mary", "Tomas", "John"};      //声明一维数组并初始化
int lower = name.GetLowerBound(0);              //获取一维数组下标的下界值 0
int upper = name.GetUpperBound(0);              //获取一维数组下标的上界值 2
```

- GetLowerBound()和 GetUpperBound()方法都将参数设为"0",表示维数为"1"。
- 一维数组 name 的下边界值、上边界值会分别返回"0"和"2"。若将 GetUpperBound() 方法的参数设为"1"表示超出下标边界值的范围,就抛出异常 "IndexOutOfRangeException"。

操作 "程序发生错误"

01 在上面的语句中,把 GetUpperBound()方法参数设为 1,会发生"未经处理的异常"而让 运行中的程序中断并进入调试模式,如图 5-11 所示。

图 5-11 进入调试模式

02 发生"异常"后会弹出"未经处理的异常"消息框。①单击"查看详细信息"进入"快速 监视"对话框查看;②单击"关闭"按钮即可关闭"快速监视"对话框,再单击"未经处 理的异常"消息框右上角的"X"按钮即可关闭此消息框,如图 5-12 所示。

03 再单击工具栏上的"停止调试"按钮可让程序恢复正常的编辑模式,这样我们就可以修正 错误的程序代码。

图 5-12　未经处理的异常

此外，若是按 Ctrl + F5 组合键生成可执行程序而发生错误，则显示的情况就不太相同，它不会进入调试模式而是在控制台窗口输出错误信息，如图 5-13 所示。有时还会弹出消息框说明程序已停止运行。

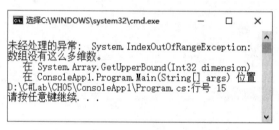

图 5-13　控制台窗口

范例 项目"Ex0507.csproj"通过嵌套 for 循环读取二维数组的元素

新建控制台应用程序项目，在 Main()主程序中编写如下程序代码。

```
01   static void Main(string[] args)
02   {
03     //省略部分程序代码
04     int[,] score = {{75, 64, 96}, {55, 67, 39},
05        {45, 92, 85}, {71, 69, 81} };
06     //GetLength()方法获取第一、二维数组
07     int row = score.GetLength(0);
08     int column = score.GetLength(1);
09     for (outer = 0; outer < row; outer++)
10     {
11       for (inner = 0; inner < column; inner++)
12         Write($"{score[outer, inner],7}");
13       WriteLine();
14       sum[0] += score[outer, 0];          //第 1 列分数相加
15       sum[1] += score[outer, 1];          //第 2 列分数相加
16       sum[2] += score[outer, 2];          //第 3 列分数相加
```

```
17      }
18      ReadKey();
19  }
```

【生成可执行程序再执行】

按 F5 键，程序执行的结果如图 5-14 所示。

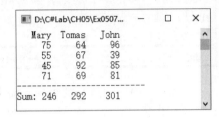

图 5-14 执行结果

【程序说明】

- score 是二维数组，要读取数组元素时，以 GetLength()获取行和列的长度，配合双层 for 循环是较好的处理方式，然后将每个人的分数相加。
- 第 4、5 行: 声明 4×3 的二维数组 score 并初始化，存放每个人的成绩。
- 第 7、8 行: 以 GetLength()方法来获取指定数组的维数。GetLength(0)会获取第一维数（行）的长度，GetLength(1)会获取第二维数（列）的长度。
- 第 9~17 行: 使用外层 for 循环读取行的长度。
- 第 11、12 行: 是内层 for 循环读取每行数组中每列的元素。
- 第 14~16 行: sum[0]会将第 1 列分数相加得到 Mary 的总分数，第 2、3 列则是得到 Tomas 和 John 的总分数。

※ 提示 ※

foreach 循环读取二维数组

- 使用 foreach 循环读取二维数组是没有问题的，语句如下:

```
foreach (int one in score)
    Console.Write("{0}", one)
```

要注意的是，它是读取二维数组中所有元素。

5.3.3 不规则数组

　　前面介绍的是经过声明的数组，数组大小是固定的。不过有些情况无法固定数组的大小，例如从数据库读取数据时，并不知道有多少笔数据。这种情况下可采用"不规则数组"（Jagged Array，或称为交错数组），也就是数组里的元素也是数组，也有人把它称为"数组中的数组"。由于数组元素采用引用类型，因此初始化时为 null；数组的每一行长度也有可能不同，这意味着数组的每一行必须实例化才能使用。使用不规则数组和其他数组一样，声明并以 new 运算符获取内存空间，设置数组长度。声明语法如下:

```
数据类型[][] 数组名 = new 数据类型[数组大小][];
数组名[0] = new 数据类型[]{...};
数组名[1] = new 数据类型[]{...};
```

方法一：声明不规则数组，每行有三个元素，然后以 new 运算符指定每行的长度，再存取各个数组元素。其语句如下：

```
int[][] number = new int[3][];//声明数组
number[0] = new int[4]; //初始化第一行数组，存放 4 个元素
number[1] = new int[3];
number[2] = new int[5];
number[0][1] = 12;    //给各个元素赋值
```

方法二：声明不规则数组 number2，每行有三个元素，配合 new 运算符初始化每行的元素。

```
int[][] number2 = new int[3][];
number2[0] = new int[] {11, 12, 13, 14};
number2[1] = new int[] {22, 23, 24};
number2[2] = new int[]{31, 32, 33, 34, 35};
```

方法三：声明数组的同时完成初始化。

```
int[][] number3 = new int[][]
{
   new int[] {11,12,13,14},
   new int[] {22,23,24},
   new int[] {31,32,33,34,35}
};
```

方法四：因为每行的数组元素未给长度设置初始值，所以初始化时必须使用 new 运算符。

```
int[][] number4 =
{
   new int[] {11,12,13,14},
   new int[] {22,23,24},
   new int[] {31,32,33,34,35}
};
```

范例 项目 "Ex0508.csproj" 不规则数组

新建控制台应用程序项目，在 Main()主程序中编写如下程序代码。

```
01  static void Main(string[] args)
02  {
03      string[][] subject = new string[3][];
04      subject[0] = new string[]
05          {"Tomas","语文","英语会话","程序设计"};
06      subject[1] = new string[]
07          {"Molly", "语文", "计算机概论"};
```

```
08    subject[2] = new string[]
09      {"Eric", "英语", "数学", "多媒体概论","应用文"};
10    for (int one = 0; one < subject.Length; one++)
11    {
12      for (int two = 0; two < subject[one].Length; two++)
13         Write($"{subject[one][two]}\t");
14      WriteLine();
15    }
16    ReadKey();
17  }
```

【生成可执行程序再执行】

按 F5 键，程序执行的结果如图 5-15 所示。

图 5-15　执行结果

【程序说明】

- ◆ 使用不规则数组存入选修者的名字和科目，再以嵌套 for 循环读取。
- ◆ 第 3 行：声明不规则数组 subject，表示它有 subject[0]~subject[2]的三行数组。
- ◆ 第 4~9 行：将每行数组以 new 运算符进行初始化。
- ◆ 第 10~15 行：外层 for 循环，使用 "Length" 属性来获取行的下标值。
- ◆ 第 12~13 行：内层 for 循环，根据每行的长度来读取每行的元素并输出结果。

5.3.4　隐式类型数组

先了解"隐式"（Implicitly）的意义，相对于"显式声明"（Explicit Declaration），它有"不明确表示"的含义。也就是创建数组时要显式声明它的数据类型，隐式类型是不明确表示数组的数据类型。其语法如下：

```
var 数组名 = new[]{…};
```

声明一个隐式类型数组时，以 var 来取代原有的数据类型，同样必须以 new 运算符来获取内存空间，我们以下面的范例来认识隐式类型数组。

```
var data = new[] {11, 21, 310, 567 }; //int[]
```

- ◆ 使用关键字 var 来声明一个隐式类型数组并初始化。

※ 提示 ※

关键字 "var" 并非 variant 之意，也不是变量之意，只是说明所声明的对象是规定不严格的类型。执行时编译器会自行判断并指定比较适当的类型。下述情况会使用关键字 var:

- 声明局部变量: var a = new[] { 0, 1, 2 };。
- for 循环中进行初始化: for(var k = 1; k < 10; k++);。
- 用于 LINQ。

此外，在声明数组时必须采用一致的数据类型，否则编译器还是会发出错误信息，如图 5-16 所示。

图 5-16　发出错误信息

范例 项目 "Ex0509.csproj" 隐式类型数组

新建控制台应用程序项目，在 Main() 主程序中编写如下程序代码。

```
01  static void Main(string[] args)
02  {
03      var number = new[]
04        { new[]{68, 135, 83}, new[]{75,64,211,37}};
05      WriteLine("读取隐式的不规则数组: ");
06      //由于有二行数组，因此使用双层 for 循环读取数组元素
07      for (int one = 0; one < number.Length; one++)
08      {
09          for (int two = 0; two < number[one].Length; two++)
10              Write($"{number[one][two],4}");
11      }
12      WriteLine();
13      ReadKey();
14  }
```

【生成可执行程序再执行】

按 F5 键，程序执行的结果如图 5-17 所示。

图 5-17　执行结果

【程序说明】

◆ 创建一个隐式类型的不规则数组，再以嵌套 for 循环读取数组的元素。

◆ 第 3、4 行：以 var 关键字来声明隐式类型的不规则数组，然后初始化每行数组元素。

◆ 第 7~11 行：外层 for 循环以 "Length" 属性获取数组的长度。内层 for 循环也以同样的方式获取每行的总列数，读取并进行输出。

5.4 　 字符和字符串

"字符串"代表文字对象。"字符串"从字面上可以解释成"把字符一个个串起来"，它们可对应到 .NET Framework 类库 System 命名空间的 String 类和 Char 结构。Char 结构本身是指 "UTF-16" 的 Unicode 字符，中文又称为"统一码""万国码"或"单一码"。那么字符串又是什么？可以把它视为 "Char 对象的按序只读集合"，所以组成字符串对象的 Char 和表示单个字符的 Unicode 不能混为一谈。

5.4.1　转义字符序列

char 类型的大小采用 Unicode 16 位字符值，可用来表示字符常值、十六进制转义字符序列（Escape Sequence）或 Unicode。

"转义字符"是指 "\" 这个特殊字符，紧跟在它后面的字符要进行特殊处理。表 5-2 列出了一些常用的转义字符序列。

表 5-2　转义字符序列常用字符

转义字符序列	字符名称	范　例	运行结果
\'	单引号	Write("ABCs\' Book");	ABCs' Book
\"	双引号	Write("C\"#\"升记号");	C "#" 升记号
\n	换行字符	Write("Visual \nC#");	Visual C#
\t	Tab 键	Write("Visual\t C#");	Visual C#
\r	回车字符	WriteLine("Visual\rC#");	C#sual
\\	反斜杠	Write("D:\\范例");	D:\范例

"\t" 就如同在两个字符间按下键盘的 Tab 键，让两个字符分隔开。"\r" 会让 C# 这两个字符回到此行的开始位置，取代 Vi 变成 "C#sual"。

5.4.2　String 类创建字符串

字符串的用途相当广泛，它能传达比数值数据更多的信息，例如一个人的名字、一首歌的歌词，甚至整个段落的文字。在前面的范例里，其实已经将字符串派上场了，下面复习一下它的声明语法。

```
string 字符串变量名称 = "字符串内容";
```

- 关键字 string 是 String 类的别名。
- 字符串变量名称同样遵守标识符的命名规则。
- 赋值字符串内容时要在前后加上双引号。

使用下面的例子来说明字符串。

```
string strNull = null;           //设置字符串的初值是 null
string strEmpty = String.Empty;  //初始化为空字符串
string strVacant = "";           //一个空字符串
string word = "Hello World! ";   //声明字符串并设置初值

bool isEmpty = (strEmpty == strVacant);   //返回 True
bool isNull = (strNull == strEmpty);      //返回 False
```

- Empty 为 String 类的字段，表示一个空白的文字字段，状态为只读。
- 空字符串 strEmpty、strVacant 表示 String 对象，存放零个字符，属性"Length"会返回零值。
- strNull 并非空字符串，若调用属性"Length"，则会抛出异常"NullReferenceException"。

⇒ 认识 String 类的构造函数

字符串中如果要绘制长线条，比较简单的方法就是调用 Console 类的方法 WriteLine() 进行输出。其语句如下：

```
Console.WriteLine("------------");
```

有更加简洁方式，就是借助 String 类的构造函数进行设置。先来认识一下其语法：

```
String(char c, int count);
```

- char: 以字符表示，使用时要以单个字符来表示。
- count: 字符重复的个数。

修改前面 WriteLine() 方法表示的长线条，以 String 类的构造函数绘出。

```
String ch = new String('-', 35);
Console.WriteLine(ch);    //输出 35 个 "-" 字符
```

- 由于 char 为字符，因此使用时前后要加单引号。

⇒ 字符串常用属性

因为 Visual C# 的字符串没有结尾字符，所以字符串的"Length"属性所获取的是 Char 对象数，而不是 Unicode 字符个数。String 类两个常用属性，简介如下。

- Chars: 获取字符串中指定下标位置的字符。
- Length: 获取字符串的长度（Char 中字符的总个数）。

由于字符串来自于字符对象，每个字符都可以用位置来表示，也就是下标（或称为索引），因此下标编号从零开始，根据此特性，通过 Chars 属性可返回指定位置的字符。不过要注意的是，Chars 属性并不是直接使用，我们通过下面的范例来具体了解一下。

范例 项目"Ex0510.csproj"认识 Chars 和 Length 属性

新建控制台应用程序项目，在 Main()主程序中编写如下程序代码。

```
01  static void Main(string[] args)
02  {
03      string word = "This is my favorite programming!";
04      int index;  //字符串下标编号
05      //使用 for 循环提取下标编号 0~5 的字符
06      for (index = 0; index <= 5; index++)
07          WriteLine($"[{index}] = 字符'{word[index]}'");
08      WriteLine($"字符串总长度= {word.Length}");
09      ReadKey();
10  }
```

【生成可执行程序再执行】

按 F5 键，程序执行的结果如图 5-18 所示。

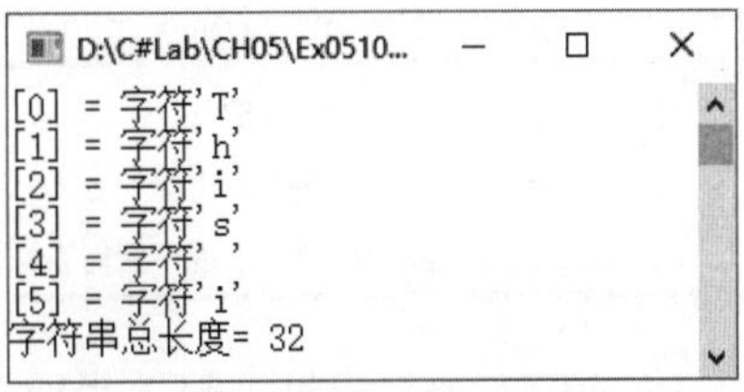

【程序说明】

* 范例借助 Chars 属性了解字符串与字符的关系，指定下标编号，再以 for 循环读取字符。

* 第 3 行：声明 msg 字符串并初始化其内容。

* 第 6、7 行：使用 for 循环读取字符串中的字符，配合 Chars 属性的特质，由下标编号 0（index = 0）开始，到下标编号 5（index = 5）结束，显示读取的部分字符。

* 第 8 行：使用 Length 属性获取 msg 字符串的总长度是"32"。

```
D:\C#Lab\CH05\Ex0510...    —    □    ×
[0] = 字符'T',
[1] = 字符'h',
[2] = 字符'i',
[3] = 字符's',
[4] = 字符' ',
[5] = 字符'i'
字符串总长度= 32
```

图 5-18　执行结果

5.4.3　字符串常用方法

使用字符串时，不外乎将两个字符串进行比较、将字符串进行串接，或者将字符串分割，表 5-3 列出了一些常用的字符串方法。

表 5-3　字符串常用方法

方法名称	说　　明
CompareTo()	比较实例与指定的 String 对象排序顺序是否相等
Split()	以字符数组提供的分隔符（Delimiter）来分割字符串
Insert()	在指定的下标位置插入指定字符
Replace()	指定字符串来取代字符串中符合条件的字符串

CompareTo()方法可进行字符串的比较，语法如下：

```
CompareTo(string strB)
```

- **strB**：要比较的字符串。

比较所得结果如表 5-4 所示。

表 5-4　CompareTo()方法

值	条　件
小于 0	表示实例的排序顺序在 strB 前
0	表示实例的排序顺序和 strB 相同
大于 0	表示实例的排序顺序在 strB 后

使用 CompareTo()方法并不是比较两个字符串的内容是否相同，以下面的例子来说明。

```
string str1 = "abcd";
string str2 = "aacd"; //str1 的排序顺序在 str2 之后
int result = str1.CompareTo(str2); //result = 1
```

```
string str1 = "abcd";
string str2 = "accd"; //str1 的排序顺序在 str2 之前
int result = str1.CompareTo(str2);//result = -1
```

```
string str1 = "abcd";
string str2 = "ab\u00Adcd"; // str2 "ab-cd"
int result = str1.CompareTo(str2);//result = 0
```

Split()方法会根据字符数组所提供的符号字符将字符串分割。例如：

```
char[] separ = {',', ':' };
string str1 = "Sunday,Monday:Tuesday";
string[] str2 = str1.Split(separ);
foreach(string item in str2)
   Console.WriteLine("{0}", item);
```

所以 str1 字符串配合 separ 字符数组以 Split()方法分割后，变成三个字符串：Sunday、Monday、Tuesday。

要在原有字符串中插入其他字符串，可以调用 Insert()方法。其语法如下：

```
Insert(int startIndex, string value);
```

- **startIndex**：插入的下标位置，一般从零开始。
- **value**：要插入的字符串。

如何插入字符串，以下面的例子来学习它的用法。声明 str 是原有的字符串，将 wds 字符串以 Insert()方法插入 str 字符串。

```
string str = "Learning programing";
string wds = " visual C#";
string sentence = str.Insert(str.Length, wds);
Console.WriteLine(sentence);
```

♦ 那么 wds 字符串要从什么地方插入呢？就从 str 尾端加入，使用 Length 属性获取 str
字符串的长度作为 Insert()方法要插入的位置。

Replace()方法可用新字符串来替换旧字符串，语法如下：

```
Replace(string oldValue, string newValue);
```

♦ oldValue：要被替代的字符串。
♦ newValue：取代符各条件的指定字符串。

要把"She is a nice girl"变成"She is a beautiful girl"，意味着 nice 要被 beautiful 取代。
例如：

```
string str = "She is a nice girl";
string wds = "beautiful";
string sentence = str.Replace("nice", wds);
Console.WriteLine(sentence);
```

♦ 声明并初始化 wds 字符串。
♦ 调用字符串的 Replace()方法，其参数 oldValue 指定为"nice"，newValue 则由 wds 字
符串变量来完成取代操作。

范例 项目"Ex0511.csproj"认识字符串的常用方法

新建控制台应用程序项目，在 Main()主程序中编写如下程序代码。

```
01  static void Main(string[] args)
02  {
03    string str = "Learning programming";//原字符串
04    string wds = "Visual C# ";//要插入的字符串
05    string sentence = str.Insert(9, wds);
06    WriteLine($"原字符串{str}, \n 插入字符串后：{sentence}");
07    string word = "Writing";//要替换进去的字符串
08    sentence = sentence.Replace("Learning", word);
09    WriteLine($"替换后的字符串：{sentence}");
10    //分割字符串
11    char[] separ = { ' ' };//以空格字符来分割
12    string[] str2 = sentence.Split(separ);
13    WriteLine("分割字符串：");
14    foreach (string item in str2)
```

```
15        Console.WriteLine($"{item}");
16    ReadKey();
17  }
```

【生成可执行程序再执行】

按 F5 键，程序执行的结果如图 5-19 所示。

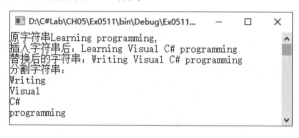

图 5-19　执行结果

【程序说明】

- 第 3 行：声明 str 字符串并初始化其内容。
- 第 5 行：使用 Insert()方法将第 4 行所创建的 wds 字符串插入。
- 第 8 行：使用 Replace()方法，用 Writing 字符串取代 Learning 字符串。
- 第 12~15 行：分割字符串，以空格符为根据，再以 foreach 循环执行读取操作。

⊃ **查找字符串的方法**

查找字符串的概念就是设置条件，返回字符串的下标编号，共有 4 种方法。SubString 可从字符串中提取部分字符串，它们的语法很相似，如下：

```
IndexOf(string value);
LastIndexOf(string value);
StartsWith(string value);
EndsWith(string value);
Substring(int startIndex);   //子字符串的起始字符位置
```

- IndexOf()、LastIndexOf()方法的参数 value，它的下标位置从 0 开始，没有找到时返回 -1；LastIndexOf()方法返回指定字符串最后一次出现所在的位置。
- StartsWith()方法的 value，若匹配此字符串的开头，则返回 True，否则返回 False。
- EndsWith()方法的 value，若匹配此字符串的结尾，则返回 True，否则返回 False。
- Substring()方法提取子字符串时会从指定位置到最后的字符。

范例 项目 "Ex0512.csproj" 调用查找字符串的方法

新建控制台应用程序项目，在 Main()主程序中编写如下程序代码。

```
01  static void Main(string[] args)
02  {
```

```
03       string str = "Visual C# programming";  //原字符串
04       bool start = str.StartsWith("visual");
05       WriteLine(
06           $"比较字符串开头\"visual\"的结果: {start}");
07       bool finish = str.EndsWith("programming");
08       WriteLine(
09           $"比较字符串结尾\"programming\"的结果: {finish}");
10       int begin = str.IndexOf("g");  //找出字符第一次出现的下标编号
11       WriteLine($"\"g\"开始的下标编号: {begin} ");
12       int last = str.LastIndexOf("g");
13       WriteLine($"\"g\"最后的下标编号: {last} ");
14       string secondStr = str.Substring(begin);//提取子字符串
15       WriteLine($"子字符串: {secondStr}");
16       ReadKey();
17   }
```

【生成可执行程序再执行】

按 F5 键，程序执行的结果如图 5-20 所示。

【程序说明】

图 5-20　执行结果

◆ 第 4 行: 使用 StartsWith()方法来比较开头的
字符串 "Visual" 和 "visual" 是否相同，再
把对比结果存储到变量 bool 类型的变量
"start" 中，由于第一个字母大小写不同，因此返回 False。

◆ 第 7 行: 使用 EndsWith()方法来比较结尾的字符串 "programming"，再把对比结果存储到变量 bool 类型的变量 "finish" 中，因为两个字符串相同，所以返回 True。

◆ 第 10~12 行: 使用 IndexOf()方法来查找字符串中的 "g"，找到第一个匹配的位置，返回下标编号 13；第 23 行的 LastIndexOf()方法也是查找字符串中的 "g"，找到最后一个匹配的位置，返回下标编号 20。

◆ 第 14 行: 使用 IndexOf()方法获取的下标编号值存储于变量 begin 中，作为 Substring()方法提取子字符串的起始值，进行子字符串的提取。

5.4.4　StringBuilder 类修改字符串内容

对于 Visual C# 来说，字符串是 "不可变的"（Immutable）。也就是说，字符串创建后，就不能改变其值。声明一个字符串 str 并初始化其内容为 "Programming"，若修改内容为 "Programming language"，则系统会创建新字符串并放弃原来的字符串，变量 str 会指向新的字符串并返回结果。这是因为字符串属于引用类型，声明 str 变量时，会创建实例来存储 "Programming" 字符串；变更内容为 "Programming language" 时，会新建另一个实例。所以 str 指向 "Programming language"，原来的实例就被当作 "垃圾" 收集了。

如果要修改字符串内容，另一个方法就是借助"System.Text.StringBuilder"类，它提供了字符串的附加、删除、替换（或取代）和插入功能。

➲ 创建 StringBuilder 对象

使用 StringBuilder 类时，必须使用 new 运算符来创建它的对象（也就是实例），其语法如下：

```
StringBuilder 对象名称;//创建 StringBuilder 对象
对象名称 = new StringBuilder();//new 运算符初始化对象
StringBuilder 对象名称 = new StringBuilder();//合并上述语句
```

如同我们先前创建数组的概念，创建 StringBuilder 对象前要先声明，再以 new 运算符来获取内存的使用空间，也可以将创建对象和获取内存空间以一行语句来完成。使用以下语句来说明。

```
StringBuilder strb;              //声明 StringBuilder 对象
strb = new StringBuilder(); //获取内存空间
StringBuilder strb = new StringBuilder(); //合并上述两行
```

创建 StringBuilder 对象后，就可以进一步使用"."（Dot，句点）运算符来存取 StringBuilder 的属性和方法。

➲ StringBuilder 常用属性

StringBuilder 常用属性如表 5-5 所示。

表 5-5　StringBuilder 常用属性

属　　性	说　　明
Capacity	获取或设置 StringBuilder 对象的较大字符数
Chars	获取或设置 StringBuilder 对象中指定位置的字符
Length	获取或设置当前 StringBuilder 对象的字符总数
MaxCapacity	获取 StringBuilder 对象的较大容量

对于 StringBuilder 来说，属性 Capacity 的默认容量是 16 个字符，加入的字符串若大于 StringBuilder 对象的默认长度，内存则会根据总字符来调整 Length 属性，让 Capacity 属性的值加倍。使用下面的例子来说明。

```
StringBuilder strb = new StringBuilder();   //①
string word = "Research supports the significance of EQ.";
strb.Append(word);
```

- ①未加入字符串，Capacity 为 16 个字符。
- "word.Length" 会获取长度 "41"。

- 调用 Append()方法附加的字符串已超过 16 个字符，会以字符串变量 word 的长度"41"为 Capacity 的容量。

StringBuilder 常用方法

Append()方法将字符串附加到 StringBuilder 对象，语法如下：

```
Append(string value);
```

使用 Append()方法是从字符串尾端加入新的字符串，还可以使用 AppendLine()方法加入行终止符。或者以 AppendFormat()加入格式化字符串，让 StringBuilder 对象在插入字符串时更具弹性。其他方法的语法分述如下：

```
Insert(int index, string value);
Remove(int startIndex, int length);
Replace(string oldValue, string newValue);
ToString();  //转换为 String 对象
```

- Insert()方法：在指定位置插入 StringBuilder 对象。参数 index 为开始插入的位置，value 为要插入的字符串。
- Remove()方法：从 StringBuilder 对象删除指定的字符。参数 startIndex 是要删除的起始下标位置，length 为要删除的字符数。
- Replace()方法：用指定字符串来替换 StringBuilder 对象中匹配的字符串。参数 oldValue 是被取代的旧字符串，newValue 是取代进去的新字符串。

String 和 StringBuilder 类的差别如下：

- 字符串的变动性：如果不需要经常修改字符串的内容，就以 String 类为主；若要经常变更字符串的内容，则 StringBuilder 类会比较好。
- 使用字符串常值或者创建字符串后要进行大量查找，String 类会比较好。

范例　项目 "Ex0513.csproj" StringBuilder 类

新建控制台应用程序项目，在 Main()主程序中编写如下程序代码。

```
01  static void Main(string[] args)
02  {
03    StringBuilder strb = new StringBuilder();
04    WriteLine($"默认容量：{strb.Capacity}");
05    strb.Append(
06      "Research supports the significance of EQ.");
07    WriteLine($"字符串长度：{strb.Length}, " +
08      $"总容量：{strb.Capacity}");
09    strb.AppendLine("\n");
10    WriteLine($"字符串长度：{strb.Length}, " +
```

```
11        $"总容量: {strb.Capacity}");
12     strb.AppendLine(
13        "A 40-year study that IQ wasn't the only thing.");
14     WriteLine($"字符串长度: {strb.Length}, " +
15        $"总容量: {strb.Capacity}");
16     WriteLine($"原字符串 -- {strb}");
17     string text = "found";//要删除的字符串
18     //获取要删除字符串的下标编号
19     int index = strb.ToString().IndexOf(text);
20     if (index >= 0)
21        strb.Remove(index, text.Length);
22     WriteLine($"变更后字符串 -- {strb}");
23     //替换部分内容: Replace()方法用"people"替换"boys"
24     strb.Replace("boys", "people");
25     string nword = "of 450 boys found ";
26     int index2 = strb.ToString().IndexOf("that");
27     strb.Insert(index2, nword);
28     WriteLine($"插入后的字符串 -- {strb}");
29     ReadKey();
30  }
```

【生成可执行程序再执行】

按 F5 键，程序执行的结果如图 5-21 所示。

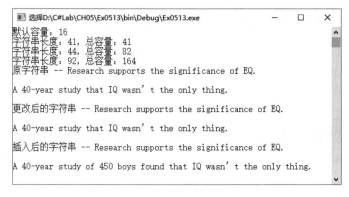

图 5-21　执行结果

【程序说明】

◆ 第 3、4 行：创建 StringBuilder 对象 strb，再以 Capacity 属性来查看未存放字符串时的默认长度。

◆ 第 5~15 行：使用 Append()、AppendLine()方法将字符串从尾端附加到 strb 对象里。配合属性 Length 来观察 Capacity 容量的变化。第一次使用 Append()，Length 的字符串长度和 Capacity 的容量相同。第二次以 AppendLine()方法加入换行符号，Length 的字符数为 44，Capacity 的容量加倍，为"41×2=82"。第三次 Capacity 的容量是"82×2=164"。

- 第 17~21 行：要删除 strb 对象中的 "found" 字符串，先以 ToString()方法将 strb 对象转为字符串，再以 IndexOf()方法获取要删除的字符串的下标编号，并存储于 index 变量中，然后以 Remove()方法删除。

- 第 24 行：以 Replace()方法用 "people" 取代 "boys"。

5.5 重点整理

- 计算机的内存是有限的，为了节省内存空间，C#程序语言中提供了 "数组" 这种特殊的数据结构。

- 变量与数组的差别在于一个变量只能存储一个数据，而一个数组可以连续存储数据类型相同的多个数据。

- 创建数组的三个步骤：①声明数组；②分配内存；③设置数组初值。

- 使用 foreach 循环存取数组元素，会按照数组的顺序来读取，从下标编号 0 开始直到最后；for 循环虽然也可以用来存取数组元素，但必须要获得数组的长度。

- 使用 Array 类的 "Length" 属性能获取数组长度，而 "Rank" 属性能获取数组的维数。使用 Sort()方法将一维数组排序，Reverse()方法能反转数组元素；使用 IndexOf()方法返回数组某个元素的位置，GetLength()方法能获取指定维数的长度。

- 复制数组时，Array 类的 CopyTo()方法会将源数组的元素全部复制到目标数组。若指定要复制的元素，则可以调用静态方法 Copy()。

- 二维数组以维数 2 来表示。它必须通过声明以 new 运算符分配内存空间，再给数组元素赋值；或者以初始化方式来产生二维数组；以嵌套 for 循环来存取数组元素是较好的方式。

- 所谓 "不规则数组"（Jagged Array），就是数组里的元素也是数组，所以又称为 "数组中的数组"。由于这种数组每行的长度可能不一样，因此数组的每一行必须实例化才能使用。

- "隐式"（Implicitly）是相对于 "显式声明"（Explicit Declaration）来定义的；隐式类型就是不明确声明数组的数据类型，声明时使用关键字 "var"。

- "字符串" 可以解释成 "把字符一个一串起来"，这里的字符（Char）是指 Unicode 字符，中文又称为 "统一码" "万国码" 或 "单一码"。

- .NET Framework 类库 System 命名空间的 String 类提供了属性和方法。属性 Chars 用于获取字符串中指定下标位置的字符；Length 用于获取字符串的长度；方法 Insert()可以在字符串中插入指定的字符串；Replace()用于以新字符串替换指定的旧字符串；Split()用于进行字符串的分割。

- 字符串具有不变性，要管理字符串可借助 "System.Text.StringBuilder" 类，它提供了字符串的附加、删除、替换（或取代）或插入的功能。

5.6 ▶ 课后习题

一、填空题

1. 创建数组三个步骤：①_____；②_____；③_____。

2. 根据下列语句填入数组元素。

```
int[] score = new int[] {56, 78, 32, 65, 43};
```

Score[1]=_____、score[2]=_____、score.Length = _____。

3. 存取数组元素：以_____循环，它会按照数组的顺序；_____循环也能用于存取数组元素，但必须要获取数组的长度。

4. _____就是将数值从小到大排序；Array 类提供了_____方法进行排序；方法_____会把数组元素反转；要获取数组长度，使用属性_____。

5. 复制数组时，Array 类的_____方法会将源数组的元素全部复制到目标数组。若指定要复制的元素，可以调用静态方法_____。

6. 声明一个二维数组如下：

```
int[,] num = {{11, 12, 13}, {21, 22, 23}, {31, 32, 33}};
```

它是一个_____×_____的数组；num[0,1] =_____，属性 Rank：_____，属性 Length：_____，GetLength(1)：_____。

7. 下列语句属于何种数组结构？_____，又称_____或_____。

```
int[][,] number = new int[2][,]
{
  new int[,] { {11,23}, {25,27} {32, 65}},
  new int[,] { {22,29}, {14,67} }
};
```

8. 写出下列转义字符序列的作用：①\t_____；②\n_____；③\"_____；④\r_____。

9. 声明字符串时，"string word = String.Empty;"，则变量 word 是_____，而_____为 String 类的字段，状态为_____。

10. 将下列语句用 String 类的构造函数来表达。

```
Console.WriteLine("*************");
```

_____

11. 请写出下列字符串属性的作用：①Chars_____；②Length_____。

12. 在字符串中插入字符串使用_____方法，用新字符串替换旧字符串使用_____方法；分割字符串使用_____方法。

13. 根据字意，请填入这些查找字符串的方法：①＿＿＿＿＿＿：匹配指定字符串第一次出现的下标编号；②＿＿＿＿＿＿：匹配指定字符串最后一次出现的下标编号；③＿＿＿＿＿＿：判断此字符串的开头是否匹配指定的字符串；④＿＿＿＿＿＿：判断此字符串的结尾是否匹配指定的字符串。

14. 创建 StringBuilder 对象后，尚未存放字符串之前，它的 Capacity 默认是＿＿＿＿＿＿个字符；用＿＿＿＿＿＿方法附加 10 个字符后，它的 Capacity 是＿＿＿＿＿＿个字符，Length 是＿＿＿＿＿＿。

15 从 StringBuilder 对象删除指定的字符，要调用＿＿＿＿＿＿方法；将 StringBuilder 对象转换字符串要调用＿＿＿＿＿＿方法。

二、问答题与实践题

1. 请分别用 for 和 foreach 循环来读取下列数组元素，并说明两者有何不同？创建的数组如下：

```
string[] name = {"Eric", "Mary", "Tom", "Andy", "Peter"};
```

2. 有一个数组 "int[] number = { 5, 71, 25, 125, 84 };"，请找出其最大值。

3. 读取下面的二维数组并输出如图 5-22 所示的结果。

```
int[,] number = {{125, 64, 96}, {55, 67, 339},
                 {415, 92, 385}, {71, 169, 81} };
```

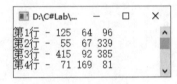

图 5-22　输出结果

4. 有一个不规则数组，声明如下，编写程序代码并输出如图 5-23 所示的结果。

```
int[][,] number = new int[3][,]
{
  new int[,] { {141, 231}, {25, 427} },
  new int[,] { {82,  29}, {314, 67}, {18, 47} },
  new int[,] { {513, 62}, {99, 88}, {20, 269} }
};
```

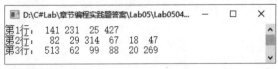

图 5-23　输出结果

5. String 和 StringBuilder 类在使用上有何不同，请简要说明。

第6章

学习面向对象

章 | 节 | 重 | 点

- ❖ 从面向对象程序设计的观点来认识类和对象。
- ❖ 如何定义类？如何实例化对象？通过实际范例来认识。
- ❖ 对象的旅程由构造函数开始，而构造函数是对象的终点。根据需求，构造函数也能重载。
- ❖ 为了与对象区别，类的静态成员会使用 static 关键字。

6.1 面向对象的基础

所谓"面向对象"（Object Oriented），是将真实世界的事物模块化，主要目的是提供软件的可重用性和可读性。最早的面向对象程序设计（Object Oriented Programming，OOP）是 1960 年 Simula 提出的，它导入"对象"（Object）的概念，这其中也包含"类"（Class）、继承（Inheritance）和方法（Method）。数据抽象化（Data Abstraction）在 1970 年被提出来开始探讨，派生出"抽象数据类型"（Abstract data type）概念，提供了"信息隐藏"（Information Hiding）的功能。1980 年，Smalltalk 程序设计语言对于面向对象程序设计发挥了最大作用。它除了汇集 Simula 的特性外，还引入了"消息"（Message，信息）的概念。

在面向对象的世界里，通常通过对象和传递的信息来表现所有操作。简单来说，就是"将脑海中描绘的概念以实例的方式表现出来"。

6.1.1 认识对象

何谓对象？以我们生活的世界来说，人、车子、书本、房屋、电梯、大海和大山等都可视为对象。举例来说，想要购买一台电视机，品牌、尺寸大小、外观和功能都可能是购买时要考虑的因素。品牌、尺寸和外观都可用来描述电视的特征，以对象观点来看，它具有"属性"（Attribute）。如果以"人类"来描述人，就只有模糊的印象，但是我们说一个东方人，就会有比较具体的描绘：黑发、体型中等、肤色较黄。上述描述东方人的过程，这些较为明显的特性可视为对象的属性。真实世界当然不会只有东方人，还包含其他形形色色的人，这也说明以面向对象技术来模拟真实世界的过程中，一个系统也是由多个对象组成的。

对象具有生命，表达对象内涵还包含"行为"（Behavior）。如果有人从屋外走进来，将门重重关上，他的行为告诉我们，"此人心情可能不太好"！所以"行为"是一种动态的表现。以手机来说，就是它具有的功能，随着科技的普及，拍照、上网、实时通信等相关功能一般手机都具有，以对象来看，就是方法（Method）。属性表现了对象的静态特征，方法则是对对象动态的特写。

对象除了具有属性和方法外，还要有沟通方式。人与人之间通过语言的沟通来传递信息。那么对象之间如何进行信息的传递呢？以手机来说，拨打电话时，按键会有提示音让使用的人知道是否按下了正确的数字，最后按下"拨打"按键，才会进行通话。如果以面向对象程序设计概念来看，数字按钮和拨打按钮分属两个不同的对象，按下数字按钮时，"拨打"功能会接收这些数字，按下"方法"的"通话"，才会把接收的数字传送出去，让通话机制建立。进一步来说，借助方法可以传递信息，如果号码正确，并且传送了信息，就可以得到对方的响应，所以以方法进行参数的传递，必须要有返回值。

6.1.2 提供蓝图的类

面向对象应用于分析和系统设计时，称为"面向对象分析"（Object Oriented Analysis）和"面向对象设计"（Object Oriented Design）。对于应用程序的开发来说，凭借面向对象程序设计语言的发展，将程序设计融入面向对象的概念，如 Visual Basic、Visual C#和 Java 等。

Visual C#是一种面向对象的程序设计语言。一般来说，类（Class）提供了实现对象的模型，编写程序时，必须先定义类，设置成员的属性和方法。例如，盖房屋前要有规划蓝图，标示坐落位置，楼高多少？什么地方有大门、阳台、客厅和卧室。蓝图规划的主要目的就是反映出房屋建造后的真实面貌。因此，可以把类视为对象原型，产生类后，还要具体化对象，称为"实例化"（Instantiation），通过实例化的对象，称为"实例"（Instance）。类能产生不同状态的对象，每个对象也都是独立的实例，如图 6-1 所示。

图 6-1　类能产生不同的对象

6.1.3　抽象化概念

若要模拟真实世界，则必须把真实世界的东西抽象化为计算机系统的数据。数据抽象化（Data Abstraction）是以应用程序为目的来决定抽象化的角度，基本上就是"简化"实例功能。延续对朋友的描述：身高可能是 175 厘米、偏瘦、短发、戴一副眼镜，这就是数据抽象化的结果，针对一些易辨认的特征将这个人的外观素描进行抽离。数据抽象化的目的是便于日后的维护，应用程序的复杂性越高，数据抽象化做得越好，越能提高程序的再利用性和阅读性。

再来看看手机的例子。抽象化后，手机的操作界面会有不同的按键，将显示数字的属性和操作按键的行为结合起来就是"封装"（Encapsulation）。按数字 5，不会变成数字 8。使用手机只能通过操作界面，外部无法变更它的按键功能，如此一来就能达到"信息隐藏"（Information Hiding）的目的。对于使用手机的人来说，并不需要知道数字如何显示，确保按下正确的数字键就好。

⊃　存取范围和方法

创建抽象数据类型时有两种存取范围：公有和私有。在公有范围，所定义的变量都能自由存取；在私有范围，定义的变量只适用于它本身的抽象数据类型。外部无法存取私有范围的变量，这就是信息隐藏的一种表现方式。

想要进一步了解对象的状态必须通过其"行为"，这也是"封装"（Encapsulation）概念的由来。在面向对象技术里，对象的行为通常使用"方法"（Method）来表示，它会定义对象接收信息后应执行的操作。对于 C#来说，处理的方法大概分为两种：一种用来存取类实例的变量值；另一种调用其他方法与其他对象产生互动。

6.2 类、对象和其成员

对面向对象的概念有所认识后,要以 C#程序设计语言的观点来深入探讨类和对象的实现,配合面向对象程序设计(OOP)的概念,了解类和对象的创建方式。

6.2.1 定义类

每个定义的类会由不同的类成员(Class Member)组成,包含字段、属性、方法和事件。字段和属性为类的数据成员,用来存储数据;方法负责数据的传递和运算。

- **字段**(Field):可视为任意类型的变量,可直接存取,通常会在类或构造函数中声明。
- **属性**:用来描述对象的特征。
- **方法**:定义对象的行为。
- **事件**:提供不同类与对象之间的沟通。

使用类之前,必须以关键字 class 为开头进行声明。它的语法如下:

```
class 类名称
{
    [访问权限修饰词] 数据类型 数据成员;
    [访问权限修饰词] 数据类型 方法
    {
        ...
    }
}
```

- 类名称:创建类使用的名称,必须遵守标识符的命名规范。类名称后要以一对大括号来产生程序区块。
- 访问权限修饰词(Modifier)。共有 5 个: private、public、protected、internal 和 protected internal(参考第 6.2.3 小节)。
- 数据成员包含字段和属性:可将字段视为类内所定义的变量,一般会以英文小写作为识别名称的开头。

创建一个 student 的类,只有一个公有的字段变量,语句如下:

```
class student //声明类
{
    public string name;//声明类的字段
}
```

如何以 UML 类图表示类 student 及其字段?可参考图 6-2 所示的 UML 类图。

类名称	student	brett : student
属性、字段	+name:string	
方法或操作		

图 6-2　UML 类图

- 长方形组成由上而下分成三个部分：类名称、属性或字段和方法或操作。
- 表示属性、方法时以"存取范围 属性名称：数据类型[= 初值]"进行描述。
- 存取范围以"+"号表示 public 属性或方法，"-"号表示 private，"#"表示 protected。
- "brett : student"声明对象"brett"为类 student 实例化的名称。

以控制台应用程序为模板编写类时，必须将新的类放在命名空间下，也就是控制台应用程序所产生的类之前，参考图 6-3 的方法，否则编译会发生错误。

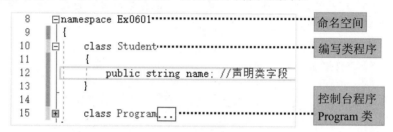

图 6-3　编写类程序的位置

6.2.2　实例化对象

由于类属于引用类型，声明后，必须以 new 运算符来实例化对象，语法如下：

```
类名称 对象名称;
对象名称 = new 类名称();
类名称 对象名称 = new 类名称();
```

继续第 6.2.1 小节的例子，声明一个 student 对象。那么实例化对象时，要从何处编写程序？很简单，在 Main()主程序区块中。

```
student brett;            //创建 student 类的对象 brett
brett = new student();  //以 new 运算符将 brett 实例化
student brett = new student();  //将上面两条语句合并成一条语句
```

⮑ 存取数据成员

产生对象后，对象的状态如何被改变？如何使用方法进行操作？必须使用"."（Dot）运算符来存取类中所产生对象的成员，其语法如下：

```
对象名称.数据成员;
```

产生 student 类的对象 tomas 之后，对外公开（public）的数据成员 name，可以在 Main()主程序中由对象 tomas 进行存取，如图 6-4 所示。

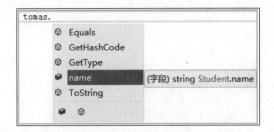

图 6-4　存取类的字段

范例 项目"Ex0601.csproj"创建类并实例化对象

01 新建控制台应用程序项目，在命名空间"Ex0601"定义 Student 类。

```
01  class Student
02  {
03    public string name; //声明类字段
04  }
```

02 在 Main()主程序中编写如下程序代码。

```
05  static void Main(string[] args)
06  {
07    //第一个对象 tomas
08    Student tomas = new Student();
09    tomas.name = "Tomas ";
10    Student emily = new Student();
11    emily.name = "Emily VanCamp";
12    WriteLine($"第一个学生：{tomas.name}");
13    WriteLine($"第二个学生：{emily.name}");
14    ReadKey();
15  }
```

【生成可执行程序再执行】

按 F5 键，若无错误，则程序执行后的控制台窗口显示的结果如图 6-5 所示。

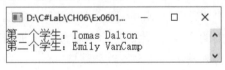

图 6-5　执行结果

【程序说明】

◆ 创建 student 类，只有一个公有的属性 name，并使用它来创建或产生两个对象：toams 和 emily。

◆ 第 14~17 行：在 Main()主程序中以 new 运算符实例化两个 Student 类的对象 tomas 和 emily，以句点运算符"."存取字段 name 并设置其值。

◆ 第 18、19 行：调用 WriteLine()方法输出字段值。

6.2.3　访问权限

声明类时，它的数据成员和方法会因为访问权限修饰词而有不同等级的访问权限。访问权限修饰词的存取范围（或访问范围）如表 6-1 所示。

表 6-1　访问权限修饰词的存取范围

访问权限	作　　用	存取范围或访问范围
public	公有的	所有类都可存取
private	私有的	只适用于该类的成员函数
protected	受保护的	产生继承关系的类
internal	内部的	只适用于当前项目（组件）
protected internal	受保护内部的	只限于当前组件或派生自包含类的类型

- public：表示任何类都可存取，适用于对外公有的数据。
- private：当对象的数据不想对外公开时，只能被类内的方法存取，同类的其他对象也能存取该对象的数据，即私有的。
- protected：只有此类或继承此类的子类的对象（参考第 7.2.2 小节）才能存取。
- internal：在命名空间下声明的类和结构会以 public 或 internal 为默认的存取范围。若没有指定访问权限修饰词，则默认值是 internal。

在面向对象技术的世界里，为了达到"信息隐藏"的目的，可以通过"方法"来封装对象的成员。访问权限的作用是让对象掌握成员，控制对象在被允许的情况下才能让外界使用。为了保护对象的字段不被外界其他类存取，通常会将数据成员声明为 private。但是范例 Ex0601 将字段存取范围声明为 public（公有的），表示数据未受保护，如何提高数据的安全性，请继续认识类的方法。

6.2.4　定义方法成员

将字段声明为公有的虽然很方便，但是有潜在的危险。为了确保数据成员的安全，通过"方法"（Method）是比较好的做法，这才能达到前文所提到的"由于外部无法存取私有范围的变量，因此这是信息隐藏的一种表现方式"。将字段 name 的存取变更为 private（私有的），再以两个方法来设置和获取 name 字段值。方法成员的语法如下：

```
[访问权限修饰词] 返回值类型 方法名称(数据类型 参数列表) {
    程序语句;
    [return 表达式;]
}
```

- 返回值类型：定义方法后要返回的类型，它必须与 return 语句返回值的类型相同。如果方法没有返回任何数据，就设为 void。
- 方法名称：命名同样遵守标识符的规范。
- 数据类型：定义方法时要传递变量的数据类型。

◆ 参数列表：可根据需求设置多个参数来接收数据，每个接收的参数都必须清楚地声明
其数据类型。无任何传入值，保留括号即可。

◆ return 语句：返回运算结果。

方法成员如何传递参数？setName()方法没有使用 return 语句返回运算结果，所以它的返回值类型是"void"。当它接收对象 brett 所传递的变量"Tomas Daltonr"后，再赋值给字段 name，如图 6-6 所示。（有关方法中变量的传递机制请参考第 7 章）。

加入方法的 Student 类，如何用 UML 类图来表示？ Student 类两个公有的方法，前面以"+"号来表示，其中的 ShowName()方法有参数，所以括号内以"参数名称 ：类型"来表示；不需要返回值，所以冒号之后的类型以"void"来表示，如图 6-7 所示。

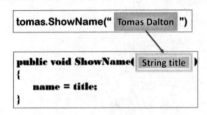

图 6-6　方法成员传递参数

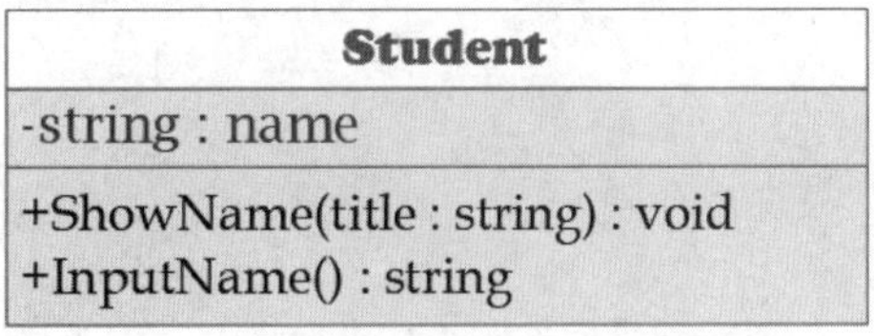

Student		
-string : name		
+ShowName(title : string) : void		
+InputName() : string		

图 6-7　UML 类图

如何调用类内的方法？同样使用"."（句点）运算符，语法如下：

```
对象名称.方法名称(变量列表)；
```

上述范例是把类的程序代码放在命名空间之下，然后在 Main()主程序区块中实例化类对象。利用模块化，也可以将类的程序代码存放另一个独立文件中，所以下面的范例项目"Ex0602"会有两个 C#文件。

■ "Student.cs"：新建主控制台应用程序后添加的类文件"Student.cs"，存放自行定义的类，如图 6-8 所示。

■ "Program.cs"：控制台主程序。以 Main()主程序创建 Student 类的两个对象，即 tomas 和 emily。

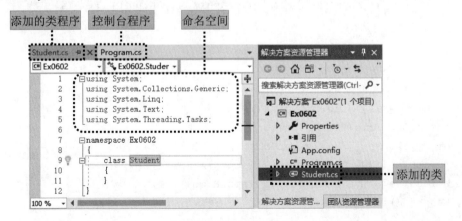

图 6-8　添加的类

范 例 项目"Ex0602.csproj"修改类，通过调用方法存取字段

01 在新建好的控制台应用程序项目中，依次选择"项目→添加类"菜单选项，进入"添加新项"对话框。

02 添加类。①选择"类"；②"名称"变更为"Student.cs"；③单击"添加"按钮，如图 6-9 所示。

图 6-9 "添加新项"对话框

03 程序代码编辑区中新增了"Student.cs"页签，在 class Student 区块中编写如下程序代码。

```
01  class Student
02  {
03      private string name;    //类的字段
04      public void ShowName(string title) => name = title;
05      public string InputName() => name
06  }
```

04 把控制台程序 Program.cs 更名为"ShowApp.cs"，在 Main()主程序中编写如下程序代码。

```
11  static void Main()
12  {
13      //创建两个对象并实例化
14      Student tomas = new Student();
15      Student emily = new Student();
16      tomas.ShowName("Toams Dalton");
17      emily.ShowName("Emily VanCamp");
18      WriteLine($"第一个学生 {tomas.InputName()}");
19      WriteLine($"第二个学生 {emily.InputName()}");
20      ReadKey();
21  }
```

05 全部保存。由于文件有两个,按 Ctrl + Shift + S 组合键或依次选择"文件→全部保存"菜单选项保存文件。

【程序说明】

- 将 name 的访问权限修饰词变更为"private",再以两个方法 getName()和 setName()来读取字段;程序执行的结果与范例项目"Ex0601"相同。
- 第 4 行:因为方法成员 ShowName()为公有的存取范围,所以 Main()主程序可以直接存取;传入参数值后,再赋值给字段 name。
- 第 5 行:定义 InputName()方法;return 语句返回 name 的字段值。
- 第 16、17 行:ShowName()方法分别传入参数 Tomas Dalton、Emily VanCamp 给字段 name。
- 第 18、19 行:调用 WriteLine()方法输出 InputName()方法所返回的值。

6.2.5 类属性和存取器

类的成员有字段(Field)和属性(Attribute)。字段也称为"实例字段"(Instance Field),属性(Property)是对象静态特征的呈现。在前面的范例中,将字段的存取范围设为 public,外界可直接存取,会使类内的数据成员无法受到保护。建议改变字段的访问权限修饰词,再使用类内的方法存取字段值。就字段而言,它所声明的位置须在类内、方法外(方法内所声明的变量称为"局部变量",参考第 7.4 节),可视为类内的"全局变量"。

为了不让外部存取字段内容,更弹性的做法是将字段改成属性的副本,通过公有的属性来存取私有的字段,这种做法称为"支持存放"(Baking Store)。就是配合"存取器"(Accessor)的 get 或 set 对私有(private)字段进行读取、写入或计算。让类在"信息隐藏"机制下,既能以公有的方式提供设置或获取属性值,又能提升方法的安全性和弹性。属性的声明如下:

```
private 数据类型 字段名;
public 数据类型 属性名称
{
    get
    {
        return 字段名;
    }
    set
    {
        字段名 = value;
    }
}
```

- 存取器 set 把新值赋值给属性时要使用关键字 value,同样要有程序区块。
- 存取器 get 用来返回属性值,属性被读取时会执行其程序区块。
- 属性中只有存取器 get,就表示是一个"只读"属性;若只有存取器 set,表示是一个"只写"属性;若二者都有,则表示能读能写。

需要注意的是，属性不能归类为变量，它与字段不同。使用属性时①要以访问权限修饰词指定字段的存取范围；②设置属性的数据类型和名称；③使用存取器 get 和 set。

那么属性的存取器 get 和 set 又是如何设置新值及返回属性值的呢？通过图 6-10 可知，执行 "chris.title = Console.ReadLine()" 语句时，会获取用户输入的名字，表示 title 属性被外部设置给予新值，存取器 set 会以 value 这个隐含变量来接收并赋值给字段 name，然后存取器 get 会以 return 语句返回 name 的字段值。

类内以公有的属性来表示私有的字段，如图 6-11 所示，在 UML 类图中属性以 <<property>> 来表示，前面的 "+" 号表示它是公有的，关键字 void 声明方法 Display() 不具返回值。

图 6-10　存取器 get 和 set 的运行过程　　　图 6-11　UML 类图中的公有属性

范例 项目 "Ex0603.csproj" 以公有属性存取私有字段

控制台应用程序项目，文件名为 Person.cs。

```
01  class Person
02  {
03      private string name; //定义字段来获取输入名称
04      public string Title  //定义属性
05      {
06          get { return name; }
07          set { name = value; }
08      }
09      public void Display()=>
10          Console.WriteLine($"Hello! {Title}.");
11  }
```

Main() 主程序中的程序代码：

```
21  static void Main(string[] args)
22  {
23      Person chris = new Person();
24      Write("请输入你的名字：");
25      chris.Title = ReadLine(); //Chris Evans
26      chris.Display();
27      ReadKey();
28  }
```

【生成可执行程序再执行】

按 F5 键，程序执行的结果如图 6-12 所示。

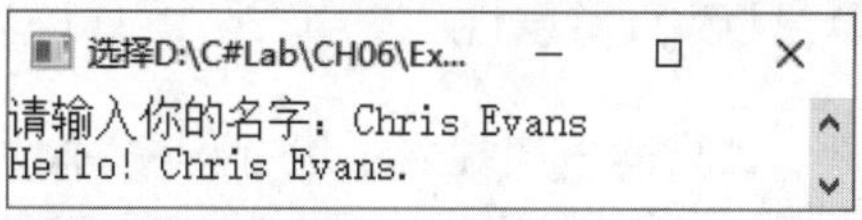

【程序说明】

图 6-12 执行结果

- 第 1~11 行: 类 Person 定义了私有字段 name，以公有的属性 title 配合存取器 set 和 get，获取外部输入的数据，再调用方法成员 showMessage() 来显示内容。
- 第 3 行: 将字段 name 的存取范围设为 private，表示只有 Person 类能存取。
- 第 4~8 行: 定义属性 title，它的存取范围为 public，存取器 get 获取字段值 name 并返回，set 以 value 存储用户输入的字段值，再赋值给字段 name（见图 6-10）。
- 第 9~10 行: Display() 为方法成员，public 为公有的存取范围。由于不需要返回结果，因此数据类型设为 "void"，获取字段值并输出。
- 第 23 行: 创建 Person 对象 chris。
- 第 25、26 行: 获取用户输入的名字并存储于 Title 属性中，调用 Display() 方法输出。

⊃ **视图类和对象**

当程序中加入类，可使用 Visual Studio 2019 提供的类视图和对象浏览器查看它的内容。依次选择"视图→类视图"菜单选项，就会启动"类视图"窗口，如图 6-13 所示，它的默认显示位置与解决方案资源管理器相同。

从图 6-13 可知，展开项目"Ex0603"会有两个 C# 文件(*.cs): Person 和 ShowApp。单击 Person 文件，可以进一步看到定义的方法 Display()、属性 Title 和字段 name。由于 name 是私有的（访问权限修饰词为 private），所以它的图标右下角会有上锁的小图标。

那么对象浏览器呢？依次选择"视图→对象浏览器"菜单选项，"对象浏览器"以页签形式打开于窗口中间。参考图 6-14 的步骤，展开项目"Ex0603"，①单击"Person"类，其方法和属性就显示在右侧的窗格中；②选择字段 name 之后，下方的窗格会显示它的数据类型和访问权限修饰词 private。

图 6-13 "类视图"窗口

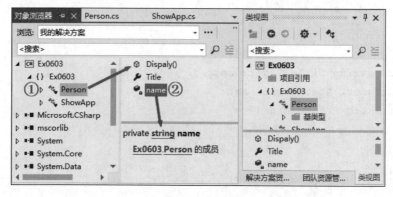

图 6-14 对象浏览器

151

➜ 只读/只写属性

"只读"属性表示运行程序时，只能读取而无法修改其值。如果将范例项目"Ex0603"改写成只读属性，就只保留存取器 get，编写如下。

```
public string title{   //只读属性
    get{return name;}
}
```

"只写"属性表示运行程序时，只能写入数据而无法读取，将范例项目"Ex0603"改成只写属性，就是只保留存取器 set，编写如下。

```
public string title{   //只写属性
    set{name = value;}
}
```

➜ 自动实现属性

编写类程序，为了让声明的属性更简洁，其程序区块中只使用存取器 get 和 set，不加任何程序代码，编译器会自动设置为私有（Private）字段。

```
private string name;    //定义字段
public string title{    //定义属性
    get{return name;}
    set{name = value;}
}
```

```
public string title {get; set;} //采用自动实现属性
```

也就是经过自动实现属性，原有的私有字段 name，编译器会匿名自动支持，只能由属性的存取器 get、set 存取字段的数据。

范 例 项目"Ex0604.csproj"自动实现属性

控制台应用程序项目，文件名为 Student.cs。

```
01 class Student
02 {
03     public string Title { get; set; }
04     public short Ages { get; set; }
05     public void ShowMessage() =>
06         Console.WriteLine($"Hello! {Title}, 年龄: {Ages}.");
07 }
```

在 Main()主程序中编写如下程序代码。

```
11 static void Main(string[] args)
12 {
13    Student luke = new Student();
14    Write("请输入你的名字: ");              //读取输入的名字和年龄
15    luke.Title = ReadLine();
16    Write("请输入你的年龄: ");
17    luke.Ages = Int16.Parse(ReadLine());   //转换为 short 类型
18    luke.ShowMessage();                    //显示信息
19    ReadKey();
20 }
```

【生成可执行程序再执行】

按 F5 键，程序执行的结果如图 6-15 所示。

```
D:\C#Lab\CH06\Ex0604...    —    □    ×
请输入你的名字: Luke Skywalker
请输入你的年龄: 23
Hello! Luke Skywalker, 年龄: 23.
```

图 6-15　执行结果

【程序说明】

- 类 Student 中，原来的私有字段 name 和 age 被匿名，公有属性 title 和 Ages 采用自动实现属性，配合存取器 get 和 set 来读写数据，然后由方法成员 showMessage()显示相关信息。

- 第 3、4 行：自动实现属性。声明两个字段 title、Ages，存取范围设为 public，只有存取器 get、set，未加任何程序代码。

- 第 5、6 行：showMessage()为方法成员，public 为公有的存取范围。由于不需要返回结果，因此数据类型设为 "void"，获取字段值并输出。

- 第 13 行：创建 Student 对象 luke 并实例化。

- 第 15、17 行：使用属性 Title 存储输入的名字，Ages 存储输入的年龄，调用 ShowMessage()方法来输出名字和年龄。

⊃ **给自动属性赋初值**

通常属性采用自动实现时，其初值的设置有以下两种方式。

- 使用构造函数传入参数值，请参考范例项目 "Ex0604"。
- 给自动实现属性赋初值。

给自动实现属性赋初值是 Visual C# 6.0 的做法，而且允许使用 get 存取器将值初始化。将前面的范例项目 "Ex0604" 进行修改，给属性设置初值。

范例 项目 "Ex0605.csproj"

```
class Student
{
    //自动实现属性并赋初值
    public string Title { get; set; } = "Poe Dameron";
    public short Ages { get; set; } = 22;
```

```
    public DateTime enrolled { get; } = DateTime.Now;
    //省略部分程序代码
}
```

```
static void Main(string[] args)
{
    Student poe = new Student();
    poe.ShowMessage();
}
```

- 给 Title、Age、enrolled 三个属性赋初值，其中 enrolled 只有 get 存取器，表示获取日期之后就无法更改了。
- Main()主程序很简单，就是创建对象并且调用 showMessage()方法输出属性的相关值。

6.3 对象旅程

类孕育了对象，对象的生命旅程究竟何时展开？前面已经介绍过对象要实例化。要初始化对象就得使用"构造函数"（Constructor），它对于对象的生命周期有更丰富的描述。对象的生命起点由构造函数开始，析构函数则为对象画上句号，并从内存中清除。至于有哪些构造函数，将会在本章中说明。

6.3.1 产生构造函数

如何在类内定义构造函数，声明如下：

```
[访问权限修饰词] 类名称(参数列表) {
    //程序语句；
}
```

在类内定义构造函数，与声明类的方法很相似，不过要注意以下三点。

- 构造函数必须与类同名，访问权限修饰词使用 public。
- 构造函数虽然有参数列表，但是它不能有返回值，也不能使用 void。
- 可根据需求，在类内定义多个构造函数。

在 UML 类图中，如何表示构造函数？由于构造函数属于类的操作，可参考图 6-16。由于构造函数与类同名，所以要用"<<constructor>>"再加上其名称，若有参数，则同样是以"参数名：类型"放在括号之内。

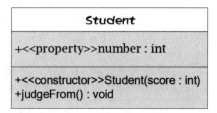

图 6-16　UML 类图中的构造函数

范例 项目"Ex0606.csproj"调用构造函数

控制台应用程序项目，文件名为 Student.cs。

```
01  class Student
02  {
03     public int Number { get; }
04     public string Name { get; set; }
05     public Student(string title, int score)
06     {
07        WriteLine("调用了构造函数！");
08        Number = score;  //将接收的值赋值给属性
09        Name = title;
10     }
11     //省略部分程序代码
12  }
```

【生成可执行程序再执行】

按 F5 键，程序执行的结果如图 6-17 所示。

【程序说明】

```
D:\C#\Lab\CH06\Ex0606...     —    □    ×
请输入名字：Tomas Walker
请输入分数：65
调用了构造函式！
Hi! Tomas Walker，分数 65，通过考核！
```

图 6-17 执行结果

- 属性 number、Name 采用自动实现属性，构造
  函数的参数接收到数据后会把它赋值给相关属性。构造函数初始化对象时调用
  Console.WriteLine()输出信息。方法成员 judgeFrom()根据属性值进行评级判断。

- 第 3、4 行：创建类的属性，采用自动实现属性，存取器 get、set，不加任何程序代码。

- 第 5~10 行：Student 类的构造函数。参数接收到数据会赋值给属性 Number 和 Name。

6.3.2 析构函数回收资源

使用构造函数初始化对象。当程序执行完毕后，必须清除该对象所占用的资源，释放内存空间。如何清除对象？需借助"析构函数"（Destructor），其语法如下：

```
~类名称(){
   //程序语句;
}
```

- 析构函数必须在类名称前加上"~"符号，它不能使用访问权限修饰词。

- 一个类只能有一个析构函数，它不含任何参数，也不能有任何返回值，无法被继承或重载。

- 析构函数无法直接调用，只有对象被清除时才会执行。

范例 项目 "Ex0607.csproj" 使用析构函数

控制台应用程序项目，文件名为 Student.cs。

```
01  class Student
02  {
03    public Student(string title, int score)
04    {
05      WriteLine("调用了构造函数！");
06      Name = title;
07      judgeFrom(score);  //调用 judgeFrom()方法
08    }
09    //析构函数
10    ~Student()
11    { WriteLine("析构函数清除对象！"); }
12    //省略部分程序代码
13  }
```

【生成可执行程序再执行】

按 Ctrl + F5 组合键。若无错误，则程序执行后控制台窗口显示的结果如图 6-18 所示。

【程序说明】

图 6-18　执行结果

- 第 7 行：构造函数中直接调用 judgeFrom()方法并以分数为参数进行传递。
- 第 10、11 行：定义析构函数。生成可执行程序要按 Ctrl + F5 组合键，这样对象初始化和清除对象时的信息才能看到。

6.3.3　使用默认构造函数

相信大家会觉得奇怪，在前面几个小节中并没有声明构造函数，那么对象是如何进行初始化操作的呢？一般来说，使用 new 运算符实例化对象，便会调用默认的构造函数。不含任何参数的构造函数称为"默认构造函数"（Default Constructor）。倘若程序中自行定义了构造函数，此时编译器就不会提供默认构造函数。

范例 项目 "Ex0608.csproj" 默认构造函数

控制台应用程序项目，文件名为 TimeInfo.cs。

```
01  class TimeInfo
02  {
03    public TimeInfo() { WriteLine("调用时间"); }
04    //析构函数
```

```
05    ~TimeInfo() { WriteLine("释放资源"); }
06    public int Hrs { get; set; } //自动实现属性Hrs
07    public void ShowTime(int tm)
08    {
09      Hrs = tm;
10      if (Hrs > 12)
11      {
12        Hrs %= 12;
13        WriteLine($"时间是下午：{Hrs}点");
14      }
15      else
16        WriteLine($"时间是上午：{Hrs}点");
17    }
18  }
```

【生成可执行程序再执行】

按 Ctrl + F5 组合键，若无错误，则程序执行后控制台窗口显示的结果如图 6-19 所示。

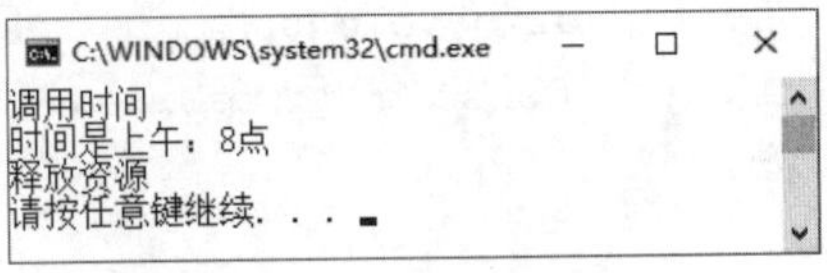

图 6-19　执行结果

【程序说明】

- 第 3 行：定义无参数的默认构造函数。被调用时会显示"显示时间"字符串。
- 第 5 行：定义析构函数来清除对象。执行时会显示"释放资源"字符串。
- 第 7~17 行：方法成员 showTime()，根据属性 name 获取的时间来显示上午或下午。

6.3.4　构造函数的重载

重载（Overloading）的概念是"名称相同，但变量不同"。就像在学校选修课程一样，每位学生可根据自己的需求来选修不同的课程，例如：

```
Mary();   //可能没有选修
Tomas(语文，英语);
Eric(计算机概论，数学，语文，程序设计语言);
```

转化为程序代码时，如果为每位学生设计选修课程的方法，那么需要很多方法，这不符合模块化的要求。如果使用同一个名称，携带的参数不同，不但能简化程序的设计，还能降低设计的难度。相同的道理，创建对象时可根据需求让构造函数重载。

范例 项目 "Ex0609.csproj" 重载构造函数

控制台应用程序项目，文件名为 Student.cs。

```
01  class Student
02  {
03    private int math { get; set; }
```

```
04      private int eng { get; set; }
05      private int comp { get; set; }
06      public Student(int sb1, int sb2)
07      {
08         math = sb1; eng = sb2;
09         int total = math + eng;
10         sum(total); //调用方法成员
11      }
12      public Student(int sb1, int sb2, int sb3)
13      {
14         math = sb1; eng = sb2; comp = sb3;
15         int total = math + eng + comp;
16         sum(total); //调用方法成员
17      }
18      ~Student() { }//析构函数
19      //表达式主体 - 方法成员，返回总分
20      public void sum(int result) =>
21         Console.WriteLine($"总分 {result}");
22  }
```

在 Main()主程序中编写如下程序代码。

```
23  static void Main(string[] args)
24  {
25      Console.Write("Mary ");
26      Student Mary = new Student(78, 69);
27      Console.Write("Tomas");
28      Student Tomas = new Student(55, 85, 74);
29  }
```

【生成可执行程序再执行】

按 F5 键，程序执行的结果如图 6-20 所示。

【程序说明】

图 6-20　执行结果

- 第 3~5 行: 定义三个自动实现属性。
- 第 6~11、12~17 行: 第一个构造函数有两个参数; 第二个构造函数有三个参数。
- 第 20、21 行: 方法成员 sum()，构造函数会调用它，输出计算的总分。
- 第 34~36 行: 创建 Student 对象。Mary 对象以构造函数初始化时有两个参数，Tomas 对象有三个参数。

6.3.5　对象的初始设置

Visual C#提供了"对象的初始化"（Object Initializer）的用法。通常创建类后，会以 new 运算符将对象实例化，或者使用构造函数携带参数来初始化对象。什么是"对象的初始化"？

158

使用数组时，可以在声明的过程中使用大括号初始化数组元素，也可以用相同的做法来给对象赋值，通过类中的字段或属性进行存取，不调用构造函数。

```
class Person {    //创建一个类，属性 Name、Age 采用自动实现属性
    public int Name { get; set; }
    public string Age { get; set; }
}
```
```
//声明对象时采用"对象初始化表达式"的方法，根据属性赋予相关初值
Person mary = new Person { Name = "Mary", Age = 3 };
```

范例 项目 "Ex0610.csproj" 对象初始化表达式

控制台应用程序项目，文件名为 Student.cs。

```
01  class Student
02  {
03      public int Math { get; set; }    //数学
04      public int Eng { get; set; }     //英语
05      public int Comp { get; set; }    //计算机概论
06      //表达式主体 - 类方法，返回总分
07      public int sum() => Math + Eng + Comp;
08  }
```

在 Main()主程序中编写程序如下代码。

```
11  static void Main(string[] args)
12  {
13      Student Mary = new Student { Math = 78, Eng = 65 };
14      WriteLine("Mary: ");
15      Write($"数学 {Mary.Math}");
16      Write($", 英语 {Mary.Eng}");
17      WriteLine($", 总分 = {Mary.sum()}");
18      Student Tomas = new Student
19          { Math = 83, Eng = 85, Comp = 61 };
20      //省略部分程序代码
21  }
```

【生成可执行程序再执行】

按 F5 键，程序执行的结果如图 6-21 所示。

【程序说明】

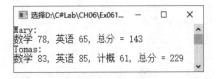

图 6-21　执行结果

- 第 3~5 行: 定义了三个属性，自动实现属性，分别存放语文、英语和计算机概论的成绩。
- 第 7 行: 定义方法 sum()，以 return 语句返回总分。

♦ 第 13、18、19 行：声明 Student 对象 Mary 和 Tomas，采用对象初始化表达式，把分数分别赋值给语文、英语和计算机概论对应的变量，然后调用 sum()方法输出总分。

6.4 ▶ 静态类

前面的范例中定义了类后，都是针对对象成员来进行描述的。静态类和常规类最大的差异就是静态类不能使用 new 运算符来实例化类，为了有所区别，加上了"静态"，静态类的属性、方法也必须定义成"静态"才能使用。

⊃ 认识静态类成员

为了与一般对象成员区分，定义类成员时会加上 static 关键字，称为静态成员。那么静态类成员和对象成员的差别在哪里？

- 不能使用 new 运算符将静态类实例化（Instantiated）。
- 静态类的成员和方法都为静态，属于密封类（Sealed Class），无法继承。
- 静态类不会有实例，只能使用私有的构造函数，或者配合静态构造函数。
- 静态成员存取时只能使用静态类名称。

使用一般类也能使用 static 关键字让其成员成为静态成员，它为所有对象共同拥有，让独立的各对象间具有"沟通的渠道"，如此一来就不需要全局变量作为对象成员间的暂存空间，避免内存空间的浪费。此外，存取静态成员只能以类名称，无法以实例执行存取操作。

6.4.1 静态属性

在类中声明"静态属性"，作用主要是让编译器知道在执行时期"仅为每个类分配一份该属性的内存空间"。为了进一步说明，先了解静态属性的声明，语法如下：

```
class 类名称 {
    访问权限修饰词 static 返回值类型 类成员名称;
    · · · · ·
}
```

静态字段有两个常见的作用，即计算已实例化的对象个数和存储所有实例间的共享值。

📁 范例 项目"Ex0611.csproj"静态类字段

控制台应用程序项目，文件名为 Student.cs。

```
01  class Student
02  {
03      public static int Count { get; private set; }
04      //自动实现成员属性: Name, Age
05      public string Name { get; set; }
```

```
06    public int Age { get; set; }
07    public Student(string stuName, int stuAge)
08    {
09      Name = stuName; Age = stuAge;
10      Count++;//创建对象时就累计
11      WriteLine(
12        $"第{Count}学生, 名字 {Name,-8}, 年龄{Age,3}");
13    }
14    ~Student() { }//析构函数
15  }
```

在 Main()主程序中编写如下程序代码。

```
13 static void Main(string[] args)
14 {
15    WriteLine($"没有实例化, {Student.Count}个学生");
16    Student one = new Student("Vicky", 23);
17    Student two = new Student("Charles", 18);
18    Student three = new Student("Michelle", 20);
19 }
```

【生成可执行程序再执行】

按 F5 键, 程序执行的结果如图 6-22 所示。

【程序说明】

图 6-22　执行结果

- 第 3 行: static 声明 count 为静态类属性, 自动实现属性, 只要生成对象就会进行记录。其中 set 存取器使用 private 为访问权限修饰词。
- 第 7~13 行: 定义含有两个参数的构造函数, 放入类静态属性 Count。由于构造函数用来初始化对象, 因此每生成一个对象, Count 值就会累计一次。
- 第 23 行: 直接以类名称 Student 存取静态属性 Count。
- 第 24~26 行: 生成含有参数的对象。

6.4.2　类静态方法

与静态属性类似, 若要使用静态类方法, 必须以 "static" 声明类方法为 "静态类方法"。其语法如下:

```
class 类名称 {
    访问权限修饰词 static 返回值类型 类成员名称;
    访问权限修饰词 static 返回值类型 类方法名称{...};
}
```

- 经过 static 声明的静态成员都属于全局变量的作用域, 无论类产生多少对象, 都会共享这些静态成员。

⏺ 因为静态成员在内存中只会保留一份，所以能在同类对象间传递数据，记录类的状况，不像其他数据成员，会伴随对象而分别产生。

范例 项目"Ex0612.csproj"使用类静态方法

控制台应用程序项目，文件名为 Student.cs。

```
01  class Circle
02  {
03    public static double calcPeriphery(string one)
04    {
05      double periphery = double.Parse(one);
06      double result = periphery * Math.PI;
07      return result;
08    }
09    //第二个类静态方法——计算圆面积
10    public static double CalcArea(string two)
11    {
12      double area = double.Parse(two);
13      double circleArea = 2 * area * area * Math.PI;
14      return circleArea;
15    }
16  }
```

在 Main()主程序区块中编写如下程序代码。

```
21  //省略部分程序代码
22  switch (wd)//根据输入值进行计算
23  {
24    case "1":
25      Write("请输入直径：");
26      //直接调用类进行计算
27      caliber = Circle.calcPeriphery(ReadLine());
28      WriteLine($"圆周长 = {caliber:N5}");
29      break;
30    case "2":
31      Write("请输入半径：");
32      ridus = Circle.CalcArea(ReadLine());
33      WriteLine($"圆面积 = {ridus:N5}");
34      break;
35    default:
36      WriteLine("选择错误");
37      break;
38  }
```

【生成可执行程序再执行】

按 F5 键，程序执行的结果如图 6-23 所示。

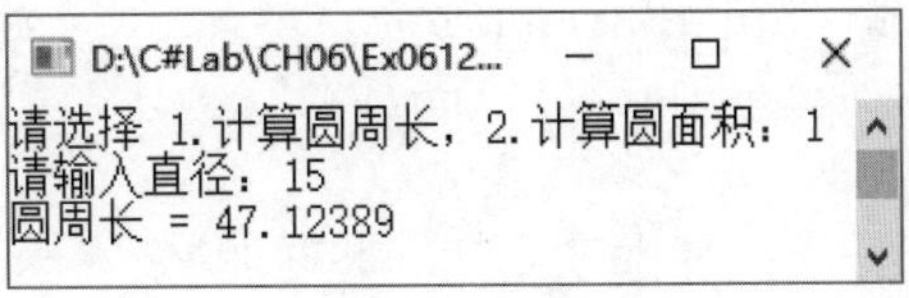

图 6-23　执行结果

【程序说明】

- 第 3~8 行：静态类第一个方法 calcPeriphery()，传入直径值计算圆周长，return 语句返回计算后的结果。由于参数 one 是 string 类型，因此调用 Parse()方法将其转换为 double 类型，再赋值给 periphery 变量。

- 第 10~15 行：第二个类静态方法，传入半径值计算圆面积，return 语句返回计算后的结果。由于参数 two 是 string 类型，因此调用 Parse()方法将其转换为 double 类型，再赋值给 area 变量。

- 第 22~38 行：switch/case 语句判断 wd 变量值。若输入"1"，则获取用户输入的直径，直接调用静态类方法 Circle.calcPeriphery() 输出圆周长。若输入"2"，则获取用户输入的半径，直接调用静态类方法 Circle.calcArea()输出圆面积。

6.4.3　私有的构造函数

已经知道构造函数用来初始化对象。那么类呢？产生类后，定义它的静态字段和静态方法，同样也会有"静态构造函数"用来初始化静态成员，或者以私有构造函数来防止对象初始化。定义的类只要有静态成员存在，都会自动调用静态构造函数。它的特性如下：

- 由于静态构造函数无参数，也不使用访问权限修饰词，因此无法直接调用它。
- 在静态构造函数的运行期间无法用程序进行控制。
- 静态构造函数可被视为类使用的记录文件，将项目写入其中。

范例 项目"Ex0613.csproj"静态构造函数

新建控制台应用程序项目，改写"范例 Ex0611"文件 Student.cs。

```
01  class Student
02  {
03      static readonly DateTime startTime;
04      //静态属性 -- 记录创建的对象
05      public static int Count { get; private set; }
06      //自动实现成员属性: Name, Age
07      public string Name { get; set; }
08      public int Age { get; set; }
09      static Student()
```

```
10      {
11          //获取系统当前的日期和时间，ToLongTimeString()只显示时间
12          startTime = DateTime.Now;
13          WriteLine($"静态构造函数执行的时间: " +
14              $"{startTime.ToLongTimeString()}");
15      }
16      public Student(string stuName, int stuAge)
17      {
18          //TimeSpan 为时间间隔，以毫秒为间隔单位
19          TimeSpan initTime = DateTime.Now - startTime;
20          Name = stuName; Age = stuAge;
21          Count++;    //创建对象时就累计
22          WriteLine($"第{Count}个学生, " +
23              $"时隔: {initTime.TotalMilliseconds}" +
24              $"\n 名字: {Name} 年龄: {Age,3}");
25      }
26      ~Student() {  }//析构函数
27  }
```

【生成可执行程序再执行】

按 F5 键，程序执行的结果如图 6-24 所示。

【程序说明】

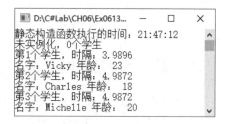

图 6-24　执行结果

- 因为静态构造函数只会执行一次，所以 DateTime 使用结构作为只读静态字段，Now 属性获取系统时间。构造函数使用 TimeSpan 结构为时间间隔，以毫秒为单位，记录对象的创建时间。

- 第 3 行：以 DateTime 结构创建 startTime，加上 static 和 readonly（只读）关键字，表示它具有静态只读的特性，用来存储系统当前的日期和时间。

- 第 9~15 行：定义静态构造函数，只要它被执行，通过 DateTime 结构的 Now 属性来获取时间戳，显示系统当前的时间。它与初始化的构造函数并不相同，只会执行一次，不会随着对象的增加来累计。

- 第 16~25 行：定义含有两个参数的构造函数。以 TimeSpan 结构为时间间隔，以毫秒 Milliseconds 为间隔单位。每次构造函数实例化对象时就会扣除系统时间，记录创建对象的间隔毫秒数。

综合范例的演练，对比初始化对象生命的构造函数和只会执行一次的静态构造函数，如表 6-2 所示。

表 6-2　构造函数与静态构造函数的对比

	构造函数	静态构造函数
与类同名	是	是
初始化对象	是	否
访问权限修饰词	public	不能使用
是否有参数	可以选择	不能有参数
执行次数	可以多次调用	只会执行一次

⊃ 私有的构造函数

常规类会用构造函数来初始化对象，即使没有定义构造函数也会分配默认的构造函数来完成初始化。类有了静态成员才会使用私有的构造函数，也就是其访问权限修饰词使用 private。所以，类中有私有的构造函数时，程序代码以 new 运算符来初始化对象会提示出如图 6-25 所示的信息。

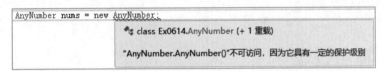

图 6-25　私有的构造函数无法初始化对象

范例 项目 "Ex0614.csproj" 私有构造函数

新建控制台应用程序项目，在命名空间下定义 AnyNumber 类。

```
01  public class AnyNumber //定义类
02  {
03     private AnyNumber() { }      //私有的构造函数
04     public static int currentNum;
05     static Random rand = new Random();
06     public static int randnum()
07     {
08        currentNum = rand.Next();  //产生随机数
09        return currentNum;
10     }
11  }
```

在 Main() 主程序中编写如下程序代码。

```
21  static void Main(string[] args)
22  {
23     AnyNumber.randnum();  //类调用静态方法
24     WriteLine("Current number:" +
25        $"\n{AnyNumber.currentNum:N0}");
```

165

```
26     ReadKey();
27 }
```

【生成可执行程序再执行】

按 F5 键，程序执行的结果如图 6-26 所示。

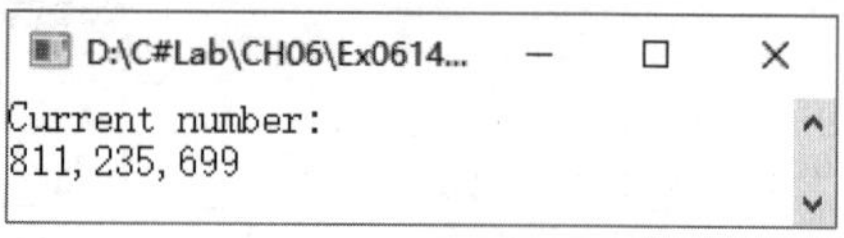

【程序说明】

图 6-26　执行结果

- 第 3 行：声明一个私有的构造函数，也是空的构造函数，这是为了不让它自动产生默认的构造函数，也就是无法将对象用 new 运算符进行初始化。
- 第 4 行：前面加上 static 关键字，会产生静态字段数值。
- 第 6~10 行：类静态方法 randNum()，静态字段 currentNum 将产生的随机数值以 return 返回。
- 第 23 行：直接以类名称 Numbers 调用其静态方法。
- 第 24、25 行：{Numbers.currentNum:N0}表示 currentNum 产生的值不含小数，以加上千位分号的格式来输出。

6.5　重点整理

- 1960 年，Simula 提出了面向对象程序设计（Object Oriented Programming，OOP），引入了对象（Object）、类（Class）、继承（Inheritance）和方法（Method）的概念。数据抽象化（Data Abstraction）在 1970 年被提出来探讨，之后派生了"抽象数据类型"的（Abstract Data Type）概念。1980 年，Smalltalk 程序设计语言对于面向对象程序设计发挥了最大作用。它除了汇集 Simula 的特性外，也引入"消息"（Message，或信息）的概念。
- 面向对象设计包含三个特性：封装、继承和多态。
- 类是对象的原型，类下的实例可以各自拥有不同的状态。声明类之后，类内必须包含数据成员（字段、属性）和方法成员。
- 定义方法成员，括号中若有参数列表，则必须声明类型。return 语句用于返回运算结果，返回值的类型必须与 return 语句声明的返回值类型相同，声明为 void 则表示无任何返回值。
- 属性（Property）用来表现对象的静态特征。配合"存取器"（Accessor）的 get 或 set 对私有（private）字段进行读取、写入或计算。让类在"信息隐藏"的机制下，既能以公有的方式提供设置或获取属性值，又能提升方法的安全性和弹性。
- 初始化对象就得使用"构造函数"（Constructor）。对象的生命起点从构造函数开始，析构函数则为对象画上句号，并从内存中清除。
- 定义构造函数必须与类同名，访问权限修饰词使用 public。虽然有参数列表，但是它不能有返回值，也不能使用 void。可根据需求，在类内使用多个构造函数。

⊕ 一个类只能有一个析构函数。定义时必须在类名称之前加上"~"符号，它不含任何参数，不能使用访问权限修饰词，不能有任何的返回值，也无法被继承或重载。

⊕ C#提供"对象初始化"的方法。创建对象进行初始化时不需要调用构造函数，而以大括号来给对象的赋值，通过类里的字段或属性进行存取。

⊕ 定义类时加上 static 关键字就是静态类。静态类和常规类的差别在哪里？①不能使用 new 运算符将静态类实例化；②静态类属于密封类（Sealed Class），无法产生继承；③静态类没有实例，只能使用私有的构造函数或者静态构造函数；④静态成员存取时只能使用静态类名称。

⊕ 静态构造函数的特性如下：①无参数，不使用访问权限修饰词；因此无法直接调用它；②执行时期无法以程序来控制；③当作类使用的记录文件，将项目写入其中。

⊕ 类中有静态成员时才会使用私有的构造函数，其访问权限修饰词使用 private。所以，类中有私有的构造函数时，程序代码用 new 运算符来初始化对象会发生错误。

6.6 课后习题

一、填空题

1. 面向对象程序设计的三个特性：＿＿＿＿＿＿、＿＿＿＿＿＿、＿＿＿＿＿＿。

2. 类由类成员组成，包含：①＿＿＿＿＿＿、②＿＿＿＿＿＿、③＿＿＿＿＿＿、④＿＿＿＿＿＿。

3. 定义类以关键字＿＿＿＿＿＿创建后，必须以＿＿＿＿＿＿运算符实例化对象；通过实例化的对象，称为＿＿＿＿＿＿。

4. 访问权限修饰词中声明为公有的，使用关键字＿＿＿＿＿＿，仅适用所定义的类，要用关键字＿＿＿＿＿＿。

5. 定义方法时，要返回运算的结果使用＿＿＿＿＿＿语句；若无任何返回值，数据类型以关键字＿＿＿＿＿＿取代。

6. 类中以公有的属性存取私有的字段称＿＿＿＿＿＿，存取器＿＿＿＿＿＿用来设置属性，其将新值赋值给属性；存取器＿＿＿＿＿＿则返回属性值。

7. 请填写类中公有属性的语句。

```
class Person
{
  private string name;   //私有字段
  //加入公有属性的程序代码




}
```

8. 将前一题的公有属性变更为自动实现属性。

```
class Person
{
  private string name;    //私有的字段
  //自动实现属性的程序代码


}
```

9. 给前一题的公有自动实现属性赋予初值。

```
class Person
{
  private string name;    //私有的字段
  //自动实现属性的程序代码


}
```

10. 不含任何参数的构造函数称为_____；重载（Overloading）的概念是_____。

11. 静态字段有两个作用：①_____；②_____。

12. 静态构造函数的特性如下：①不使用_____；②_____无法用程序进行控制；③视为类使用的_____。

13. 类有静态成员时会使用私有的构造函数，它的访问权限修饰词使用_____。

二、问答题与实践题

1. 请说明定义构造函数有哪些注意事项，析构函数有何作用？

2. 请说明构造函数与静态构造函数有何不同？

3. 定义一个"员工"类，字段有名称、年龄，并把今天设为到职日。

（A）以构造函数传入这些参数再输出相关信息。

（B）使用自动实现属性并赋初值。

4. 接续上例，将构造函数重载，第一个构造函数不含参数但能输出信息，第二个构造函数有名称和年龄两个参数，第三个构造函数则有名称、年龄和到职日。

5. 接续上例，将名称、年龄和到职日采取"对象初始化"并输出结果。

第 7 章

方法和传递机制

章 | 节 | 重 | 点

- 了解 .NET Framework 类库提供的方法（函数），以面向对象的观点来认识“方法”（Method）还有哪些机制。
- 定义方法，理解方法中参数如何传递。传“值”表示以数值为传递对象，传“址”则是以内存地址为传递对象，所以要有方法参数 ref、out 和 params。
- 进一步讨论以对象、数组作为变量传递时，要如何处理呢？命名参数、选择性变量有何妙用？

7.1 ▶ 方法是什么

大家一定使用过闹钟吧！无论是手机上的闹铃设置，还是撞针式的传统闹钟，功能都是定时调用。只要定时功能没有被解除，它就会随着时间的循环，不断重复响铃的动作。以程序的观点来看闹钟定时调用功能，就是所谓的"方法"（Method），有些程序设计语言称它为"函数"（Function）。两者的差别在于："方法"是从面向对象程序设计的视角来看，"函数"则是结构化程序设计的用语，如 Visual C++。在第 6 章中已经介绍过 Visual C# 程序设计语言的方法，执行时必须调用方法的名称，然后它会根据运行程序返回结果或不返回结果。那么使用方法有什么优点呢？现在列举如下：

- 使用方法可以建立信息模块化。
- 方法能重复使用，方便日后的调试和维护。
- 从面向对象的概念来看，提供操作接口的方法可达到数据隐藏的作用。
- 按其程序的设计需求，方法大致可分为以下两种。

  - ◆ 系统内建，由.NET Framework 类库提供。
  - ◆ 程序设计者根据需求自行定义。

7.1.1 系统内建的方法

.NET Framework 类库提供了 Random（随机数）、String（字符串）、Math（数学）和 DateTime（日期/时间）等类，我们可以直接引用它们的属性和方法。String 和 DateTime 类，在前面的章节都陆续使用过，所以针对 Math 和 Random 类再简单讲解一下。首先，介绍 Math 静态类，它来自于 System 命名空间提供数学计算，一些常用的属性和方法可以参考表 7-1。

表 7-1　Math 类的字段和方法

字段和方法	说　　明
PI 字段	圆周率，就是常数 π 值
Pow()方法	返回 x 的 y 次幂的值，ex: $5×5×5 = 53 = Pow(5, 3)$ 语法：public static double Pow(double x, double y) x: 底数；y: 指数
Round()方法	舍入为指定的小数位数最接近的数值；未指定小数位数就是舍入到最接近的整数 语法：public static double Round(double value, int digits) value: 要舍入的数值；digits: 指定的小数位数
Sqrt()方法	返回指定数值的平方根 语法：public static double Sqrt(double d) d: 要求平方根的数值
Max()方法	返回两个数值中较大的一个 语法：public static short Max(int val1, int val2) val1: 比较的第 1 个数值；val2: 比较的第 2 个数值

由于 Math 为静态类，因此使用时可直接以类名称进行存取，即 "Math.属性" 或 "Math.方法()"。

范例 项目 "Ex0701.csproj" 用 Math 类进行数学计算

新建控制台应用程序项目，在 Main()主程序中编写如下程序代码。

```
01  static void Main(string[] args)
02  {
03      Write("请输入半径值: ");
04      double radius = Convert.ToDouble(ReadLine());
05      double area = Math.PI * Math.Pow(radius, 2);
06      WriteLine($"圆面积 = { Math.Round(area, 4):N4}");
07      ReadKey();
08  }
```

【生成可执行程序再执行】

按 F5 键，程序执行的结果如图 7-1 所示。

图 7-1　执行结果

【程序说明】

* 计算圆面积的公式 "πR^2"，先前的范例都以自定义常数 PI 再乘以 "半径*半径" 来处理，使用 Math 就简单多了。
* 第 3、4 行：输入半径后，以 Console.ReadLine()方法读取再转换为 double 类型存储于 radius 变量中。
* 第 5 行：计算圆面积 "PI*半径*半径"，借助 Math 类提供的 PI 字段值和 Pow()方法。
* 第 6 行：输出圆面积时，以 Math 类提供的 Round()方法输出含有 4 位小数的值。

○ Random 类

Random 类提供随机产生的随机数，其常用的方法如表 7-2 所示。

表 7-2　Random 类的常用方法

方　　法	说　　明
Next()	返回非负值的随机整数，ex:Next(10, 100)产生 10~100 随机数值
	语法：public virtual int Next(int minValue, int maxValue)
	minValue 下限；maxValue 上限
NextBytes()	产生字节数组的随机数

范例 项目 "Ex0702.csproj" 产生随机数

新建控制台应用程序项目，在 Main()主程序中编写如下程序代码。

```
01  static void Main(string[] args)
02  {
```

```
03    Random lotto = new Random((int)DateTime.Now.Ticks);
04    byte[] item = new byte[6];
05    lotto.NextBytes(item);
06    Write("乐透，有：");
07    for (int count = 0; count < item.Length; count++)
08    {
09        //将第 6 个数组元素作为特别奖
10        if (count == 5)
11        {
12            byte special = item[count];
13            WriteLine($"\n 特别奖：{special}");
14        }
15        else
16            Write($"{item[count],4}");
17    }
18    WriteLine();//换行
19    ReadKey();
20 }
```

【生成可执行程序再执行】

按 F5 键，程序执行的结果如图 7-2 所示。

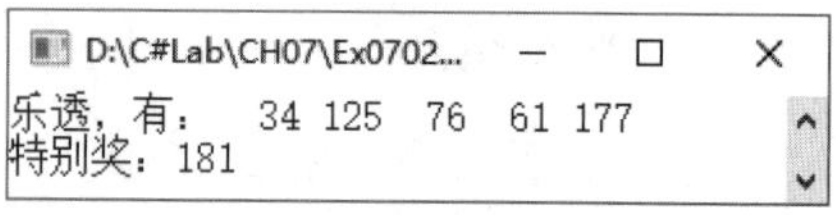

【程序说明】

图 7-2   执行结果

- 第 3 行：先创建 Random 对象 lotto，再使用 DateTime 结构的属性 Ticks 作为随机数种子，避免产生有次序的随机数。Ticks 为时间刻度，1 毫秒有 10 000 个刻度，或者是千万分之一秒。
- 第 4 行：以数组 item 来存储随机产生的 6 个随机数。
- 第 5 行：使用 lotto 对象调用 NextBytes()方法来产生 0~255 之间的随机数组。
- 第 7~17 行：用 for 循环来读取 item 的数组元素，for 循环中再以 if/else 语句进行条件判断。第 9 行以 special 变量来存储数组的第 6 个元素作为特别奖，所以 for 循环只会输出 5 个数组元素。

7.1.2   方法的声明

如何自定义方法？其实在第 6 章讲述类时，已介绍过类中的方法，它包含方法成员、初始化对象的构造函数和专属于类的静态类方法。此处复习一下声明方法的语法。

```
[修饰词] [static] 返回值类型 methodName([parameterList]){
  . . . . ;
  [return 计算结果;]
}
```

- 修饰词：就是访问权限修饰词，限定方法的存取范围。常用的有 private、public 和 protected，省略修饰词时，默认以 private 为存取范围。

♦ 返回值类型：定义方法之后，要有返回值类型。如果方法不返回任何数据，则使用 void 关键字。

♦ methodName：方法名称。其命名必须遵守标识符的规范。

♦ parameterList：参数列表。定义方法若无参数列表，则可加上"()"（左、右括号），而且不能省略。括号中的参数若有多个时，则每一个使用的参数都要清楚地声明类型，然后以","（逗号）分隔每个参数。

♦ 程序区块（方法主体）：将方法的处理语句放在{ }程序块内，这也包含 return 语句。

♦ return 语句：将方法运算的结果返回，返回时它的类型必须和返回值类型相同。此外，return 语句一定是方法程序块中的最后一条语句。

⊃ 调用方法

方法定义（Method Definition）之后，要在其他程序中"调用方法"（Calling Method）。其语法如下：

```
[变量名称] = methodName(argumentList)
```

♦ 直接调用方法名称（methodName）或者将方法的返回结果赋值给变量。

♦ argumentList：参数列表，将数据传递给方法定义的参数。

⊃ return 语句

定义方法中若有返回值，就要在方法主体的最后一行使用 return 语句返回结果。参考下面的例子。

```
double calcAverage(double num1, double num2) {
        return num1 * num2;    //返回计算后的平均分数
}
```

```
private static void display(string title) {
  Console.WriteLine("Hello! {0}", title);
  return;
}
```

♦ 定义 display()方法使用 void 关键字，表示无需返回值，所以可在方法主体加上 return 关键字，并加上";"以结束此行语句，让方法将程序控制权明确地返回给方法的调用者。

由于 Visual C# 并不支持全局变量，因此方法的声明一定要在类内。在方法主体内所声明的变量，它的作用域（Scope）仅限于方法主体，这是局部变量（Local Variable）的概念。主程序与方法的互动如图 7-3 所示。

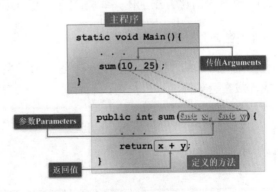

图 7-3 主程序调用方法

173

在 Main()主程序中调用 sum()方法时，会将变量 10 和 25 分别传递给 sum()方法的参数"x"和"y"。所以"方法定义"和"调用方法"是两件事，可以归纳如下：

- 方法定义（Method Definition）：方法 sum()以形式参数 x、y 来接收数据。
- 调用方法（Calling Method）：主程序调用方法时会把实际参数 10、25 传递到方法内。
- 程序"调用方法"时程序的控制权会转移给 sum()方法，完成运算后由 return 语句返回结果，控制权才会回到主程序。
- 方法签名（Method Signature）：表示定义方法时要有名称，具有类型的参数在类或结构中声明，以访问权限修饰词指定存取范围，完成运算后要有返回值。

如何定义方法呢？可参考下面的范例语句。

```
public int addition(int num1, int num2)
{
    return num1 + num2;
}
```

- 定义 addition()方法，参数 num1、num2 都要声明它们的数据类型，return 语句返回这两个数相加的结果。
- 定义静态方法 display()，若没有使用访问权限修饰词，则默认以 private 作为它的存取范围。

```
static void display(string name)
{
    Console.WriteLine("Hello! Your name is { name }");
}
```

- 使用 void 关键字，表示无返回值，方法主体可以省略 return 语句。

⮊ 表达式主体定义

Visual C# 6.0 之后在定义方法时，若只有一条语句，则可以采用"表达式主体定义"（Expression Body Definition）。当方法定义的内容只需要返回计算结果，那么可以配合运算符"=>"来简化方法主体，省略大括号和 return 语句，语法如下：

```
定义方法 => 方法主体;
```

定义方法的"[修饰词] [static] 返回值类型 函数名称([参数列表])"还是维持原来的声明方式，放在运算符"=>"左侧。下面通过一个简单的例子来说明"表达式主体"所定义的方法。

```
public int addition(int num1, int num2)    //定义方法的常规方式
{
    return num1 + num2;
}

int addValue(int num1, int num2) => num1 + num2; //表达式主体
```

◆ 虽然无 return 返回结果，但方法主体会自动返回参数 num1、num2 相加后的结果。

◗ 使用静态方法

对方法（Method）有了基本概念之后，我们来进一步了解 Main()主程序与方法如何互动？创建静态方法后，"调用方法"（主程序）与"方法定义"位于同一个类"Program"下，例如从主程序（调用者）调用静态方法，语法如下：

```
静态方法名称(参数列表);
变量 = 静态方法名称(参数列表);
```

为什么是静态方法？新建控制台应用程序之后，命名空间下会有一个由系统创建的"Program"类，在此类区块中会以 Main()主程序作为程序的主入口点，它的前端会有"public、static、void"三个关键字。

■ public 是访问权限修饰词，表示任何类都可存取。
■ static 表示属于静态类的方法。
■ void 用于 Main()方法时，表示没有返回值。

当 Program 类未创建实例（对象）时，必须定义静态方法才能使用。从图 7-4 可知，return 语句返回的计算结果，主程序用变量"avg"来存储。此处静态方法 Average()返回的数据类型、存储计算结果的 total 和主程序的变量 avg，这三者的数据类型必须一致。

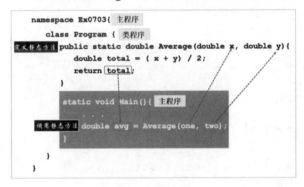

图 7-4　调用静态方法

那么静态类方法编写何处？有以下两种选择：

■ "Program"类区块之内，在主程序之前加入静态方法，如图 7-5 所示。

图 7-5　加入静态方法

- "Program"类区块之内，在主程序之后加入静态方法，如图 7-6 所示。

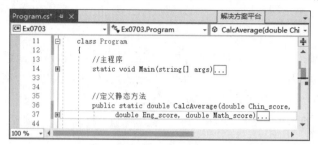

图 7-6　加入静态方法

如果不使用静态类方法？那就是第 6 章所介绍的自行定义类并实例化对象，再通过对象来调用方法。

范例　项目"Ex0703.csproj"调用静态方法，传递参数

01 新建控制台应用程序项目，定义静态方法。

```
01  public static double CalcAverage(double Chin_score,
02      double Eng_score, double Math_score)
03  {
04      //变量 Average_score 存储平均分数
05      double Average_score = (
06          Chin_score + Eng_score + Math_score) / 3;
07      return Average_score;   //返回计算后的平均分数
08  }
```

02 在 Main()主程序中编写如下程序代码。

```
11  static void Main(string[] args)
12  {
13      double chinese, english, math, equal;//各科分数
14      Write("请输入名字：");
15      string studentName = ReadLine();
16      Write("请输入语文分数：");
17      chinese = double.Parse(ReadLine());
18      Write("请输入英语分数：");
19      english = double.Parse(ReadLine());
20      Write("请输入数学分数：");
21      math = double.Parse(ReadLine());
22      equal = CalcAverage(chinese, english, math);
23      WriteLine($"{studentName}! 你好！" +
24          $"，3 科平均 = {equal:N3}");
25      ReadKey();
26  }
```

【生成可执行程序再执行】

按 F5 键，程序执行的结果如图 7-7 所示。

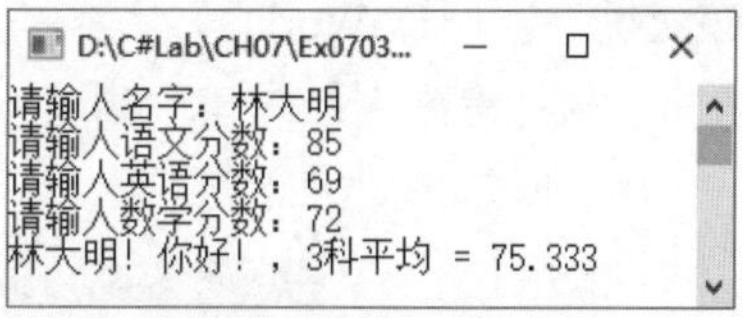

【程序说明】

- 第 1~8 行：定义静态类方法 CalcAverage()接收传入的参数，计算出平均分数后，再以 return 语句返回结果。

图 7-7　执行结果

- 第 22 行：由于位于同类之下，直接调用静态类方法 calcAverage()方法，传入参数，再把 return 语句返回的结果存储于 avg 变量中。
- 主程序中调用 calcAverage()方法时要传递的参数个数及定义 calcAverage()方法所接收的参数个数必须一致。

7.1.3　方法的重载

实际上，重载（Overloading）的用法已在第 6 章介绍构造函数时介绍过。复习一下"重载"概念，也就是方法名称相同，设置长短不一的参数列表。由于名称相同，编译器会根据参数来调用适用的方法。例如程序代码常用的"Console.Write()"，如果使用帮助查看器（依次选择"帮助→查看帮助"菜单选项）进行搜索，就可以发现它多达 18 种方法，如图 7-8 所示。

图 7-8　Write()方法重载

下面的范例项目中定义了一个 DoWork()方法并重载。

范例 项目"Ex0704.csproj"方法的重载

01 新建控制台应用程序项目，在 Main()主程序中调用 DoWork()方法。

02 由于 DoWork()方法并不存在，其名称下方会显示红色波浪线，①可单击"显示可能的修补程序"；②再利用鼠标单击"生成方法 "Program.DoWork""加入程序代码，如图 7-9 所示。

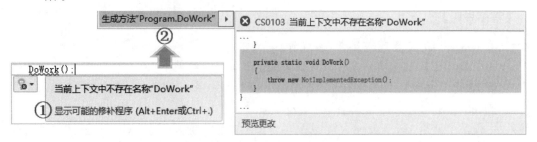

图 7-9　加入程序代码

03 DoWork()方法会加入到"Program"类区块中，在 Main()主程序之后，把访问权限修饰词修改为 private，如图 7-10 所示。

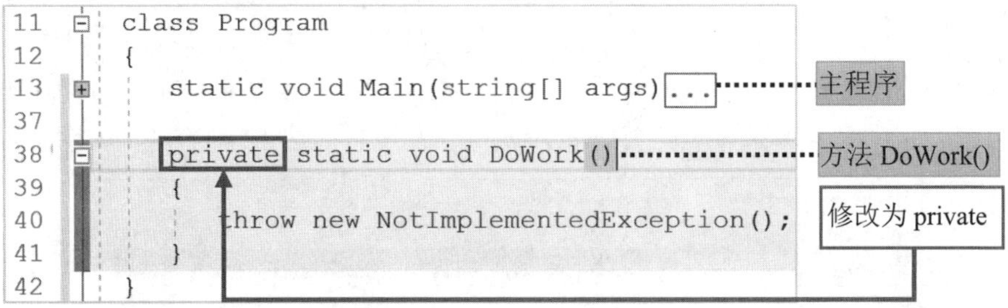

```
11    class Program
12    {
13        static void Main(string[] args)...        主程序
37
38        private static void DoWork()              方法 DoWork()
39        {
40            throw new NotImplementedException();   修改为 private
41        }
42    }
```

图 7-10　修改为 private

04 主程序中含有参数的 DoWork()方法也参照前面的方法进行加入。①单击灯泡图标右侧的 ▼按钮；②再单击"生成方法"Program.DoWork""加入含有参数的 DoWork()方法，如图 7-11 所示。

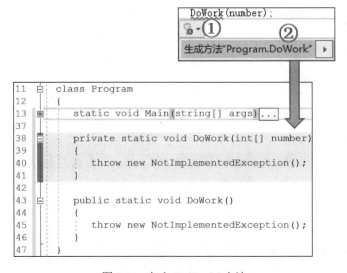

图 7-11　加入 DoWork()方法

05 在 Main()主程序中编写如下程序代码。

```
01  static void Main(string[] args)
02  {
03      //省略部分程序代码
04      if (outcome == 0)
05        DoWork(); //调用方法，没有参数
06      else if (outcome == 1)
07      {
08        int size = 2;//设置数组长度
09        number = new int[size];//根据长度，重设数组大小
10        for (int i = 0; i < number.Length; i++)
11        {
12           Console.Write($"第{i + 1}个: ");
13           number[i] = int.Parse(ReadLine());
14        }
15        DoWork(number);    //调用方法，以数组作为传递的参数
16      }
17      else if (outcome == 2)
18      {
19        int size = 3;
20        number = new int[size];
21        for (int i = 0; i < number.Length; i++)
22        {
23           Write($"第{i + 1}个: ");
24           number[i] = int.Parse(ReadLine());
25        }
26        DoWork(number, 0);    //调用方法
27      }
28  }
```

06 重载方法 DoWork()的程序代码如下。

```
31  public static void DoWork()=>WriteLine("没有输入任何数值");
32  public static void DoWork(int[] one)
33  {
34     int total = 0;
35     for (int i = 0; i < one.Length; i++)
36        total += one[i];
37     Write($"两数相加: {total:n0}", total);
38  }
39  public static void DoWork(int[] one, int max)
40  {
41     //使用 Math.Max 找出三个数中的最大值
42     max = Math.Max(one[0], Math.Max(one[1], one[2]));
```

```
43      Write($"最大值: {max:n0}");
44    }
```

【生成可执行程序再执行】

按 F5 键，程序执行的结果如图 7-12 所示。

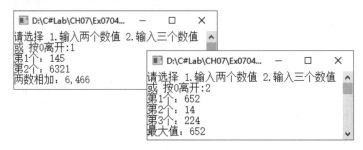

图 7-12　执行结果

【程序说明】

- 第 4~27 行：用 if/else if 语句来判断选择的数值。
- 第 6~16 行：选择 1 时调用有一个参数的 DoWork() 静态方法，把输入的两个数相加，所以第 9 行重设 number 数组的大小，再用 for 循环来读取。
- 第 17~27 行：选择 2 时，调用有两个参数的 DoWork() 静态方法，从输入的三个数中找出最大值，所以第 16 行重设 number 数组大小，并用 for 循环来读取。
- 第 31~44 行：方法重载，共有三个：不含参数、一个参数和两个参数的 DoWork() 方法。
- 第 31 行：使用"表达式主体"定义一个无参数的 DoWork() 方法，运算符"=>"右侧的方法主体直接用 WriteLine() 方法输出。
- 第 32~38 行：定义一个参数的 DoWork() 方法，接收的是数组，用 for 循环读取数组元素，再把两个数值相加。
- 第 39~44 行：定义两个参数的 DoWork() 方法，用 for 循环读取数组元素，再调用静态类 Math 的 Max() 方法来判断三个数值哪一个最大。由于 Max() 只能判断两个数值，所以调用两次 Max() 方法。

7.2 ▶ 参数的传递机制

　　使用方法时，若要获取返回结果，则必须通过 return 语句，但是 return 语句只能返回一个结果。方法之间若要返回多个参数值，则必须进一步了解方法中参数的传递方式。Visual C# 提供了传值（Passing By Value）、传引用（Passing By Reference，即传变量的地址，简称传址）两种方法。方法定义时若括号内有指定的对象，就称之为"参数"（Parameter），调用方法才会传递数据的操作，所以也称为"自变量"（Argument，习惯也称为参数）。说明传递机制之前，先来了解两个名词的含义：

- 实际参数（Actual Argument）：在程序中"调用方法"时用于传递数据的变量。

■ 形式参数（Formal Parameter）：　"方法定义"时设置参数接收数据，进入方法主体执行相应的语句或运算。

那么传递机制要探讨的就是实际参数传递变量时要用哪一种传递方式？如果变量是值类型，传值或传址会有相同结果吗？或者变量是引用类型，传值或传地址不同之处又在哪里？一同继续更多的学习吧。

7.2.1　传值调用

传值调用（Passing By Value）是指实际参数调用方法时，会先将变量内容（Value，值）复制，再把副本传递给被调用方法的形式参数。要注意的是，实际参数所传递的"实际参数"和形式参数（方法）必须是相同的类型，否则会引发编译错误。由于实际参数和形式参数分占不同的内存位置，因此被调用的方法所接收的是变量值，而非变量本身。执行方法中的程序代码时，形式参数有改变并不会影响原来实际参数的内容。

范例 项目"Ex0705.csproj"传值调用（Passing By Value）

新建控制台应用程序项目，在 class Arithmetic 区块编写方法 Progression()。

```
01  private int Progression(int first, int last,
02      int diversity)
03  {
04    int sum = 0, temp = 0, number = 0;
05    if (first < last)
06    {  //检查传入的首项是否大于末项
07      temp = first; //首项小于末项则予以置换
08      first = last;
09      last = temp;
10    }
11    number = (first - last) / diversity + 1;  //计算项数
12    sum = (number * (first + last)) / 2;       //计算差数数列的和
13    return sum;//返回计算结果
14  }
```

在 Main()主程序区块中如下程序代码。

```
21  static void Main(string[] args)
22  {
23    Arithmetic copyValue = new Arithmetic();
24    //省略部分程序代码
25    int total = copyValue.Progression(
26      first_value, last_value, item);
27    //输出等差数列的和
28    WriteLine($"{first_value}到{last_value}" +
```

```
29        $"的等差数列的和：{total:N0}");
30    //输出实自变量内容
31    WriteLine($"首项 = {first_value}, " +
32        $"末项 = {last_value}, 公差 = {item}");
33  }
```

【生成可执行程序再执行】

按 F5 键，程序执行的结果如图 7-13 所示。

【程序说明】

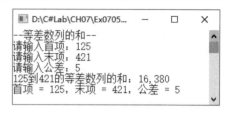

图 7-13　执行结果

- 第 1~14 行：定义 Progression()方法，有三个参数（首项、末项和公差），它们会接收主程序中第 19 行所传递的数值。

- 第 5~10 行：以 if 语句来判断所接收的三个变量值，如果首项的值小于末项的值，就使用 temp 变量进行置换的操作。

- 根据数学公式"项数（首项+末项）/2"，所以第 11 行先计算出项数，第 12 行求等差数列的和，再用 return 语句把计算结果返回给主程序的 total 变量。

- 第 23 行：创建实例对象，以此对象来调用方法成员 Progression()。

- 第 25、26 行：使用 copyValue 对象调用 progression()方法并传入变量，由于采用"传值调用"，因此传递的是变量值。最后以 total 变量存储计算的结果。

7.2.2 传址调用

传递变量的另一种机制是"传址调用"（By Reference，也称为传引用调用）。何谓"传址"？"址"指的是内存的地址。从图 7-14 可知，实际参数调用时会传递内存的地址给形式参数，连同内存存储的数据也会一同传递，这就形成了实际参数、形式参数共享相同的内存地址，当形式参数的值被改变时，也会影响实际参数的内容（见图 7-15）。什么时候会使用传址调用呢？通常是方法内要将多个处理结果返回，而且 return 语句只能返回一个结果的情况下。

图 7-14　实际传递地址给形式参数

图 7-15　实际参数、形式参数共享相同的地址

使用传址调用还要注意以下两件事：

- 无论是实际参数还是形式参数，其类型前必须加上方法参数 ref 或 out。
- 实际参数所指定的变量必须给予初值设置。

范例　项目"Ex0706.csproj"传址调用（Passing By Reference）

新建控制台应用程序项目，在 Difference 类区块中编写如下程序代码。

```
01  static void CalcNum(double figure) =>
02     figure = Math.Pow(figure, 2);
03  //使用传址调用
04  static void CalcNumeral(ref double figure) =>
05     figure = Math.Pow(figure, 2);
```

在 Main()主程序中编写如下程序代码。

```
11  static void Main(string[] args)
12  {
13     //省略部分程序代码
14     if (number < 10 || number > 25)
15        Write("超出范围，不做计算");
16     else
17     {
18        CalcNum(number);    //传值调用
19        WriteLine($"传值调用，数字 = {number}");
20        CalcNumeral(ref number);    //传址调用
21        WriteLine($"传址调用，数字 = {number}");
22     }
23  }
```

【生成可执行程序再执行】

按 F5 键，程序执行的结果如图 7-16 所示。

【程序说明】

图 7-16　执行结果

- 第 1、2 行：calcNum()方法中的参数为传值，因为使用 void，所以没有返回值。参数 figure 接收数值后，调用 Math 类的 Pow()方法计算它的次方。

- 第 4、5 行：calcNumeral()方法的参数为传址，因为使用 void，所以没有返回值，参数 figure 的类型前必须加上"ref"关键字，figure 接收数值后，同样用 Math 类的 Pow()方法计算它的次方。

- 第 18 行：调用 calcNum()方法进行变量的传递，由于传递机制采用传值调用，因此输出的 number 值如图 7-16 可知，依然是 18 并未改变。

- 第 20 行：调用 calcNumeral()方法并做变量的传递，因为采用传址调用，所以 number 的前端要加上方法参数 ref。因为实际参数（number）和形式参数（figure）共享相同的内存地址，所以输出的 number 值是计算结果，表示它的值已经改变。

7.3 ▶ 方法的传递对象

方法中要传递的对象可能是值类型，也有可能是引用类型。以它们为对象进行传递时要注意哪些事项呢？传址调用可以配合方法的相关参数，它们有 ref、out、params。Ref 已在前面使用过，那么 out 和 ref 的差别在哪里呢？params 对于传址调用能提供什么协助？下面一同来了解吧。

7.3.1 以对象为传递对象

方法中要传递的目标是对象时，我们以传值调用和传址调用分别进行讨论。

� 传值调用

范例 项目 "Ex0707.csproj" 以对象为传递对象

新建控制台应用程序，把文件名 "Program.cs" 更名为 "Score.cs"，其区块中的程序代码如下。

```
01  public string Name { get; set; }
02  public int Mark { get; set; }
03  static void ShowMsg(Score one)
04  {
05    one = new Score();            //重新创建一个对象
06    {Name = "Peter", Mark = 73 };  //指定名字、分数
07  }
```

在 Main() 主程序中编写如下程序代码。

```
11  static void Main(string[] args)
12  {
13    Score first = new Score(); //创建对象
14    { Name = "Janet", Mark = 95 };
15    ShowMsg(first);              //以对象为传递对象
16    WriteLine($"{first.Name}, 分数 {first.Mark}");
17  }
```

【生成可执行程序再执行】

按 F5 键，程序执行的结果如图 7-17 所示。

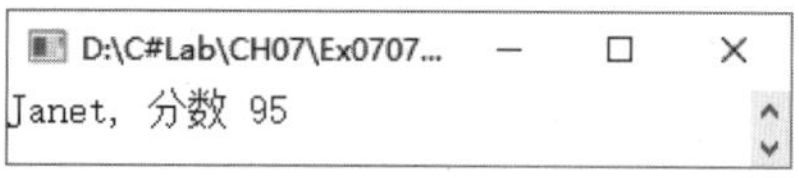

【程序说明】

```
D:\C#Lab\CH07\Ex0707...    —    □    ×
Janet, 分数 95
```

图 7-17 执行结果

- 第 1、2 行：声明两个属性 name 和 number，采用自动方式实现。
- 第 3~7 行：定义静态方法，接收对象是 Score 类实例化的对象。方法主体以 new 运算符实例化一个新的对象，并重新赋予新的属性值。

♦ 第 13~16 行：主程序中实例化另一个对象 first，设置它的属性值后，调用静态类方法 showMsg()，以 first 为传递对象。因为采用传值调用，所以只会输出主程序实例化的对象和它的属性值。

⊃ **传址调用**

范例项目"Ex0707"的程序代码修改如下：将静态方法 showMsg()加上关键字 ref，主程序中调用静态类 showMsg()的实际参数也加上关键字 ref，表示使用"传址调用"，因为调用方法中参数的任何变更都会反映在调用方法中，所以它会输出静态方法的字段值，而非主程序中的原有的设置值。

范例 项目"Ex0708.csproj"

```
01 static void showMsg(ref ModifyScore one)
02 {
03    one = new modifyScore(); //重新创建一个对象
04    { Name = "Peter", Mark = 73 }; //指定名字、分数
05 }
```

```
11 static void Main(string[] args)
12 {
13    //省略部分程序代码
14    ShowMsg(ref jan); //以对象为传递对象
15 }
```

输出结果：Peter，分数 73

♦ 这说明传递对象无论是值类型还是引用类型，都会因为传递方式不同而有不同的结果。

7.3.2 参数 params

进行变量传递时，在变量不是固定数目的情况下，可使用方法参数 params。当方法中已使用了方法参数 params，就无法再使用其他方法参数，而且只能使用一个 params 关键字。什么情况下会使用方法参数 params？通常是处理数组元素的时候，由于数组的长度可能不一致，配合 for 循环，能更灵活地读取数组元素。

范例 项目"Ex0709.csproj"传递数组使用方法参数 params

新建控制台应用程序项目，把 Program.cs 更名为"Student.cs"，其区块中的程序代码如下。

```
01  static void CalcScore(params int[] one)
02  {
03    int sum = 0; double average = 0.0;
04    for (int count = 0; count < one.Length; count++)
05      sum = sum + one[count]; //将数组元素加总
06    double average = (double)sum / one.Length; //求平均值
```

```
07      WriteLine($"总分 = {sum}，平均 = {average:f3}");
08   }
```

在 Main()主程序区块中编写如下程序代码。

```
11  static void Main(string[] args)
12  {
13     int[] score1 = { 78, 96, 45, 33 }; //声明数组并初始化
14     Write("Peter 选修了{0}科\n", score1.Length);
15     CalcScore(score1); //调用静态方法
16     //省略部分程序代码
17  }
```

【生成可执行程序再执行】

按 F5 键，程序执行的结果如图 7-18 所示。

【程序说明】

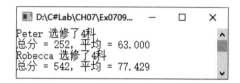

图 7-18　执行结果

- ◆ 每位学生选修的科目不同，将选修的分数存储于数组中，传递对象为数组。由于长度不一，因此定义静态方法时，接收参数以数组为主，并且在数据类型前加入方法参数 params。
- ◆ 第 1~8 行：定义静态方法 CalcScore()，使用方法参数 params 接收长度不一致的数组。使用 Length 属性获取数组的大小，再以 for 循环读取数组元素后进行加总，再求平均值。
- ◆ 第 13、14 行：主程序。创建两个数组，score1 有 4 个数组元素，score2 有 7 个数组元素。
- ◆ 第 15 行：调用静态方法 CalcScore()并以数组为传递对象，完成运算会输出结果。

7.3.3　关键字 ref 和 out 的不同

传递机制中采用"传址调用"时，方法参数 ref 或 out 都必须加在实际参数和形式参数的前端。这两个关键字的最大差异是加上 ref 关键字的实际参数必须先做初始化，而 out 关键字则不用将变量初始化，但必须在方法内完成变量的赋值操作。下面通过以下语句来佐证。

范例 项目 "Ex0710.csproj"

```
static void Main(string[] args){   //主程序
   int[] two;                      //声明一个数组
   InitArray(out two);             //调用处理数组的静态方法
   Write("数组元素：");

   for (int i = 0; i < two.Length; i++){
       Write(two[i]+" ");
   }
}
```

```
static void InitArray(out int[] one){ //定义静态方法
   one = new int[5] {21, 12, 32, 14, 5};
}
```
输出结果：数组元素：21 12 32 14 5

- 虽然主程序 Main()声明了一个数组 two，但没有进行初始化，而是调用静态类方法 InitArray()的主体将数组初始化。
- 实际参数所传递的数组要加上方法参数 out。同样形式参数的 InitArray()方法接收数组时，数据类型前方也要有方法参数 out。这表示使用传址机制配合 out 时不进行初始化是可行的。

如果将上述语句以方法参数取代 ref 原来的 out，从图 7-19 就会发现数组只有声明，没有初始化，于是系统会提醒我们 two 有错误。这说明方法参数 ref 所指定的变量要先进行初始化。

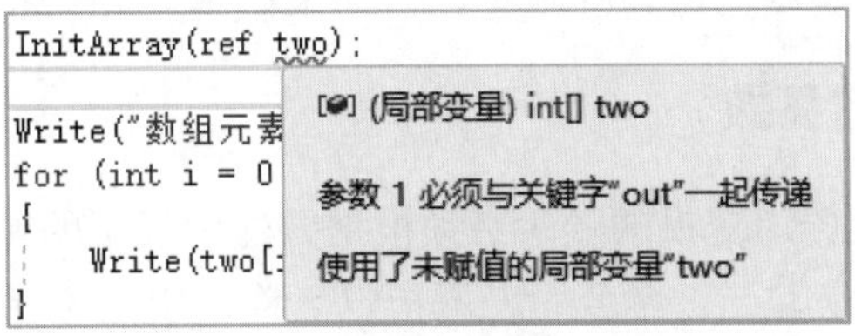

```
InitArray(ref two);

Write("数组元素
for (int i = 0
{
    Write(two[
}
```
[●] (局部变量) int[] two

参数 1 必须与关键字"out"一起传递

使用了未赋值的局部变量"two"

图 7-19　使用 ref 关键字要先初始化对象

范例 项目"Ex0711.csproj"方法参数 ref 和 out

新建控制台应用程序项目，把 Program.cs 更名为"Student.cs"，其区块中的程序代码如下。

```
01  static void CalcScore(ref double chin, ref double eng,
02      ref double math, out double sum)
03  {
04    chin *= 0.3;
05    eng *= 0.3;
06    math *= 0.4;
07    sum = chin + eng + math;
08  }
```

在 Main()主程序区块中编写如下程序代码。

```
11  //省略部分程序代码
12  CalcScore(ref chinese, ref english,
13    ref mathem, out total);
14  WriteLine($"{name}");
15  WriteLine($"语文 30% {chinese}，英语 30% {english}，" +
16    $"数学 40% {mathem} \n 合计 = {total}");
```

【生成可执行程序再执行】

按 F5 键，程序执行的结果如图 7-20 所示。

【程序说明】

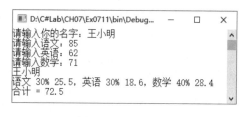

图 7-20　执行结果

- 定义静态方法 CalcScore()，以传址调用来传递变量，各科成绩的变量使用方法参数 ref，表示主程序中这些变量要给予初值。但是变量 sum 必须统计各科分数才会产生，方法参数使用 out，表示声明时不用设置初值。
- 第 1~8 行：定义静态方法 CalcScore()，以传址调用接收传入的参数，方法主体中根据各科所占百分比进行计算并存储于 sum 参数中。
- 第 11~16 行：在主程序中实际参数会调用 CalcScore()方法，并传递变量值。由于实际参数和形式参数共享相同的内存地址，因此未使用 return 语句依旧得到总分。

7.3.4　更具弹性的命名参数

一般情况下，实际参数传递变量的顺序必须根据方法中所示的顺序，而"命名参数"（Named Argument）提供更弹性的应用。"命名"表示指定名称，所以传递变量时，可以指定要传递的变量名称，而不是根据方法中已定义好的参数顺序，这就是命名参数的做法。传递变量时，将变量与参数的名称建立关联，而不是根据参数列表中的参数位置。也就是实际参数进行调用时，使用参数名，再以"："指定变量名。

```
[修饰词] 返回值类型 方法名称(类型 参数 1, 类型 参数 2) {...}
方法名称(参数 2:变量 2, 参数 1：变量 2);
```

如图 7-21 所示，实际参数调用 CalcFee()方法时，先指定参数名，再给予变量值，中间以"："隔开，如"y: two"。

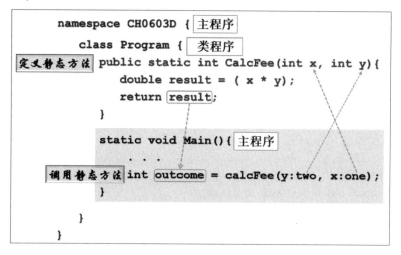

图 7-21　命名参数的调用

项目 "Ex0712.csproj" 使用命名参数

新建控制台应用程序，把 Program.cs 更名为 "PutName.cs"，其区块中的程序代码如下。

```
01  static int FeeAmount(string name, int amount, int price)
02  {
03    int result = amount * price;
04    return result;
05  }
```

在 Main() 主程序区块中编写如下程序代码。

```
11  //省略部分程序代码
12  int outcome = FeeAmount(amount: unit,
13    price: bill, name: "Mr. White");
14  WriteLine($"Mr. White! 付款金额 {outcome:c}");
```

【生成可执行程序再执行】

按 F5 键，程序执行的结果如图 7-22 所示。

D:\C#Lab\CH07\Ex0712...
请输入数量：7
请输入金额：88
Mr. White! 付款金额 ¥616.00

图 7-22　执行结果

【程序说明】

- 第 1~5 行：定义静态类方法，有三个变量，顺序是 name、amount、price。方法主体将 "数量（amount）×价钱（price）"，再以 return 语句返回结果。
- 第 12、13 行：因为实际参数是采用命名参数方式进行变量的传递，所以 "amount : unit" 先命名参数，再指定变量。

7.3.5　选择性参数

实际参数调用时除了使用命名参数的方式外，还可以使用选择性参数（Optional Argument，或者称为选择性自变量）。"选择"的作用是让我们传递时指定特定参数，也意味着某些参数可以省略。要如何做呢？很简单，定义方法时，根据参数列表的类型给予初值，而没有接收到数据的参数就可以保留初值，不至于产生编译错误。

项目 "Ex0713.csproj" 选择性参数

新建控制台应用程序项目，把 Program.cs 更名为 "ChoiceArg.cs"，其区块中的程序代码如下。

```
01  void CalcScore(int eng = 0, int math = 0, int chin = 0)
02  {
03    int result = eng + math + chin;
04    WriteLine($"总分：{result}");
05  }
```

在 Main()主程序区块中编写如下程序代码。

```
11  ChoiceArg Tommy = new ChoiceArg();//创建对象
12  Write("Tommy, ");
13  Tommy.CalcScore(56, 78, 92); //传递三个参数
14  ChoiceArg Judy = new ChoiceArg();
15  Write("Judy, "); //传递一个参数
16  Judy.CalcScore(85);
17  //省略部分程序代码
```

【生成可执行程序再执行】

按 F5 键，程序执行的结果如图 7-23 所示。

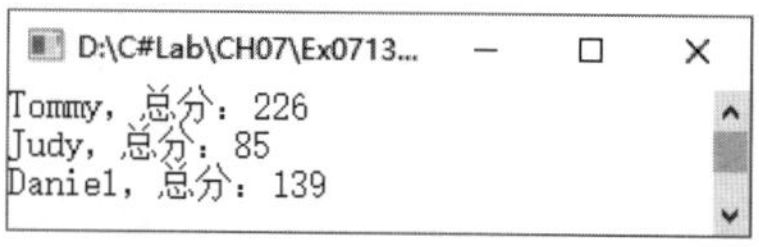

【程序说明】

图 7-23　执行结果

◆ 第 1~5 行：定义方法成员 CalcScore()，有三个参数。将这三个参数设为选择性参数，每个参数都设置初值。

◆ 第 13、15 行：对象 Tommy、Judy 分别调用方法成员 CalcScore()，分别传递三个参数、一个参数。

7.4　了解变量的作用域

我们陆续使用了 Visual C# 定义的各种变量，有静态变量、实例变量（Instance Variable，就是不经 static 修饰词声明的字段）、数组元素、数值参数、引用参数、输出参数和局部变量，以下面的例子来进行说明。

```
class Program {
   public static int one;  //one 是静态变量
   int count;                //字段，也是实例变量
   //num[0]是数组元素，a 是数值参数，b 是引用参数
   void calcSt(int[] num, int a, ref int b, out int c) {
      int sum = 1;          //位于方法内是局部变量
      outcome = a + b++;    //outcome 是输出参数
   }
}
```

⊃ 局部变量

这里先探讨的是"局部变量"（Local Variable）。望文生义，"局部"表示在程序中某个范围内使用，称为"程序区块"或"程序段"。那么"程序区块"或"程序段"又代表什么呢？它可能在 for 循环体、switch 语句区块，或者方法（Method）主体。变量只要声明就可以在所处的程序区块或程序段中使用，这样的变量称为"局部变量"。

无论是哪一种变量都有适用的范围（Scope，通常称为变量的作用域）和生命周期（Lifetime，或称为存留期）。下面通过 for 循环来说明。

```
static void Main() {
  int countA = 0, sum = 0;
  for(int countB =0; countB < 10; countB++){
    countA++;
    sum += countB;
  }
  Console.Write(countB); //变量 countB 离开 for 循环的范围或作用域
}
```

❖ 变量 countA 和 countB 都是局部变量，countA 的作用域是 Main()主程序，countB 的作用域是 for 循环，参考图 7-24。更明确地说，变量 countB 离开 for 循环体就无法使用，可以通过图 7-25 进一步了解。

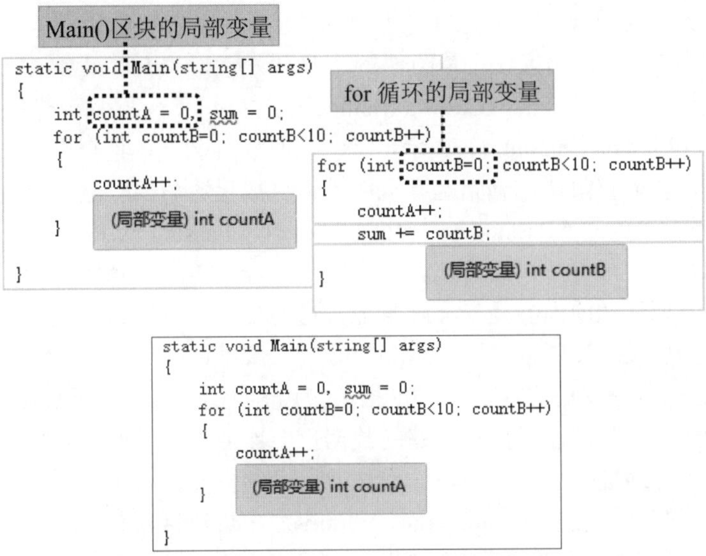

图 7-24　countA 和 countB 都是局部变量

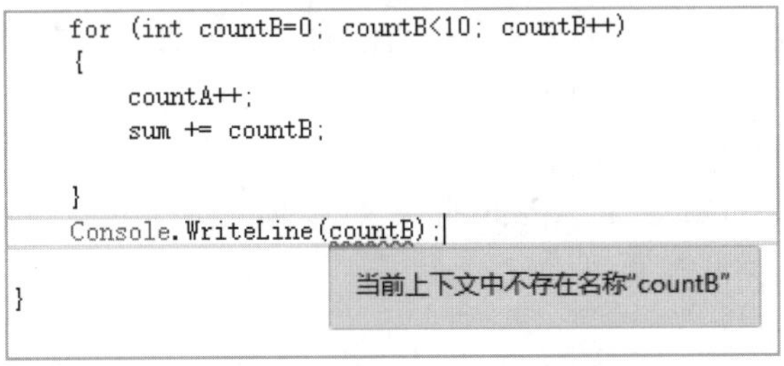

图 7-25　离开 for 循环范围的变量，系统会提示 countB 有错误

❖ 进入 Main()主程序，开始变量 countA 的生命周期，进入 for 循环则是开始变量 countB 的生命周期，它会一直留存到 for 循环结束。若在 for 循环以外的地方使用变量 countB，系统就会提示"当前上下文中不存在名称 countB"。

⮕ **数值参数、引用参数**

传值调用时无论是进行传递变量的实际参数还是接受参数值的形式参数，所声明的变量都是"数值参数"。进一步来说，就是不加方法参数 ref、out 或 params。一般数值参数完成了传递操作，它的生命周期也就结束了。

使用传址调用的参数，添加方法参数 ref、out 或 params 后，就是"引用参数"（传址参数）。由于实际参数和形式参数这时共享了相同的存储位置（相同的内存地址），因此引用参数不会创建新的存储位置。

7.5 ▶ 重点整理

⬦ 在.NET Framework 类库中，静态类 Math 提供了一些数学运算的方法。要处理随机产生的随机数就使用 Random 类。

⬦ "方法定义"和"调用方法"是两件事。①方法定义（Method Definition）是以形式参数接收数据；②调用方法（Calling Method）会以实际参数进行传递。

⬦ 方法签名（Method Signature）表示定义方法时要有名称，具有类型的参数在类或结构中声明，以访问权限修饰词指定存取范围，完成运算后要有返回值。

⬦ Visual C# 提供传值（Passing by Value）和传址（Passing by Reference）两种调用。

⬦ 传值调用是指实际参数调用方法，先将变量内容（Value，值）复制，再把副本传递给形式参数。要注意的地方是，实际参数传递的"自变量"和形式参数必须是相同的类型，否则会引发编译错误。

⬦ 传递参数的另一种机制是"传址"，指的是内存地址。实际参数调用方法会把内存地址传递给形式参数，连同内存存储的数据也会连带传送，形成实际参数和形式参数共享相同的内存地址，当形式参数的值被改变时，也会影响实际参数内容。

⬦ 传址调用要配合方法参数：ref、out、params。参数数目未固定时，可以使用方法参数 params。方法参数 ref 必须于实际参数中进行初始化，方法参数 out 在方法内完成变量值的赋值操作。

⬦ 方法传递时，实际参数传递的顺序必须根据方法中所设置的参数顺序，而使用"命名参数"（Named Argument）的"命名"可以直接指定参数名称，所以在传递参数时，只要指定了要传递的参数名称，就可以不依据方法中已定义好的参数顺序。

⬦ 使用选择性参数（Optional Argument）。"选择"的作用是让我们传递时指定特定的参数，那也意味着某些参数可以省略。

7.6 课后习题

一、填空题

1. 在 Math 静态类中，求取平方根是＿＿＿＿＿方法；按指定位数将小数舍入是＿＿＿＿＿方法；要让数值产生随机值使用＿＿＿＿＿类。

2. 方法签名（Method Signature）包含：定义方法的＿＿＿＿＿，具有类型的在＿＿＿＿＿中声明，以＿＿＿＿＿指定存取范围，完成运算后要有＿＿＿＿＿。

3. 请根据下列程序语句填入正确的答案。

```
static void Main(){
   Sum(10, 25);
}
static int Sum(int x, int y){
   return x + y;
}
```

在 Main()主程序中，Sum()为＿＿＿＿＿，10 和 25 称为＿＿＿＿＿；定义方法 Sum()时，其存取范围是＿＿＿＿＿，x、y 称为＿＿＿＿＿；return 语句的作用＿＿＿＿＿。

4. 对于方法中的参数，Visual C#提供了两种传递机制：①＿＿＿＿＿、②＿＿＿＿＿。

5. 在方法的传递机制中，在程序中调用方法，作为数据传递者，被称为＿＿＿＿＿。在定义方法中，用来接收所传递的数据，被称为＿＿＿＿＿。

6. 在传址调用中，"址"是指＿＿＿＿＿；传递时要加上方法参数＿＿＿＿＿、＿＿＿＿＿、＿＿＿＿＿的任意一个。

7. 将下列定义方法改为表达式主体 ＿＿＿＿＿＿＿＿＿＿＿＿＿＿＿＿＿＿＿。

```
public static void display()
{
    Console.WriteLine("没有输入任何数值");
}
```

8. 哪种情况下会使用方法参数 params？＿＿＿＿＿，只能在方法中＿＿＿＿＿。

9. 参考下列程序代码来填写答案。showMsg()是＿＿＿＿＿，传递机制是＿＿＿＿＿，参数 one 是＿＿＿＿＿，输出结果＿＿＿＿＿。

```
static void Main() {
   Score first = new Score();
   first.Name = "Mary";
   first.Mark = 95;
   showMsg(first);
   Console.WriteLine("{0}, {1}", first.Name, first.Mark);
```

```
  }
  static void showMsg(ref Score one){
    one = new Score();
    one.Name = "Peter";
    one.Mark = 73;
  }
```

10. 在定义方法传递参数时，"命名参数"来指定名称，被称为_____；"选择"的作用是传递指定的参数，也意味着某些参数可以省略，被称为_____。

11. 填写下列变量所代表的意义。①one_____；②count_____；③sum_____。

```
class Program {
  public static int one;//①one
  int count;//②count
  void addNumbers(int[] num, int a, ref int b, out int c) {
    int sum = 1; //③sum
    outcome = a + b++;
  }
}
```

二、问答题与实践题

1. 在 Main()主程序中，通常是这样 "public static void Main()"，其中的 public、static 和 void 各代表什么意义？

2. 请以一个简单范例来说明 By Value 和 By Reference 的不同处。

3. 请简单说明方法参数 ref 和 out 的相同点和不同之处。

4. 表 7-3 为某企业员工的出勤情况，以方法输出如图 7-26 所示结果。

表 7-3　某企业员工的出勤情况

	应出勤日	事假	病假
王小美	26	1 天	1 天
林大同	25	0	0
陈明明	26	2	1

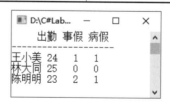

图 7-26　输出结果

第 8 章

继承、多态和接口

章 | 节 | 重 | 点

- ✖ 从面向对象的视角分析，继承关系的 is_a（是什么）、has_a（组合）的不同之处。
- ✖ C#的单一继承制下，子类配合 base 和 new 关键字来存取父类的成员。
- ✖ 讨论多态的概念，子类如何与父类在重载（Overload）和覆写（Override）下携手合作。
- ✖ 由抽象类的定义和接口的实现来分辨它们的不同之处。

8.1 　了解继承

面向对象程序设计的三个主要特性：继承（Inheritance）、封装（Encapsulation）和多态（Polymorphism），它们的特别之处究竟在哪里？一起来认识一下它们吧。

继承（Inheritance）是面向对象技术中一个重要的概念。Visual C# 程序设计语言以单一继承机制为主，使用现有类派生出新的类所建立的分层式结构。通过继承为已定义的类添加、修改原有模块的功能。使用 UML（统一建模语言）类图表示继承关系，如图 8-1 所示。

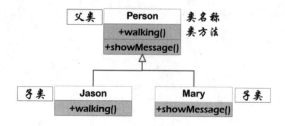

图 8-1　类的继承

在 UML 类图中，白色空心箭头指向父类，表示 Jason 和 Mary 类继承了 Person 类。Person 类是一个"基类"（Base Class），Jason 和 Mary 则是"派生类"（Derived Class）。Person 有两个公有的方法，即 walking() 和 showMessage()，能分别被子类继承。

8.1.1　特化和泛化

就概念而言，派生类是基类的特制化项目。当两个类建立了继承关系，表示派生类会拥有基类的属性和方法。图 8-2 中基类和派生类是一种上下对应的关系，此处先有基类（电脑），然后派生类了平板电脑和个人电脑的过程就被称为"泛化"（Generalization）。另一方面，平板电脑和个人电脑因为功能不同，分别是电脑类的"特化"（Specialization）表现。

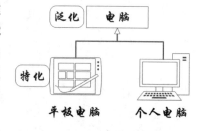

图 8-2　特化和泛化

"泛化"表达了基类和派生类"是一种什么"（is a kind of，is_a）关系。图 8-2 所示的是"个人电脑是电脑的一种"，继承的派生类能够进一步阐述基类要表现的模型概念。因此根据白色箭头来读取，平板电脑也"是"电脑的一种。

继承的关系可以继续往下推移，表示某个继承的派生类，还能往下再派生出子类（即孙子类）。当派生类继承了基类已定义的方法，还能修改基类某一部分特性，这种青出于蓝的方法称为"覆写"（Override，也称为"重写"或"覆盖"）。

⊃ 继承的相关名词

- ■ "基类"（Base Class）也称为超类（Super Class，父类），表示它是一个被继承的类。

- "派生类"（Derived Class）也称为次类（Sub Class，子类），表示它是一个继承他人的类。
- 类层次结构（Class Hierarchy）：类产生继承关系后所形成的继承架构（结构）。
- 继承机制：派生类所拥有的基类仅有一个时，就是"单一继承机制"；派生类同时拥有两个（含）以上的基类则是"多重继承机制"。

一般来说，派生类除了继承基类所定义的数据成员和成员方法外，还能自行定义本身使用的数据成员和成员方法。从面向对象程序设计（OOP）的观点来看，在类架构下，层次越低的派生类，"特化"（Specialization）的作用就会越强；同样地，基类的层次越高，表示"泛化"（Generalization）的作用也越高。

8.1.2 组合关系

另一种继承关系是组合（Composition），称为 has_a 关系，表示在模块概念中，对象是其他对象模块的一部分。如图 8-3 所示，学校是由学生、老师、课程等对象组合而成的，所以派生类会以菱形来表示它与父类的关系。

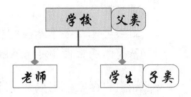

图 8-3 对象的组合关系

在组合概念中，经常听到的 whole/part，表达一个"较大"类的对象（整体）是由另一些"较小"类的对象（组件）组成的。在 C# 语言中会以部分类（Partial Class）来组合一个类，例如编写 Windows 窗体程序时，会以"Form1.cs"和"Form1.Designer.cs"来组成一个 Form1 类，只要这两个文件同属于一个命名空间。

8.1.3 为什么要有继承机制

从程序代码使用的观点来看，继承提供了软件的"可重用性"（Reusability）。当我们编写一个运行较为复杂的系统时，如果以面向对象技术来处理，那么使用继承至少有以下两个优点。

- 减少系统开发的时间：让系统在开发过程中使用模块化概念，加入继承的做法，让对象能集中管理。由于程序代码能够重复使用，因此不但能缩短开发过程，后面的维护也较为方便。
- 扩充系统更为简单：新的软件模块可以通过继承建立在现存的软件模块上。声明新的类时，可从现有类的方法重复定义，达到共享程序代码和软件架构的目的。

8.2 单一继承制

在继承关系中，如果只有一个基类，就称为"单一继承"。简单来说，子类只能有一个爸爸或妈妈（单亲）。同时拥有双亲和义父、母的类称为"多重继承"（Multiple Inheritance）。Visual C# 程序设计语言基本上采用单一继承机制，也就是派生类只会有一个基类，而基类会有多个派生类。

8.2.1　继承的存取（访问）

声明类时，C#会以访问权限修饰词来限定访问权限。常用的访问权限修饰词有三种：public（公有的）、protected（保护的）及 private（私有的）。实现继承时，子类会继承父类的 public、protected 和 private 成员。类之间产生继承的语法如下：

```
class 派生类 : 基类{
   //定义派生类本身的数据成员和成员方法;
}
```

- "："后指定要继承的类名称，产生继承关系后，派生类能继承基类所有成员，包含字段、属性和方法。
- 派生类无法继承基类的构造函数和析构函数。
- 基类的成员使用了 private 访问权限修饰词时，派生类无法继承。

private 的存取范围只适用于它所声明的类，可视为基类所具有的特质，不被继承。通过图 8-4 的范例可提供佐证，编译器会告知此成员无法存取。

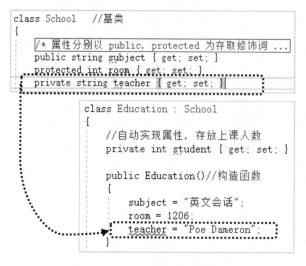

图 8-4　private 的成员不能继承

- 基类 School 有三个属性，分别是 subject、room 和 teacher，访问权限修饰词分别是 public、protected 和 private。
- 因为 Education 继承了 School 类，所以是一个派生(子)类，它使用父类的属性 subject、room 没有问题，但是使用 teacher 时，会以红色波浪线表示有误，这表示父类的 private 成员无法被存取。

基类的"生"与"死"由构造函数与析构函数掌管，理所当然，它们都不能被继承。了解继承的限制与原理后，再通过范例来了解如何编写继承类。

项目"Ex0801.csproj"类的继承

01 新建控制台应用程序项目，添加两个类：基类 School 和派生类 Education。Program.cs 则是 Main()主程序所在的程序文件，如图 8-5 所示。

图 8-5　添加两个类

02 在基类"School.cs"区块中编写如下程序代码。

```
01  class School    //基类
02  {
03     public string subject { get; set; }
04     protected int room { get; set; }
05     protected string teacher { get; set; }
06     public School() //构造函数设置属性新值
07     {
08        subject = "计算机概论";
09        room = 1205;
10        teacher = " Leia Organa";
11     }
12     public void ShowMsg() => Console.WriteLine(
13         $"科目:{subject}, 教室-{room}, 老师:{teacher}");
14  }
```

03 在派生类"Education.cs"中编写如下程序代码。

```
21  class Education : School
22  {
23     public Education()//构造函数
24     {
25        subject = "英语会话";
26        room = 1206;
27        teacher = "Jeffrey";
28     }
29     public void Display(int people)
```

```
30    {
31       student = people;
32       if (student < 15)
33          WriteLine($"只有{student}人，不会开课");
34       else
35       {
36          WriteLine($"科目:{subject}，教室-{room}, " +
37             $"\n老师:{teacher}，学生人数 {student}");
38       }
39    }
40 }
```

04 在 Main()主程序区块中编写如下程序代码。

```
41  //基类的对象
42  School ScienceEngineer = new School();
43  ScienceEngineer.ShowMsg();
44  //派生类的对象
45  Education choiceStu = new Education();
46  choiceStu.Display(20);
```

【生成可执行程序再执行】

按 F5 键，程序执行的结果如图 8-6 所示。

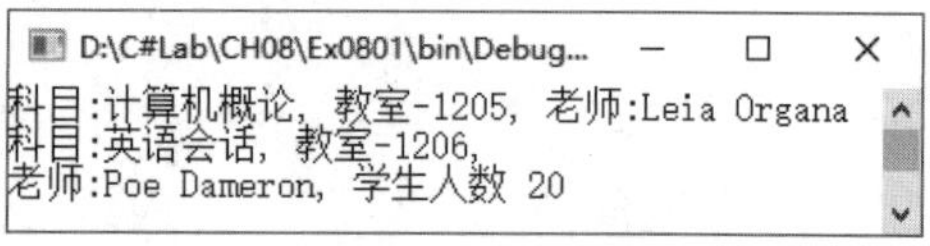

【程序说明】

图 8-6　执行结果

- 父类 School 定义了三个属性，即科目、教室编号和老师，这三个属性组成了上课。子类 Education 继承这三个属性，并以自己定义的方法来判断选修此科目的学生人数是否大于 15 人，大于 15 人才开课。

- Education，继承父类 School 的三个属性：subject（科目）、room（教室编号）和 teacher（教师），同样在构造函数中设置新值，Display()方法输出信息。

- 第 3~5 行：三个属性采用自动实现，属性 subject 存放科目名称，room 获取教室编号，teacher 为授课老师。

- 第 6~11 行：构造函数中设置各属性的新值。

- 第 12、13 行：定义方法成员 ShowMsg()，接收参数值后并只负责输出属性的相关信息。

- 第 23~28 行：派生类 Education 本身定义的构造函数，虽然继承了父类的属性，但可以覆写新值。

- 第 29~39 行：定义子类本身的方法成员 Display()，接收参数值后会进行判断，学生人数大于 15 人才会开课并输出相关信息。

- Main()主程序就是实现父、子类来创建对象，父类对象 ScienceEngineer 调用自己的方法成员 ShowMsg()，子类对象 choiceStu 也是调用自己的方法成员 Display()。

结论：通过继承机制，子类不但能使用父类的成员，还能进一步"扩充"自己的属性和方法，达到程序代码再利用的目的。

8.2.2 访问权限修饰词 protected

访问权限修饰词使用过 private（私有）和 public（公有的），对于其存取范围也有所认识。这里要讨论的是另一个常用的访问权限修饰词——protected（受保护的）的访问权限。当基类的成员以 protected 为存取范围时，只限于继承的类使用基类的成员。

图 8-7 是以 UML 元素绘制成的类图，白色箭头由 Jason 指向 Person，表示类 Jason 继承了类 Person。

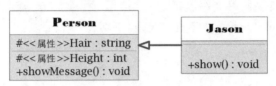

图 8-7　类 Person 和子类 Jason

◆ 基（父）类 Person 有两个属性，其数据类型分别是 string 和 int。前面的"#"号表示存取范围是"protected"。

◆ 定义了 showMessage()方法，前面的"+"号表示使用访问权限修饰词"public"，无返回值，所以方法名称后面先加":"再接"void"。

◆ 类 Jason 是派生（子）类，由于只定义了一个公有的方法 Show()，也没有返回值，因此使用 void。

➲ this 关键字

this 关键字可以引用到对象本身所属类的成员。简单地说，当我们实例化一个类 A 的对象 B 时，使用 this 关键字就是指向对象 B，或者与对象有关的成员，但不包括初始化对象的构造函数。所以属于静态类的字段、属性或方法是无法使用 this 关键字的。下述范例中除了使用 protected 访问权限修饰词来建立继承外，在子类里还使用了 this 关键字来获取父类的成员。

```
class Human : Person {
  public Human {
    this.Hair = Hair //获取父类的属性值
  }
}
```

```
class Person { //父类
  protected string Hair {get {return "棕色";}}
}
class Human : Person { //子类
  public string this [string Hair]
    { get {return Name ;}}
}
```

- 第一个语句使用 this 关键字来获取父类原有的属性值。
- 第二个语句是将 this 关键字用于获取父类属性"this [类型 父类属性名称]",以中括号[ ]括住父类的类型和属性名称。

范例 项目"Ex0802.csproj"使用 this 关键字

STEP 01 新建控制台应用程序项目,添加两个类:基类 Person 和派生类 Human;Program.cs 则是 Main()主程序所在的程序文件。

STEP 02 在基类"Person.cs"中编写如下程序代码。

```
01  class Person    //基类
02  {
03     protected int Height { get; set; }
04     protected string Hair { get; set; }
05     protected string Surname
06        { get { return "Cumberbatch"; } }
07     public Person()
08     {
09        Height = 170;
10        Hair = "棕色";
11     }
12     public void showMessage() => Console.WriteLine(
13         $"父亲 {Surname},头发{Hair},身高 = {Height} cm");
14  }
```

STEP 03 在派生类"Human.cs"中编写如下程序代码。

```
21  class Human : Person      //继承了 Person 类
22  {
23     public string this[string Surname]
24        { get { return Surname; } }
25     public Human()
26     {
27        Height = 175;       //设置新的身高
28        this.Hair = Hair;   //获取基类的属性
29     }
30     public void Show() => Console.WriteLine(
31         $"我是第二代,我也是{Hair}头发,身高 ={Height} cm");
32  }
```

STEP 04 在 Main()主程序区块中编写如下程序代码。

```
41  Person Peter = new Person();    //声明基类的对象
42  Human Junior = new Human();      //声明派生类的对象
43  Peter.showMessage();
44  Junior.Show();
```

【生成可执行程序再执行】

按 F5 键，程序执行的结果如图 8-8 所示。

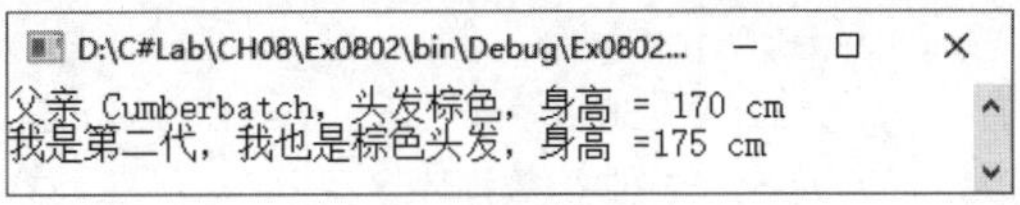

【程序说明】

图 8-8　执行结果

- 声明 Person 类的对象 Peter，再调用其方法成员 showMessage()，而 Human 也实例化了一个 Junior 对象，再调用其方法成员 Show()。
- 第 3、4 行：Height、Hair 自动实现属性，使用 protected 为访问权限修饰词。
- 第 5、6 行：因为属性 Surname 只以存取器 get 来获取，return 语句返回其值，所以是一个只读属性。
- 第 7~11 行：定义 Person 类的构造函数，设置 Height、Hair 属性值。
- 第 12、13 行：以"表达式主体"定义 showMessage()方法，无返回值，只输出属性值的信息。
- 第 23、24 行：以 this 关键字来获取父类已写入的 Surname 值。
- 第 25~29 行：定义 Human 构造函数，从基类继承的属性 Height 重设新值（覆写的概念）；另一个属性 Hair 则以 this 关键字获取基类原有的属性值。
- 第 30、31 行："表达式主体"定义 Show()方法，无返回值，输出属性值。

结论：派生类能继承基类的所有成员，其构造函数既可以重设属性值，也可以使用 this 关键字获取父类原有的属性值。

8.2.3　调用基类成员

类之间可以产生继承机制，但是构造函数却是各自独立的，无论是基类还是派生类都有自己的构造函数，用来初始化该类的对象。由于它与对象本身的生命周期有极密切的关系，主宰着对象的生与死，因此不会产生继承机制。如果想要使用基类的构造函数，就必须使用 base 关键字。如何从派生类以 base 关键字调用基类的构造函数，下面进行简单介绍。

```
class 派生类 : 基类
{
  public 构造函数() : base()
  {
      //构造函数程序区块;
  }
}
```

- 派生类使用了 base 关键字，才能存取基类成员，如此才能引用到父类的成员。
- 基类定义了构造函数，派生类也必须编写其构造函数。
- 父类的构造函数含有参数时，继承的子类必须显示声明类型和参数，再以 base()方法带入声明的参数名。父类的构造函数没有参数时，子类可以选择构造函数是否实现，是否要使用 base()方法。

base()方法如何调用基类含有参数的构造函数，例子如下。

```
class Father{  //父类
  public Father(string fatherName){
     //父类构造函数程序区块;
  }
}
```

```
class Son : Father {   //子类 Son 继承类 Father
  public Son(string sonName) : base(sonName) {
     //子类构造函数区块
  }
}
```

◆ 表示子类 Son 实例化时就得调用父类 Father 的构造函数。

虽然 base 关键字可以在关键时刻使用，但是不能在静态方法中使用 base 关键字。基类已定义的方法被其他方法所覆写时，派生类也可以使用 base 关键字来调用父类的成员。

基类的构造函数含有参数，而派生类的构造函数以关键字 base 调用时，若没有任何参数，系统就会提示错误信息，如图 8-9 所示。

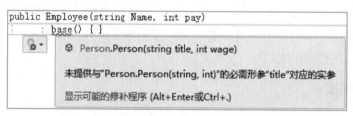

图 8-9   调用父类的构造函数可能会发生的错误

范例 项目 "Ex0803.csproj" 调用基类的构造函数

01 新建控制台应用程序项目，添加两个类：基类 Person 和派生类 Employee；Program.cs 则是 Main() 主程序所在的程序文件。

02 在基类 "Person.cs" 中编写如下程序代码。

```
01  class Person    //基类
02  {
03    //Name, baseSalary 自动实现属性
04    protected int baseSalary { get; set; }
05    protected string Name { get; set; }
06    //定义基类构造函数：传入名字和薪资
07    public Person(string title, int wage)
08    {
09      Name = title;
10      baseSalary = wage;
11      WriteLine($"员工：{Name}，薪水 {baseSalary:C0}");
12    }
```

```
13    public void showTime()
14    {
15        DateTime hireDate = new DateTime(2009, 3, 17);
16        DateTime justNow = DateTime.Today;
17        //Subtract()方法获取 justNow - hireDate 所得的间隔时间
18        //TimeSpan jobYear = justNow.Subtract(hireDate);
19        TimeSpan jobDays = justNow - hireDate;
20        double work = (double)(jobDays.Days) / 365;
21        WriteLine($"雇用日期: " +
22            $"{hireDate.ToShortDateString(),10}, " +
23            $"工作: {work:F2} 年");
24    }
25 }
```

➡️ **03** 在派生类 "Employee.cs" 中编写如下程序代码。

```
31 class Employee : Person
32 {
33    public Employee(string Name, int pay)
34        : base(Name, pay) { }
35    public void hireTime()
36    {
37        DateTime startDate = DateTime.Today;
38        WriteLine($"雇用日期: " +
39            $"{startDate.ToShortDateString()}");
40    }
41 }
```

➡️ **04** 在 Main() 主程序区块中编写如下程序代码。

```
42 Person anna = new Person("Annabelle", 32_500);
43 anna.showTime();
44 Employee partOne = new Employee("Tomas", 23_500);
45 partOne.hireTime();
```

【生成可执行程序再执行】

按 F5 键，程序执行的结果如图 8-10 所示。

【程序说明】

图 8-10　执行结果

◆ 定义 Person 类：定义构造函数，有两个参数
（namePrn 和 salary），它接收参数后会赋值给
Name 和 baseSalary。接收数据后这两个属性会
自动实现属性，再以 showTime() 方法输出名字和薪资信息。

◆ 第 13~25 行：定义成员方法 showTime()，没有返回值，用来计算工作年薪。

- ◆ 第 15、16 行：使用 DateTime 结构创建对象 hireDate 存放雇用日期，创建对象 justNow 则以属性 Today 获取系统当前日期。
- ◆ 第 19、20 行：使用 TimeSpan 结构创建对象 jobDays 获取工作总天数（以当前日期减去就职日期），再除以 365 来算出年薪。
- ◆ 第 21~23 行：调用 DateTime 结构的 ToShortDateString()方法将 hireDate 转成字符串，以简短日期输出。
- ◆ 第 33、34 行：定义派生类的构造函数，由于 Person 的构造函数含有参数，因此以 base() 方法调用时括号中要放入相关参数值。
- ◆ 第 35~40 行：定义成员方法，以 DateTime 结构对象 startDate 来获取系统当前日期成为雇用日期。
- ◆ 第 51 行：创建基类 Person 的对象 anna，并传入参数值为构造函数所使用。
- ◆ 第 53 行：创建派生类 Employee 的对象 partOne，加入指定参数。

➲ 处理日期和时间

范例项目"Ex0803"处理日期时使用了 System 命名空间下的两个结构：DateTime 和 TimeSpan。DateTime 结构用来处理日期和时间，表 8-1 列出其相关的属性和方法。

表 8-1　DataTime 相关的属性和方法

属性/方法	说　　明
Now	获取系统的日期和时间，以当地时间返回，如"2016/10/26 下午 12:47:11"
Today	返回系统当前的日期，以如下格式"2016/10/26 上午 12:00:00"返回。 DateTime.Today.ToShortDateString()会返回"2016/10/26"
Year	获取系统当前的年份
Month	获取系统当前的月份
Day	获取系统获取的天数
Hour	获取系统当前的时
Minute	获取系统当前的分
ToString()	将 DateTime 对象转换为字符串
ToShortDateString()	DateTime 对象转换为字符串，输出"2016/10/26 "
ToLongDateString()	DateTime 对象转换为字符串，输出"2016 年 10 月 26 日"
ToShortTimeString()	DateTime 对象转换为字符串，输出"下午 12:47"

TimeSpan 用来获取时间间隔，如果要计算相隔的天数，第一种方法就是调用 DateTime 结构的 Subtract()方法，其语法如下：

```
Subtract(Datetime)
```

Subtract()方法中的参数可以使用 Datetime 或 TimeSpan 对象。DateTime 结构指定两个日期，语句如下：

```
DateTime hireDate = new DateTime(2009, 3, 17); //指定日期
DateTime justNow = DateTime.Today; //当前的日期
```

使用 Subtract()方法时会以"当前日期"减去"指定日期"而算出时间间隔。

```
TimeSpan jobDays = justNow.Subtract(hireDate);
```

第二种方法就是范例项目中所使用的，以 TimeSpan 为时间间隔，将两个日期相减。

```
TimeSpan jobDays = justNow - hireDate;
```

⊃ **以 base 调用基类的成员**

派生类要存取基类的成员时，必须是派生类在声明中指定的基类，而且只能在构造函数、实例方法（Instance Method）或实例属性存取器中存取。

```
class Person {  //基类
   public void Show() { . . . }
}
```

```
class Employee : Person   //派生类
{
   public void Display(){
      base.Show();
   }
}
```

范例 项目 "Ex0804.csproj" 以 base 存取基类成员

01 新建控制台应用程序项目，添加两个类：基类 Person 和派生类 Employee；Program.cs 则是 Main()主程序所在的程序文件。

02 在基类 "Person.cs" 中编写如下程序代码。

```
01  class Person  //基类
02  {
03    private int baseSalary;      //私有字段
04    //Name -- 自动实现属性
05    protected string Name { get; set; }
06    public int BaseMoney          //实现属性，扣除保险费
07    {
08      get { return baseSalary; }//返回扣除费用的薪资
09      set //依据薪资等级扣除保险费
10      {
11        if (value >= 22800 && value <= 36300)
12        {
13          if (value < 22800)
14            baseSalary = value - 456;
15          else if (value < 25200)
```

```
16              baseSalary = value - 504;
17          //省略部分程序代码
18        }
19        else
20          WriteLine("无法计算");
21      }
22    }
23    public Person()//构造函数
24    {
25      Name = "Jason";
26      BaseMoney = 32000;
27    }
28    public void Show()//定义方法成员
29    {
30      WriteLine($"员工{Name, 7}，实际薪水 {BaseMoney:C0}");
31    }
32    ~Person() { }//析构函数清除对象
33  }
```

03 在派生类"Employee.cs"编写如下程序代码。

```
41  class Employee : Person
42  {
43    public Employee()//构造函数
44    {
45      Name = "Taylor";
46      BaseMoney = 28000;
47    }
48    public void Display()
49    {
50      base.Show();
51    }
52  }
```

04 在Main()主程序区块中编写如下程序代码。

```
51  Person pernOne = new Person();//父类对象
52  pernOne.Show();
53  Employee empWorker = new Employee();//子类对象
54  empWorker.Display();
```

【生成可执行程序再执行】

按F5键，程序执行的结果如图8-11所示。

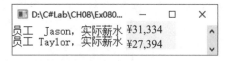

图8-11 执行结果

【程序说明】

- 第 11~20 行: 第一层 if 语句进行条件判断, 判断薪资是否在 22800~28800 元, 如果是, 就扣除保险费部分。
- 第 13~16 行: if/else if 多重条件判断, value 会先扣除保险额, 再赋值给 baseSalary 字段, 最后由 get 存取器的 return 语句返回结果。
- 第 23~27 行: 构造函数用来设置属性值。
- 第 28~31 行: 定义成员方法 Show() 来输出信息。
- 第 43~47 行: 定义构造函数, 设置属性 Name、BaseMoney 的值。
- 第 50 行: 以 base 关键字来调用父类的方法 Show()。
- 第 51~54 行: 产生父类的对象 personOne, 调用 Show() 方法输出扣除保险费的实际薪资。子类的对象 emWorker 也是调用 Display() 方法输出实际薪资信息。

8.2.4　隐藏基底成员

前面介绍的 new 运算符都是用来实例化对象的。什么情况下把 new 关键字当作修饰词 (Modifier) 来使用呢? 有可能是这样的情况:

```
class Person { //基类
   public void show() { ... }
}
```

```
class Employee : Person ( //派生类
   public void show() { ... }
}
```

父、子类定义的方法成员名称相同而造成冲突, 编译器会发出如图 8-12 的警告信息。

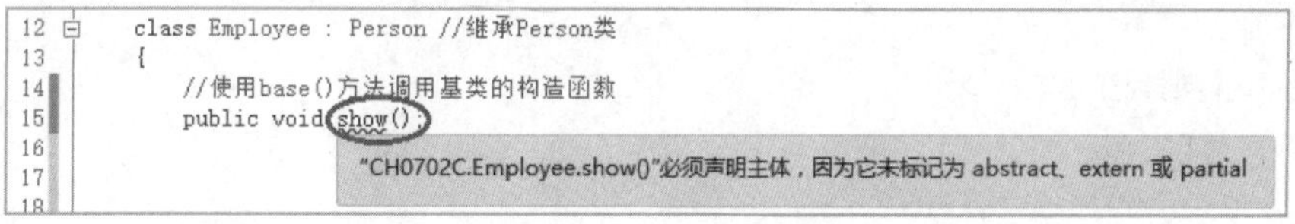

图 8-12　父、子类方法成员同名而产生错误

修正的办法就是加上 new 关键字, 其作用是隐藏继承自基类的成员, 并以相同名称创建新成员。如此一来, 派生类的成员就会取代基类成员。new 修饰词要加在哪里呢? 就是定义方法时, 原有的访问权限修饰词前面再加上 new 修饰词, 范例如下。

> **范 例**　项目 "Ex0805.csproj"

```
class DiffNum    //基类
{
   //静态字段变量
   public static int num1 = 45;
```

```
    public static int num2 = 125;
}

class AddNumbers : DiffNum    //继承 DiffNum 类
{
    new public static int num1 = 175;    //隐藏字段变量
    static int result1 = num1 + num2;
    static int result2 = DiffNum.num1 + DiffNum.num2;
    static void Main(string[] args)    //主程序
    //省略部分程序代码
}
```

- 字段变量 num1 加上 new 修饰词，表示它是派生类所定义的。
- 如果要调用 num1 原有的设置值，必须冠以基类名称"DiffNum.num1"。

范例 项目"Ex0806.csproj"以 new 修饰词隐藏基类的方法

01 新建控制台应用程序项目，添加两个类：基类 Time 和派生类 diffTime；Program.cs 则是 Main()主程序所在的程序文件。

02 在基类"Time.cs"中编写如下程序代码。

```
01  class Time   //基类
02  {
03      private int hour;
04      private int minute;
05      private int second;
06      public int Hour //实现属性 Hour
07      {
08        get { return hour; }
09        set
10        { //时：0~24
11          if (value >= 0 && value < 24)
12            hour = value;
13        }
14      }
15      //省略部分程序代码
16      public string showTime()
17      {
18        string am = "上午"; string pm = "下午";
19        if (hour == 0 || hour == 12)    //采用 12 小时制
20          hour = 12;
21        else
22          hour %= 12;
23        //Format()方法返回时制格式
24        return string.Format($"{(hour < 12 ? am : pm)} " +
```

```
25        $"{hour:D2}:{minute:D2}:{second}");
26      }
27  }
```

03 在派生类 "demoTime.cs" 中编写如下程序代码。

```
31  class DemoTime : Time
32  {
33      //省略部分程序代码
34      public DemoTime(int hr, int mn, int sc)
35      {
36        exHour = hr;
37        exMinute = mn;
38        exSecond = sc;
39      }
40      new public string showTime()
41      {
42        return string.Format(
43          $"{exHour:D2}:{ exMinute:D2}:{exSecond:D2}");
44      }
45  }
```

04 在 Main()主程序区块中编写如下程序代码。

```
51  //获取系统时间
52  DateTime moment = DateTime.Now;
53  int Hr = moment.Hour;    //时
54  int Mun = moment.Minute; //分
55  int Sed = moment.Second; //秒
56  Time oneTime = new Time
57  {
58    Hour = Hr + 8,
59    Minute = Mun + 14,
60    Second = Sed + 12
61  };
62  WriteLine($"时间: {oneTime.showTime()}");
63  DemoTime TwentyFour = new DemoTime(Hr, Mun, Sed);
64  WriteLine($"当前时间: {TwentyFour.showTime()}");
```

【生成可执行程序再执行】

按 F5 键，程序执行的结果如图 8-13 所示。

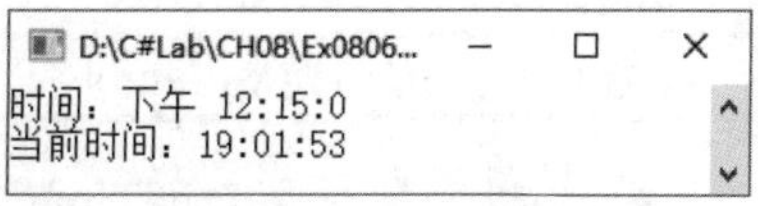

```
D:\C#Lab\CH08\Ex0806...   —   □   ×
时间: 下午 12:15:0
当前时间: 19:01:53
```

【程序说明】

图 8-13   执行结果

♦ 第 3~5 行：定义私有字段，用来获取 hour（时）、minute（分）、second（秒）。

- 第 6~14 行：实现 Hour 属性，存取器 get 返回 hour 值，在 set 程序段里加入 if 语句来判断"时"是否在 0~24 内。
- 第 16~26 行：定义成员方法 showTime()，if 判断式让"时"采用 12 小时制，然后以 Format()方法设置输出的格式字符串是上午或下午的时间。
- 第 34~39 行：定义构造函数，有三个参数（时、分、秒），分别接收传入的值并赋给相关的属性进行初始化。
- 第 40~44 行：以 new 修饰词隐藏基类的方法即（showTime()）使用 string.Format()方法来输出设置的时间格式。
- 第 52 行：创建 DateTime 结构对象 moment 来获取系统时间。
- 第 53~55 行：分别以 DataTime 结构的属性 Hour、Minute 和 Second 来获取时、分、秒，然后存储于变量 Hr、Mun、Sed 中。
- 第 56~61 行：创建 Time 类对象 oneTime，以大括号进行初始值设置。
- 第 63 行：产生 diffTime 类的 TwentyFour 对象，含有时、分、秒三个参数。

⊃ Format()方法

在控制台应用程序中，先前的范例都是以"Console.WriteLine()"来输出信息的。上述范例是使用 String 类的 Format()方法，配合复合格式字符串，也能输出信息，其语法如下：

```
public static string Format(string format, Object arg0)
```

- 表示它是一个静态方法，无须实例化对象就能使用。
- format：复合格式字符串，配合复合格式输出。

一般来说，复合格式功能会采用对象列表和复合格式字符串作为输入，就如同先前使用的"Console.WriteLine("{0}", 变量)"。复合格式字符串指的就是每对大括号指定的索引替代符号，要配合一个变量来使用（也就是每个变量要对应到列表内对象的格式项）。配合字符串内插方式的范例语句如下：

```
string.Format(
    $"{exHour:D2}:{ exMinute:D2}:{exSecond:D2}");
```

要快速输出当前日期和时间，可以使用如下语句。

```
string tm = String.Format($"今天的日期是：{DateTime.Now:d} " +
    $"时间：{DateTime.Now:t}");
Console.WriteLine(tm);
//输出  今天的日期是：2018/4/6 时间：下午 02:55
```

- 先以变量获取 DateTime 结构的属性 Now，再配合格式{:d}设置日期、{:t}设置时间，再调用 WriteLine()方法输出。

8.3 ▶ 探讨多态

想必大家都使用过遥控器，单一的操作接口，根据它的用途，可能用于电视机、空调或其他电器，这就是"多态"（Polymorphism），也称为"同名异式"（多种形态）。"同名"都称为遥控器，"异式"则指的是功能不同。从面向对象的观点来看，"同名"就是单一接口，"异式"就是以不同方式来存取数据。那么大家会想到，Visual C#就是先前学过的"重载"（overload）。它的"同名"是指相同的方法名称或函数名称，"异式"则是变量不同，处理的对象也有可能不同。那么 C#如何编写多态程序呢？可以从以下三点来探讨。

- 子类的新成员使用 new 修饰词来隐藏父类成员。
- 父、子类使用相同的方法，但参数不同，由编译器调用适当的方法来执行，请参考第 8.3.1 小节。
- 创建一个通用的父类，定义虚拟方法，再由子类适当覆写。

8.3.1 父、子类产生方法重载

以继承机制来说，Visual C# 的派生类会继承基类的成员，使用 base 关键字调用基类成员，使用 new 修饰词可以隐藏基类成员。此处要进一步探讨派生类定义的方法名称究竟能不能与基类方法相同。答案是可以的。先来认识第一种情况，即基类、派生类产生方法重载。修改范例项目 Ex0806d 的程序代码：

```
class Time {
. . .
  public string showTime(int h){
    hour = h;
    . . .
  }
}
```

◆ 基类 Time 原来的 showTime()方法是没有参数，为它加入一个"时"的参数，获取值后，判断它是否大于 12 小时。

```
class DemoTime : Time {
  new public string showTime(){
    . . .
  }
}
```

◆ 派生类 DemoTime 所定义的 showTime()方法原来以 new 修饰词来表示它是一个与基类无关的方法。

◆ 此时，基类、派生类都有相同名称的方法，但变量不同，所以产生重载（Overload）的情况。进行编译时，编译器也不会因为基类、派生类的成员方法名称相同而发出警告信息。

8.3.2 覆写基类

继承机制下另一种情况是"青出于蓝"，将基类原有的方法扩充，也就是通过派生类来进一步修改它所继承的方法、属性、索引器（Indexer）或事件声明，加上 override 关键字声明覆写的方法。同样地，基类必须加上 virtual 关键字，当基类有 virtual 关键字，派生类有 override 关键字时，必须注意下列事项。

- 派生类的方法前面加上 override 关键字，表示调用自己的方法，而非基类方法。
- 静态方法不能覆写，被覆写的基类方法须冠上 virtual、abstract 或 override 关键字。
- override 覆写时不能变更 virtual 方法的存取范围。简单地说，就是使用相同的访问权限修饰词。
- 覆写属性声明必须指定和所继承属性完全相同的访问权限修饰词、类型和名称，且被覆写的属性必须是 virtual、abstract 或 override。

如何在方法中加入 virtual、override 关键字呢？以下面的例子来说明。

```
class Person //基类
{
  . . .
  public virtual void showMessage() { . . . }//虚拟方法
}
```

```
class People //派生类
{
  . . .
  public override void showMessage() { . . . }//方法覆写
}
```

◆ 修饰词 virtual 和 override 放在访问权限修饰词后，返回数据类型前。
◆ virtual 和 override 方法必须有相同的存取范围。在例子中，父类的 showMessage()方法使用 public 访问权限修饰词，子类的 showMessage()方法同样使用 public。
◆ virtual 修饰词不能与 static、abstract、private 或 override 等修饰词一起使用。

范例 项目"Ex0807.csproj"扩充与隐藏基类方法

01 新建控制台应用程序项目，添加两个类：基类 Person 和派生类 Human；Program.cs 则是 Main()主程序所在的程序文件。

02 在基类"Person.cs"中编写如下程序代码。

```
01  class Person //基类
02  {
03      //省略部分程序代码
04      public virtual void ShowMessage()=>Console.WriteLine(
05          $"父亲，头发{Hair}，身高 = {Height} cm");
06  }
```

03 在派生类 "Human.cs" 中编写如下程序代码。

```
11  class Human : Person
12  {
13      public new int Height
14          { get { return 175; } }
15      public new string Hair
16          { get { return "黑色"; } }
17      public override void ShowMessage() => WriteLine(
18          $"第二代，{Hair}头发，身高 ={Height} cm");
19  }
```

04 在 Main() 主程序区块中编写如下程序代码。

```
21  Person Peter = new Person();//声明基类的对象
22  Peter.ShowMessage();
23  Human Junior = new Human();
24  Junior.ShowMessage();//派生类的对象调用自己的方法
```

【生成可执行程序再执行】

按 F5 键，程序执行的结果如图 8-14 所示。

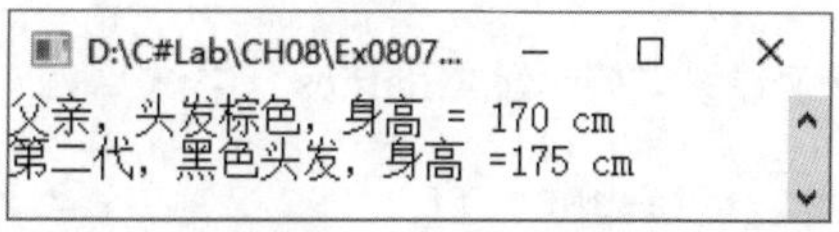

【程序说明】

图 8-14　执行结果

- 第 4、5 行：以 virtual 修饰词定义成虚拟成员方法 showMessage()，输出身高和发色的信息。
- 第 13~16 行：属性 Height、Hair 原是基类所声明的，此处使用 new 修饰词隐藏原来的值，配合存取器 get 读取新的身高、发色。
- 第 17、18 行：由于父类已将 showMessage() 方法以 virtual 修饰词声明，因而此处子类使用 override 修饰词来定义同名的方法，表示子类实例化的对象是调用自己的 showMessage() 方法，而不是父类的方法。
- 虽然父、子类实现的对象调用是同名的 ShowMessage() 方法，但是对象 Peter 调用的是自己所定义的方法，对象 Junior 调用的方法是一个经过扩充的方法。

结论：override 修饰词会 "扩充" 基类方法，而 new 修饰词 "隐藏" 了基类成员。

8.3.3　实现多态

在继承机制下，会使用修饰词 virtual、override 和 new，有时还会加上 base，使用表 8-2 做了一下整理，让大家更清楚它的使用时机。

表 8-2　使用不同的修饰词

	基　　类	派　生　类
virtual	override	调用子类的方法
		覆写父类的方法
	new	实现子类的方法
		隐藏父类的虚拟方法
	base	调用父类的成员

范例　项目 "Ex0808.csproj" 实现多态

01　新建控制台应用程序项目，添加三个类：基类 Staff、派生类 FullWork 和 Provisional（类图层级结构如图 8-15 所示）；ABCWorker.cs 则是 Main() 主程序所在的程序文件。

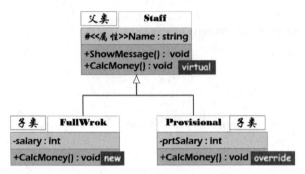

图 8-15　范例 Ex0808 的类图层级结构

02　在基类 "Staff.cs" 中编写如下程序代码。

```
01  class Staff
02  {
03    protected string Name { get; set; }//属性
04    public void ShowMessage()    //方法成员
05    {
06      Write("ABC 公司, ");
07      CalcMoney();
08    }
09    public virtual void CalcMoney() => WriteLine("薪水未知");
10  }
```

03　在派生类 "FullWorker.cs" 中编写如下程序代码。

```
11  class FullWork : Staff
12  {
13    private int salary; //字段-获取计算的月薪
14    protected string Name { get { return "Janet"; } }
15    public new void CalcMoney()
16    {
```

```
17        int dayMoney = 1_500;
18        salary = dayMoney * 25;
19        WriteLine($"{Name} 正式员工，薪水 {salary:C0}");
20    }
21  }
```

04 在派生类"Provisional.cs"编写如下程序代码。

```
31  class Provisional : Staff
32  {
33    //省略部分程序代码
34    public override void CalcMoney()
35    {
36      int hourMoney = 220;
37      prtSalary = hourMoney * 5 * 20;
38      WriteLine($"{Name} 兼职员工，薪水 {prtSalary:C0}");
39    }
40  }
```

05 在 Main()主程序区块中编写如下程序代码。

```
41  static void Main(string[] args)
42  {
43    string line = new string('-', 40);
44    WriteLine("第一种方法: ");
45    ZctWorker.NonDisplay();
46    WriteLine(line);
47    //省略部分程序代码
48  }
49  public static void NonDisplay()
50  {
51    Staff Peter = new Staff();
52    Peter.ShowMessage();
53    FullWork fullWorker = new FullWork();
54    fullWorker.ShowMessage();
55    Provisional partWork = new Provisional();
56    partWork.ShowMessage(); //使用覆写，算出时薪
57  }
58  public static void ThreeDisplay()
59  {
60    Staff Peter = new FullWork();
61    Staff fullWorkder = new Provisional();
62    Peter.CalcMoney();       //调用父类的方法
63    fullWorkder.CalcMoney(); //调用子类的方法
64  }
```

【生成可执行程序再执行】

按 F5 键，程序执行的结果如图 8-16 所示。

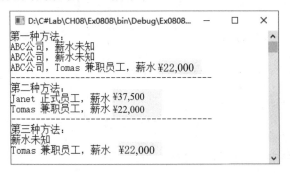

图 8-16　执行结果

【程序说明】

- 第 4~8 行：定义方法成员 ShowMessage()，输出公司名称。
- 第 9、10 行：定义虚拟方法 CalcMoney()，无返回值，用来计算员工薪资。
- 第 14 行：只读属性 Name 以存取器 get 来获取名字 Janet。
- 第 15~20 行：来自父类的成员 CalcMoney()方法，以修饰词 new 来隐藏父类所声明的虚拟方法，再以自己定义的方法计算正式员工薪资。
- 第 34~39 行：以修饰词 override 覆写继承的虚拟方法 CalcMoney()，实现其内容来计算兼职员工的时薪。
- 第 49~57 行：定义第一个静态方法—— NonDisplay()，分别实现各类的对象，都调用了父类的虚拟方法 ShowMessage()。
- 第 51、52 行：Staff 类的 Peter 对象，因为调用了本身的虚拟方法，所以输出信息 "ZCT 公司，薪水未知"。
- 第 53、54 行：FullWork 类的 fullWorker 对象调用了父类 ShowMessage()方法，由它来调用 CalcMoney()时，因为本身所定义的 CalcMoney()方法加了 new 修饰词而不是覆写声明，所以输出与父类相同的信息 "ABC 公司，薪水未知"。
- 第 55、56 行：Provisional 类的 partWork 对象虽然也调用了 ShowMessage()方法，进而调用 CalcMoney()，但是由于加了 override 修饰词声明为覆写，因此执行本身的方法计算兼职员工的时薪。
- 第 58~64 行：定义第三个静态方法 ThreeDisplay()。因为实例化对象时以父类为类，以子类为其值的类型，所以 Peter 对象调用了父类的虚拟方法，不进行薪资计算，而 fullWorker 对象则是调用了覆写的 CalcMoney()方法，算出兼职员工的时薪所得。

8.4 接口和抽象类

抽象化（Abstraction）的作用是为了让描述的对象具体化、简单化。编写面向对象程序时抽象化是一个很重要的步骤，将细节隐藏，保留使用的接口。为了让程序更具可读性，Visual

C#可以使用 abstract 关键字将类或方法进行抽象化。由于 C# 不支持多重继承，因此通过接口为类定义不同的行为。

8.4.1 定义抽象类

一般来说，定义抽象类是以基类为通用定义，提供给多个派生类共享。也就是声明为抽象类的基类无法实例化对象，必须由继承的派生类来实现。此外，也可以根据实际需求在抽象类中定义抽象方法，相关语法如下：

```
abstract class 类名称{
   //定义抽象成员
   public abstract 数据类型 属性名称 {get; set;}
   public abstract 返回值类型 方法名称1(参数列表);
   public 返回值类型 方法名称2(参数列表) {...}
}
```

- 定义抽象类时不能使用 private、protected 或 protected internal 访问权限修饰词，也不能使用 new 运算符来实例化对象，static 或 sealed 这些关键字也无法使用。
- 抽象类中可同时定义一般的成员方法和抽象方法。
- 抽象方法无任何实现，方法后的括号会紧接着一个分号，而不像一般方法的括号后紧随着的是程序区块。
- 声明抽象属性时必须指出属性中要使用哪一个存取器，但不能实现它们。
- 继承抽象类的子类必须配合 override 关键字来实现抽象方法，抽象类的实现方法可以被覆写。

范例 项目 "Ex0809.csproj" 定义抽象类

➡ **01** 新建控制台应用程序项目，添加 4 个类：基类 Staff、派生类 Worker、Provisional 和 Team；ABCWorker.cs 则是 Main()主程序所在的程序文件。

➡ **02** 在基类 "Staff.cs" 中编写如下程序代码。

```
01  abstract class Staff
02  {
03    private string name;            //私有名字字段
04    public Staff(string staffName)  //构造函数
05      { Name = staffName; }
06    protected string Name
07    {
08      get { return name; }
09      set { name = value; }
10    }
11    public abstract int Salary { get; }
12    public abstract void ShowMessage();
13  }
```

03 在派生类 "Worker.cs" 中编写如下程序代码。

```
21  class Worker : Staff
22  {
23    private int daymoney;   //属性 daymoney 日薪
24    private int dayworks;   //dayworks 工作天数
25    public Worker(string name, int daymoney,
26        int dayworks) : base(name)
27    {
28      this.daymoney = daymoney;
29      this.dayworks = dayworks;
30    }
31    public override int Salary
32      { get { return daymoney * dayworks; } }
33    public override void ShowMessage() =>
34      Console.WriteLine($"{Name} 是正式员工, " +
35      $"薪水 {daymoney * dayworks:C0}");
36  }
```

04 在 Main()主程序区块中编写如下程序代码。因为本书篇幅的原因，此处省略派生类 Provisional、Team 的程序代码（可直接参考下载范例项目中的完整程序代码）。

```
41  Staff[] staffs = {
42    new Team("Annabelle", 35_000, 1_800),
43    new Worker("Janet", 1_500, 25),
44    new Provisional("Tomas", 242, 5, 18)
45  };
46  System.Console.WriteLine("**  列出员工薪资  **");
47  foreach (Staff sf in staffs)
48    sf.ShowMessage();
```

【生成可执行程序再执行】

按 F5 键，程序执行的结果如图 8-17 所示。

图 8-17　执行结果

【程序说明】

+ 第 6~10 行：属性 Name，获取构造函数的参数值。
+ 第 11 行：定义抽象属性 Salary，因为只有存取器 get，所以是只读属性。
+ 第 12 行：定义抽象方法 showMessage()，不能加程序区块用的大括号。

- 第 25~30 行：加入构造函数。以 base()方法获取父类的属性 Name，再使用 this 关键字
  获取传入的参数值。
- 第 31、35 行：以 override 修饰词覆写父类所定义的抽象属性 Salary。由于它是一个只
  读属性，因此 return 语句获取构造函数传入的参数值，计算日薪 × 工作天后，返回每
  月薪资。
- 第 33~35 行：以 override 修饰词覆写父类所定义的抽象方法 showMessage()，输出正式
  员工的名字和薪水。
- 第 41、45 行：以数组初始化要声明的对象，所以大括号内是已定义的子类，再根据所
  定义的构造函数，配合 new 运算符进行初始化。
- 第 47、48 行：以 foreach 循环读取数组元素（初始化的对象），并调用 showMessage()
  来输出相关信息。

8.4.2　认识密封类

密封类（Sealed Class）的意义就是不能被继承，简单地说，就是无法产生派生类，又称
为"最终类"（Final Class）。通常密封类不能当作基类使用，从程序实现的观点来看，能提
高运行时（Runtime）的性能。此外，密封类也不能把它声明为抽象类。这是为什么呢？因为
抽象类要有继承它的派生类并实现抽象方法。如何定义一个密封类呢？使用下述例子来说明。

```
sealed class Person : Provisional    //密封类
{
  public sealed override void showMessage() {//密封方法
    //程序区块
  }
}
```

```
class partPrn : Person    //密封类无法被继承，会显示错误
{
  //程序区块
}
```

- 声明密封类要使用 sealed 关键字，必须放在 class 前或访问权限修饰词后。
- 如果要声明为密封方法，须加在访问权限修饰词后，返回数据类型前。

当密封类 School 被派生类 Subject 继承时，编译器会显示如图 8-18 所示的错误信息。

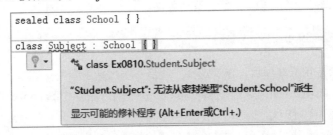

图 8-18　密封类被继承时产生的错误信息

8.4.3 接口的声明

为了提高程序的重复使用率，基类的层次越高，"泛化"（Generalization）的作用也越高。这说明创建类时，能将共同功能定义在"抽象类"（Abstract Class）中，以派生类重新定义某一部分方法，创建实例化对象。另一种情况就是以接口定义共享功能，再以类实现接口所定义的功能。如果类提供了对象实现的蓝图，那么接口（Interface）可视为一种模板，两者异同之处可参考表 8-3。

表 8-3　抽象类和接口的异同

比　　较	抽　象　类	接　　口
功能	建立共享功能	建立共享功能
语法	不完整语法	不完整语法
实现	继承的派生类才能实现	实现接口（Implementation）
时机	具有继承关系的类	不同的类

接口包含方法、属性、事件和索引器，或者这 4 个成员类型的任意组合。但是接口不能有常数、字段、运算符、构造函数和析构函数，所以接口不能有任何访问权限修饰词，它的成员是自动设置为公有的，无法设立静态成员。

当我们打开 Word 软件时，会一个空白文件，是一个已经规划好的模板，输入文字，设置好段落格式，再存盘就是一份文件，这份文件的样式就继承了模板。接口也是运用相同的道理，只不过我们不是在文件上"涂鸦"，而是进一步来定义模板。接口的语法如下：

```
interface 接口名称 {
    数据类型 属性名称 {get; set;}//属性采用自动实现
    返回值类型 方法名称(参数列表);//定义方法原型，无程序区块
}
```

- 定义接口要使用关键字 interface。
- 接口名称也须遵守识别名称的规范，习惯以英语字母 I 来代表接口的第一个字母。
- 因为接口内只定义属性、方法和事件，不提供实现，也不能有字段，所以它不能实例化，更不会使用 new 运算符。
- 子类只能有一个父类，但多个接口可由一个类来实现。
- 实现接口的类或结构必须提供给所有成员。接口不提供继承，当基类实现某个接口时，派生下的类也能实现其继承基类。
- 如同抽象基类，继承接口的类或结构都必须实现它所有成员。

范例 项目"Ex0810.csproj"定义接口

STEP01 新建控制台应用程序项目，依次选择"项目→添加新项"菜单选项。

STEP02 进入"添加新项"对话框，①选择"接口"；②输入名称"ISchool.cs"；③单击"添加"按钮，如图 8-19 所示。

STEP03 添加"Ischool.cs"文件之后，进入程序代码编辑器并建立接口 ISchool 程序区块，如图 8-20 所示。

图 8-19　"添加新项"对话框

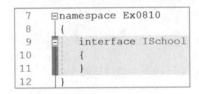

图 8-20　建立接口 ISchool 程序区块

04 编写 interface ISchool 的程序代码。

```
01  interface ISchool
02  {
03      //统计学生人数，显示信息
04      int Subject { get; set; }
05      void ShowMessage();
06  }
```

8.4.4　如何实现接口

接口当然要实现才能产生作用。接口实现（Implementation）的目的就是把接口内已定义的属性和方法通过实现的类来完成，先来看看它的语法。

```
class 类名称 : 接口名称 {
    private 数据类型 字段名;
    public 数据类型 属性名称 {        //定义于接口的属性
        get { return 字段名; }
        set { 字段名 = value; }
    }
    数据类型 方法名称(参数列表);
    //其他程序代码
}
```

- 类名称后同样要以 ":" (冒号字符) 指定实现的接口名称。
- 接口中定义的属性和方法须由指定的类来实现。

范例 项目 "Ex0810.csproj" 实现接口（续）

01 延续范例项目 "Ex0810"，依次选择 "项目→添加类" 菜单选项，设置类命名为 "Student.cs"，编写如下程序代码。

```
01   class Student : ISchool //实现接口
02   {
03      private int subject; //字段
04      public int Subject     //实现接口的属性
05      {
06         get { return subject; }
07         set { subject = value; }
08      }
09      public Student(int subj) //构造函数，传入学分
10         { Subject = subj; }
11      public void ShowMessage()//实现接口的方法
12      {
13         int account = 1_470;
14         int total = Subject * account;//计算学分学费
15         Console.WriteLine($"! 学分学费共{total:C0}");
16      }
17   }
```

02 在 Main() 主程序区块中编写如下程序代码。

```
21   Write("请输入名字：");
22   string name = ReadLine();
23   Write("请输入学分：");
24   int total = int.Parse(ReadLine());
25   Student first = new Student(total);
26   Write($"Hi! {name}");
27   first.ShowMessage();
```

【生成可执行程序再执行】

按 F5 键，程序执行的结果如图 8-21 所示。

图 8-21　执行结果

【程序说明】

- 实现接口 ISchool，包含定义的属性和方法，由构造函数传入参数值（学分）再计算学分学费。
- 第 4~8 行：实现接口定义的属性，获取构造函数传入的参数值，存取器 set 的 value 赋值给 subject 字段，再由存取器 get 的 return 语句返回。
- 第 9、10 行：含有参数的构造函数。获取学分后，初始化 Subject 属性值。
- 第 11~16 行：实现接口定义的方法 showMessage()，计算学分学费并输出其信息。
- Main()主程序：获取输入的名称和学分数，指定变量存储后，再将 Student 类实例化，创建 first 对象并传入参数值，调用 showMessage()方法。

8.4.5　实现多个接口

定义多个接口之后，也能通过单个类来实现。如何实现呢？使用下述语法。

```
interface Ione { . . . } //定义接口 Ione
interface Itwo { . . . } //定义接口 Itwo
//表示类 three 实现接口 Ione, Itwo
class three : Ione , Itwo { . . . }
```

- 类 three 实现接口 Ione 和 Itwo 时必须以 ","（逗号）来隔开。
- 类 three 必须实现这两个接口的所有成员。

范 例　项目 "Ex0811.csproj" 类实现多个接口

01 新建控制台应用程序项目，添加两个文件：接口 ISchool 和实现类 Student；Subjects.cs 则是 Main()主程序所在的程序文件。

02 在接口 "ISchool.cs.cs" 中编写如下程序代码。

```
01 interface ISchool   //接口一
02 {
03    int Subject { get; set; }
04    void ShowMessage();
05 }
06 interface IGrade    //接口二
07 {
08    int Status { get; set; }//学生身份
09 }
```

03 在类 "Student.cs" 中编写如下程序代码（Main()主程序中的程序代码请直接参考下载的完整范例项目）。

```
11  class Student : ISchool, IGrade //实现接口 ISchool, IGrade
12  {
13     private int subject;//字段 1-存放选修分数
```

```
14      private int status; //字段2-学生身份
15      public int Subject  //实现接口ISchool属性
16      {
17        get { return subject; }
18        set { subject = value; }
19      }
20      public int Status  //实现接口IGrade属性
21      {
22        get { return status; }
23        set { status = value; }
24      }
25      public Student(int identity, int course)
26      {
27        Subject = course;
28        Status = identity;
29      }
30      //省略部分程序代码
31      }
```

【生成可执行程序再执行】

按 F5 键，程序执行的结果如图 8-22 所示。

图 8-22　执行结果

【程序说明】

+ 第 1~5 行：第一个接口 ISchool，属性 Subject 用来存放学分，方法 showMessage()输出信息。

+ 第 6~9 行：第二个接口 IGrade，属性 Status 辨明学生身份。

+ 类 Student 实现 ISchool 和 IGrade 接口，使用构造函数传入 identity、course 参数值，并初始化属性 Subject 和 Status，再以 showMessage()方法输出信息。

+ 第 15~19 行：实现 ISchool 接口所定义的属性，存取器 set 将 value 获取的值赋给字段 subject 存储，再以存取器 get 的 return 语句返回其值。

+ 第 20~24 行：实现 IGrade 接口所定义的属性 Status，同样由构造函数传入识别学生身份的 status 值，再由 return 语句返回结果。

+ 第 25~29 行：构造函数传入两个参数值，再赋值给属性 Subject 和 Status。

8.4.6　接口实现多态

接口除了实现类，还可以使用接口所定义的架构来实现多态。下述范例中定义了一个

IShape 接口，同时定义了 Area 属性，通过它来实现圆形、梯形和矩形，并计算出它们的面积，可参考图 8-23 来了解一下。

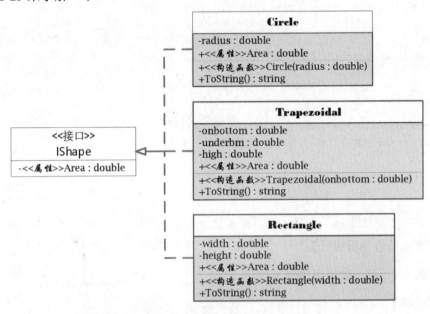

图 8-23　以接口实现多态

范 例　项目"Ex0812.csproj"以接口实现多态

01 新建控制台应用程序项目，添加 4 个文件：接口 IShape、实现类 Circle、Trapezoidal 和 Rectangle；DemoShape.cs 则是 Main()主程序所在的程序文件。

02 在接口"ISchool.cs"编写如下程序代码。

```
01  interface IShape    //定义接口
02  {
03      double Area { get; }    //只读属性——存储计算面积
04  }
```

03 在类"Circle.cs"编写如下程序代码（其他形状的程序代码请直接参考下载的完整范例项目）。

```
11  class Circle : IShape
12  {
13      private double radius; //圆半径
14      public Circle(double radius)
15      {
16          this.radius = radius;
17      }
18      public double Area
19      {
20          get { return Math.Pow(radius, 2) * Math.PI; }
```

```
21    }
22    public override string ToString() =>
23       "圆面积: " + string.Format($"{Area:F3}");
24  }
```

04 在 Main()主程序区块中编写如下程序代码。

```
31  IShape[] molds = { //数组初始化实现的各个类对象
32    new Circle(15.8),//圆
33    new Trapezoidal(15.0, 17.0, 11.0), //梯形
34    new Rectangle(14.0, 15.0) //矩形
35  };
36  WriteLine("求出各种面积");
37  foreach (IShape item in molds)
38    WriteLine(item);
```

【生成可执行程序再执行】

按 F5 键，程序执行的结果如图 8-24 所示。

【程序说明】

图 8-24　执行结果

- 定义接口 IShape，它有只读属性 Area（没有存取器 set），用来存储面积的计算结果，不同形状的面积会有不同的计算方法。

- Circle（圆）实现接口 IShape，使用构造函数获取参数值来初始化只读属性 Area，由存取器 get 中的 return 语句返回计算结果，再由覆写方法 ToString()输出结果。

- 第 14~17 行：构造函数传入参数值（半径）。

- 第 18~21 行：实现接口 IShape 只读属性 Area，由构造函数获取参数值，再以存取器 get 的 return 语句返回圆面积，这里使用 Math 类的 PI 属性和 Pow()方法进行计算。

- 第 22、23 行：override（覆写）ToString()方法，显示计算后的结果。

- 第 31~35 行：在 Main()主程序中，将 IShape 接口数组初始化实现的各个类对象，并设置参数值。

- 第 37、38 行：foreach 循环 IShape 接口实现的各个类，ToString()方法输出信息。

8.5 ▷ 重点整理

- 两个类建立了继承关系，表示子类会拥有基类的属性和方法，所以它会有 is_a（是什么）和 has_a（组合）关系。

- 继承名词："基类"（Base Class）也称为超类（Super class，或称为父类），是一个被继承的类；"派生类"（Derived Class）也称为次类（Sub class，或子类），是一个继承他人的类。

- 在继承关系中，派生类只有一个基类，称为"单一继承"；有两个以上的父类就称为"多重继承"（Multiple Inheritance）；C# 采用单一继承机制。
- 当基类成员以访问权限修饰词 protected 声明存取范围时，那么只有继承的派生类才能存取这种成员。this 关键字可引用到对象本身所属类的成员，但属于静态类的字段、属性或方法是无法使用 this 关键字的。
- 基类或派生类都有自己的构造函数，用来初始化该类的对象，它主宰着对象的生与死，无法被继承。想要使用基类的构造函数，必须使用 base 关键字。
- 将基类原有方法扩充要注意的事项：①基类方法必须定义为 virtual；②派生类的方法要加上 new 关键字，此方法定义的内容与基类的方法无关；③派生类方法加上 override 关键字，表示它会调用自己的方法，而不是基类的方法。
- C# 编写多态可参考下列三点：①子类的新成员使用 new 修饰词来隐藏父类成员；②父、子类调用名称相同但参数不同的方法，由编译程序调用适当的方法；③建立一个通用的父类，定义虚拟方法，再由子类进行覆写。
- 定义抽象类是以基类为通用定义，提供给多个派生类共享。当基类声明为抽象类时，必须由继承的派生类来实现其对象。
- 密封类（Sealed Class）又称为"最终类"（Final Class），表示它不能被继承，简单地说就是无法产生派生类。
- 定义接口要使用关键字 interface，只定义属性、方法和事件，不实现和使用 new 运算符，更不能有字段。

8.6 课后习题

一、填空题

1._____表示它是一个被继承的类；_____表示它是一个继承其他类的类；C#采用_____机制。

2. 从面向对象程序设计的观点来看，在类的层级结构下，层级越低的派生类，_____的作用就会越强；同样地，基类的层级越高，表示_____的作用也越高。

3. 在继承机制下，子类在哪两种情况下使用关键字 base？①_____；②_____。

4. 访问权限修饰词为_____只有继承的派生类才能拥有父类的成员，但无法继承父类的_____；关键字_____只会引用到某类的对象和其成员。

5. 请根据下列简短的程序代码填入：①关键字_____调用父类的成员。

```
class Father    //父类
{
    public void Display() {}
}
class Son : Father   //子类
{
```

```
    ①.Display();
  }
```

6. 要获取今天的日期，以 DateTime 结构的属性_____获取；将 DateTime 对象转换为字符串要调用_____方法。

7. 请根据下列简短程序代码填入：Person 是_____类，而 Human 是_____类；①_____、②_____、③_____。

```
class Human {
  public Human(string HumanName){
      //构造函数程序区块;
    }
}
class Person : ①{
  public ②(string personName) : base(③) {
      //构造函数程序区块
    }
}
```

8. 派生类想要使用自己所定义的方法，使用_____关键字来隐藏父类的成员，以_____关键字来覆盖父类的成员。

9. 请根据下列简短程序代码填入：方法 Display 在父类是①_____；在子类做②_____；virtual 和 override 要有_____存取范围。

```
class Father      //父类
{
    public virtual void Display() {}//①
}
class Son : Father    //子类
{
    public override void Display() {}//②
}
```

10. 定义一个抽象类，填入下列语句部分程序代码。①_____、②_____、③_____、④_____。

```
① class Person {    //抽象类
    //配合存取器将 Title 定义成只读属性
    public abstract int Salary { ②; }
    //定义抽象方法 Display
    public ③ void ④;
```

11. 定义抽象类不能使用①_____；②不能使用_____运算符实例化对象；③关键字_____或_____也无法使用。

12. 请根据下列简短程序代码填入：ISchool 是＿＿＿＿＿＿＿＿，而 Subject 是＿＿＿＿＿＿采用＿＿＿＿＿＿＿＿，showMessage()是＿＿＿＿＿＿＿＿。

```
interface ISchool
{
   int Subject {get; set;}
   void showMessage();
}
```

二、问答题与实践题

1. 请说明在继承机制下，什么是 is_a？什么是 has_a？请以 UML 做简易说明。

2. 参考范例项目"Ex0801"，如果 Main()主程序中声明的对象如下所述，那么子类 Education 的构造函数要如何编写？可以配合 this 修饰词。

```
01   static void Main(string[] args)
02   {
03      //基类的对象
04      School ScienceEngineer = new School();
05      //派生类的对象
06      Education choiceStu = new
07         Education("英文写作", 1208, "Jeffrey");
08      . . .
09   }
```

3. 请实现下列程序代码。当加班在 2 小时之内，"加班费 = 薪资/30/2*1.25"；3 小时之内，"加班费 = 薪资/30/2*1.3"，以这两个条件来覆写 CalcOverWork()方法。

```
class Person
{
   protected int workhr {get; set;}
   protected string name {get; set;}
   //定义虚拟方法
   public virtual void CalcOverWork()
   {
      Console.WriteLine("没有加班费");
   }
}
```

第 9 章

泛型、集合和异常处理

章 | 节 | 重 | 点

- 介绍命名空间 System.Collections.Generic 的泛型和集合。
- 泛型（Generics）类具有重复使用性、类型安全和高效率的优点。
- 使用集合时能顺序访问其元素，也可以进行“索引键（Key）/值（Value）”配对。
- 把方法当作参数进行传递，Visual C# 6.0 之后将 Lambda 表达式纳为成员。
- 使用 try/catch 语句捕捉错误，try/catch/finally 在发生异常的情况下，也可以让程序继续执行。

9.1 泛型

随着程序设计语言的发展，.NET Framework 为了提高数据的安全性，由非泛型集合走向泛型集合。本章后续的讨论会以泛型集合为主，也会让非泛型的 ArrayList 随之亮相。除此之外，将方法当作参数来传递的委托（Delegate），正式成为 Visual C# 6.0 的成员 Lambda 表达式吧。

9.1.1 认识泛型与非泛型

泛型（Generic）是 .NET Framework 2.0 引入的类型参数（Type Parameter）。有了类型参数，即使无法得知用户会填入哪一种类型，运用泛型，无论是整数、浮点数还是字符串都能"手到擒来"。那么 Visual C# 何时才把泛型"收纳囊中"呢？是在 Visual Studio 2005 才有了初次接触，由 .NET Framework 类库的 System.Collections.Generic 命名空间支持泛型。它定义了泛型集合的接口和类，使用强化类型，提供比非泛型更好的类型安全和性能。因此，根据其版本的发展，泛型分为两大类：

- 非泛型集合: 存放于 System.Collections 命名空间，以集合类为主，包括 ArrayList、Stack、Queue、Hashtable、SortedList。
- 泛型集合: 以 System.Collections.Generic 命名空间为主。

➲ 泛型相关名词

什么是泛型？"泛"有广泛之意，"泛型"是不是意味着有广泛的类型可使用呢？在认识泛型之前，先来认识一下与泛型相关的名词：

- 泛型类型定义（Generic Type Definition）：声明泛型时以类、结构或接口为模板。
- 泛型类型参数（Generic Type Parameter）：简称"类型参数"，定义泛型时所开放的数据类型，它属于变动的数据。
- 构造的泛型类型（Constructed Generic Type）或称"构造的类型"：是定义泛型所制定的模板，无法实例化泛型对象。
- 条件约束（Constraint）：对泛型类型参数的限制。

下面通过图 9-1 来认识所定义的泛型。

9.1.2 为什么使用泛型

此处只是概念性介绍泛型。由于泛型主题应用广泛，也可以通过 .NET Framework 类库来认识它。下面先认识两种泛型：

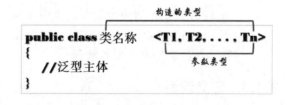

图 9-1　以泛型为模板

- 泛型类型（Generic Type）：包括类（Class）、结构（Structure）、接口（Interface）与方法（Method），能指定类型用于数据处理。
- 泛型方法（Generic Method）：定义其方法作为类型的替代。

或许大家会很奇怪，为什么要使用泛型（Generics）呢？它具有重复使用性、类型安全和高效率的优点，能发挥出非泛型的类型和方法所无法提供的功能。泛型集合类能针对所存储的对象类型，使用类型参数作为占位符，将相关数据聚合为集合对象。在尚未弄清楚泛型用途之前，先来看看下面的例子。

范例 项目"Ex0901.csproj"读取不同类型的数组

新建控制台应用程序项目，在 Main()主程序中编写如下程序代码。

```
01  static void Main(string[] args)
02  {
03    ushort[] one = { 11, 12, 13, 14, 15 };
04    string[] two = { "Eric", "Andy", "John" };
05    //静态方法读取数组
06    ShowMessage1(one);
07    ShowMessage2(two);
08  }
```

定义静态方法读取数组。

```
11  private static void ShowMessage1(ushort[] arrData)
12  {
13    foreach (ushort item in arrData)
14      Write($"{item, -6}");
15    WriteLine();
16  }
17  private static void ShowMessage2(string[] arrData)
18  {
19    foreach (string item in arrData)
20      Write($"{item, -6}", item);
21    WriteLine();
22  }
```

【程序说明】

- 第 3、4 行：声明两个数组，类型不同，长度也不一样。
- 第 11~16、17~22 行：方法 ShowMessage1()和 ShowMessage2()，分别以 foreach 循环读取整数、字符串类型的数组。

9.1.3　定义泛型

前面的范例如果有更多不同类型的数组要处理的话，是不是要编写更多的程序代码呢？当然可以这样做，但可能有点费力不讨好。泛型（Generics）的功能就是用来减化重复的程序；如此一来，既不用为不同的参数类型编写相同的程序代码，同时又提高了数据类型的安全性，让不同的类型做相同的事，让对象彼此共享方法成员。双重效果合一之后，更能提高程序的效率。如何定义泛型类呢？语法如下：

```
class 泛型名称 <类型变量列表> {
    //程序区块
}
```

- 定义泛型以 class 开头，紧跟着是泛型名称，它其实就是泛型的"类名称"。
- 尖括号之内放入类型参数（Type Parameter）列表，每个参数代表一个数据类型名称，以大写字母 T 来表示，参数间以逗号隔开。

如同盖房子一样，必须要有蓝图来确定房子的样式，才能一步步地施工。下面先定义一个简单的泛型类。

```
class Student<T> {}
```

创建了一个泛型类 Student，只有一个类型参数以 T 表示。若有两个参数类型，则参考第 9.1.4 小节使用的类 Dictionary<TKey, TValue>。定义了泛型类之后，当然要使用 new 运算符创建不同数据类型的实例对象，语法如下：

```
泛型类名称<数据类型> 对象名称 = new 泛型类名称<数据类型>();
```

使用泛型创建对象时，必须明确指定类型参数的数据类型。例如：

```
Student<string> persons = new Student<string>();
```

范例 项目 "Ex0902.csproj" 创建泛型类

新建控制台应用程序项目，在文件 "Student.cs" 编写如下程序代码。

```
01  class Student<T>
02  {
03    private int index;//数组下标值
04    private T[] multi_group = new T[5]; //存储 6 个元素
05    public void StoreArray(T arrData)
06    {
07      if (index < multi_group.Length)
08      {
09        multi_group[index] = arrData;
10        index++;
11      }
12    }
13    public void ShowMessage()
14    {
15      foreach (T item in multi_group)
```

```
16          {
17              Write($"{item, -6} ");
18          }
19          WriteLine();
20      }
21  }
```

在 Main()主程序区块中编写如下程序代码。

```
31  Student<string> persons = new Student<string>();
32  persons.StoreArray("Tomas");
33  persons.StoreArray("John");
34  //省略部分程序代码
35  Student<int> Score = new Student<int>();
36  Score.StoreArray(78);
37  //省略部分程序代码
```

【生成可执行程序再执行】

按 F5 键，程序执行的结果如图 9-2 所示。

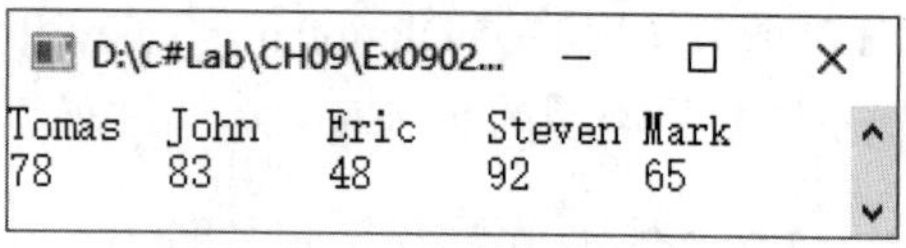

【程序说明】

◆ 第 4 行：创建含有 T 类型参数的数组，可以存放 5 个元素。

```
D:\C#Lab\CH09\Ex0902...  —  □  ×
Tomas   John    Eric    Steven Mark
78      83      48      92     65
```

图 9-2　执行结果

◆ 第 5~12 行：方法 StoreArray()使用 T 类型参数接收不同类型的数组元素，使用 if 语句以 index 来进行判断，将读取的元素放入数组中。

◆ 第 13~20 行：ShowMessage()方法以 foreach 循环来输出数组元素。

◆ 第 31、35 行：以泛型创建两个对象，类型参数<string>、<int>分别表示以字符串、整数为其数据类型，调用 StoreArray()方法来传入名称和分数。

由上面的范例项目可知，泛型类 Student<T>提供的是模板。实现对象时，必须通过类型参数来指定其数据类型让编译器可以辨认。从泛型到泛型类，可以归纳为如图 9-3 所示的方法：①构思泛型；②定义泛型模板；③实现泛型对象。

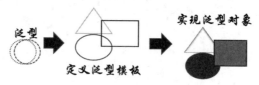

图 9-3　从泛型到泛型对象

9.1.4　泛型方法

泛型的第二种用法就是使用类型参数(Type Parameter)的"泛型方法"(Generic Methods)。定义泛型之后要进一步定义公有的方法成员，可将类型参数视为声明泛型类型的参数，语法如下：

```
public void 方法名称<T>(T 参数名称){
    //泛型方法主体
}
```

◆ 方法名称后面要用尖括号标示<T>，并且参数名称也要加上关键字"T"来表示它是一个类型参数。

所以范例项目"Ex0902"的 ShowMessage()方法可以使用泛型方法改进如下。

范例 项目"Ex0902Md.csproj"

```
private static void ShowMessage<T>(T[] arrData)
{
    foreach (T item in arrData)
        Write($"{item, -6} ");
    WriteLine();
}
```

◆ ShowMessage()方法之后加入<T>（尖括号），使用类型参数 T 取代原有的 int 或 string 类型，更进一步来说，它可以代表任何的数据类型。

◆ foreach 循环读取数组元素时，原来的"int/string"类型就被 T 取代了。当 arrData 接收的是 int 类型，foreach 循环就读取整数类型；当 arrData 数组接收了 string，就以字符串来处理。

如此一来，不管有多少不同类型的数组，使用泛型的写法可以大大改善原有的问题，这也是泛型的魅力所在。

⊃ 条件约束

定义泛型方法时可加上"条件约束"（Constraint），让它对类型参数的使用有所制约。通常这个条件约束与命名空间 System.Collections.Generic 的 IComparer<T>泛型接口有关，必须以它来实现比较两个对象的方法。而比较两个对象时会调用 CompareTo 方法(T)来处理，其语法如下：

```
int CompareTo(T other);
```

◆ other: 与实例进行比较的对象。

参数 other 会将当前的实例与相同类型的另一个对象进行比较，然后以整数返回，以此整数来表示当前实例的排序。有以下三种情况：

■ 小于零: 表示实例的排序在 other 之前。
■ 零: 实例的排序和 other 相同位置。
■ 大于零: 表示实例的排序在 other 之后。

范例 项目"Ex0903.csproj"泛型方法加入条件约束

新建控制台应用程序项目,在泛型方法加入条件约束的程序代码。

```
01  private static T CheckData<T>(T one, T two, T three)
02      where T : IComparable<T>
03  {
04    T max = one;//假定第一个参数是最大值
05    if (two.CompareTo(max) > 0)
06      max = two;
07    if (three.CompareTo(max) > 0)
08      max = three;
09    return max;
10  }
```

【生成可执行程序再执行】

按 F5 键,程序执行的结果如图 9-4 所示。

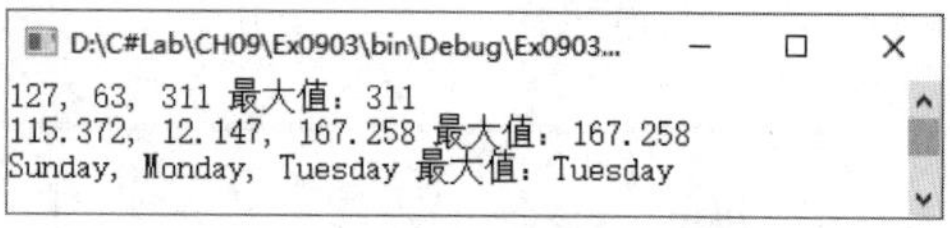

【程序说明】

```
D:\C#\Lab\CH09\Ex0903\bin\Debug\Ex0903...   —   □   ×
127, 63, 311 最大值: 311
115.372, 12.147, 167.258 最大值: 167.258
Sunday, Monday, Tuesday 最大值: Tuesday
```

图 9-4 执行结果

◆ 定义泛型方法,配合类型参数实现 IComparable<T>接口。

◆ 第 4 行:先假定第一个类型参数是最大值。

◆ 第 5~8 行:将第二个、第三个类型参数,使用 if 语句并调用 CompareTo()方法与第一个类型参数比较大小,如果比第一个类型参数大就是最大值。

9.2 ▶ 浅谈集合

"集合"(Collection)可视为对象容器,以特定方式将相关数据聚集为群组。我们在第 5章已经学习过数组,乍看之下,集合的结构和数组非常相似(可将数组视为集合的一种),如有下标,也能通过 For Each…Next 循环来读取集合中的各个表项。以泛型集合来说,它们都实现"System.Collections.Generic"命名空间的 IEnumerable<T>接口,作为"可查询类型"。根据非泛型和泛型的集合类型,参照表 9-1 进行对照。

表 9-1 常用集合的类和接口

非泛型类	泛型类	说明
ArrayList	List<T>	将数组进行动态调整
Hashtable	Dictionary<TKey, TValue>	成对键值组成的集合
CollectionBase	Collection<T>	集合基抽象类
Queue	Queue<T>	队列,先进先出
Stack	Stack<T>	堆栈,先进后出

9.2.1　System.Collections.Generic 命名空间

使用集合时以 System.Collections.Generic 命名空间提供的泛型集合类能得到较佳的性能。为了让索引和项目的处理更具弹性，其命名空间提供了集合类和接口，可参考表 9-2 的说明。

表 9-2　System.Collection.Generic 命名空间提供的泛型集合类和接口

泛型集合	说　　明
ICollection<T>接口	定义管理泛型集合的方法
IComparer<T>接口	实现两个对象比较的方法
IDictionary<TKey, TValue>接口	表示索引键/值组的泛型集合
IEnumerable<T>接口	公有指定类型集合的枚举值
IList<T>接口	各个由索引存取的对象集合
ICompare<T>类	提供基类执行的 IComparer<T>泛型接口
Dictionary<TKey, TValue>类	表示索引键/值的集合
LinkedList<T>类	代表双向链表
List<T>类	按照索引存取的强类型对象。提供查找、排序和管理列表的方法
SortedList<TKey, TValue>类	根据关联的 IComparer<T>实现，按索引键排序的索引键/值组集合

9.2.2　认识索引键/值

使用集合时，其集合项（或表项）会有变动；要存取这些集合时，必须通过"索引"（Index，或称为下标）来指定集合项。更好的方式是把将这些集合项存入集合，使用对象类型的索引键（Key）提取所对应的值（Value）。

"索引键（Key）/值（Value）"是配对的集合，值存入时可以指定对象类型的索引键，以便于使用索引键来提取对应的值。表 9-3 介绍泛型集合的 Dictionary<TKey, TValue>类，参照此表来了解"索引键/值"存取对象的方法。

表 9-3　Dictionary<TKey, TValue>成员

Dictionary 成员	说　　明
Compare	获取 IEqualityComparer<T>，判断字典索引键是否相等
Count	获取索引键/值组数量
Items[TKey]	获取或设置索引键相关联的值
Keys	获取表项的索引键
Values	获取表项的值
Add()方法	将指定的索引键和值加入字典
Clear()方法	删除所有索引键和值
ContainsKey[TKey]	判断是否包含特定索引键
ContainsValue[TValue]	判断是否包含特定值
GetEnumerator()	返回逐一查看的枚举值
Remove()方法	删除指定索引键的值
TryGetValue()	获取指定索引键所对应的值

使用 TryGetValue()方法时，是以键找值，其语法如下：

```
bool TryGetValue(TKey key, out TValue value)
```

- key：要获取的索引键。
- value：当调用这个方法时，如果找到索引键，就会返回索引键对应的值；以 out 关键字来表示参数时，会以未初始化状态进行传递。

foreach 循环读取 Dictionary 的索引键或值，再配合 KeyValuePair<TKey, TValue>结构执行读取操作。

```
foreach(KeyValuePair<string, int> item in dictionary)
{
    Console.Write($"{item.Key}  ");  //只会输出字典的 Key
}
```

⮚ SortedDictionary<TKey, TValue>

另一个与 Dictionary<TKey, TValue>类有关的就是 SortedDictionary<TKey, TValue>，它能根据索引键（Key）对索引键/值组的集合进行排序。它的构造函数语法如下：

```
public SortedDictionary<TKey, TValue>();
```
```
public SortedDictionary(
    IDictionary<TKey, TValue> dictionary);
```

- 产生空的 SortedDictionary。
- dictionary：把其他的 Dictionary<TKey, TValue>集合对象复制到新的 SortedDictionary<TKey, TValue>。

※ 提示 ※

SortedList<TKey, TValue>类

- 同样具有排序功能。比 SortedDictionary<TKey, TValue>占用更少的内存。
- 两者的使用方法很相似，如果是一个已基本排序的集合，那么 SortedList<TKey, TValue>类会提供更好的性能。

范例 项目"Ex0904.csproj"读取索引键/值

新建控制台应用程序项目，在 Main()主程序中编写如下程序代码。

```
01  static void Main(string[] args)
02  {
03    Dictionary<string, int> student =
04        new Dictionary<string, int>()
05    {
06      ["Peter"]  = 78,
```

```
07        ["Leonardo"] = 65,
08        ["Michelle"] = 47,
09        ["Noami"]   = 92,
10        ["Richard"] = 87
11     };
12     WriteLine($"{"名字", -8} {"分数", 3}");
13     foreach (var item in student)
14        WriteLine($"{item.Key, -10} {item.Value, 3}");
15     if (student.TryGetValue("Noami", out int value))
16        student.Remove("Noami");
17     WriteLine("尚有...");
18     foreach (KeyValuePair<string, int> item in student)
19        Write($"{item.Key}  ");
20     Write($"{student.Count}人\n");
21     //产生有序字典并复制原有字典，加入一个新的表项
22     SortedDictionary<string, int> sortedStud =
23        new SortedDictionary<string, int>(student)
24        { { "Joson", 82 } };
25     //省略部分程序代码
26  }
```

【生成可执行程序再执行】

按 F5 键，程序执行的结果如图 9-5 所示。

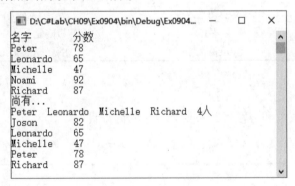

图 9-5　执行结果

【程序说明】

- 第 3~11 行：创建 Dictionary<TKey, TValue>集合对象 student 并初始化其内容。
- 第 13、14 行：foreach 循环配合属性 Key 和 Value 读取 Dictionary 的表项。
- 第 15、16 行：用 if 语句判断 TryGetValue()方法是否找到 Key "Noami"，若找到，则删除。
- 第 18、19 行：读取字典第二种方式。foreach 循环配合 KeyValuePair 结构只读取 Key，属性 Count 获取表项数。
- 第 22~24 行：创建 SortedDictionary<TKey, TValue>集合对象 sortedStud，并以构造函数

获取原有 Dictionary 的表项以初始化集合项目，添加一个表项到 sortedStud。

9.2.3 使用索引

数组经过初始化之后，索引是静态的，这意味着数组中的某一个元素并不能被删除，或因实际需求再插入其他元素。要改变此数组，只能将数组重新清空，或者重设数组大小。如果使用集合，CopyTo()方法就能把集合项复制到其他数组。不同的一点是，新数组一定是一维数组，索引从零开始，其元素顺序会根据枚举值进行排列。

要让数组进行动态调整，须借助索引存取其元素，可使用非泛型集合的 Array 或 ArrayList 类，以及支持泛型集合的 List<T>类。由于 Array 类已在第 6 章的数组介绍过，下面就了解一下 ArrayList 和 List<T>类。

- ArrayList 类：来自于 System.Collections 命名空间，可动态调整数组的大小，实现 IList 接口。
- List<T>类：来自 System.Collections.Generic 命名空间，可按照索引进行存取，提供查找、排序和管理列表的方法。

大家一定很好奇，ArrayList 与 Array 类有何差异？表 9-4 进行了简单的对比。

表 9-4　Array、ArrayList 类

	Array	ArrayList
数据类型	声明时要指定类型	任何对象
数组大小	调用 Resize()调整数组大小	自动调整
数组元素	不能动态改变	方法 Insert()添加，Remove()删除
数组维度	可以多维	只能是一维
命名空间	System	System.Collections

➱ ArrayList 成员

ArrayList 有哪些属性和方法？可参照表 9-5 的简单说明。

表 9-5　ArrayList 常用成员

ArrayList 成员	说　　明
Capacity	获取或设置 ArrayList 的容量（能包含的表项数）
Count	获取 ArrayList 实际的表项数
Item	指定索引或下标位置来获取或设置表项
Add(Object)	将对象加到 ArrayList 末尾
AddRange()	将 ICollection 表项加到 ArrayList 的末尾
Clear()	删除 ArrayList 所有表项
CopyTo()	将 ArrayList 对象复制到另一个兼容的一维数组
IndexOf()	查找指定表项，返回第一个匹配的元素
Sort()	将 ArrayList 的表项进行排序

（续表）

ArrayList 成员	说　明
Remove()	将匹配的第一个元素从 ArrayList 删除
Reverse()	反转 ArrayList 元素的顺序

属性中的容量（Capacity）和计数（Count）稍有不同。集合的容量会包含元素个数（即集合表项的个数），集合的计数是实际的元素个数。在某些情况下，容量达到上限时，大多数集合会自动扩大容量，ArrayList 类也具有此特性，它会重新分配内存，并将集合元素从旧集合复制到新集合。下面先来认识一下 ArrayList 类的构造函数。

```
public ArrayList(int capacity);
public ArrayList(ICollection c);
```

- 指定列表能存储的表项或元素个数。
- 从指定集合复制的表项作为初始容量。

使用 ArrayList 类的 Add()方法加入表项数据时，它的特色就是加入到末尾处，而且允许加入不同类型的表项。

```
ArrayList tomasList = new ArrayList();
tomasList.Add("Tomas");
tomasList.Add(25);
tomasList.Add(False);
ArrayList tomasData = new ArrayList{"Tomas", 25, False};
foreach(var item in tomasData)
    Console.Write($"{item}");
```

创建 ArrayList 集合对象（作为 List 对象这时称为列表更为合适，下文同理），再以 foreach 循环读取列表。

范例 项目 "Ex0905.csproj" 使用 ArrayList

新建控制台应用程序项目。

```
01 using System.Collections;
11 private static readonly string[] Subjects =
12    {"程序设计语言", "信息数学", "计算机概论", "多媒体", "网络概论"};
13 private static readonly string[] choiceSubject =
14    {"英文会话", "信息数学", "网络概论"};
```

在 Main()主程序中编写如下程序代码。

```
21 static void Main(string[] args)
22 {
23    ArrayList list = new ArrayList(1);
24    foreach (var item in Subjects)
```

```
25        list.Add(item);
26    ArrayList selectCourse=new ArrayList(choiceSubject);
27    WriteLine("科目: ");
28    Display(list);    //调用 Display()方法
29    removeSubject(list, selectCourse);
30    WriteLine("重新获取科目: ");
31    Display(list);
32  }
```

两个静态方法：输出数组元素和删除数组的元素。

```
41  private static void Display(ArrayList Courses)
42  {
43    foreach (var item in Courses)    //读取 ArrayList 的元素
44      Write($"{item} ");
45    WriteLine($"\n 科目 {Courses.Count}; " +
46      $"含选修 {Courses.Capacity}");
47    string word = "信息数学";
48    int index = Courses.IndexOf(word);
49    if (index != -1)
50      WriteLine(
51        $"选修有「{word}」，索引：{index}.");
52    else
53      WriteLine($"{word} 已被删除");
54  }
61  private static void removeSubject(ArrayList one,
62      ArrayList two)
63  {
64    for (int item = 0; item < two.Count; item++)
65      one.Remove(two[item]);
66  }
```

【生成可执行程序再执行】

按 F5 键，程序执行的结果如图 9-6 所示。

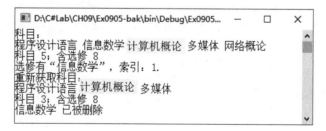

图 9-6　执行结果

【程序说明】

- 第 1 行：导入 "System. Collections" 命名空间后，才能使用 ArrayList 类。
- 第 11~14 行：在 Program 类的程序区块声明两个数组，使用 readonly 关键字来表示它们是常数，在运行期间无法更改。
- 第 23~25 行：创建第一个 ArrayList 对象 list，其 Capacity 为 1，在 foreach 循环中调用 Add()方法把 Subjects 数组中的元素加入 list。
- 第 26 行：创建第二个 ArrayList 对象 selectCourse，指定整个数组 choiceSubject 为初始容量。
- 第 41~54 行：定义静态方法 Display()，以 ArrayList 对象为参数，接收之后用 foreach 循环读取其中的表项并输出。
- 第 45、46 行：引用 ArrayList 的属性 Count 来获取当前的实际表项，Capacity 则带出容量。
- 第 48~53 行：调用 ArrayList 方法 IndexOf()，找出表项中是否有 "信息数学"，用 if/else 语句判断返回的索引值是否为 "-1"。
- 第 61~66 行：定义静态方法 removeSubject()，参数 1 为 ArrayList 对象 list，参数 2 为 ArrayList 对象 selectCourse，根据 selectCourse 表项来调用 Remove()方法删除 list 对象中的表项。

※ 提示 ※

关键字 readonly 与 const 不同

- 初始化方式不同：const 用于声明该字段时初始化。readonly 字段可以在声明或是构造函数中初始化。
- const 是编译时使用的常数，readonly 可在运行期间作为常数来使用。

⊃ List<T>类

当数组需要动态增加其大小时，第二种选择就是使用泛型集合中 List<T>类。它实现 IList<T>泛型接口，下面先来认识定义其相关语法。

```
public class List<T> : ICollection<T>, IEnumerable<T>,
  IList<T>, IReadOnlyList<T>, IReadOnlyCollection<T>, IList
```

- ReadOnlyCollection<T>表示一个只读集合、强类型表项。
- IReadOnlyList<T>表示可以按照索引存取其表项的只读列表。

创建 List<T>列表对象时可调用它的构造函数，语法如下：

```
List<T>();      //创建空的 List<T>类
List<T>(IEnumerable<T>);   // ①
List<T>(int 32); // ②
```

- ① 初始化 List<T>类的实例，可以从指定的集合复制其表项。
- ② List<T>以元素个数为其容量，创建时指定其容量大小，直到增加表项时，视其需要重新调整容量大小。

⮞ **集合初始化器**

如同初始化数组一样，创建 List<T>类对象时，可以使用列表初始化器，下面通过简单的例子来说明。

```
List<int> numbers = new List<int>()
    {25, 68, 112, 74, 87};
List<Student> students = new List<Student>{
    new Student { Name = "Mary", Score = 78.25 },
    new Student { Name = "Emily", Score = 85.47},
    new Student { Name = "Steven", Score = 93.8}};
```

◆ numbers 对象初始化时可以是简单的数值，必须配合所声明的类型参数<int>。
◆ 配合 new 运算符，表示 Student 类已创建，以它为类型参数，指定其名称和分数进行初始化。

一般来说，泛型集合采用"集合初始化器"时会实现 IEnumerable 的集合类或类的扩充方法 Add()，以指定一个或多个表项的初始化。表项初始化能以简单的值、表达式或配合 new 运算符进行对象的初始化。

⮞ **List<T>扩充方法**

IList<T>泛型接口是 ICollection<T>泛型接口的子接口，也是所有泛型列表的基类接口。无论是 List<T>类还是 IList<T>接口都会实现 ICollection<T>和 IEnumerable<T>泛型接口，它们都有扩充方法。表 9-6 列出了 List<T>类的一些扩充方法，这些扩充方法也可以用于相关的泛型集合。

表 9-6　List<T>泛型类的扩充方法

List<T>扩充方法	说　明
Average()	计算列表元素的平均值
Contains()	判断列表是否包含指定的表项
Count()	返回列表中表项的个数
GroupBy()	列表表项按选取器函数指定的键进行分组
Max()	找出泛型列表中的最大值
Min()	找出泛型列表中的最小值
Select()	将列表的每个元素规划成一个新的表单
Sum()	计算列表元素的总和
Where()	根据叙述词来筛选值的列表

上述这些方法都有重载（Overload）机制。定义 Average()方法的语法及调用其方法时的相关参数如下：

```
Average<TSource>(IEnumerable<TSource>,
    Func<TSource, Double>)
```

```
public static double Average<TSource>
    (this IEnumerable<TSource> source,
    Func<TSource, double> selector);
```

- ◆ source: 用来计算平均值的值列表。
- ◆ selector: 要运用于每个表项的转换函数，可使用 Lambda 函数来替代。

下面以一个简单的例子来说明 Average()方法的使用。

```
int[] score = { 147, 36, 921, 421 };   //数组
double average = score.Average(
    grade => Convert.ToDouble(grade));   //Lambda 表达式
```

- ◆ 调用 Lambda 表达式进行运算，将数组以 Convert 类的 ToDouble()方法转换为 Double 类型。有关于 Lambda 的用法，请参考第 9.3.2 小节。

再来看另一个用于加总的 Sum()方法，语法如下：

```
public static int Sum<TSource>(
    this IEnumerable<TSource> source,
    Func<TSource, int> selector)
```

可以发现它的参数与 Average()方法是一样，参数 source 就是获取值列表，而 select 就是以 Lambda 函数来进行运算的。

范例 项目 "Ex0906.csproj" 使用 List<T>类及其扩充方法

新建控制台应用程序项目，在 Main()主程序区块中编写如下程序代码。

```
01  List<Student> students = new List<Student>{
02     new Student { Name = "Mary", Score = 78.25 },
03     new Student { Name = "Emily", Score = 85.47},
04     new Student { Name = "Tomas", Score = 88.7},
05     new Student { Name = "Joson", Score = 69.0},
06     new Student { Name = "Steven", Score = 93.8}};
07  double totalScore = students.Sum(total => total.Score);
08  double average = students.Average(avg => avg.Score);
09  double maxScore = students.Max(max => max.Score);
10  WriteLine($"总分: {totalScore:N0}");
11  WriteLine($"平均分: {average}");
12  WriteLine($"最高分: {maxScore}");
```

【生成可执行程序再执行】

按 F5 键，程序执行的结果如图 9-7 所示。

图 9-7　执行结果

【程序说明】

- 第 1~6 行: 创建 List<T>类的列表对象（或称为集合对象），初始化时设置名称和分数。
- 第 7~9 行: 分别调用 Sum()、Average()和 Max()方法来计算总和、平均分及最高分，全部用 Lambda 表达式来完成函数运算。

9.2.4　顺序访问的集合

集合中若没有索引或索引键时，提取表项时就必须按顺序提取，例如使用 Queue<T>类或 Stack<T>类。此时，集合表项处理数据有两种方式：先进先出和先进后出的顺序访问。采用泛型集合的 Queue<T>（队列）类（FIFO，First In First Out，先进先出），也就是第一个加入的表项，也会第一个从队列中移出。Queue<T>类具有的属性和方法可以参考表 9-7 中的说明。

表 9-7　Queue 类的成员

Queue 成员	说　　明
Count	获取队列中的表项个数
Clear()	从队列中删除所有对象
Contains()	判断表项是否在队列中
CopyTo()	指定数组下标，将表项复制到现有的一维 Array（数组）中
Dequeue()	返回队列前端的对象并把它从队列中删除
Enqueue()	将对象加入到队列末端
Equals()	判断指定的对象和当前的对象是否相等
GetEnumerator()	返回队列中逐一查看的枚举值
Peek()	返回队列第一个对象

队列处理数据的方式就如同去排队买票一般，最前面的人可以第一个购得票，等待在最后一个的人就必须等待前面的人购完票之后才能前进。下面来看看队列的构造函数：

```
public Queue<T>();      //①①

public Queue(IEnumerable<T> collection)   //②②
```

- ①无任何参数，初始化 Queue<T>类的新实例。
- ②从指定的集合复制表项来初始化 Queue<T>类的新实例。

使用 Queue<T>泛型集合类操作，添加或删除表项时，有以下三个常用的方法。

- Enqueue()方法: 将项目加到 Queue<T>类末尾。
- Dequeue()方法: 从 Queue<T>类开头删除最早的表项。
- Peek()方法: 返回最早的表项，但不会把该表项从 Queue<T>类中删除。

⊃ GetEnumerator()方法

通过 foreach 循环来读取枚举值，会简化读取表项时的复杂情况。使用 GetEnumerator()方法也能逐一读取枚举值，不过情况就比较复杂，下面以简单的例子来说明。

```
//参考范例项目 "Ex0907" 读取 Queue<T>元素
foreach (var item in queue){
    Console.WriteLine($"[{index}] - {item, -10}");
    index++;     //索引或下标
}
```

```
IEnumerator<string> list = plant.GetEnumerator(); //①
while (list.MoveNext()){
    string item = list.Current.ToString(); //②
    Console.WriteLine($"[{index}] - {item,-10}");
    index++;
}
```

- ◆ foreach 循环只要去读取 Queue<T>类的元素即可。
- ◆ ①调用 GetEnumerator()方法，获取 IEnumerator<T>的对象，再调用 MoveNext()方法来达到读取枚举值的目的。
- ◆ ②要读取枚举表项时，必须用属性 Current 将枚举值移至集合的第一个表项之前，再调用 MoveNext()方法。
- ◆ 属性 Current 会返回对象值，MoveNext()方法会将 Current 设置为下一个表项。

范例 项目 "Ex0907.csproj" Queue<T>类

新建控制台应用程序项目，在 Main()主程序区块中编写如下程序代码。

```
01  Int32 one, index = 6;
02  Queue<string> fruit = new Queue<string>();
03  string[] name = {"Strawberry", "Watermelon", "Apple",
04    "Orange", "Banana", "Mango"};
05  foreach (var item in name)
06    fruit.Enqueue(item);   //从队列末尾加入表项
07  if (fruit.Count > 0)   //Peek()方法显示第 1 种水果
08  {
09    one = index - fruit.Count + 1;
10    WriteLine($"第{one}种水果 - {fruit.Peek()}");
11  }
12  itemPrint(fruit);
13  if (fruit.Count > 0)   //Dequeue()删除队列最前端的表项
14  {
15    one = index - fruit.Count + 1;
```

```
16       WriteLine($"删除第{one}种水果 - {fruit.Dequeue()}");
17   }
18 itemPrint(fruit);
```

【生成可执行程序再执行】

按 F5 键，程序的执行结果如图 9-8 所示。

【程序说明】

图 9-8 执行结果

- 创建 Queue<T>类的对象 fruit，调用 Peek()方法显示第一个表项，Enqueue()方法是从队列尾部加入表项，Dequeue()方法则是从队列最前端删除表项。

- 第 2~6 行：创建空的队列 fruit，再以 foreach 循环调用 Enqueue()方法，往队列中加入表项。

- 第 7~11 行：if 语句配合 Count 属性进行判断，如果表项存在，就调用 Peek()方法显示队列中第一个表项。

- 第 13~17 行：调用 Dequeue()方法删除队列的第一个表项。

○ **先进后出的 Stack<T>**

Stack（堆栈）类数据表项的进出，可以想象成堆盘子，从底部向上堆叠，想要拿到底部的盘子，只能从上方把后面堆叠上去的盘子先拿走之后才行，这就形成（LIFO: Last In First Out, 后进先出）的方式。调用 Push()方法将表项加到堆栈的上方，而 Pop()方法用来删除堆栈最上方的表项。Stack<T>类的常用属性和方法可参考表 9-8 的简要说明。

表 9-8 Stack<T>成员

Stack 成员	说　　明
Count	获取堆栈的表项个数
Clear()	从堆栈中删除所有表项
Peek()	返回堆栈最上端的表项
Push()	将表项加到堆栈的上方
Pop()	将堆栈最上方的表项删除

9.3 ▶ 委托

委托类派生自 .NET Framework 中的 Delegate 类，属于密封类，无法再派生其他类，也不能从 Delegate 派生自定义类。所谓委托，就是调用方法（Method）执行一些程序的处理。另外，本节还将介绍 Lambda 表达式的一些简单用法。

9.3.1 认识委托

什么是委托（Delegate）？职场上，如果要请假，您的工作可能要找职务代理人来继续，诸如买房子有可能找中介代理人来处理相关事宜之类的。程序中调用方法进行参数的传递会有所限制，只能使用常数、变量或对象或数组，但是无法把方法当作参数来传递。那么委托就是扮演代理人的角色，能把"方法"视为参数，也就是程序调用方法时，将实例通过委托来执行方法的调用。

可以把委托视为类型，它具有特定参数列表和返回类型的方法引用。例如，Windows 窗体控件触发的事件处理程序就是以委托方式来处理的，将方法作为参数传递给其他方法。因为实现个体是委托对象，所以它可以作为参数传递或赋值给属性。如此，方法才能以参数方式接受委托并调用。

⊃ 为什么使用委托

使用委托有什么好处？下面利用范例项目来说明。

范例 项目 "Ex0908.csproj" 使用委托

01 新建控制台应用程序项目，添加类文件 "FindNumbers.cs"，编写相关的程序代码。

```
01  class FindNumbers
02  {
03    public void IsEven(params Int32[] numerical)
04    {
05      Write("偶数值: ");
06      for (int k = 0; k < numerical.Length; k++)
07      {
08        if (numerical[k] % 2 == 0)    //余数为 0
09          Write($"{numerical[k], 4}");
10      }
11      WriteLine();
12    }
13    //其余方法可参考下载的完整范例项目
14  }
```

02 在主程序 Main()区块中编写如下程序代码。

```
21  //创建一个数组
22  Int32[] figures =
23    {21, 32, 33, 142, 115, 125, 317, 188, 192, 420};
24  //创建对象调用相关的方法
25  FindNumbers searchNum = new FindNumbers();
26  searchNum.IsEven(figures);
```

【生成可执行程序再执行】

按 F5 键，程序执行的结果如图 9-9 所示。

【程序说明】

* FindNumbers 类定义了三个方法，分别找出数组中的奇数、偶数和被 3 整除的数值。

* 第 6~12 行：通过 for 循环读取数组，若余数为零，表示它是偶数。

```
■ D:\C#Lab\CH09\Ex0908...   —   □   ×
奇数值：   21  33 115 125 317
偶数值：   32 142 188 192 420
被 3 整除的数值：   21  33 192 420
```

图 9-9　执行结果

◆ 委托四部曲

使用委托时，①定义委托、②定义相关的方法、③声明委托对象、④调用委托方法。首先定义委托时以关键字 delegate 进行声明，语法如下：

```
访问权限修饰词 delegate 数据类型 委托名称(参数列表);
```

* 委托名称：用来指定方法的委托名称。
* 数据类型：引用方法的返回值类型。

首部曲：根据上述语法声明一个委托及其方法。它的位置必须在类之下，而且不能放在主程序中，如图 9-10 所示。

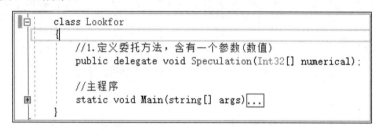

```
class Lookfor
{
    //1.定义委托方法，含有一个参数(数值)
    public delegate void Speculation(Int32[] numerical);

    //主程序
    static void Main(string[] args)...
}
```

图 9-10　声明一个委托及其方法

二部曲：定义相关的方法，此处使用范例项目"Ex0908"中 FindNumbers 类的三个方法，即 IsEven()、IsOdd()和 IsDivide3()。

三部曲：定义委托后，还要声明一个委托对象，用来传递方法。

```
//范例项目"Ex0908"中 FindNumbers 类所创建的对象
    FindNumbers searchNum = new FindNumbers();
```
```
Speculation evenPredicate =
   new Speculation(searchNum.IsOdd);
```

终曲：调用委托对象，并以数组作为参数。

```
evenPredicate(figures);
```

要注意一个委托对象只能代理一项业务。由于"Ex0908"有三个方法，因此必须以多重委托来执行不同的方法，下面用范例来说明。

> **范例** 项目 "Ex0908Dlg.csproj" 委托的多重任务

新建控制台应用程序项目，在 Main() 主程序区块中编写如下程序代码。

```
01 //1.定义委托方法，含有一个参数(数值)
02 public delegate void Speculation(Int32[] numerical);
11 //省略部分程序代码
12 //创建对象
13 FindNumbers searchNum = new FindNumbers();
14 //2.FindNumbers 类所列出的方法成员; 3.声明委托对象 - 单个任务
15 Speculation evenPredicate = new
16    Speculation(searchNum.IsEven);
17 //3.1 委托多重任务
18 evenPredicate += searchNum.IsOdd;
19 evenPredicate += searchNum.IsDivide3;
20 //4.调用委托方法并以数组作为参数
21 evenPredicate(figures);
```

【程序说明】

- 第 15、16 行：一个委托对象只能代理一个任务。
- 第 18、19 行：将委托对象加入多个任务，其中的 "searchNum.IsOdd" 由对象 searchNum 调用 FindNumbers 类所定义的方法成员。

9.3.2 Lambda 表达式

Visual C# 6.0 之后可以使用 Lambda 表达式，其实前面的章节中介绍类的方法已 "悄悄" 用上它。Lambda 也被称为匿名函数（Anonymous Method），可用来创建委托或表达式树状结构类型。使用 Lambda 表达式可以编写局部函数，这些函数可以当作参数传递，或是当作函数调用的返回值。编写 LINQ 查询表达式时有了 Lambda 表达式这个帮手，就变得特别管用。

> **※ 提示 ※**
>
> 回顾匿名方法
>
> - C# 2.0 引进了匿名方法（Anonymous Method）。
> - C# 3.0(含)之后的版本，则以 Lambda 表达式取代了匿名方法来作为编写内联（Inline）程序代码的惯用方式。
>
> 在某些特定情况下，匿名方法能提供 Lambda 表达式所不能及的功能。匿名方法让省略的参数列表转换为具有各种签名的委托，这是 Lambda 表达式无法做到的。

认识 Lambda 表达式的基本语法如下：

```
(input parameters) => expression
```

- => : Lambda 运算符。运算符的左边指定输入参数（如果有的话），并将表达式或语句区块放在运算符右边。

➲ 泛型集合的扩充方法

在泛型集合调用扩充方法时，大部分情况下都能调用 Lambda 表达式。回顾一下范例项目"Ex0906"使用过的 Lambda 表达式。

```
double totalScore = students.Sum(total => total.Score);
double average = students.Average(avg => avg.Score);
```

- Lambda 表达式 "total => total.Score"：运算符（=>）左边是 total 参数，运算符右边的表达式就很简单，是直接获取对象名称。

➲ 委托中使用 Lambda 表达式

使用 Lambda 表达式来取代原有必须定义的委托方法，一个简单的例子如下：

```
//参考范例项目"Ex0909.csproj"
delegate int Appoint(int i);    //1.声明委托
static void Main(string[] args)
{
  Write("请输入1~100数值：");
  int num = int.Parse(ReadLine());
  if (num > 100 || num < 1)
    WriteLine("数值不对");
  else
  {
    //2.Lambda表达式取代委托方法；3.声明委托对象deputation
    Appoint deputation = number => number * number;
    WriteLine($"运算结果：{deputation(num):n0}");//4.调用委托
  }
}
```

- 声明委托对象之后，"="右侧的委托方法以 Lambda 表达式来取代，将变量值相乘。

9.4 ▶ 异常情况的处理

处理结构化异常情况称为"结构化异常处理"（Structured Exception Handling）。它包含异常情况的控件结构、隔离的程序代码块及筛选条件创建的异常处理机制，可以区分不同的错误类型并且根据情况做出反应。

9.4.1 认识 Exception 类

.NET Framework 提供了 Exception 类，发生错误时，系统或当前正在执行的应用程序会通过抛出异常情况来发出通告，并通过异常处理程序（Exception Handler）处理异常情况。Exception 类是所有异常情况的基类，根据异常情况又可分成以下两类。

- SystemException 类：用来处理 Common Language Runtime（公共语言运行时或通用语言运行时）所产生的异常情况，其中的 ArithmeticException 类用来处理数学运算产生的异常情况，共有三个派生类，可参考表 9-9。

表 9-9 SystemException 类

类	说　明
DivideByZeroException	整数或小数零除时
NotFiniteNumberException	浮点数无限大、负无限大或非数字（NaN）时
OverflowException	产生溢出情况

- ApplicationException 类：应用程序产生异常情况，用户可自行定义异常情况。

处理异常情况时，Exception 类具有的属性可参考表 9-10。

表 9-10 Exception 类提供的属性

属　性	说　明
HelpLink	获取异常情况相关说明文件的链接
Message	获取当前异常情况的错误描述及更正信息
Source	获取造成应用程序错误的对象名称
StackTrace	追踪当前所抛出的异常情况，调用堆栈程序
TargetSite	获取当前抛出异常情况的方法

9.4.2 简易的异常处理器

程序有可能产生错误，当然要想办法来防患于未然。C# 提供了异常处理（Exceptions Handling）机制来避免程序中产生的错误。产生错误时，使用异常处理机制来拦截错误。先来认识以下三个指令。

- throw: 抛出异常情况并进行异常处理。
- try: 发生异常情况时，用来判别是否要执行处理异常情况的程序块。
- catch: 拦截异常情况，负责处理异常情况的程序块。

> ※ 提示 ※
>
> 有关 exception 的中文称呼
>
> - exception 中文可译为"异常"或"例外"，此处配合微软官方网站的用法，称为"异常情况"或"例外情况"。

要进行异常情况的处理可使用"异常处理器"，即使用"try/catch"语句。使用 try 语句来进行错误的处理，发生异常情况时，控制流程会跳至与程序代码有关联的异常处理程序（Exception Handler）。

catch 语句定义异常情况处理程序。它会根据"异常情况筛选条件"（Exception Filter）来处理。由于异常情况都是从 Exception 类型派生而来，因此为了保持异常情况的最佳方式，通常不会把 Exception 指定为异常情况筛选条件，而是它底下的派生类。下面先来认识它们的语法。

```
try{
    //进行异常情况错误处理
}
catch(数据类型参数){
    //异常情况的处理，显示错误信息
}
//Visual C# 6.0 做了小小的改变
try
{
    //异常情况
}
catch (<exceptionType> e) when (filterIstrue)
{
    <await 方法名称(e);>
}
```

- try 或 catch 都是关键字。使用时，无论是 try 或 catch 语句所使用的程序区块（大括号 {}）都不能省略。
- 异常情况全都派生自 System.Exception 的类型，除非情况特殊，才以 Exception 类拦截所有异常情况。
- Try 程序区块处理可能抛出的异常情况。catch 语句定义异常情况变量，可以使用该变量来细分发生异常情况的类型。
- 指定的异常情况并没有异常处理程序，程序会停止执行并出现错误信息。
- 程序可配合使用 throw 关键字，明确地抛出异常情况。
- when 关键字用来过滤异常情况条件，可配合 catch 语句使用，参考范例项目"Ex0910Ud2"。
- await 关键字本来是用来处理异步方法，可暂停执行方法，直到等候的工作完成（本书未将它纳入讨论范围）。

◐ 为什么要有异常情况处理？

为什么要使用异常情况处理？下面先来看一个很常见的例子。

```
//参考范例项目"Ex0910.csproj"
static void Main(string[] args)
{
```

```
    double numA = 56.0, numB = 0.0;
    double result = numA / numB;
    Console.WriteLine(result);
}
```

   ◆ 由于除数为零，所以会输出字符"∞"（无穷大）。

为了防范除数为零的情况，比较简单的做法就是以 if 语句进一步的判断。程序代码修改如下：

```
//参考范例项目"Ex0910Md.csproj"
static void Main(string[] args)
{
    double numA = 56.0, numB = 0.0;
    double result = 0.0;
    if (numB == 0)
        WriteLine("被除数为零，不能计算");
    else
    {
        result = numA / numB;
        WriteLine(result);
    }
}
```

   ◆ 由于对"numb"是否为零做了条件判断，所以执行会输出"除数为零，不能计算"的信息。

◯ try/catch 语句捕捉错误

如果程序代码很小，使用 if 语句就能进行程序代码的简易调试。改用 try/catch 语句如何修改上述的程序代码，以便进行错误的异常情况处理？就是把可能发生错误的表达式纳入 try 语句的程序区块内，碰到除数为零时以 catch 语句抛出错误信息。

范例 项目"Ex0910Ud.csproj" try/catch 语句捕捉错误

新建控制台应用程序项目，在 Main()主程序区块中编写如下程序代码。

```
01  int numA = 56, numB = 0;
02  try //除数为零时进行错误处理
03  {
04      if (numB == 0)
05          WriteLine("除数是零");
06      WriteLine(numA / numB);
07  }
08  catch (DivideByZeroException ex)
```

```
09  {
10     WriteLine(ex.ToString());
11  }
12  WriteLine($"被除数 {numA} 除以 {numB}");
```

【生成可执行程序再执行】

按 F5 键，程序执行的结果如图 9-11 所示。

图 9-11　执行结果

【程序说明】

◆ 第 2~7 行：try 语句，同样以 if 语句来判断除数（numb）是否为零。如果是的话，显示其信息，否则进行运算。

◆ 第 8~11 行：catch 语句，如果发现除数为零时，调用 WriteLine()方法输出错误信息。

※ 提示 ※

DivideByZeroException 抛出异常情况是除数是整数，而且为零的情况。如果除数本身是浮点数，就无法以 DivideByZeroException 发出错误信息。

○ 加入关键字 when 进行条件过滤

可以根据不同的异常情况来使用多个 catch 程序区块进行条件的筛选。当 try 语句捕捉到异常情况时，会将 catch 语句自上而下进行筛选，再把符合异常情况以 catch 语句抛出。

使用 try/catch 处理异常情况时，还可以加入 when 关键字来作为异常情况的过滤。下面的范例还是以除数为零的情况来说明。

范例 项目"Ex0910Ud2.csproj"——部分程序代码

```
try
{
   result = num1 / num2;
   WriteLine($"Result = {result}");
}
//配合 catch 语句进行异常情况的过滤
catch (DivideByZeroException ex) when (num2 == 0)
{
   WriteLine(ex.Message);//输出错误信息
}
```

- try 语句区块，对两数相除的异常情况进行拦截。
- catch 语句区块，以关键字 when 进行异常情况的过滤。"num2 == 0"（即除数为零）就以属性 Message 抛出信息。

9.4.3 finally 语句

Finally 程序区块是 try/catch/finally 语句最后执行的程序区块，也是一个具有选择性的程序区块。使用 finally 程序区块时，无论 catch 程序区块中的程序代码是否已执行，在异常情况处理程序区块结束之前，一定会调用 finally 程序区块。什么情况下会使用 finally 程序区块呢？例如读取文件发生异常情况时，借助 finally 程序区块会让文件读取完毕，并释放使用的资源。语法如下：

```
try{
   //进行异常情况的处理
}
catch(数据类型参数){
   //显示异常情况的信息
}
finally
{
   //有无异常情况发生，程序区块一定会被执行
}
```

范例 项目 "Ex0911.csproj" try/catch/finally 语句

新建控制台应用程序项目，在 Main()主程序区块中编写如下程序代码。

```
01  //省略部分程序代码
02  try
03  {
04    Write($"number[{count}] = {number[count]}");
05  }
06  catch (IndexOutOfRangeException ex)
07  {
08      WriteLine(ex.ToString());
09  }
10  finally
11  {
12    WriteLine($", 第 {count} 个 ");
13  }
```

【生成可执行程序再执行】

按 F5 键，程序执行的结果如图 9-12 所示。

图 9-12　执行结果

【程序说明】

- 声明一个数组有 5 个元素，使用 for 循环读取，故意让它读取 6 个元素来抛出异常情况。看看加入 finally 语句和不加 finally 语句有什么不同。

- 从执行结果得知；没有使用 finally 语句，只会抛出异常情况，而加入 finally 语句会把第 6 个数组元素读出，只是没有元素。

- 第 2~5 行：try 语句。当 for 循环读取数组时进行错误的捕捉。

- 第 6~9 行：catch 语句。当数组超出边界值时会以 IndexOutOfRangeException 类来抛出异常情况。

- 第 10~13 行：finally 语句会把数组读取完毕，无论有没有发生异常情况。

9.4.4　使用 throw 抛出异常情况

throw 语句能指定异常处理类或用户自行定义的异常处理类，配合结构化异常处理（try/catch/finally）来抛出异常情况。语法如下：

```
throw exception
```

配合 exception 类的实例化对象来抛出异常处理。

范例 项目 "Ex0912.csproj" 使用 throw 语句

新建控制台应用程序项目，在 Main() 主程序区块中编写如下程序代码。

```
01 int month = 0;
02 do
03 {
04    try
05    {
06       CheckMonth(month); //调用静态方法
07       break;
08    }
```

```
09    catch (ArgumentOutOfRangeException)
10    {
11       WriteLine("输入月份不对");
12    }
13 } while (True);
```

```
21 public static int CheckMonth(int mon)
22 {
23    Write("请输入月份: ");
24    mon = int.Parse(Console.ReadLine());
25    if (mon > 12)
26       throw new ArgumentOutOfRangeException();
27    //省略部分程序代码
28    return mon;
29 }
```

【生成可执行程序再执行】

按 F5 键，程序执行的结果如图 9-13 所示。

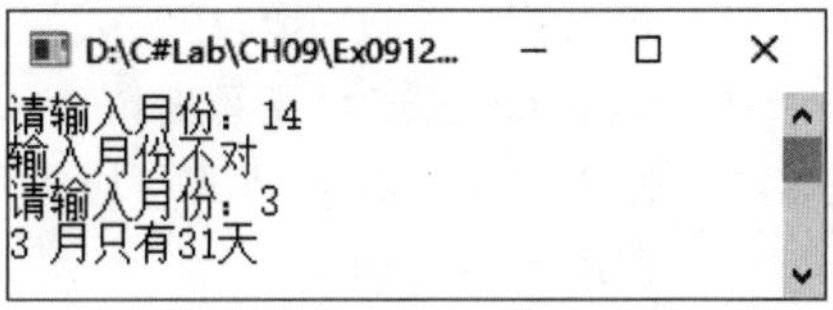

【程序说明】

图 9-13 执行结果

- 第 2~13 行: do/while 循环，执行时会以 try/catch 语句捕捉错误。
- 第 4~8 行: try 语句捕捉静态方法 checkMonth()方法是否发生错误。获取月份正确天数 就以 break 语句来中断程序的执行。
- 第 9~12 行: catch 语句以 ArgumentOutOfRangeException 类来捕捉超出范围的数值，它 接受第 26 行 throw 语句抛出的异常情况，并以信息显示出来。
- 第 21~29 行: 定义静态方法 checkMonth()接受传入的数值来判断月份。
- 第 25、26 行: 当数值大于 12 时会以 throw 语句抛出异常情况，由 catch 程序区块输出 异常情况的提示信息。

9.5 重点整理

- 非泛型集合存放于 System.Collections 命名空间，以集合类为主，包括 ArrayList、Stack、 Queue、Hashtable、SortedList。泛型集合则以 System.Collections.Generic 命名空间为主。
- 定义泛型以 class 开头，紧跟泛型名称，它其实就是泛型的"类名称"。尖括号内放入 类型参数列表，每个参数代表一个数据类型名称，以大写字母 T 来表示，参数之间以 逗点分隔。
- 从泛型到泛型类，过程可归纳为①构思泛型；②定义泛型模板；③实现泛型对象。
- 泛型方法（Generic Methods）以类型参数（Type Parameter）来声明，并定义为公有的 方法成员，可将类型参数视为声明泛型类型的变量。同样要用尖括号标示<T>，并在 参数名称前加上关键字"T"来表示它是一个类型参数。

- "索引键（Key）/值（Value）"是配对的集合，值存入时可以指定对象类型的索引键，便于使用时以索引键提取对应的值。

- ArrayList 是实现 System.Collection 的 IList 接口，会根据数组大小动态增加容量，提供添加、插入、删除元素的方法，使用上比数组更具弹性。

- 数组需要动态增加其大小时，泛型集合 List<T>实现 IList<T>泛型接口。它以元素个数为其容量，在保存新增元素时，能视其需要来重新调整数组的大小。它具有 Average()、Sum()、Count()、Max()等扩充方法。

- 使用 Queue（队列）时，Enqueue()方法用于将对象加入到队列的末尾，Dequeue()方法则用于返回队列最前端的对象并把它从队列中删除。

- 使用 Stack（堆栈）时，Peek()方法用于返回堆栈最上端的表项， Push()方法用于把表项加到堆栈的最上端，Pop()方法则用于把堆栈最上端的表项删除掉。

- 委托就是把"方法"视为参数来传递。所以委托是一种类型，代表具有特定参数列表和返回类型的方法引用。它派生自 .NET Framework 中的 Delegate 类。委托类型是密封类的，不能作为其他类型的派生类来源，也不能从 Delegate 派生自定义类。

- Lambda 也称为匿名函数（Anonymous Method），用来创建委托或表达式树状结构类型。使用 Lambda 表达式可以编写局部函数，这些函数可以当作参数传递，或是作为函数调用的返回值。

- .NET Framework 提供 Exception 类，发生异常情况时，当前正在执行的应用程序会通过抛出的异常情况来告知系统，可以通过异常处理程序（Exception Handler）处理异常情况。

- SystemException 类用于处理 Common Language Runtime（公共语言运行时或通用语言运行时）所产生的异常情况，而 ApplicationException 类用于用户自行定义异常情况的处理。

- Finally 程序区块是 try/catch/finally 语句最后执行的程序区块，也是一个具有选择性的程序区块。使用 finally 程序区块时，无论 catch 程序区块中的程序代码是否已执行，在异常情况处理程序区块结束之前，最后一定会调用 finally 程序区块。

9.6 课后习题

一、填空题

1. 非泛型集合存放于＿＿＿＿＿＿命名空间，以集合类为主。泛型集合则以＿＿＿＿＿＿命名空间为主。

2. 根据下述的泛型语法，请填入相关名词；尖括号中的 T1 被称为＿＿＿＿＿＿；类名称和其尖括号所含的 T，被称为＿＿＿＿＿＿。

```
class 类名称 <T1, T2, . . . , Tn>
{
   //程序区块
}
```

3. 参考下述简单的例子来填写；Student 为_____；string 为_____；persons 为_____。

```
Student<string> persons = new Student<string>();
```

4. 将数组进行动态调整，泛型集合使用_____；非泛型集合则用_____。

5. System.Collections.Generic 命名空间中，_____接口用来管理泛型集合；_____接口实现两个对象的比较方法；而_____类可以按照索引键将索引键/值集合分组。

6. ArrayList 类，属性_____获取其容量，属性_____获取实际表项个数；方法_____将表项加入到集合末尾；方法_____能清除集合中的所有元素或表项；方法_____能将表项进行排序；方法_____能查找指定的表项并返回第一个匹配的表项。

7. 在泛型集合的扩充方法中，计算平均值可调用_____方法，计算总和可调用_____方法，找出最大值可调用_____方法，获取表项个数可调用_____方法。

8. 在 Dictionary<TKey, TValue>类中，属性_____获取索引键，属性_____获取表项的值；_____方法用来判断是否含有特定的索引键。

9. 泛型集合的 Queue<T>（队列）类的数据进出采用_____，Stack（堆栈）类数据的进出则采用_____。

10. 使用 Queue<T>（队列）时，_____方法会返回队列前端的对象并删除这个对象；_____方法将对象加入到队列的末尾；_____方法会返回队列的第一个对象。

11. 使用 Stack<T>（堆栈）时，_____方法返回堆栈最上端的表项；_____方法能将表项加到堆栈的最上端；_____方法则是把堆栈最上端的表项删除。

12. 使用委托时，有哪 4 个步骤？①_____、②_____、③_____、④_____。

13. 请问下列程序代码会发生什么异常情况？_____。

```
sbyte count;
short sum;
for (count = 0; count < 127; count++)
{
   sum += count;
   Console.WriteLine("计数器 = {0}", count);
}
```

14. 请问下列程序代码会发生什么异常情况？_____。

```
sbyte[] arr = new sbyte[]{11, 12, 13};//声明数组并初始化
for (int index = 0; index <=3 ; index++)
{     //读取数组元素
```

```
        Console.Write("{0},", arr[index]);
}
```

二、问答题与实践题

1. 想想看，ArrayList 与 Array 都可创建数组，它们之间有什么差别？
2. 利用委托的概念设计一个能计算三角形和矩形面积的委托对象。
3. 请列举 SystemException 类下的三个派生类，并简单说明它们用于哪一种异常处理。

- DivideByZeroException
- NotFiniteNumberException
- OverflowException

第 10 章

Windows 窗体的运行

章｜节｜重｜点

- 创建 Windows 窗体项目，认识窗体的运行机制。
- 从 Windows 窗体结构中认识部分类。
- 认识静态类 Application，进而了解窗体的属性、方法和事件。
- 显示消息的 MessageBox，调用 Show()方法如何进行消息响应。

10.1 Windows 窗体的基本操作

Windows 应用程序是环绕着 .NET Framework 来创建的，它不同于前面章节所使用的"控制台应用程序"（Console Application）。一般而言，控制台应用程序以文字为主，编译后是一个可执行文件（EXE），所有运行结果都会调用"命令提示符"窗口来显示。Windows 窗体应用程序会以窗体（Form）为主，使用工具箱放入控件，最大的优点就是没有编写任何程序代码也能调整输入输出界面。

10.1.1 创建 Windows 窗体项目

同样是以项目来创建 Windows 窗体，但是 Windows 窗体的运行方式与控制台应用程序的运行方式不太一样。除了窗体之外，它多了控件和相关属性的设置，还要用事件处理程序来处理某个控件所触发的事件。

范例 项目"Ex1001.csproj"创建 Windows 窗体项目

STEP 01 依次选择"文件→新建→项目"菜单选项，进入"创建新项目"对话框。

STEP 02 创建 Windows 窗体应用程序项目。①所有语言选择默认值"C#"；②所有平台选择"桌面"；③选择"Windows 窗体应用"（.NET Framework）；④单击"下一步"按钮进入"配置新项目"窗口，如图 10-1 所示。

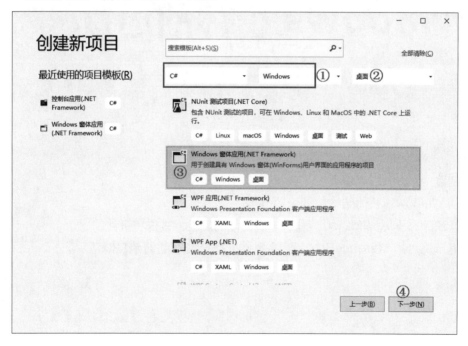

图 10-1　创建 Windows 窗体项目

03 设置新的项目：①项目名称设置为"Ex1001"；②位置、解决方案和架构使用默认值；③单击"创建"按钮，如图 10-2 所示。

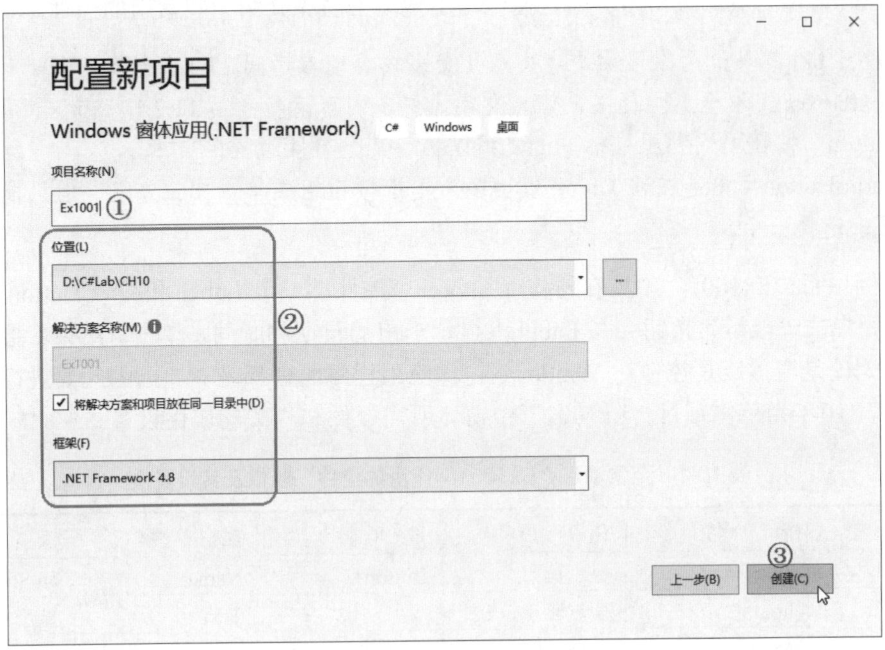

图 10-2　配置新项目

⊃ Windows 窗体的工作环境

完成 Windows 窗体应用项目的创建之后，会看到①主窗口区会创建一个默认名称为"Form1"的窗体，解决方案资源管理器会有一个"Form1.cs"文件；②窗口左侧有工具箱，所有窗体上使用的控件都列于此；③属性窗口位于解决方案资源管理器的下方，可以用来设置控件的相关设置，如图 10-3 所示。

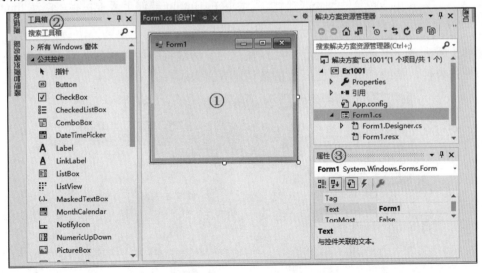

图 10-3　Windows 窗体的工作环境

10.1.2　创建用户界面

要以 Windows 窗体编写用界面，控件是主角，下面先介绍一些常用的控件。

- Label（标签）：用来显示文字内容（更多内容请参考第 11.1.1 小节）。
- TextBox（文本框）：让用户输入文字（更多内容请参考第 11.2.1 小节）。
- Button（按钮）：利用鼠标单击之可以执行某个事件过程。
- RadioButton（单选按钮）：可以由多个单选按钮组成单选按钮分组，但只能从多个按钮中选择一个。

在范例项目"Ex1001"中要在窗体上加入三个控件：一个 Label 和两个 Button 控件。程序执行时，单击"显示"按钮会在 Label 上显示当前的日期和时间，单击"结束"按钮则会关闭程序。无论是窗体或是控件对 Windows 窗体应用程序而言都是对象，因此要进行属性的相关设置，表 10-1 为范例项目"Ex1001"中窗体所需控件和相关的属性设置。

表 10-1　范例项目"Ex1001"使用的控件、属性及其设置值

控　件	属　性	值	控　件	属　性	值
Form1	Text	显示信息	Button1	Name	btnShow
	Font	微软雅黑，12		Text	显示
Label	Name	lblDisplay	Button2	Name	btnEnd
	ForeColor	蓝色		Text	结束

➲ 加入控件

表 10-1 所列的控件都位于工具箱的"公共控件"分类下，如何把它们加入到窗体中并进行属性设置呢？有以下两种方法。

- 方法一：将控件拖曳到窗体上，这个方法已在第 2 章介绍过。
- 方法二：展开工具箱的①公共控件；②直接在 Button 控件上双击鼠标，名为"button1"的按钮就会添加到窗体的左上角，如图 10-4 所示。

窗体上排列两个控件时，还可借助红或蓝色的参考线将控件对齐，如图 10-5 所示。选取两个以上的控件，借助"布局"工具栏的各种对齐钮来对齐。

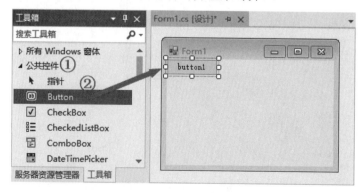

图 10-4　利用鼠标双击控件就可以把控件加入到窗体中

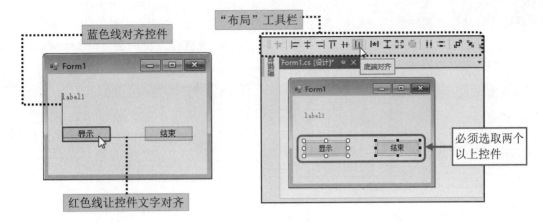

图 10-5　参考线协助控件的对齐

❍ 设置控件外观

一般来说，每个加入到窗体的控件都具有各种各样的属性，属性窗口会把性质相近的属性排列在一起，以"分类"来显示。例如，与控件外观有关的属性有"BorderStyle"（框线样式）、"Font"（字体）以及"ForeColor"（前景颜色），它们会放在"外观"属性中。此外，窗体具有容器的作用，当我们把窗体的字体放大时，窗体上所放入的控件也会跟着调整。延续前一个范例，加入控件后，把窗体的字体放大，为标签加入单线边框（默认是无框线的）。

范例 项目"Ex1001.csproj"（续）加入控件，通过属性来设置外观

STEP 01 确认窗体上已加入表 10-1 所示的控件，如图 10-6 所示。

STEP 02 ①在窗体空白处单击鼠标选择窗体；②在"属性"窗口中单击"按分类顺序"和"属性"按钮；③再展开 Font 属性（+变成–），单击"Name"（变成蓝底白字），在单击右侧的∨按钮；④从下拉列表中选择"微软雅黑"，如图 10-7 所示。

图 10-6　确认窗体上已加入表 10-1 所示的控件

STEP 03 依然选择窗体，按照前面步骤一样的方式将 Font 属性的"Size"更改为 11，如图 10-8 所示。

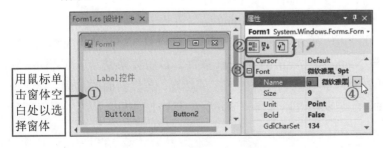

图 10-7　选择窗体设置控件的属性

图 10-8　设置字体的大小

04 窗体上三个控件的文字大小会随着所在控件的大小变化而变化，如图 10-9 所示。窗体的大小也可以调整，步骤是：先选择窗体，将鼠标移到控制点，此时会出现白色双箭头，拖曳它就可以调整窗体的大小，如图 10-10 所示。

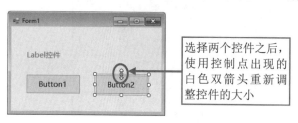

选择两个控件之后，使用控制点出现的白色双箭头重新调整控件的大小

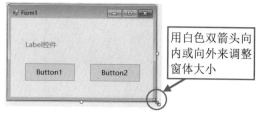

用白色双箭头向内或向外来调整窗体大小

图 10-9　调整控件的大小　　　　　　　　图 10-10　调整窗体的大小

05 为控件 Label1 加外框。①选择 Label1 控件；②在"属性"窗口中找到外观的 BorderStyle（边框类型）属性；③单击 ⌄ 按钮展开下拉列表，从列表中选择"FixedSingle"（单线框），如图 10-11 所示。

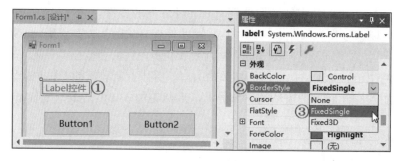

图 10-11　为 Label1 加外边框

06 使用属性 ForeColor（前景色）为 Label1 字体更改颜色。选择 Label1 后，①单击外观的 ForeColor 属性；②单击 ⌄ 按钮展开下拉列表；③单击"自定义"调色板；④利用鼠标单击蓝色色块后就会自动关闭调色板，如图 10-12 所示。

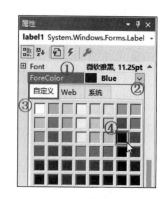

图 10-12　更改 Label1 字体的颜色

⊃ 修改 Name 和 Text 属性值

　　每个加入的控件都有 Name 属性，它是控件用来对外示意的实体名称，编写程序代码时以它为识别名称。窗体的 Name 是"Form1"，加入两个 Name 是"Button1"和"Button2"的按钮。程序代码越复杂，这样的名称越会加大维护上的难度，所以将 Name 修改成符合实际需求是较好的方法。另一个易与 Name 属性混淆的是 Text 属性。以窗体来说，很凑巧的是它的默认名称也叫"Form1"。但是 Text 属性代表控件的文字或标题。延续前面的范例，修改窗体、控件的 Name 和 Text 属性，还是要通过属性窗口来进行，单击控件后，从"外观"部分找到 Text 属性。

范例 项目"Ex1001.csproj"（续）设置控件 Name 和 Text 属性

01 参照表 10-1 来修改 Text。①利用鼠标单击窗体的空白处以选中窗体；②找到属性 Text，输入"显示信息"；③输入的内容会立即反应于窗体的标题栏中，如图 10-13 所示。

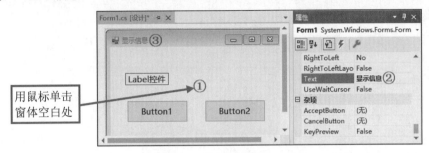

图 10-13　修改控件的标题栏文字

02 以相同的方式修改两个 Button 的 Text 属性；①找到属性 Text，输入"结束"并按 Enter 键；②会立即反应于按钮表面，如图 10-14 所示。

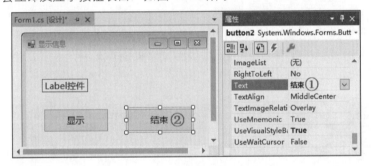

图 10-14　修改按钮控件上的文字

03 选中 Label1；①单击窗口滚动条向下滚动，找到属性 Name 并将其修改为"lblDisplay"，再按 Enter 键；选择左侧的按钮，以相同的方式将 Name 修改为"btnShow"；②再单击右侧的按钮，将 Name 修改为"btnEnd"，如图 10-15 所示。

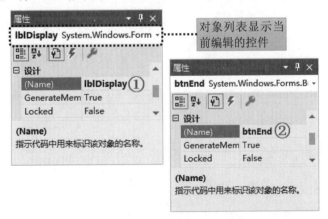

图 10-15　修改控件的 Name 属性

10.1.3 编写程序代码

窗体配合控件，已经完成了用户界面的基本设置。接着要加入程序代码，让"单击"和"结束"按钮能够起作用。"单击"按钮代表用户单击鼠标，Label 控件显示字符串，也就是改变 Label 控件的 Text 属性。这种通过程序代码"响应"或"处理"的操作就是"事件处理程序"（Event Handlers），其语法如下：

```
private void 控件名称_事件(object sender, EventArgs e)
{
    //程序语句
}
```

如果事件是"btnShow"按钮，就通过鼠标"Click"（单击）触发。语句如下：

```
private void btnShow_Click(object sender, EventArgs e)
{
    //程序区块;
}
```

当事件触发时，通常是以事件处理程序内的程序代码来进行事件的处理。每个事件处理程序都提供两个参数：第一个参数 sender 提供触发事件的对象引用；第二个参数 e 用来传递要处理事件的对象。

范例 项目"Ex1001.csproj"（续） 编写 Click 事件处理程序

01 按 F7 键，进入程序代码编辑器。下面先认识 Windows 窗体应用程序必须导入的命名空间。

```
01  using System;
02  using System.Collections.Generic;
03  using System.ComponentModel;
04  using System.Data;
05  using System.Drawing;
06  using System.Linq;
07  using System.Text;
08  using System.Threading.Tasks;
09  using System.Windows.Forms;  //Windows 窗体应用必须导入的命名空间
```

02 Windows 窗体应用程序的 Form 类程序。

```
11  namespace Ex1001
12  {
13    public partial class Form1 : Form
14    {
15      public Form1()
```

```
16        {
17            InitializeComponent();
18        }
19    }
20  }
```

03 按 Shift + F7 组合键回到窗体（Form1.cs[设计]）。如何进入事件处理程序？方式①直接利用鼠标双击"单击"按钮；方式②在"属性"窗口的工具栏单击"事件"按钮，再利用鼠标双击"Click"事件即可。无论用哪种方式都会进入程序代码编辑器，如图 10-16 所示。

图 10-16　进入事件处理程序

04 为事件"btnShow_Click"输入程序代码。①输入"lbl"部分字符串会带出完整的内容，输入完整的 lblDisplay 字符串；②输入"."字符时，IntelliSense 会提供选项列表；③利用鼠标直接双加"Text"即可加入，如图 10-17 所示。

05 完成下列程序代码。

```
21  private void btnShow_Click(object sender, EventArgs e)
22  {
23      lblDisplay.Text = DateTime.Now.ToString();
24  }
```

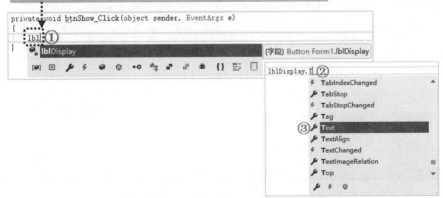

图 10-17　输入程序代码

06 为"结束"按钮加入程序代码。①切换到 Form1.cs[设计]页签；②利用鼠标双击"结束"按钮，再一次进入程序代码编辑区，如图 10-18 所示。

图 10-18　加入程序代码

07 为事件"btnEnd_Click"编写如下程序代码。

```
31  private void btnEnd_Click(object sender, EventArgs e)
32  {
33      Application.Exit();   //结束应用程序
34  }
```

08 两个按钮的程序代码在 class Form1 类中，如图 10-19 所示。

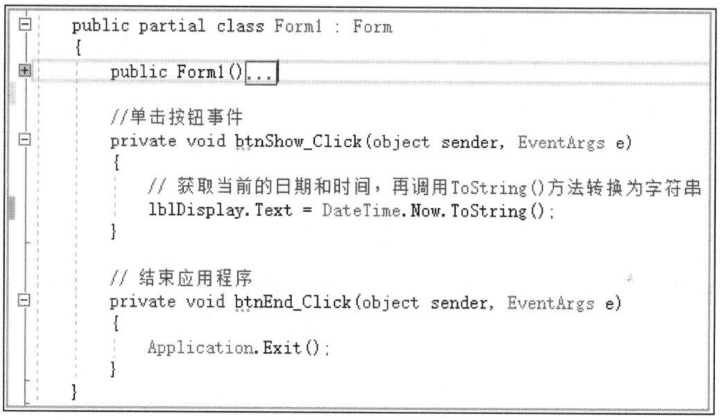

```
public partial class Form1 : Form
{
    public Form1()[...]

    //单击按钮事件
    private void btnShow_Click(object sender, EventArgs e)
    {
        // 获取当前的日期和时间，再调用ToString()方法转换为字符串
        lblDisplay.Text = DateTime.Now.ToString();
    }

    // 结束应用程序
    private void btnEnd_Click(object sender, EventArgs e)
    {
        Application.Exit();
    }
}
```

图 10-19　显示程序代码

【生成可执行程序再执行】

按 F5 键，若生成可执行程序无错误，则程序启动后即会开启"窗体"画面。

用鼠标单击"显示"按钮，上面原本只显示"Label 控件"的标签，会显示出当前的日期和时间。如图 10-20 所示，单击"结束"按钮就会关闭这个窗体程序。

图 10-20　执行结果

【程序说明】

- 虽然是一个 Windows 窗体应用程序，但是结构上它是一个类程序，继承了 Form 类，并且构造函数调用了 InitializeComponent()方法将控件初始化。
- 第 1~20 行：创建 Windows 窗体自动添加的命名空间和程序代码。
- 第 13~19 行：为 Form1 类程序，它是一个继承 Form 类的子类。
- 第 15~18 行：构造函数，调用 InitializeComponent()方法将控件初始化。

- 第 21~24 行：btnShow 按钮的 Click 事件。将 "DateTime.Now" 获取的属性值赋值给 lblshow（Label 控件）的 Text 属性，当用户单击 "显示" 按钮时，Label 控件就会显示字符串内容。
- 第 31~34 行：用户单击 "结束" 按钮时会结束该应用程序。

10.1.4 存储程序的位置

范例项目 "Ex1001" 的所有文件都会存放在以项目名称命名的 "Ex1001" 文件夹下，通过文件资源管理器可以看到有解决方案文件 "Ex1001.sln"、项目文件 "Ex1001.csproj"、窗体文件 "Form1.cs"，等等。而编译后的可执行程序会存放在 "\bin\Debug\" 文件夹下，当鼠标去双击 "Ex1001.exe" 可执行文件时，这个程序就会启动"，如图 10-21 所示。

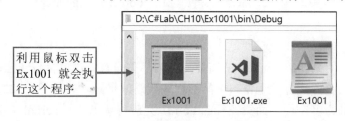

图 10-21 存储程序的位置

10.2 Windows 的运行

虽然前一个范例只在窗体上加了一个标签和两个按钮，严格来说也只写了两行语句，这也是 Windows 窗体的迷人之处。在 Windows 窗体应用程序的运行模式中，大家一定很好奇为什么会有部分类（Partial Class）？常用的主程序 Main()跑哪里去了？通过后续章节来了解更多吧！

10.2.1 部分类是什么

先来看范例项目 "Ex1001" 程序代码的第 13 行的语句。

```
public partial class Form1 : Form {
  //程序区块;
}
```

- 表示 Form1 是一个派生类，它继承了 Form 类，包含与 Form 类有关的属性和方法。
- partial 称为关键字修饰词（Keyword Modifier），用来分割类，表示 Form1 是一个部分类。
- partial 关键字所定义的类、结构或接口要在同一个命名空间（Namespace）中。也就是同名的类要加上 partial 关键字修饰词，使用相同的存取范围或具有相同的作用域（访问权限修饰词也要一样）。
- partial 关键字修饰词只能放在 class、struct 或 interface 前面。

什么是部分类？在解释它之前先了解一下压缩文件。不知道大家有没有用过压缩文件的软件？当源文件过于庞大时，可能会把它进行部分压缩，将一个文件分割成好几个部分，只要设置好编码格式，解压缩时再将多个文件置于相同的文件夹中就不会产生问题。

部分类也就是将一个类存放于不同文件，只要位于相同的命名空间即可。一般来说，Visual Studio 会先创建 Windows 窗体的相关程序代码。当我们创建 Windows 窗体应用程序时，它就会把这些程序代码自动加入到程序中，用户只需通过继承就可以使用这些类的程序代码，而不需要修改 Visual Studio 所创建的文件。

创建 Windows 窗体应用之后，会产生三个文件：①Form1.cs（存放 Form1 类的成员）；②Form1.Designer.cs；③Form1.resx（定义资源文件）。既然 Form1 子类是部分类，那么其他与 Form1 有关的程序又在哪里呢？另一个部分类文件就是"Form1.Designer.cs"。

⊃ Form1.Designer.cs 文件

Form1.Designer.cs 文件用来存放 Windows 窗体控件的相关设置。用鼠标双击它以打开它之后，这个程序文件会以页签方式打开于窗口中间的程序代码编辑区。参考图 10-22，第一行的程序代码使用的是相同的命名空间，而第三行的 Form1 类最前端也加入 partial 关键字。

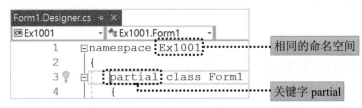

图 10-22　Form1.Designer.cs 部分程序代码 1

继续往下找到一行语句"Windows 窗体设计器生成的代码"（可能是第 23 行语句），单击行号右侧的"+"把它展开之后，参考图 10-23 可在第 29 行找到 InitializeComponent()方法（Form1 类构造函数所调用的方法，由系统自动生成，这些生成的代码在程序代码编辑区通常都以收合方式显示）。只要对 Windows 窗体所进行的设置，都会呈现于此，如图 10-24 所示。

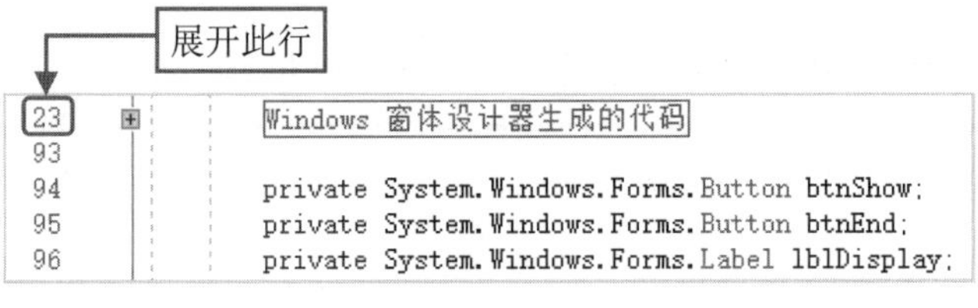

```
                            展开此行

23      ⊞           Windows 窗体设计器生成的代码
93
94                  private System.Windows.Forms.Button btnShow;
95                  private System.Windows.Forms.Button btnEnd;
96                  private System.Windows.Forms.Label lblDisplay;
```

图 10-23　展开收合起来的由 Windows 窗体设计器生成的代码

由于每个控件本身都代表着一个类，因此窗体中加入控件就是实例化某个类。如果再进一步查看，加入 Label1 控件时，就会有这样的语句：

```
//图 10-23，程序代码第 33 行
this.lblDisplay = new System.Windows.Forms.Label();
```

```
23    ┌    #region Windows 窗体设计器生成的代码
24
25    ⊞    /// <summary> 设计器支持所需的方法 - 不要修改 使用代码编辑器修改此方法的内容。
29    ┌    private void InitializeComponent()
30         {
31             this.btnShow = new System.Windows.Forms.Button();
32             this.btnEnd = new System.Windows.Forms.Button();      加入的控件
33             this.lblDisplay = new System.Windows.Forms.Label();
34             this.SuspendLayout();
35             //
36             // btnShow                                            "显示" 按钮
37             //
38             this.btnShow.Font = new System.Drawing.Font("微软雅黑", 11.25F, System.Drawing.
39             this.btnShow.Location = new System.Drawing.Point(28, 97);
40             this.btnShow.Margin = new System.Windows.Forms.Padding(4, 5, 4, 5);
41             this.btnShow.Name = "btnShow";
42             this.btnShow.Size = new System.Drawing.Size(112, 39);   按钮 Click 事件
43             this.btnShow.TabIndex = 0;
44             this.btnShow.Text = "显示";
45             this.btnShow.UseVisualStyleBackColor = true;
46             this.btnShow.Click += new System.EventHandler(this.btnShow_Click);
```

图 10-24　展开的由 Windows 窗体设计器生成的 Form1.Designer.cs 部分程序代码

◆ lblDisplay 由 new 运算符实例化为对象（新的实例）。

"显示"按钮设置了 Name 和 Text 属性，可以从图 10-24 所示的程序代码的第 41、44 行看到这两个属性的设置。加入的 Click 事件也对应到第 46 行程序代码。不建议去修改这些已生成的程序代码，除非读者对 Visual C# 的编写已非常熟悉。

10.2.2　Main()主程序在哪里

控制台应用程序都有 Main()主程序来作为程序的主入口点。那么 Windows 窗体程序的进入点在哪里呢？或者 Main()又藏在哪一个文件里呢？还是得借助解决方案资源管理器查看。它会有一个"Program.cs"文件（熟悉吗？编写控制台应用程序时是以它为主角的），打开它之后可以查看程序代码中是否有 Main()主程序，如图 10-25 所示。

```
15    ┌    static void Main()
16         {
17             Application.EnableVisualStyles();
18             Application.SetCompatibleTextRenderingDefault(false);
19             Application.Run(new Form1());
20         }
```

图 10-25　Program.cs 文件的 Main 主程序

◆ 从图 10-25 来看，Main()主程序下调用了 Application 静态类的方法来执行 Windows 窗体应用程序，更多的内容请参考第 10.2.3 小节。
◆ 第 17 行：使用 Application 类提供的静态函数 EnableVisualStyles()来产生可视化效果
◆ 第 18 行：SetCompatibleTextRenderingDefault()若返回值为 False，表示它能提供优于 GDI 的绘图能力。

⊃ 事件委托的概念

Windows 窗体应用程序具有"图形用户接口"（Graphical User Interface，GUI，或称为"图形用户界面"），当用户与 GUI 界面互动时，通过事件驱动（Event Driven）产生事件（Event）。这些事件包含移动鼠标、单击鼠标、双击鼠标、选择指令（或选项）和关闭窗口等。对于现阶

段的 Windows 应用程序来说,要触发的事件大部分事件是鼠标的 Click 事件。要创建事件处理程序可分为两个步骤来施行。

- 在窗体中创建事件处理程序的控件,当前会以"按钮"控件为主。
- 在事件处理程序中加入适用的程序代码。

如果以范例项目"Ex1001"的操作程序来说,单击"显示"按钮时,会触发一个"Click"事件,此事件传递给"事件处理程序","事件处理程序"的程序代码就会改变 Label 控件的显示文字。

通常控件都有它默认的事件处理程序。以窗体来说,当我们在窗体空白处双击时,会进入窗体的加载事件(Form1_Load())。如果双击按钮(Button),就会产生"button1_Click()"事件。不同的控件要编写其事件处理,可使用此方式来进入程序代码编辑区去编写对应的事件处理程序。

10.2.3 消息循环

窗口程序中还有消息循环(Message Loop)的处理。来自 System.Windows.Forms 命名空间提供丰富的用户接口,是我们构建 Windows 窗体应用程序不能缺少的支持。Application 类提供了静态方法和属性来管理应用程序,例如提供方法来启用、停止消息循环,使用属性获取有关应用程序的消息。表 10-2 列举了 Application 类常用的属性和方法。

表 10-2　静态类 Application 的常用成员

Application 静态成员	说　　明
AllowQuit	是否要终止此应用程序
MessageLoop	用来判断消息循环是否存于线程中
OpenForms	获取应用程序已打开的窗体
VisualStyleState	指定可视化样式应用到窗口应用程序
AddMessageFilter()	消息中加入筛选器,监视传送至目的端的消息
DoEvents()	用来处理 Windows 中当前消息队列的消息
EnableVisualStyle()	启用应用程序的可视化外观
Exit()	消息处理完成后结束所有应用程序
ExitThread()	结束当前线程的消息循环,使用窗口全部关闭
OnThreadException()	截取产生错误的线程并抛出异常情况
Restart()	关闭应用程序并启动新的实例
Run()	开始执行标准应用程序消息循环并看见指定窗体
SetCompatibleTextRenderingDefault()	判断是否能提供优于 GDI 的表现能力
SetSuspendState()	让系统暂止或休眠

Run()方法的语法如下:

```
public static void Run(Form mainForm)
```

- mainForm: 要显示的窗体。

Run()方法通常是由"Program.cs"的 Main()主程序来调用，并显示应用程序的主窗口。停止消息循环的处理会调用 Application 类的 Exit()方法。

10.2.4 控件与环境属性

我们已经知道在窗体中加入的控件是某个类实例化后的表现，所以它的属性大部分都可以通过属性窗口进行设置。除此之外也可以通过程序代码来编写，下面先来看这一行语句。

```
lblDisplay.Text = DateTime.Now.ToString();
```

利用 Text 属性获取新值。最简单的方法就是在"="右边给予字符串，即赋值。由于是以 DataTime 结构获取日期和时间，因此必须调用 ToString()方法转换成字符串。如何设置控件的属性？语法如下：

```
对象名称.属性 = 属性值;
```

◆ 属性值可根据属性的类型来设置，可能是字符串，也可能是数值。

范例 项目"Ex1002.csproj"范例说明

在窗体中分别加入两个标签和两个文本框，执行时第一个文本框输入名字，第二个文本框输入密码。

范例 项目"Ex1002.csproj"操作

启动窗体后，在文本框中输入①账号和②密码；③单击"显示"按钮会显示信息对话框，④再单击"确定"按钮就会关闭对话框，如图 10-26 所示。

图 10-26　输入账号和密码

范例 项目"Ex1002.csproj"动手实践

01 创建 Windows 窗体，将项目命名为"Ex1002.csproj"，并按照表 10-3 所示在窗体上加入标签、文本框（Textbox）和按钮。

表 10-3　范例项目 Ex1002 使用的控件

控　件	属　性	属　性　值	控　件	属　性	属　性　值
Form1	Text	Ex1002	Label1	Text	账号：
Button	Name	btnShow	Label2	Text	密码：
	Text	显示	TextBox2	Name	txtPassword
TextBox1	Name	txtAccount		PasswordChar	*

02 完成的窗体如图 10-27 所示。通过 PasswordChar 属性，将输入密码以"*"字符显示，单击"显示"按钮，会把这些获取的信息通过调用 MessageBox 类的 Show()方法显示于对话框中。

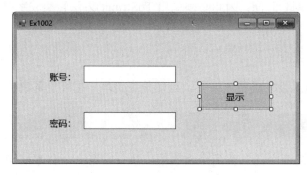

图 10-27　完成的窗体

03 利用鼠标双击"显示"按钮，进入程序代码编辑区（Form1.cs），编写如下程序代码。

```
01  private void btnShow_Click(object sender, EventArgs e)
02  {
03      string userAccount = txtAccount.Text;
04      DateTime showTime = DateTime.Now;   //获取当前时间
05      string saveTime = showTime.ToShortTimeString();
06      if (txtAccount.Text == "")
07        MessageBox.Show("请输入名字");
08      else if (txtPassword.Text == "")
09        MessageBox.Show("请输入密码");
10      else
11      {
12        MessageBox.Show($"Hi! {userAccount}" +
13          $"\n 现在的时间：{saveTime}");
14      }
15  }
```

【生成可执行程序再执行】

按 F5 键，单击窗体右上角的" ![×] "按钮就能关闭窗体。

【程序说明】

- 第 3 行：将第一个文本框输入的名字使用变量 userAccount 存储。
- 第 5 行：使用 DateTime 结构获取的系统时间调用 ToShortTimeString()方法转换为字符串格式。
- 第 6~14 行：if/else if/else 语句判断两个文本框是否输入了字符串，以一队双引号""""表示空字符串。若为空字符串，则调用 MessageBox 类的 Show()方法显示提示信息；若输入了文字，则同样调用 MessageBox 类的 Show()方法将获取的信息输出。

➲ 使用枚举类型

第 3 章介绍过枚举类型的概念，将要存储的成员以枚举类型的常数方式存储。编写 Windows 应用程序时，枚举类型有"其用武之地"。有些属性值要通过内建的枚举类型才能进行设置。例如：标签的前景颜色（ForeColor）要使用属性窗口的调色板，再用鼠标直接单击其中的色块即可完成设置。调色板有三种页签可供选择：①自定义；②Web；③系统。选择"Web"和"系统"页签时会直接显示颜色的名称。而选择"自定义"页签时，通常会有两种情况：

- 直接显示颜色名称，如"Blue"。
- 将颜色以数值"192, 0, 192"或十六进制的 RGB 方式来表示。

如果要直接以颜色名称来进行设置，就必须调用来自命名空间的"System.Drawing"下的 Color 结构。

要使用枚举成员时，它的语法如下：

```
对象.属性名称 = 枚举类型.成员;
```

要设置这些颜色，例如前景颜色（ForeColor）或背景颜色（BackColor），可以调用 Color 的成员，语句如下：

```
对象.ForeColor = Color.成员;
```

常见的 Color 结构成员可参考表 10-4。

表 10-4　常见的颜色成员

成　员	颜　色	RGB	成　员	颜　色	RGB
Black	黑	#000000	White	白	#FFFFFF
Red	红	#FF0000	Blue	蓝	#0000FF
Brown	棕	#A52A2A	Cyan	青绿	#00FFFF
Green	绿	#00FF00	Gold	金黄	#FFD700
Gray	灰	#808080	Navy	海蓝	#000080
Olive	橄榄	#808000	Orange	橘	#FFA500
Pink	粉红	#FFC0CB	Purple	紫	#800080
Silver	银	#C0C0C0	Yellow	黄	#FFFF00

表示颜色的第二种方式就是 ARGB，以 32 位（Bit）的数值来表示，各以 8 个位来代表 Alpha、Red（红色）、Green（绿色）和 Blue（蓝色）。也可以使用 R（红）、G（绿）、B（蓝）的色阶原理组成颜色数值，每一个色阶由 0~255 的数值产生。如果 R(0)、G(0)、B(0)（会以 RGB(0, 0, 0)表示）数值都为 0 就是黑色；RGB(255, 255,255)则是白色。Color 结构的 FromArgb()方法就是以这种概念来调色的，其语法如下：

```
对象.ForeColor = Color.FromArgb(int alpha,   int red, int green, int blue);
```

- ✦ alpha 代表颜色的透明值，也就是颜色与背景颜色混合的程度。要设置不透明的颜色，就要把 alpha 设为 255。
- ✦ red、green、blue 代表红、蓝、绿的颜色设置，设置值为 0~255 之间。

RGB 的色阶也能以 16 位的 0~F 来表示，以两个字节数表示色阶值中的每种主色 "#RRGGBB"，颜色值 "#000000" 为黑色，红色则是 "#FF0000"。要把 Label 控件的文字（前景）颜色设为蓝色时，可以编写如下程序代码。

```
label1.ForeColor = Color.Blue;   //调用成员
```
```
label1.ForeColor = Color.FromArgb(0, 255, 0);   //调用方法
```

在窗体上加入标签控件，通常是没有边框线。在设置边框时，必须调用"System.Windows.Forms"。命名空间的 BorderStyle 枚举类型共有以下三个（见图 10-28）。

- ▪ FixedSingle: 单线边框。
- ▪ Fixed3D: 3D 边框。
- ▪ None 是默认值，为无边框线。

要将 Label 控件的边框改为单线边框，可以编写如下程序代码：

图 10-28   BorderStyle 的属性值

```
label1.BorderStyle = BorderStyle.FixedSingle;
```

⮒ 环境属性

前文提及窗体是一个容器，当窗体的字体有变化时，窗体上的控件字体也会一同变化。也就是它会接收父控件的属性，称为环境属性（Ambient Property）。它包含 4 个要素: ForeColor（前景颜色）、BackColor（背景颜色）、Cursor（光标）、Font（字体）。

比较特别的地方是 Font 是不可变动的。如果窗体上的控件要设置新的字体，就必须通过 new 修饰词覆写 Font 的构造函数（new 修饰词会隐藏父类成员）。它的通用语法如下：

```
对象.属性名称 = new 类的构造函数(参数列表);
```

以 Font 来说，要使用构造函数来重新定义的不外乎是字体（FontFamily）、字体的大小（FontSize）和字形（FontStyle）。FontStyle 也是枚举类型，包含 Bold（粗体）、Italic（斜体）、Regular（常规）、Strikeout（字有删除线）和 Underline（字有下画线）。

```
Botton1.Font = new Font("微软雅黑", 12, FontStyle.Underline);
```

表示按钮的字体选择了"微软雅黑"，字体的大小为"12"且有下画线。

10.3 窗体与按钮

Windows 应用程序的 GUI 界面将窗体以"对话框"来处理，通过 Form 类来创建标准窗口、工具窗口、无边框窗口和浮动的窗口，产生 SDI（单文档界面）或 MDI（多文档界面）。在窗口环境工作时，虽然打开了 Word 软件，也可能打开了浏览器进行网页浏览，但是永远只有一个"活动的窗口"（Active Window）会获取"焦点"（Focus），获取焦点的窗口才能接受鼠标或键盘输入的相关信息。

10.3.1 窗体的属性

和所有的控件一样，窗体也可以使用它的属性设置字体、前景颜色或背景颜色，参考表 10-5 的简要说明。

表 10-5 窗体的属性

Form 类属性	说　　明
BackColor	背景颜色
BackgroundImage	获取或设置控件中显示的背景图像
Cursor	获取或设置鼠标指针移至控件上时显示的光标
Font	设置字体、大小
ForeColor	默认窗体上所有控件的前景颜色
FormBorderStyle	获取或设置窗体的框线样式
RightToLeft	支持从右到左字体，获取/设置控件组件是否对齐
Text	用来改变窗口的标题
Enabled	获取或设置控件是否响应用户的互动
AcceptButton	用户按下 ENTER 键，获取或设置所按下的按钮
CancelButton	用户按下 ESC 键时来获取按钮控件
DesktopLocation	使用获取或设置窗体在 Windows 桌面的位置
MaximizeBox	是否要在窗体显示"最大化"按钮
MinimizeBox	是否要在窗体显示"最小化"按钮
StartPosition	获取或设置窗体在运行时间的开始位置
Size/AutoSize	获取或设置窗体大小
Opacity	用来控制窗口的透明度（值为 0.0~1.0）

⊃ 设置窗体的大小

在设计阶段，窗体的大小（Size）属性可以直接使用数字来表示它的宽（Width）和高度（Height），如图 10-29 所示。或者将鼠标移向窗体右下角，向右下方拖曳来改变其大小。在

程序运行时，要让窗体根据填装的控件进行大小的改变，就要配合 AutoSize 和 AutoSizeMode
属性。

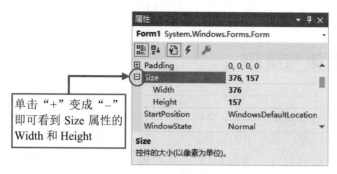

图 10-29　窗体的宽和高

将 AutoSize 设置为"True"才能进一步以 AutoSizeMode 属性来指定窗体的大小模式，运行时根据其属性值来指定它的大小。AutoSizeMode 有两个枚举成员。

- GrowAndShrink: 窗体无法以手动方式调整，它会根据控件的排列自行决定放大或缩小。
- GrowOnly: 默认值。窗体会根据控件排列来放大一倍，但会小于它原来的 Size 属性值。

◆ **窗体运行的起始位置**

属性 StartPosition 用来决定窗体运行时的位置从哪里开始，所以设置它时是在窗体显示之前，也就是调用 Show()方法或 ShowDialog()方法之前就需先设置好，或者直接使用窗体的构造函数进行设置。设置时会调用 FormStartPosition 枚举类型，它的成员如下：

- CenterParent: 根据父窗体的界限将子窗体居中。
- CenterScreen: 窗体根据屏幕大小显示于中央位置。
- Manual: 窗体的位置由 Location 属性来决定。
- WindowsDefaultBounds: 窗体会按 Windows 的默认范围显示。
- WindowsDefaultLocation: 窗体会按 Windows 的默认范围以及指定大小显示。

10.3.2　窗体的常用方法

要关闭窗体，可直接调用窗体的 Close()方法。窗体还有哪些常用的方法呢？可以参考表 10-6 中的简要介绍。

表 10-6　窗体的方法

Form 类方法	说　　明
Activate()	激活窗体并给予焦点
ActivateMdiChild()	激活窗体的 MDI 窗体
AddOwnedForm()	将指定的窗体加入附属窗体
CenterToParent()	将窗体的位置置于父窗体范围的中央
CenterToScreen()	将窗体置于当前屏幕的中央位置

（续表）

Form 类方法	说　明
Close()	关闭窗体
Focus()	设置控件的输入焦点
OnClose()	触发 Closed 事件
OnClosing()	触发 Closing 事件
ShowDialog()	将窗体显示为模式对话框

10.3.3　窗体的事件

除了窗体的属性、方法外，还有窗体事件，比较常见的有以下三种：

- Load()：程序开始运行，第一次加载窗体时所触发的事件。能进行变量、对象等的初始值设置，因为它只会执行一次，而且在窗体事件过程中拥有最高的优先权。
- Activated()：启动窗体时，更新窗体控件中所显示的数据，一般设置为"活动中的窗体"，它的优先权仅次于 Load 事件。窗体第一次加载时，会先执行 Load 事件过程，接着打开窗体来执行 Activated 事件过程。
- Click()事件：用户用鼠标在窗体上单击所触发的事件过程。

范例 项目"Ex1003.csproj"范例说明

- 第一个窗体有一个按钮控件用来结束窗体。利用"Form_Load()"事件，程序执行时会先加载此事件。
- 用程序代码产生第二个半透明窗体和一个按钮，使用属性 Opacity（值越小透明度越大）让窗体呈半透明状。单击第二个窗体的"取消"按钮或者右上角的"X"按钮都可以关闭第二个窗体回到第一个窗体。

范例 项目"Ex1003.csproj"操作

启动程序后，先载入第二个透明窗体，①单击"取消"按钮会关闭窗体并加载第一个窗体；②单击"结束"按钮关闭窗体，如图 10-30 所示。

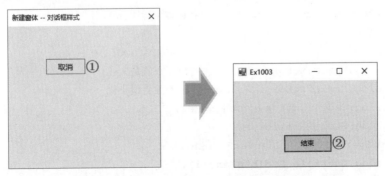

图 10-30　范例项目 Ex1003 的运行过程和结果

范例 项目 "Ex1003.csproj" 动手实践

01 创建 Windows 窗体项目，并按表 10-7 在窗体上加入控件并进行设置。

表 10-7　范例项目 Ex1003 的控件

控　件	属　性	值	控　件	属　性	值
Form1	Text	Ex1003	Button	Name	btnClose
	Font	微软雅黑，9		Text	结束

02 完成的窗体如图 10-31 所示。

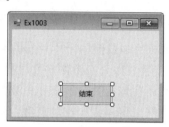

图 10-31　完成的窗体

03 在窗体空白处双击鼠标进入 "Form1.cs" 程序文件的编辑状态，在自动加入的 "Form1_Load()" 事件处理程序中编写如下程序代码。

```
01  private void Form1_Load(object sender, EventArgs e)
02  {
03      Form frmDialog = new Form();
04      frmDialog.Text = "新建窗体 -- 对话框样式";
05      Button btnCancel = new Button();  //创建新的按钮
06      btnCancel.Font = new Font("微软雅黑", 9);
07      btnCancel.AutoSize = True;//自行重设大小
08      btnCancel.Text = "取消";
09      btnCancel.Location = new Point(70, 80);  //设置位置
10      frmDialog.FormBorderStyle =
11          FormBorderStyle.FixedDialog;
12      frmDialog.Opacity = 0.85;       //将窗体变透明一些
13      frmDialog.AutoSize = True;
14      frmDialog.AutoSizeMode = AutoSizeMode.GrowOnly;
15      frmDialog.MaximizeBox = False;   //不设置最大化
16      frmDialog.MinimizeBox = False;   //不设置最小化
17      frmDialog.CancelButton = btnCancel;
18      frmDialog.StartPosition =
19          FormStartPosition.CenterScreen;
20      frmDialog.Controls.Add(btnCancel);
21      frmDialog.ShowDialog(); //显示窗体
22  }
```

04 切换到 Form1.cs[设计]页签,利用鼠标双击"结束"按钮,再一次进入程序代码编辑区,在"btnClose_Click"事件处理程序区块中编写如下程序代码。

```
31  private void btnClose_Click(object sender, EventArgs e)
32  {
33    Close();    //关闭窗体
34  }
```

【生成可执行程序再执行】

按 F5 键,若生成可执行程序无错误,则会加载第二个窗体。

【程序说明】

- 第 3、5 行:用 new 运算符创建一个窗体和按钮实例。
- 第 6~8 行:以 new 修饰词调用 Font 类的构造函数,重设按钮的字体和文字的大小,并将 AutoSize 设为 True,它会按文字的大小来调整本身的宽和高度。
- 第 9 行:同样以 new 修饰词调用 Point 结构的构造函数,重设 X 和 Y 的坐标位置,通常以窗体的左上角为原点。
- 第 10、11 行:将第二个窗体的属性 FormBorderStyle 设为单线边框。
- 第 12 行:将窗体设成半透明状,值为"0.0~1.0",值越小,透明度越高。
- 第 13 行:将属性 AutoSize 设为 True 时,才能进一步以属性 AutoSizeMode 进行设置,属性值"GrowOnly"表示窗体会按控件的排列来放大。
- 第 17 行:将"取消"按钮指定给窗体右上角的 ⊠ 按钮,只要用户单击其中一个就能关闭窗体。
- 第 18、19 行:运行窗体时,使用属性 StartPosition 来调用 FormStartPosition 枚举类型的成员"CenterScreen",将窗体显示于屏幕中央。
- 第 20 行:由于窗体的控件是一群控件的集合,因此以 Controls 属性来调用 ControlCollection 类的 Add()方法,将实例化的按钮加入才能在窗体上显示。
- 第 21 行:调用窗体的 ShowDialog()方法,让第二个窗体以对话框样式来呈现。
- 第 31~34 行:"btnClose_Click"事件比较简单,调用 Close()方法来关闭窗体。

10.3.4 Button 控件

与 Windows 窗体互动最密切就是 Button(中文称"按钮")控件。在编写 Windows 应用程序时最常以"Click"事件来执行相关程序。Button 本身也是类,下面参考表 10-8 来认识它的相关成员。

表 10-8 按钮控件的成员

成　　员	默认值	说　　明
Anchor	Top, Left	获取或设置控件的容器边缘,可由父容器来重设大小
AutoSize	False	是否根据内容自动调整,设置为 False 表示不自动调整
BackColor	Control	设置按钮背景色

（续表）

成　　员	默认值	说　　明
Dock	None	是否停驻于父容器
Enabled	True	按钮被按下时是否起作用，True 表示起作用
Font		设置按钮的字体
ForeColor	ControlText	设置按钮的前景颜色，就是字体颜色
Image		设置按钮的显示图像
Size		确定按钮的宽和高度
Text	button1	按钮上要显示的文字
Visible	True	确定按钮是显示或隐藏，设置为 True 表示显示
Show()		显示按钮控件
Click()事件		单击按钮会触发此事件

在某些情况下，要让按钮按下不起作用，可将程序代码编写如下：

```
button1.Enabled = False;
```

表示按钮无作用，以灰色状态呈现，如图 10-32 所示左侧的按钮。

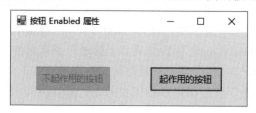

图 10-32　按钮是否起作用显示时也是有区别的

10.4 ▶ MessageBox 类

MessageBox 就是用来显示消息和用户交互的。在先前的范例中，我们使用 Show()方法产生消息对话框来显示消息。本节来介绍它更多的用法。一个完整的消息对话框如图 10-33 所示，包括①消息内容、②标题栏、③按钮和④图标。

图 10-33　消息对话框

10.4.1　显示消息

MessageBox 的 Show()方法提供消息的显示，大概分为以下两种。

- 第一种就是单纯地显示消息，就像我们之前用过的，表示"我知道了"，所以消息对话框只有一个，按钮则可能是"确定"按钮或"是"按钮。
- 第二种是"知道了之后还要有进一步的操作"，所以按钮会有两种以上，单击不同的按钮要有不同的响应方式。

MessageBox 的 Show()方法的语法如下：

```
MessageBox.Show(text, [, caption[, buttons[, icon]]]);
```

- text（文字，即消息）：在消息框显示的文字，为必要参数。
- caption（标题）：位于消息框标题栏的文字。
- button（按钮）：它会调用 System.Windows.Forms 命名空间，使用 MessageBoxButtons 枚举类型，提供按钮，用于与用户进行不同的消息响应，可参考第 10.4.2 小节。
- icon（图标）：同样会调用 System.Windows.Forms 命名空间，使用 MessageBoxIcon 枚举类型，表明消息框的用途。

※ 提示 ※

编写程序代码时是否觉得输入"MessageBox.Show()"这一长串太长了，这个 IntelliSense 都考虑到：

- ①输入 mbox；②再按两次 Tab 键即可完成整个字串的输入，如图 10-34 所示。

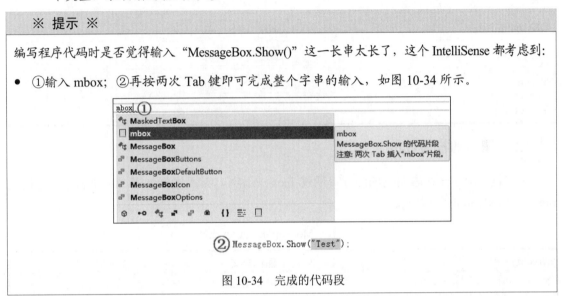

图 10-34　完成的代码段

10.4.2　按钮的枚举成员

如何调用消息框的 Show()方法？下面以简单语句来说明它的基本用法，也可以参考图 10-35 来进一步了解。

```
MessageBox.Show("是否要关闭文件"); //只有消息
MessageBox.Show("是否要关闭文件", "第 10 章"); //消息和标题
```

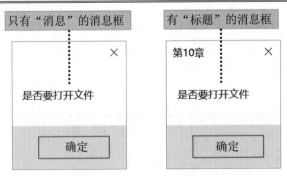

图 10-35　简单的消息框

❍ 消息对话框的响应按钮

消息对话框的响应按钮能与用户进行不同的响应，通过 buttons 指定在消息框中要显示哪些按钮。表 10-9 说明了 MessageBoxButtons 枚举类型的成员。

表 10-9　MessageBoxButtons 成员

按钮成员	响应按钮
AbortRetryIgnore	中止(A)　重试(R)　忽略(I)
OK	确定
OKCancel	确定　取消
RetryCancel	重试(R)　取消
YesNo	是(Y)　否(N)
YesNoCancel	是(Y)　否(N)　取消

10.4.3　图标的枚举成员

消息框中显示于内容左侧的图标可通过 Icon 来加入，常见图标如表 10-10 所示，它们是 MessageBoxIcon 的常用成员。

表 10-10　MessageBoxIcon 成员

图标成员	图标含义
None	没有图标
Information	ℹ 信息、消息
Error	✖ 错误
Warning	⚠ 警告
Question	❓ 疑问

10.4.4　DialogResult 如何接收

用户单击消息对话框的按钮作为消息的响应时，由于每个按钮都有自己的返回值，因此可以在程序代码中使用 if/else 语句进行判断，根据单击的按钮来产生响应操作。其返回值可参考表 10-11，为 DialogResult 枚举类型的成员。

表 10-11　消息对话框的返回值

按　　钮	返　回　值
Abort	中止(A)
OK	确定

（续表）

按　　钮	返　回　值
Cancel	取消
Retry	重试(R)
Yes	是(Y)
YesNoCancel	否(N)
Ignore	忽略(I)
None	表示模式对话框会继续执行

范例 项目"Ex1004.csproj"范例说明

- 输入账号、密码和性别。以 if/else 语句配合文本框的属性 Length（长度）来进行判断，账号和密码都不能少于 5 个字符。
- RadioButton 以属性 Checked 来检查性别是否被选择。如果一切无误，调用 MessageBox 的 Show()方法显示结果。

范例 项目"Ex1004.csproj"操作

01 输入账号和密码，如果密码字符数小于 5，那么单击"确定"按钮会有消息框提示密码字符数不对；单击消息框中的"取消"按钮会清除刚输入的密码，如图 10-36 所示。

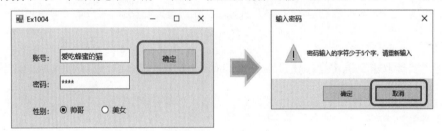

图 10-36　输入账号和密码

02 重新输入大于 5 个字符的密码，单击"确定"按钮之后，会以消息框显示相关消息；单击"确定"按钮之后就会关闭应用程序，如图 10-37 所示。

图 10-37　关闭应用程序

03 创建 Windows 窗体项目，并按照表 10-12 在窗体上进行控件的设置。

表 10-12　范例项目 Ex1004 使用的控件

控　件	属　性	值	控　件	属　性	值
Form1	Text	Ex1004	Label2	Text	密码：
	Font, Size	10	Label3	Text	性别：
TextBox1	Name	txtAccount	RadioButton1	Name	rabMale
	MaxLength	20		Text	帅哥
TextBox2	Name	txtPwd	RadioButton2	Name	rabFemale
	MaxLength	10		Text	美女
	PasswordChar	*	Button	Name	btnCheck
	BorderStyle	None		Text	确定
Label1	Text	账号：			

04 完成的窗体如图 10-38 所示。

图 10-38　完成的窗体

05 利用鼠标双击 "确定" 按钮进入 "btnCheck_Click()" 事件处理程序区块，编写如下程序代码。

```
01 private void btnCheck_Click(object sender, EventArgs e)
02 {
03    String message = "输入的字符少于 5 个字，请重新输入";
04    String account = "输入账号";
05    String password = "输入密码";
06    MessageBoxButtons btnName = MessageBoxButtons.YesNo;
07    MessageBoxButtons btnPwd = MessageBoxButtons.OKCancel;
08    MessageBoxIcon iconInfo = MessageBoxIcon.Information;
09    MessageBoxIcon iconWarn = MessageBoxIcon.Warning;
10    //消息框的返回值
11    DialogResult result, confirm;
12    //第一层 if/else 语句：名称的字符数必须大于或等于 5 个字符
13    if (txtAccount.Text.Length >= 5)
14    {
15       if (txtPwd.Text.Length >= 5)
```

```
16        {
17            string verify = $"{txtAccount.Text}," +
18               $"{(rabMale.Checked ? "帅哥" : "美女")}, 你好！" +
19               $"\n 密码：{txtPwd.Text}, 信息正确";
20            confirm = MessageBox.Show(verify);
21            ResultMsg(confirm); //传入参数值进行后续处理
22        }
23        else   //密码字符数小于 5 个字符时，显示消息
24        {
25            result = MessageBox.Show("密码" + message,
26               password, btnPwd, iconWarn,
27               MessageBoxDefaultButton.Button2);
28            ResultMsg(result);
29        }
30      }
31      else   //姓名字符数小于 5 个字符时显示消息
32      {
33         result = MessageBox.Show("名字" +
34            message, account, btnName, iconInfo);
35         ResultMsg(result);
36      }
37 }
41 //ResultMsg()方法请参考范例
```

【生成可执行程序再执行】

按 F5 键，若无错误，则会加载窗体。

【程序说明】

◆ 第 3~5 行：设置消息框的标题。

◆ 第 6、7 行：根据 MessageBoxButton 来设置响应按钮。

◆ 第 8、9 行：根据 MessageBoxIcon 来设置图标的常数值。

◆ 第 13~36 行：第一层 if/else 语句配合文本框的属性 Length（字符长度）来判断账号的字符串长度是否大于 5 个字符。如果有，进入第二层的 if/else 条件判断。如果不符合，就调用 getMessage()方法清除文本框的文字并调用 Focus()方法重新获取输入焦点。

◆ 第 15~29 行：第二层 if/else 语句判断输入的密码是否多于 5 个字符，如果不是，就调用 getMessage()方法清除输入密码的文本框。

◆ 第 17~20 行：RadioButton 控件以属性 Checked 来判断是否被选中。如果被选中，就调用 MessageBox 类的 Show()方法显示账号、密码和性别的相关信息。此处使用字符串内插方式并以条件运算符 "? :" 来判断选中的性别。

10.5 ▶ 重点整理

◆ 每个事件处理程序都提供两个参数：第一个参数 sender 提供触发事件的对象引用；第二个参数 e 用来传递要处理事件的对象。

◆ 来自 System.Windows.Forms 命名空间提供了丰富的用户接口（或用户界面），是构建 Windows 窗体应用程序不能缺少的支持。Application 类提供了静态方法和属性管理应用程序。

◆ 用 partial 关键字修饰词所定义的类，代表它可以把类进行分割，但类必须存放在同一个命名空间、使用相同的存取范围或具有相同的作用域（访问权限修饰词也要一样）。它只能放在 class、struct 或 interface 前面。

◆ Windows 窗体应用程序具有"图形用户接口"（Graphical User Interface，GUI，或称为"图形用户界面"），当用户与 GUI 界面互动时，通过事件驱动（Event Driven）产生事件（Event）。这些事件包含移动鼠标、单击鼠标，双击鼠标，选择指令和关闭窗口等。

◆ 环境属性（Ambient Property）会接收父控件的属性。它包含 4 个要素：ForeColor（前景颜色）、BackColor（背景颜色）、Cursor（光标）、Font（字体）。

◆ 表示颜色的 ARGB，以 32 位（Bit）数值来表示，各以 8 个位来代表 Alpha、Red、Green 和 Blue。使用 R（红）、G（绿）、B（蓝）的色阶原理组成颜色数值，每一个色阶由 0~255 的数值产生。当 RGB (0, 0, 0) 数值都为零时就是黑色，RGB(255, 255, 255) 则是白色。

◆ 窗体的 Load() 事件在窗体事件过程中拥有最高的优先权，它只会执行一次，可以对变量、对象等设置初始值。

◆ 一个完整的消息对话框包含：①信息内容、②标题栏、③按钮、④图标。按钮可通过设置 MessageBoxButtons 枚举类型的不同成员来提供不同的按钮，图标也由 MessageBoxIcon 枚举成员来提供。

10.6 ▶ 课后习题

一、填空题

1. 编写 Windows 窗体应用程序要导入.NET Framework 类库的_____命名空间。

2. 每个事件处理程序都有两个参数：第一个参数 sender_____；第二个参数_____用来传递要处理事件的对象。

3. 控件属性中用来编写程序代码的识别名称是_____属性；显示于窗体标题栏的文字是_____属性。

4. 编写 Windows 窗体应用程序时，会产生的 3 个文件是：①_____；②_____；③_____。

5. Application 类提供的静态方法，其中的＿＿＿＿＿＿方法会结束所有应用程序；＿＿＿＿＿＿方法开始执行标准应用程序并显示出指定的窗体。

6. 在窗体中加入控件后，属性＿＿＿＿＿＿可以更改控件的字体颜色，要改变控件的背景色则是属性＿＿＿＿＿＿。

7. Color 结构表示颜色，ARGB 色阶的 A 表示＿＿＿＿＿＿，R 表示＿＿＿＿＿＿，G 表示＿＿＿＿＿＿，B 表示＿＿＿＿＿＿；以 RGB 表示白色，即 RGB(＿＿＿＿＿＿，＿＿＿＿＿＿，＿＿＿＿＿＿)。

8. 设置控件的外框时，可以使用 BorderStyle 枚举类型，设置单线边框时为＿＿＿＿＿＿，3D 边框则要用＿＿＿＿＿＿。

9. 要将按钮控件的字体设为楷体并加粗，字号为 14，程序代码要如何编写？
＿＿＿＿＿＿＿＿＿＿＿＿＿＿＿＿＿＿＿＿＿＿＿＿＿＿＿＿＿＿＿＿＿＿。

10. 设置窗体的起始位置要通过属性＿＿＿＿＿＿，属性＿＿＿＿＿＿决定窗体大小，属性＿＿＿＿＿＿用来控制窗体的透明度；第一次加载窗体所触发的事件为＿＿＿＿＿＿。

11. 请填写图 10-39 中消息框各个部分的作用。①＿＿＿＿＿＿；②＿＿＿＿＿＿；③＿＿＿＿＿＿；④＿＿＿＿＿＿。

图 10-39　消息框

二、问答题与实践题

1. 请简单说明什么是部分类？

2. 参考范例项目"Ex1001"，单击按钮让标签只显示当前的时间，①把标签的前景改为白色，背景改为蓝色，并将边框线改变为 3D 边框；②把标签字体设置为粗体 Arial，字号为 20。

3. 参照图 10-40 实现的 Windows 窗体应用程序，输入两个数字进行加、减、乘、除运算，使用 RadioButton 制成运算单选按钮，计算结果以消息框输出。

4. 使用文本框和标签配合数组概念，算出总分、平均分并找出最高分，窗体对话框如图 10-41 所示。

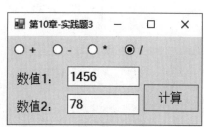

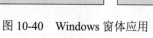
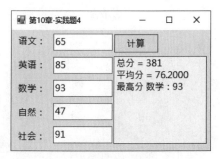

图 10-40　Windows 窗体应用

图 10-41　窗体对话框

第11章

公共控件

章 | 节 | 重 | 点

✛ Windows 窗体提供众多控件，按照其功能，对常用的控件做一个通盘的认识。

✛ 显示信息内容的控件有 Label、LinkLabel。

✛ 控件 TextBox、RichTextBox 可以与用户交互。

11.1 显示信息

工具箱窗口中的"公共控件"是较为常见的控件，根据控件功能介绍它们的功能与常见的属性。显示信息内容的控件包含 Label（标签）和 LinkLabel（超链接标签）两种，如表 11-1 所示。

表 11-1　显示信息的公共控件

控　　件	用　　途
Label	显示信息，用户无法输入
LinkLabel	提供 Web 链接，打开应用软件

11.1.1　标签控件

第 10 章使用过标签（Label）控件，对于属性 BorderStyle（边框样式）、Font（字体）和 ForeColor（前景颜色）也做过一番探讨。Text 和 Name 属性几乎是每个控件都会拥有的属性。除此之外，还有哪些常用属性呢？下面来一起了解吧。

➲ 属性 AutoSize（默认为 True）

属性 AutoSize（自动调整大小）的默认属性值可以让标签根据字符串的多少来调整标签的宽度。如果将它的属性值设置为 False，就不会自动调整标签的宽度了。程序代码编写如下：

```
label1.AutoSize = True;   //标签宽度会随字符串长度进行调整
label1.AutoSize = False;  //标签宽度不随字符串长度进行调整
```

与 AutoSize 有关的是 Size 属性。当 AutoSize 为"True"时，Size 无法改变其 Width 和 Height 的值。在设计阶段，可以使用属性窗口 Size 的 Width 和 Height 属性进行调整。如果要以程序代码来编写，该如何做呢？

```
label1.AutoSize = False;          //不进行自动调整，使用 Size 才能调整
label1.Size = new Size(10, 10);  //重新设置大小
```

➧ 要设置 Size 属性必须调用 Size 结构的构造函数来重新设置宽和高的值。

➲ 属性 TextAlign（默认为 TopLeft）

在标签控件中，要让文字对齐就要通过 TextAlign 属性，它共有 9 种方式，使用"属性"窗口就能一目了然，如图 11-1 所示。

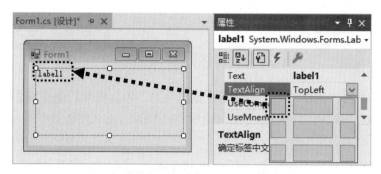

图 11-1　TextAlign 的默认位置

操作　"Label 控件"改变 TextAlign 的位置

STEP 01 选择 Label 控件，从"属性"窗口找到属性 TextAlign。

STEP 02 单击 按钮展开下拉列表，①利用鼠标选取"MiddleCenter"；②随后标签控件的文字会以"垂直居中，水平居中"的方式对齐，如图 11-2 所示。

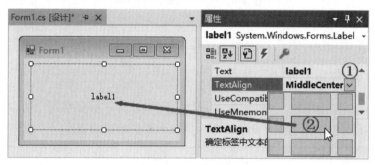

图 11-2　对齐文字

若要以程序代码控制 TextAlign 属性，语句如下：

```
Label1.TextAlign = ContentAlignment.TopLeft;
```

由上述程序代码可知，将文字对齐时会调用 ContentAlignment 枚举类型，其枚举的常数值如下。

- TopLeft：表示文字对齐方式"垂直向上，水平靠左"。
- TopMiddle：表示文字对齐方式"垂直向上，水平居中"。
- TopRight：表示文字对齐方式"垂直向上，水平靠右"。
- MiddleLeft：表示文字对齐方式"垂直居中，水平靠左"。
- MiddleCenter：表示文字对齐方式"垂直居中，水平居中"。
- MiddleRight：表示文字对齐方式"垂直居中，水平靠右"。
- BottomLeft：表示文字对齐方式"垂直向下，水平靠左"。
- BottomMiddle：表示文字对齐方式"垂直向下，水平居中"。
- BottomRight：表示文字对齐方式"垂直向下，水平靠右"。

⊃ Visible 显现属性（默认为 True）

设置控件在运行时是否显现，若为"True"则运行时会显现于窗体上；若为"False"则被隐藏，程序代码编写如下。

```
Label1.Visible = False;   //运行时标签控件会被隐藏
```

范 例 项目"Ex1101.cspro"范例说明

在文本框中输入名称和提款额，单击"显示"按钮会从窗体底部的 Label 控件输出信息，通过这个范例进一步认识属性 TextAlign 的文字对齐作用。

范 例 项目"Ex1101.csproj"动手实践

01 创建 Windows 窗体项目，在窗体上加入如表 11-2 所示的控件，并设置它们的属性值。

表 11-2　范例项目 Ex1101 使用的控件及其属性设置值

控　　件	属　　性	值	控　　件	属　　性	值
Form1	Text	Ex1101	Label2	Text	提款额：
	Font	微软雅黑，11	Label3	Name	lblMsg
TextBox1	Name	txtName		TextAlign	MiddleCenter
TextBox2	Name	txtMoney	Button	Name	btnShow
Label1	Text	名称：		Text	显示

02 完成的窗体如图 11-3 所示。

图 11-3　完成的窗体

03 利用鼠标双击"显示"按钮，编写"btnShow_Click()"事件处理程序。

```
01  private void btnShow_Click(object sender, EventArgs e)
02  {
03      string name = txtName.Text;
04      int money = int.Parse(txtMoney.Text);
05      lblMsg.Text = $"Hi! {name}, \n 提款额 {money:c0}";
06  }
```

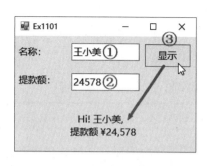

【生成可执行程序再执行】

按 F5 键，若生成可执行程序无错误，则程序启动后即会开启"窗体"，如图 11-4 所示。

图 11-4　开启窗体

【程序说明】

◆ 第 4 行: 将文本框获取的字符串用 Parse()方法转换为 int 类型。

◆ 第 5 行: 使用标签控件的属性 Text，配合字符串内插方式输出结果。

11.1.2　超链接控件

在网络上冲浪时，有了超链接，"书本"是立体的，图片也可以形成图与图之间相连相续。不过这里的超链接是以超链接标签（LinkLabel）控件，将 Web 网页、电子邮件和应用程序加入 Windows 窗体中。在窗体中加入超链接标签的方式如图 11-5 所示。

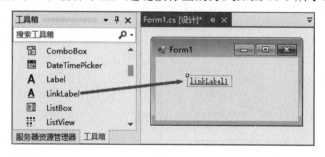

图 11-5　在窗体中加入超链接标签（LinkLabel）控件

除了拥有标签控件的属性，超链接控件常见的属性都与超链接有关。在链接的文字上单击鼠标，是否要改变文字颜色？已使用过的链接该如何呈现？下面进行介绍。

⊃　与超链接有关的属性

"ActiveLinkColor"是指用户单击超链接标签控件且未放开鼠标按键之前，其超链接文字所显示的颜色，系统默认是"红色"。"LinkColor"用来设置常规超链接的颜色，系统默认是"蓝色"，如图 11-6 所示。

要以程序代码来重新设置颜色，就意味着要调用"System.Drawing"命名空间下的 Color 结构进行颜色设置，给予颜色的名称。

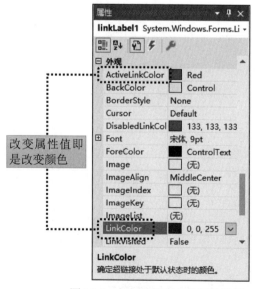

图 11-6　与超链接有关的属性设置

```
linkLabel1.ActiveLinkColor = Color.Yellow;        //设为黄色
```
```
linkLabel1.LinkColor = Color.Limegreen;           //设为绿色
```

要判断是否被浏览过。"LinkVisited"属性能够进行这种判别，它是一个布尔值。默认的属性值设为"False"，表示即使已经被浏览也看不出来；若设为"True"则超链接标签被单击时已经被浏览！

LinkVisited 属性设成 True，才能进一步指定已浏览过超链接标签控件的颜色，配合属性 VisitedLinkColor 发生变化，它的默认值是"紫色"。要编写的语句如下：

```
linkLabel1.LinkVisited = True;        //单击时表示已被浏览
//已被浏览的颜色
linkLabel1.VisitedLinkColor = Color.Maroon;
```

属性 LinkBehavior 用来设置超链接标签控件中的文字是否要加下画线，它的属性值说明如下。

- SystemDefault：系统默认值。
- AlwaysUnderline：表示永远要加下画线。
- HoverUnderline：表示鼠标指针停留时加下画线。
- NeverUnderline：永远不加下画线。

通过编码程序代码来让控件在鼠标停留时加下画线，采用如下程序语句：

```
linkLabel1.LinkBehavior = LinkBehavior.HoverUnderLine;
```

将超链接标签控件的 Enable（启用）属性设置为"False"时，可使用属性 DisabledLinkColor（默认为灰色）表示链接未起作用时所显示的颜色，程序代码如下：

```
linkLabel1.DisableLinkColor = Color.White;
```

范例 操作"LinkLabel 控件"以 LinkArea 属性设置文字，再给文字设置超链接。

➡️ **01** 选择 LinkLabel 控件，在"属性"窗口中找到 LinkArea 属性。

➡️ **02** "LinkArea"的默认属性值是"0，10"，表示第一个字符开始的索引值为零，共 10 个字符具有超链接功能。

➡️ **03** ①单击 … 按钮打开其编辑器，输入文字；②例如输入"Windows 窗体的程序设计"，再选择"程序设计"；③单击"确定"按钮关闭编辑器，如图 11-7 所示。

➡️ **04** 展开 LinkArea 属性会看到"Start"和"Length"，参考图 11-8 所示的数字，表示从下标编号第"11"个字符开始，共有"4"个字符来作为超链接。

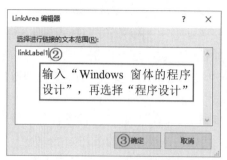

图 11-7　设置超链接

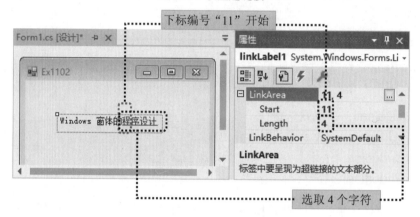

图 11-8　选择作为超链接的文字

以部分文字作为超链接的对象，下面先认识方法 LinkArea()的语法。

```
LinkArea(Start, Length);
```

- Start：起始字符值从"0"开始（注意：一个汉字算一个字符）。
- Length：要设置为超链接时选择的字符长度。

若要以程序代码来设置属性，则先用 Text 属性设置文字内容，再使用 LinkArea 属性设置要链接的文字。范例程序语句如下：

```
linkLabel1.Text = "Windows 窗体的程序设计";
linkLabel1.LinkArea = new LinkArea(11, 4);
```

- 要以 new 运算符调用 LinkArea 结构的构造函数，重新设置它要链接的文字。

用户在超链接标签控件上单击鼠标时，会触发 LinkClicked()事件处理程序。使用超链接标签控件可链接的对象包含执行文件、网址和电子邮件信箱。进行链接时必须引用 "System.Diagnostics"命名空间作为程序监控，通过此命名空间 Process 类的 Start()方法启动要执行的处理程序。语法如下：

```
System.Diagnostics.Process.Start("String");
```

◆ String 表示要链接的对象：应用软件、网址和电子邮件。

此处引用的命名空间并未导入，所以要以"空间名称.类名.方法名"（System.Diagnostics.Process）来调用。直接调用 Start 方法时会有图 11-9 所示的错误信息。

图 11-9　未引用命名空间的错误信息

直接在 Form1.cs 程序代码的开头处，使用"using"关键字加入 System.Diagnostics 命名空间，如图 11-10 所示。

```
using System.Diagnostics;
```

范例 项目"Ex1102.csproj"范例说明

在窗体加入两个标签超链接控件。单击第一个控件会进入"Visual Studio"网站，单击第二个控件会打开本章的范例项目"Ex1101"。

范例 项目"Ex1102.csproj"操作

STEP 01 启动程序，鼠标移向第一行文字的"Visual"，鼠标指针改变成手指形状时，单击鼠标左键就会进入微软的官方网站，如图 11-10 所示。

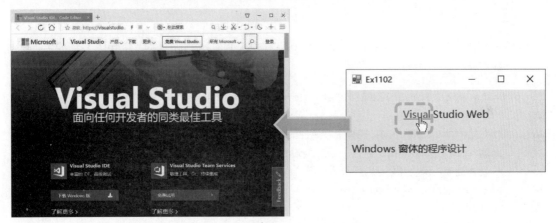

图 11-10　范例项目 Ex1102 的运行结果 1

STEP 02 启动程序，鼠标移向第二行文字的"程序设计"，鼠标指针改变成手指形状时，单击鼠标左键就会打开范例程序"Ex1101"，如图 11-11 所示。

图 11-11　范例项目 Ex1102 的运行结果 2

范例 项目 "Ex1102.csproj" 动手实践

01 创建 Windows 窗体项目，在窗体上加入如表 11-3 所示的控件，并设置它们的属性值。

表 11-3 范例项目 Ex1102 使用的控件及其属性设置值

控 件	属 性	值
linkLabel2	Name	lnkGetIP
linkLabel1	Name	lnkOpenApp
	LinkVisited	True
	LinkBehavior	HoverUnderline
Fomr1	Font	微软雅黑，11

02 完成的窗体如图 11-12 所示。

图 11-12 完成的窗体

03 在窗体空白处双击鼠标进入 "Form1.cs" 程序文件，编写如下的 "Form1_Load()" 事件处理程序。

```
01  private void Form1_Load(object sender, EventArgs e)
02  {
03      //对第一个 linkLabel1 控件进行属性的设置，链接网页，设置超链接颜色
04      lnkGetIP.LinkColor = Color.DarkOrchid;
05      //设置链接，未放开鼠标前所显示的颜色
06      lnkGetIP.ActiveLinkColor = Color.Yellow;
07      lnkGetIP.LinkVisited = True; //如果已被浏览过
08      //已被浏览过的超链接会改变颜色
09      lnkGetIP.VisitedLinkColor = Color.Maroon;
10      //鼠标指针停留时才显示底线
11      lnkGetIP.LinkBehavior = LinkBehavior.HoverUnderline;
12      //从第 1 个字符开始作为链接对象，字符长度为 6
13      lnkGetIP.Text = "Visual Studio Web";
14      lnkGetIP.LinkArea = new LinkArea(0, 6);
15  }
```

04 按 Shift + F7 组合键回到 Form1.cs[设计]页签，利用鼠标双击第一个标签超链接控件，编写如下的 "lnkGetIP_LinkClicked()" 事件处理程序。

```
21  private void lnkGetIP_LinkClicked(object sender,
22      LinkLabelLinkClickedEventArgs e)
23  {
24    Process.Start("https://www.visualstudio.com/");
25  }
```

05 切换到 Form1.cs[设计]页签，用鼠标双击第二个标签超链接控件，编写如下"lnkOpenApp_LinkClicked()"事件处理程序。

```
31  private void lnkOpenApp_LinkClicked(object sender,
32      LinkLabelLinkClickedEventArgs e)
33  {
34    Process.Start("D:\\C#Lab\\CH11\\Ex1101\\" +
35      "bin\\Debug\\Ex1101.exe");
36  }
```

【生成可执行程序再执行】

按 F5 键，若生成可执行程序无错误，则程序启动后即会开启"窗体"画面。

【程序说明】

- 第 1~15 行：窗体的 Form1_Load() 事件。加载窗体时先将第一个超链接标签控件的相关属性进行变更。
- 第 21~25 行：第一个超链接标签的"lnkLinkIP_LinkClicked()"事件，它以命名空间"System::Diagnostics"中 Process 类来监控集成网络的处理程序，再通过 Process 的静态方法 Start() 输入要调用的网址。
- 第 31~36 行：第二个超链接标签的"lnkOpenApp_LinkClicked()"事件处理程序中，Start()方法要启动的是应用程序，所以要指明路径，每个路径之间必须以"\\"隔开。

11.1.3　窗体上控件的顺序

一般来说，当窗体陆续加入控件后，会根据控件加入的顺序产生"定位顺序"，即"Tab 键顺序"，也就是在执行程序时按下 Tab 键，从哪个控件开始，再按序前往哪一个控件。换句话说，控件的"TabIndex"属性值的不同，决定了焦点在控件停驻的顺序。"TabIndex"属性值和对此的控件之间的关系如图 11-13 所示。

属性 TabIndex 的值从编号"0"开始，按加入的控件来递增。如图 11-13 所示，倘若标签和文本框是前后顺序，标签的 TabIndex 值为"0"而文本框为"1"，由于标签控件无法获取输入焦点，程序执行时会把插入焦点移向文本框。如何查看窗体上控件"TabIndex"的属性值呢？请参考下列步骤。

程序执行，希望插入点停
留在文本框内却没有

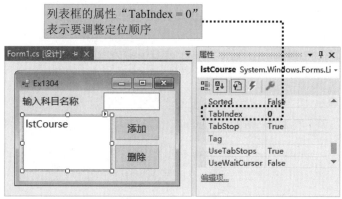

列表框的属性"TabIndex = 0"
表示要调整定位顺序

图 11-13　"TabIndex"的属性值

操作　"查看窗体"控件的 Tab 键顺序

01 依次选择"文件→打开→项目/解决方案"菜单选项，打开项目"Ex1004.csproj"。

02 切换到窗体"Form1.cs[设计]"页签，依次选择
"视图/Tab 键顺序"菜单选项。

03 窗体上看到以矩形呈现的蓝底白字数值，从零
开始的数字就是 Tab 键盘顺序。窗体上第一个
加入的控件是"账号"标签，第二个是"密码"
标签，其他依此类推，可参考图 11-14。

04 再次选择"视图→Tab 键顺序"菜单选项，或者
按 Esc 键关闭 Tab 键顺序的显示画面。

图 11-14　控件的 Tab 键顺序

那么 TabIndex 属性值能起什么作用？参考图 11-14 的 Tab 键顺序，启动窗体后，如果希
望插入焦点是停留在账号右侧的文本框，按 Tab 键跳到"账号"标签旁的文本框，就可以使
用 Tab 键顺序的设置重置 TabIndex 的值。

操作　"查看窗体"设置控件的 Tab 键顺序

01 启动"Tab 键顺序"后，利用鼠标单击焦点开始的第一个控件，按照自己想要的顺序往下
单击。被鼠标单击过的 TabIndex 值会变成白底蓝字，如图 11-15 所示。

完成的 Tab 键顺序

图 11-15　设置 Tab 键顺序

02 完成设置后按 Esc 键即可关闭 Tab 键顺序的设置。

◆ 设置 "Tab 键顺序" 时，要注意 "TabStop"（Tab 键是否起作用）的属性值要设为 "True" 才能让 TabIndex 发挥作用。同样也可以看到，文本框经过 "Tab 键顺序" 的设置也会实时反映到属性窗口上，如图 11-16 所示。

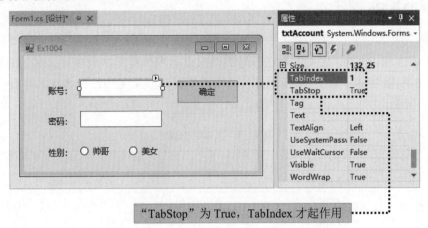

图 11-16　TabIndex 发挥作用

03 再一次执行范例程序，就会发现插入焦点停留在 "账号" 右侧的文本框，等待用户的输入，按 Tab 键会跳到 "密码" 旁的文本框。由于单选按钮控件具有互斥性，再按一次 Tab 键会前往 "帅哥" 选项，随后按 Tab 键就跳往 "确定" 按钮，如图 11-17 所示。

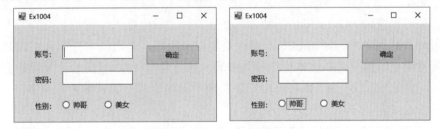

图 11-17　跳往 "确定" 按钮

11.2 文字编辑

　　文字编辑控件和显示信息控件的最大不同在于用户能在程序执行时输入文字。除此之外，它也能根据程序需求来显示信息。下面介绍常用的 TextBox 和富有格式的 RichTextBox 这两种控件，表 11-4 简要说明了这些控件的作用。

表 11-4　用于文字编辑的控件

控　件	用　　途
TextBox	提供用户输入文字
RichTextBox	能运用文件的概念直接打开，创建 RTF 格式文件

11.2.1　TextBox 控件

TextBox（文本框）在前面的几个章节已经陆陆续续用了一些属性。它除了提供文字的输入外还能显示信息。此外，还可以根据程序的需求设置为单行文字或多行文字的编辑，还提供了密码字符的屏蔽功能。除了 Text 属性外，文本框有哪些常见属性、方法和事件呢？先来看看表 11-5 的简要说明。

表 11-5　文本框的属性

文本框属性	默认值	说　　明
MaxLength	32767	设置文本框输入的最大字符数
PasswordChar	空字符	不想显示输入的字符，以其他符号代替
MultiLine	False	文本框是否要多行显示（默认为单行）
ScrollBars	None	是否要有滚动条
WordWrap	True	超过栏宽时能自动换行（True 会自动换行）
ReadOnly	False	是否为只读状态（False 才能输入文字）
CharacterCasing	Normal	英文字母一律大写或小写
CanUndo		能否撤销文本框先前的操作
SelectionLength		获取或设置文本框中所选择的字符数

一般来说可以应用 MaxLength 的特性，在文本框上限定输入字符的长度。若不想在文本框中显示所输入的内容，PasswordChar 属性就能派上用场，以密码字符屏蔽来代替实际输入的密码。最常碰见的情况是在文本框中输入密码，通常会以"*"（星号）来取代输入的密码字符。此外，结合 MaxLength、PasswordChar 这两个属性限定密码长度为 6 个字符，程序代码编写如下。

```
textBox1.MaxLength = 6;       //表示最多只能输入 6 个字符
textBox1.PasswordChar = '$';    //以$取代输入字符
```

⊃ 文本框有多行文字

文本框一般是单行的。属性 MultiLine 能决定文本框是否要以多行显示，默认值 False 表示是单行文本框；设为 True 时，文本框的文字如果超过方框本身宽度的设置，就会自动移到下一行继续显示。当文本框为多行时就得考虑下面两种情况：

- 超过一行时是否加入换行符号？配合 Lines 属性以字符串数组表示是否可行？
- 多行文字超过文本框的宽或长时，加入滚动条是否较好？

加入文本框后（参考图 11-18），①可利用鼠标单击控件右上角的▶按钮（▶收合，◀展开）打开其任务列表；②用鼠标勾选"☑MultiLine"复选框，会让文本框从单行变成多行，也会更新"属性"窗口中的 MultiLine 属性值。

图 11-18　设置文本框的 MultiLine 属性

当文本框的内容为多行时，ScrollBars 属性还能提供滚动条来滚动内容。所以 Multiline 属性在为 True 的情况下，滚动条才起作用，它共有 4 种属性值。

- None（默认值）：没有水平和垂直滚动条。
- Horizontal：具有水平滚动条。
- Vertical：具有垂直滚动条。
- Both：表示水平和垂直滚动条都具有。

文本框的文字超过宽度时，是否要产生换行操作呢？WordWrap 属性的"True"或"False"会影响其表现。False 不会进行换行操作，属性值为 True 才能使换行起作用。配合 ScrollBars 属性，可编写以下程序代码。

```
textBox1.MultiLine = True;                  //文本框为多行
textBox1.ScrollBars = ScrollBars.Vertical;  //垂直滚动条
```

当文本框为多行时，可使用 Text 属性配合换行字符（Newline Character）。

```
textBox1.Text ="书封以鸟的意象表征女主角的从容气质," +
    Environment.NewLine + //换行符号
    "在如雾似幻的人生迷林中寻找心的方向，唯有通过实现愿望," +
    Environment.NewLine +
    "穿越重重枝叶挑战后，才能找到属于自己的广阔天空。";
```

◆ 字符串要断行，必须以双引号括住，再用"+"字符加入 Environment.NewLine，进行换行操作。

参考图 11-19 的操作步骤，输入多行文字（属性 MultiLine 设为 True），可以从属性窗口的 Text 属性着手，具体步骤为：①单击▼按钮展开方块内容，输入文字；②要换新行时，可在前一行的末端按 Enter 键来移到下一行继续输入文字。

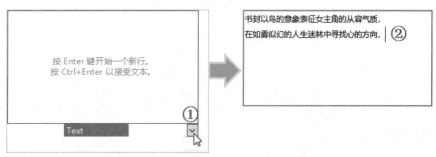

图 11-19　Text 属性可输入多行文字

第二种方法是使用 Lines 属性以字符串数组的初始化方式加入字符串。

```
textBox1.Lines = new string[] {
    "书封以鸟的意象表征女主角的从容气质，",
    "在如雾似幻的人生迷林中寻找心的方向，唯有通过实现愿望，"
};
```

使用属性窗口设置时，找到 Lines 属性，①单击右侧的 ... 按钮，打开"字符串集合编辑器"对话框。②输入文字，按 Enter 键换新行；③单击"确定"按钮关闭窗口；④回到属性窗口，展开属性 Lines 做进一步的查看。可以看到有[0]和[1]的两个数组，如图 11-20 所示。

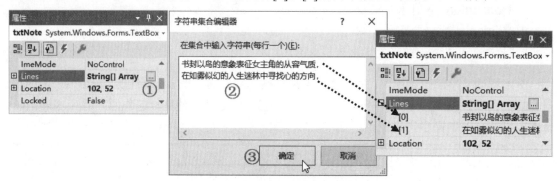

图 11-20　可以看到两个数组

当文本框有内容时，还可以使用属性 ReadOnly 设置文本框的内容是否为只读状态，设为 True 表示是只读状态，无法修改；False 表示非只读状态（默认值），这个设置才能输入或修改文字。

➲ 文本框常用方法

表 11-6 列出了文本框控件一些常用的方法。

表 11-6　文本框的方法

文本框方法	说　　明
Clear()	清除文本框中所有文字
Focus()	将焦点（插入点）切换到指定的控件
ClearUndo()	将最近执行的操作从文本框的撤销缓冲区清除
Copy()	将文本框选择的文字范围复制到"剪贴板"
Cut()	将文本框选择的文字范围搬移到"剪贴板"
Paste()	用剪贴板的内容取代文本框的选择范围
Undo()	撤销文本框中上次的编辑操作

➲ TextChange()事件

TextChange()事件是指文本框的 Text 属性被改变时所触发的事件。当文本框的 Text 属性被修改了或变更时，如果希望相关的控件也进行改变，就可以通过此事件处理程序来处理。

○ 认识系统剪贴板

在 Windows 操作系统中，对于剪贴板的功能一定不陌生，通常剪贴板是数据暂存的地方，通过 Clipboard 类所提供的方法与 Windows 操作系统的剪贴板互动。数据放入剪贴板时，会存放与数据有关的格式，以便于使用该格式的应用程序能够识别。当然，也可以将不同格式的数据放入剪贴板中，方便其他应用程序的处理。

使用文本编辑器时，复制、剪切和移动是避免不了的操作，此时 IDataObject 接口能提供不受数据格式影响的传送接口。所有 Windows 应用程序都共享"系统剪贴板"，配合 Clipboard 类，提供了两个方法：SetDataObject()方法将数据存放于剪贴板中；通过 GetDataObject()方法来提取剪贴板的数据。

在操作过程中，如果要保存原有的数据格式，Clipboard 类可配合 DataFormats 类，借助 IDataObject 接口的数据格式。如果是标准的 ANSI 格式就以"DataFormats.Text"表示；若为 Unicode 字符，则使用"DataFormats.UnicodeText"语句。相关类和常用方法列于表 11-7 中，供大家参考。

表 11-7　与系统剪贴板有关的类

系统剪贴板使用类	说　明
IDataObject 界面	提取数据并保留，不受接口格式的影响
GetData()	提取指定格式的数据
GetDataPresent()	检查提取的数据，是否为原有格式
Clipboard 类	提供数据的存放，从系统剪贴板提取数据
GetDataObject()	提取当前存放于系统剪贴板的数据
DataFormats 类	用来识别存放 IDataObject 的数据格式

所以将数据复制或剪切下来时，会存放在系统剪贴板中，使用 Clipboard 类的 GetDataObject()方法存放于 IDataObject 接口。如果要取出数据并保持格式就得使用 IdagaObject 接口的 GetData()方法，并指定 DataFormats 类来保持数据格式。

```
IDataObject buff = Clipboard.GetDataObject();
buff.GetData(DataFormats.Text);
```

◆ 剪贴板（Clipboard）对象调用 GetDataOjbect()方法从系统剪贴板获取数据。

范例 项目"Ex1103.csproj"简易剪贴板

以文本框的相关属性来创建一个简易的文本编辑器。使用系统的剪贴板进行基本操作，例如复制、剪切、粘贴和撤销操作。

范例 项目"Ex1103.csproj"复制和粘贴的操作

01 ①在文本框中输入文字；②选择要复制的内容；③单击"复制"按钮，具体步骤如图 11-21 所示。

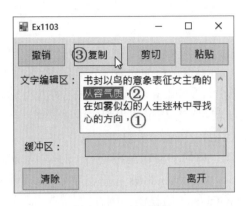

图 11-21   复制操作

02 复制的内容会显示在下方的缓冲区（绿色文本框）中。①插入焦点移向文字末端；②单击"粘贴"按钮会把复制的内容"从容气质"粘贴于文字末端并清空缓冲区，具体步骤和结果如图 11-22 所示。

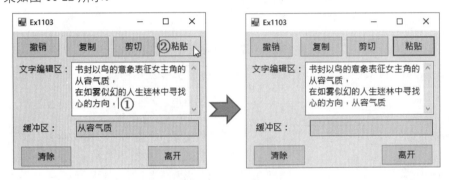

图 11-22   粘贴操作

03 ①再一次选择文字；②单击"复制"按钮；③再单击"粘贴"按钮，由于没有移动插入焦点，因此会弹出消息对话框；④单击消息框中的"是"按钮，则会在原有位置完成粘贴文字的操作并关闭消息框；若单击消息框中的"否"按钮，则不会执行粘贴操作并关闭消息框，如图 11-23 所示。

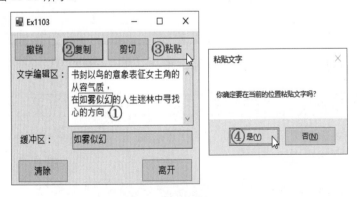

图 11-23   消息框

04 如果在上一步骤单击了消息框中的"是"按钮，则会在原处粘贴文字，如图 11-24 的左图所示；单击窗体下方的"清除"按钮则会清空文本框的文字内容，如图 11-24 的右图所示。

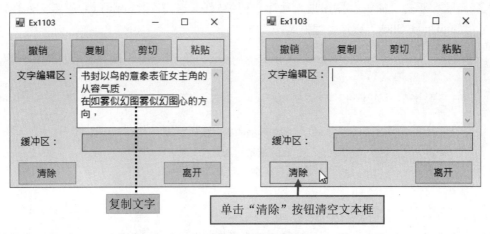

图 11-24 清空文本框

范 例 项目"Ex1103.csproj"简易剪贴板动手实践

01 创建 Windows 窗体项目，在窗体上加入如表 11-8 所示的控件并设置其属性值。

表 11-8 范例项目 Ex1103 使用的控件及其属性设置值

控 件	属 性	值	控 件	属 性	值
Button1	Name	btnUndo	Button2	Name	btnCopy
	Text	撤销		Text	复制
Button3	Name	btnCut	Button4	Name	btnPaste
	Text	剪切		Text	粘贴
Button5	Name	btnExit	Button6	Name	btnClear
	Text	离开		Text	清除
Label1	Text	文字编辑区	Label2	Text	缓冲区
TextBox1	Name	txtNote	TextBox2	Name	txtBuffer
	MultiLine	True		BorderStyle	FixedSingle
	ScrollBars	Vertical		BackColor	PaleGreen
				ReadOnly	True

02 完成的窗体如图 11-25 所示。

图 11-25 完成的窗体

STEP 03 用鼠标双击"撤销"按钮进入程序代码编辑区（打开了 Form1.cs 程序文件），编写
"btnUndo_Click"事件处理程序。

```
01   private void btnUndo_Click(object sender, EventArgs e)
02   {
03      if (txtNote.CanUndo == True)
04      {
05        txtNote.Undo();        //将文本框的编辑操作撤销
06        txtNote.ClearUndo(); //清除撤销缓冲区
07        txtNote.Focus();        //获取文本框的输入焦点
08      }
09   }
```

STEP 04 切换到 Form1.cs[设计]页签。用鼠标双击"复制"按钮，编写"btnCopy_Click"事件处理
程序。

```
11   private void btnCopy_Click(object sender, EventArgs e)
12   {
13      if (txtNote.SelectionLength > 0)
14      {
15        txtNote.Copy();     //将数据复制到缓冲区
16        //IDataObject 提取数据并保留，不受接口格式的影响
17        IDataObject buff = Clipboard.GetDataObject();
18        //检查从系统剪贴板提取的数据，是否为原有格式
19        if (buff.GetDataPresent(DataFormats.Text))
20        {
21          txtBuffer.Text = (String)
22            (buff.GetData(DataFormats.UnicodeText));
23        }
24      }
25      else
26      {
27        MessageBox.Show("没有选择文字范围!", "进行复制",
28          MessageBoxButtons.OK, MessageBoxIcon.Warning);
29      }
30   }
```

STEP 05 回到 Form1.cs[设计]页签，利用鼠标双击"粘贴"按钮，编写"btnPaste_Click"事件处理
程序，其余程序代码请参阅下载的完整范例项目。

```
31   private void btnPaste_Click(object sender, EventArgs e)
32   {
33      txtBuffer.Clear();
34      btnClear.Enabled = True;
35      if (Clipboard.GetDataObject().GetDataPresent(
```

```
36            DataFormats.Text) == True)
37      {
38         if (txtNote.SelectionLength > 0)
39         {
40            if (MessageBox.Show("你确定要在当前的位置粘贴文字吗？"
41                , "粘贴文字", MessageBoxButtons.YesNo)
42                == DialogResult.Yes)
43            {
44               //设置粘贴文字的字符起点
45               txtNote.SelectionStart =
46                  txtNote.SelectionStart +
47                  txtNote.SelectionLength;
48            }
49            else
50               //如果单击消息对话框的"否"按钮时，则清除剪贴板的内容
51               Clipboard.Clear();
52         } //第二层 if 语句
53         txtNote.Paste();//执行粘贴方法
54      } //第一层 if 语句
55   }
```

【生成可执行程序再执行】

按 F5 键，若生成可执行程序无错误，则程序启动后即会开启"窗体"画面。

【程序说明】

- 第 3~8 行："撤销"按钮的 Click()事件。if 语句用于条件判断，当文本框控件的 CanUndo 为 True 时才能执行撤销操作；Undo()方法将文本框的内容恢复原状。ClearUndo()方法清除撤销缓冲区中的内容，并用 Focus()方法获取输入焦点。

- 第 11~30 行："复制"按钮的 Click()事件。要将文本框选择的文字复制到系统剪贴板，被复制的文字能显示在另一个文本框缓冲区（txtBuffer）。共有 2 个 if 语句用于条件判断。

- 第 13~29 行：第一层的 if/else 语句。SelectionLength 属性判断是否有选择的文字，大于零时（选择好了文字），Copy()方法会将选择的文字复制到"系统剪贴板"，存于 IDataObject 的 buff 对象。

- 第 19~23 行：单击"复制"按钮时，提取系统剪贴板中的文字内容并显示在另一个文本框"txtBuffer"中。在第二层的 if 语句中，调用 GetDataPresent()方法判断要传送的 buff 对象是否存在？如果存在，以 DataFormats 来指定 ANSI 标准格式，通过字符串方式显示在"txtBuffer"文本框中。

- 第 31~55 行：单击"粘贴"按钮，以系统剪贴板的文字内容取代原有选择范围内的文字。

- 第 35~54 行：第一层 if 语句，先调用 GetDataPresent()方法来判断是否从系统剪贴板提取到文字内容；如果有，调用 Paste()方法执行粘贴操作。

- 第 38~52 行：第二层 if 语句进一步判断文本框是否有文字。

◆ 第 40~51 行：第三层 if 语句，以消息框来询问用户是否要执行粘贴操作。当用户单击消息对话框中的"是"按钮时，使用 SelectionStart 属性来获取光标所在位置，进而执行粘贴操作。当用户单击消息对话框中的"否"按钮时，就会清除系统剪贴板中的内容。

11.2.2　RichTextBox 控件

RichTextBox 控件也能提供文字的输入和编辑。"Rich"为开头，表示它比 TextBox 控件提供了更多格式化的功能。在窗体上加入 RichTextBox 控件，由于它支持多行文字功能，因此使用右上角的▶按钮（展开后变成◀）来打开下拉列表以进行简易的属性设置，如图 11-26 所示。

图 11-26　属性设置

用鼠标单击图 11-26 所示的"编辑文本行"选项可打开"字符串集合编辑器"对话框，以便输入内容（按 Enter 键换行）。当我们输入文字后，它们会反应在属性窗口的 Text 和 Lines 属性上，如图 11-27 所示。

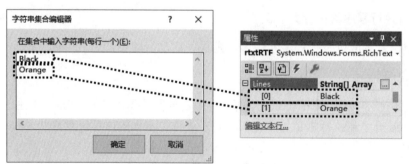

图 11-27　"字符串集合编辑器"对话框

⊃ 认识 Dock 属性

单击 RichTextBox 控件任务列表的"在父容器中停靠"，会让控件填满整个窗体，再单击"取消在父容器中停靠"会恢复到原来的大小。此处的"父容器"是指窗体，它使用了 Dock 属性，如图 11-28 所示。

图 11-28　Dock 属性值会按父容器进行调整

如图 11-29 所示：①从属性窗口展开 Dock 属性；②属性值设置为 Fill。默认值为 None，就是原来控件的大小，当 Dock 属性被改变时，也会影响它的 Size 属性。

Dock 属性值还有哪些？这些属性值都属于 DockStyle 枚举类型，简要说明如图 11-30 所示。

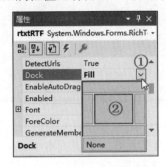

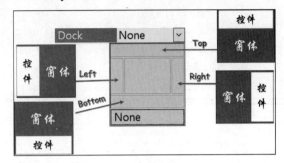

图 11-29　设置 Dock 属性　　　　　　　图 11-30　DockStyle 枚举值

⊃ 字体和颜色

TextBox 方块一般会以纯文本为主，选取文字之后并不能把文字格式予以变化；但使用 RichTextBox 就不同了，选取文字后，将文字设成粗体或是改变字体的颜色。先介绍 RichTextBox 与字体、颜色有关的两个属性。

- SelectionFont：将选择的文字变成粗体或斜体。
- SelectionColor：改变选择文字的颜色。

使用 RichTextBox 控件输入文字后，要改变文字的格式前必须先选择文字。设置相关属性的范例程序语句如下：

```
richTextBox1.SelectionFont = new Font("楷体", 12);
richTextBox1.SelectionFont = new Font(this.Font,
    FontStyle.Bold);    //将选择的文字变成粗体
richTextBox1.SelectionColor = Color.Blue;//设置文字的颜色
```

由于系统本身已经指定了原有的字体和颜色，因此引用了"System.Drawing"命名空间下的"Font"类，实例化对象后才能变更属性。

⊃ 格式化文本

要让 RichTextBox 的文字更具条理性，配合使用下面两个属性会有更好的效果。

- SelectionBullet：在文字中加入表项符号列表。
- SelectionIndent：文字有缩进效果。

使用 SelectionBullet 属性创建表项列表符号时，必须将属性设为 True 时才会启用，然后将属性设回 False，以便关闭表项列表符号的功能。

```
//启用表项符号列表
richTextBox1.SelectionBullet = True;
//加入表项列表符号
   richTextBox1.SelectedText = "Visual C++ 2013\n";
   richTextBox1.SelectedText = "Visual Basic 2013\n"
   richTextBox1.SelectedText = "Visual C# 2013\n";
//结束表项符号列表
richTextBox1.SelectionBullet = False;
```

```
richTextBox.SelectionIndent = 20;    //文字缩进
```

- 使用表项符号时，指定的文字后要加上"\n"进行换行操作，否则没有效果。
- 用来设置文字左边缘和控件之间的距离，以像素为单位。

⊃ RichTextBox 常用方法

LoadFile()方法具有打开文件的功能，并支持 RTF 格式或标准的 ASCII 文本文件，它的语法如下。

```
void LoadFile(String path);
```

- path 字符串用于指定加载文件的路径。
- LoadFile()方法载入文件时，载入的文件内容会取代 RichTextBox 控件的原有内容，所以它的 Text 和 Rtf 属性的值会改变。

如果要存储文件，RichTextBox 控件提供了 SaveFile()方法。它可以指定文件存储的位置和文件存储的类型，可用来存储现有的 RTF 格式或标准 ASCII 文本文件，它的语法如下：

```
void SaveFile(String path, RichTextBoxStreamType fileType);
```

- path: 代表文件的路径。若文件名已经存在于指定目录，则原文件会被直接覆写而不进行任何通知。
- fileType: 指定输入/输出的文件类型，它会使用 RichTextBoxStreamType 枚举类所提供的成员，相关说明请参照表 11-9。

表 11-9   RichTextBoxStreamType 枚举类成员

成　　员	说　　明
PlainText	代表 OLE 对象的纯文本数据流，文字中允许有空格
RichNoOleObjs	OLE 对象的 Rich Text 格式（RTF）数据流，文字中能包含空格
RichText	RTF 格式的数据流
TextTextOleObjs	OLE 对象的纯文本数据流
UnicodePlainText	文字以 Unicode 编码为主，包含有空字符串的 OLE 对象文字数据流

要在 RichTextBox 文字内容中查找特定的字符串，可指定 Find()方法来帮忙，它支持 RichTextBox。其语法如下：

```
int Find(String str, RichTextBoxFinds options);
```

◆ str: 代表要查找的字符串，返回控件中第一个字符的位置。若返回负值，则表示控件中找不到要查找的文字字符串。

◆ Options: 表示查找字符串须指定的值，由 RichTextBoxFinds 枚举类提供 5 个参数值，可参照表 11-10 的说明。

表 11-10　RichTextBoxFinds 枚举类的成员

RichTextBoxTinds	说　　明
None	查找出相近的文字
MatchCase	找出大小写相同的目标文字
NoHighlight	找到的字符串不会反白显示
Reverse	查找方向从文件结尾开始，并搜索至文件的开头
WholeWord	只找出整句拼写完全相符的文字

范例 项目 "Ex1104.csproj" 范例说明

使用 LoadFile()方法来加载文件，加载过程调用 Find()方法来查找特定的字符串，并给此特定字符串设置格式后，显示在 RichTextBox 文本框中，最后调用 SaveFile()方法把文本框中的内容都另存到指定的文件中。

范例 项目 "Ex1104.csproj" 载入、存储文件的操作

01 执行程序加载窗体（见图 11-31）。单击"打开文件"按钮后，自行加载文件并进入查找状态，第一个被找到的字符串会用消息框显示其字符串的下标编号。

02 单击"确定"按钮后，会继续往下查找直到找到全部匹配的字符串，并用消息框来逐一显示，将找到的文字以橘红色标示出来。单击消息框中的"确定"按钮，再单击窗体右上角的"×"按钮关闭窗体，如图 11-32 所示。

图 11-31　执行程序加载窗体

图 11-32　消息框

03 查找并标示找到的文字，最后会把所有文字内容另存到一个名为 "Change.rtf" 的文件中，打开这个新创建的文件，看看内容是否将找到的字符串放大了字体且改变了颜色，如图 11-33 所示。

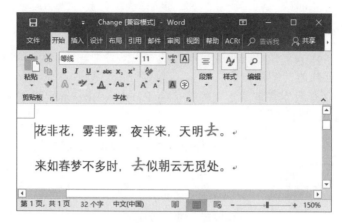

图 11-33　放大字体并改变颜色

范例 项目"Ex1104.cspro"控件 RichTextBox

01 创建 Windows 窗体项目，在窗体上加入如表 11-11 所示的控件并设置它们的属性值。

表 11-11　范例项目 Ex1104 使用的控件及其属性设置值

控　　件	属　　性	值
RichTextBox	Name	rtxtRTF
Button	Name	btnOpen
	Text	打开文件

02 利用鼠标双击"打开文件"按钮，编写"btnOpen_Click()"事件处理程序。

```
01 private void btnOpen_Click(object sender, EventArgs e)
02 {
03    btnOpen.Visible = False;    //隐藏按钮控件
04    //文本框大小根据窗体来填满
05    rtxtRTF.Dock = DockStyle.Fill;
06    string target = "去"; //查找字符串
07    int begin = 1;//设置要查找字符串的起始位置
08    int count = 1;
09    rtxtRTF.LoadFile("D:\\C#Lab\\CH11\\Demo.rtf");
10    int result = rtxtRTF.TextLength;
11    while (result > begin)    //字符串总长度是否大于字符位置
12    {
13      //调用 SearchText()方法来返回第一个字符串的下标位置
14      int outcome = SearchText(target, begin);
15      string strHave =    //字符串内插方式
16        $"第 {count} 字符,下标编号: {outcome}";
17      MessageBox.Show(strHave);
18      begin += outcome;//更改要查找字符串的下标位置
19      count++;
```

```
20    }
21    rtxtRTF.SaveFile("D:\\C#Lab\\CH11\\Change.rtf",
22      RichTextBoxStreamType.RichText);
23 }
```

03 在 SearchText()方法中编写如下程序代码。

```
31 public int SearchText(string word, int start)
32 {
33    //没有找到匹配的字符串时返回-1
34    int result = -1;
35    if (word.Length > 0 && start >= 0)
36    {
37      int MatchText = rtxtRTF.Find(word, start,
38        RichTextBoxFinds.None);
39      //找到匹配的字符串，将字体设置为 14，字体加粗
40      rtxtRTF.SelectionFont = new Font("楷体", 14, FontStyle.Bold);
41      rtxtRTF.SelectionColor = Color.OrangeRed;
42      if (MatchText >= 0)
43        result = MatchText;
44    }
45    return result;
46 }
```

【生成可执行程序再执行】

按 F5 键，若生成可执行程序无错误，则程序启动后即会开启"窗体"画面。

【程序说明】

- 第 1~23 行：按钮的 Click 事件，单击按钮后，按指定路径加载"DemoA.rtf"文件。
- 第 9 行：调用 LoadFile()方法加载指定路径的文件，此处只能加载 RTF 格式的文件。
- 第 10 行：使用属性 TextLength 来获取加载文件的总字符数。
- 第 11~20 行：while 语句。当字符总长度大于查找字符的起始位置时，调用 SearchText()方法并传入要查找字符串和字符的位置。由于 Find()方法只会将找到的第一个匹配的字符串给予反白，因此找到字符串返回下标位置后，使用 begin 变量更改下标位置，直到字符串的下标值大于总字符长度时停止。获取信息后调用 Message 类的 Show()方法输出。
- 第 21、22 行：调用 SaveFile()方法将更改过的文字（即字符串）存盘，同样要指定路径，并以 RichText 格式来存储。
- 第 31~46 行：SearchText()方法，传入两个参数：要查找的字符串和字符串的起始位置。找到匹配的字符串就使用 return 语句返回下标编号。
- 第 35~44 行：第一层 if 语句，判断是否传入了参数值。如果传入了，就进一步进行查找。
- 第 37、38 行：使用 Find()方法查找字符串，"None"表示只要找到相似即可，然后获取字符串的下标编号，以 MatchText 来存储。

- 第 40、41 行: Find()方法找到字符串时会给予反白,这里取消反白,使用 SelectionFont 属性改变此字符串的字体和字体大小;SelectionColor 属性值修改为 "OrangeRed" 颜色。
- 第 42、43 行: 第二层的 if 语句,确认找到字符串的下标编号要大于零,再存放到 result 变量中,然后以 return 语句返回找到字符串的下标编号。

11.2.3 计时的 Timer 组件

Timer 控件是一个非常特殊的控件,它是 Windows 窗体专有的,可用来处理计时的操作。例如,每隔一段时间改变画面上的图片位置,让它具有动画效果。使用 Timer 来控制时间,表 11-12 列出了其相关成员的简要说明。

表 11-12 Timer 控件的成员

Timer 成员	默认属性值	说　明
Enabled	False(不启动)	是否启动定时器(True 启动定时器并计时)
Interval	0(不计时)	设置定时器的间隔时间,以千分之一秒(毫秒)为单位,"Interval = 1000"表示 1 秒
start()		启动定时器
stop()		停止定时器
Tick()事件		间隔时间内所触发的事件

由于 Timer 控件是一个组件,程序在运行时是看不到它的(在后台运行),因此设计阶段它不会和控件一起出现在窗体上,而是显示在设计工具底部的"匣"中。如何加入 Timer 控件呢?①展开工具箱的组件;②找到 Timer 控件并利用鼠标双击;③会发现它在窗体的底部,而非窗体上,如图 11-34 所示。

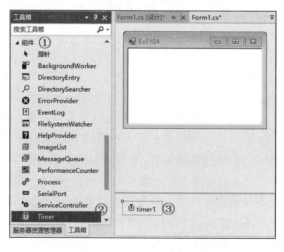

图 11-34　找到 Timer 控件

Tick()事件会以 Interval 的属性值为时间周期并根据其时间周期来更新画面。此外,下面的范例项目会加入 ProgressBar(进度条)控件,常用的几个成员如下。

- 属性 Value: 获取或设置进度条的值,默认值为 "0"。
- 属性 Step: 设置进度条每次递增的步长,默认值为 "10"。

- 属性 Maximum: 获取或设置进度条范围的最大值，默认值为 "100"。
- 属性 Minimum: 获取或设置进度条范围的最小值，默认值为 "0"。
- Increment()方法: 进度条移动时指定的移动量。

范例 项目 "Ex1105.csproj" 范例说明

用 ProgressBar 控件来模仿下载文件的过程，以标签控件显示已完成进度的信息，Timer 组件的 Start()方法会启动定时器。

范例 项目 "Ex1105.csproj" 操作

单击"开始计时"按钮后，让窗体下方的两个按钮不起作用，随着进度条的完成，这两个按钮才恢复作用，单击"结束"按钮来关闭窗体，如图 11-35 所示。

图 11-35 关闭窗体

范例 项目 "Ex1105.csproj" 进度条和 Timer 组件

01 创建 Windows 窗体项目，在窗体上加入两个 Button 和一个 Program 控件，并参照表 11-13 完成相关的属性设置。

表 11-13 范例项目 Ex1105 使用的控件及其属性设置值

控　件	属　性	值	控　件	Name	Text
Label	Name	lblInfo	Button1	btnStart	开始计时
Timer	Name	tmrReckon	Button2	btnExit	结束
	Interval	250	ProgressBar	psbTimeBar	

02 完成的窗体界面如图 11-36 所示。

图 11-36 完成的窗体

03 用鼠标双击 "Timer" 组件，编写 "tmrReckon_Tick()" 事件处理程序；两个按钮相关的程序代码请参考下载的完整范例项目。

```
01  private void tmrReckon_Tick(object sender, EventArgs e)
02  {
03     prbTimeBar.Increment(5);  //显示进度条的当前位置
04     lblInfo.Text = String.Format
05        ($"{prbTimeBar.Value}% 已经完成");
06     if (prbTimeBar.Value == prbTimeBar.Maximum)
07     {
08        btnStart.Enabled = True;   //恢复按钮的作用
09        btnExit.Enabled = True;
10        tmrReckon.Stop();   //停止定时器
11     }
12  }
```

【生成可执行程序再执行】

按 F5 键，若生成可执行程序无错误，则程序启动后即会开启 "窗体" 画面。

【程序说明】

- 第 1~12 行：根据 Interval 属性值来触发 Timer 控件的 Tick() 事件，表示每间隔 0.25 秒就会让进度条的刻度值前移，配合进度条的 Increment() 方法来显示进度条的位置。
- 第 4 行：标签控件配合 String 类的 Format() 方法来提取进度条的 Value 属性值，显示进度条的变化。
- 第 6~11 行：以 if 语句对进度条的 Value 属性值进行条件设置，当它和进度的最大值相等时，就让两个按钮恢复作用，调用 Stop() 方法来停止定时器的计时功能。

11.3 日期处理

要获取日期数据，前面各个章节的范例都是使用 DataTime 结构。实际上 .NET Framework 提供了两个图形化的控件：可以选择日期的 DateTimePicker 控件和设置月份的 MonthCalendar 控件。

11.3.1 MonthCalendar 控件

MonthCalendar 控件可以根据需求来设置简易的日历，设置某个范围的日期，提供一个具有 "亲和力" 的可视化用户界面，如图 11-37 所示。

图 11-37　MonthCalendar 控件

更改控件的外观

使用下列属性可以更改日历控件的部分外观。

- TitleBackColor 属性用来显示日历标题区的背景颜色。
- TitleForeColor 属性用来设置日历标题区的前景颜色。
- TrailingForeColor 属性用于设置控件未在主月份范围内的日期颜色。

此外，CalendarDimensions 属性用来设置 MonthCalendar 控件要显示月份的行数和列数，属性默认值为"1, 1"，表示只显示单月份，如果将属性值设为"2, 1"，就会以水平方向展现双月的日期，如图 11-38 所示。

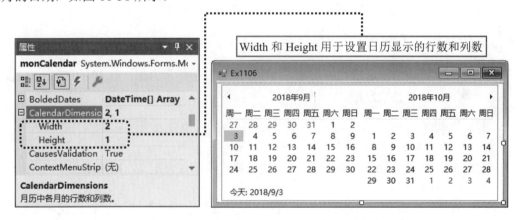

图 11-38　设置 MonthCalendar 显示的行列方式

选择、设置日期区间

连续选择日期区间的最多天数：

- 属性 MaxSelectionCount，默认值为"7"。
- 属性 SelectionRange 的 Start 和 End，默认值为今天的日期。

若属性 MaxSelectionCount 之值为"7"，表示 SelectionRange 属性值 Start 和 End 之间不能大于 7。例如，将 SelectionRange 的"Start"修改为"2018/5/2"，End 就会自动修改为"2018/5/8"，而 MonthCalendar 控件自动以灰色背景标示出连续选择的日期区间，如图 11-39 所示。

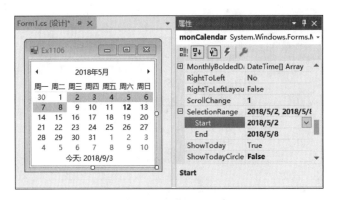

图 11-39　连续选择某个日期区间

通过属性 MinDate（最小日期）和属性 MaxDate（最大日期），可以用来限制 MonthCalendar 控件开始和结束的日期。属性 MinDate 的默认值为"1753/1/1"，而属性 MaxDate 默认值为"9998/12/31"。除了使用属性窗口设置属性值之外，还有其他调整这两个属性值的方法吗？可以编写如下程序代码：

```
//设置最大日期是 2018 年 12 月 31 日
monthCalendar1.MaxDate = new DateTime(2018, 12, 31, 0, 0, 0, 0);
// 设置最小日期是 2000 年 1/1 日
monthCalendar1. MinDate = new DateTime(2000, 1, 1, 0, 0, 0, 0);
```

引用 DataTime 结构的构造函数，以 new 运算符重新设置新值。

⊃ 设置特别的日期

在日历中，会将某个特定日期加入备忘录中，或者将它标示出来，在 MonthCalendar 控件中提供下列属性来设置特定日期。

- **属性 BoldedDates**：显示非循环的特定日期，采用集合方式，以粗体表示。例如：学校的期中考日期。
- **属性 MonthlyBoldedDates**：每月循环的日期，采用集合方式，以粗体表示。例如：每月初 5 的领薪日。
- **属性 AnnuallyBoldedDates**：设置每年固定的日期，采用集合方式，以粗体表示。例如：法定假日，好朋友生日等。

如何设置这些特定的日期呢？下面通过在属性窗口中设置 BoldedDates 属性来简单说明。

操作 "MonthCalendar 控件"设置 BoxBoldedDates 属性

STEP 01 ①单击 BoldedDates 右侧的…按钮，进入"DateTime 集合编辑器"对话框；②单击"添加"按钮，会在左侧加入 DataTime 结构，如图 11-40 所示。

STEP 02 使用 Value 属性输入日期。①单击▼按钮展开日期下拉列表；②单击◀或▶按钮来调整月份；③再利用鼠标选择所需的日期，更便捷的方式就是直接输入日期；④单击"确定"按钮即可关闭"DateTime 集合编辑器"对话框，如图 11-41 所示。

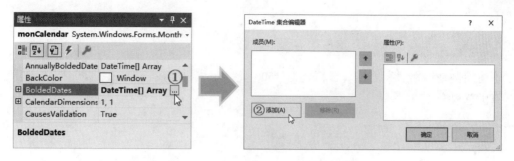

图 11-40 "DateTime 集合编辑器"对话框

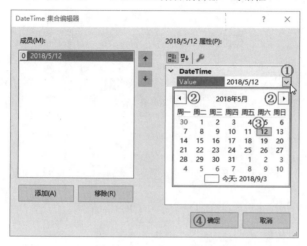

图 11-41 输入日期

STEP 03 要加入第二个日期，就再一次单击"添加"按钮并设置 Value 的值即可。

要以程序代码来添加特定日期，可采用如下的类似程序语句。

```
DateTime one = new DateTime(2018, 5, 12);
DateTime two = new DateTime(2018, 6, 18);
monthCalendar1.AddAnnuallyBoldedDate(one);
monthCalendar1.AddAnnuallyBoldedDate(two);
monthCalendar1.UpdateBoldeDates();
```

```
monthCalendar1.AnnuallyBoldedDates = new DateTime[] {
        new DateTime(2018, 5, 12, 0, 0, 0, 0),
        new DateTime(2018, 6, 18, 0, 0, 0, 0)};
```

◆ 以 DateTime 结构设置日期，再调用 AddAnnuallyBoldedDate()添加控件中，记得调用 UpdateBoldeDates()方法重新绘制控件。

◆ 第二种方式则是通过 AnnuallyBoldedDates 属性并以 DateTime 结构初始化相关的日期。

○ 选择日期触发的事件

使用 MonthCalendar 控件以鼠标选择多个日期后会触发 DateSelected()事件。无论是键盘还是鼠标进行日期的选择时则会触发 DateChanged()事件。

项目 "Ex1106.csproj" 日租房间范例说明

下述简例是短期房间出租，日租金为 1500 元，出租日期最长为 10 日，用鼠标选择日期后会算出总租金。

范例 项目 "Ex1106.csproj" 日租房间操作

启动程序加载窗体后，用鼠标选择日期就能计算租金总额，如图 11-42 所示，但最多出租的天数是 10 天。

图 11-42　计算租金总额

范例 项目 "Ex1106.csproj" 日租房间

01 创建 Windows 窗体项目，在窗体上加入如表 11-14 所示的控件并设置它们的属性值。

表 11-14　范例项目 Ex1106 使用的控件及其属性设置值

控　件	属　性	值
Label	Name	lblShow
MonthCalendar	Name	monCalendar
	ScrollChange	1
	ShowTodayCircle	False

02 完成的窗体如图 11-43 所示。

图 11-43　完成的窗体

03 利用鼠标双击窗体空白处，编写"Form1_Load()"事件处理程序。

```
01  private void Form1_Load(object sender, EventArgs e)
02  {
03      //设置标签属性 – 边框线、背景颜色，字体的大小和位置
04      lblShow.BorderStyle = BorderStyle.FixedSingle;
05      lblShow.BackColor = Color.GreenYellow;
06      lblShow.Font = new Font(lblShow.Font.Name, 15.0F);
07      lblShow.Location = new Point(3, 168);
08      monCalendar.Dock = DockStyle.Top; //填满上方
09      // 改变日历的背景颜色、前景颜色
10      monCalendar.ForeColor = Color.FromArgb(192, 0, 0);
11      monCalendar.FirstDayOfWeek = Day.Monday;
12      monCalendar.MaxDate = new
13          DateTime(2020, 12, 31, 0, 0, 0, 0);
14      monCalendar.MinDate = DateTime.Today;
15      monCalendar.MaxSelectionCount = 10;
16      monCalendar.ShowWeekNumbers = True;
17      this.Text = "Ex1106 - 简单的日历";
18  }
```

04 按 Shift + F7 组合键回到 Form1.cs[设计]页签，利用鼠标双击 MonthCalendar 控件，编写
"monthToDoList _DateChanged"事件处理程序。

```
21  private void monCalendar_DateSelected(object sender,
22      DateRangeEventArgs e)
23  {
24      DateTime begin = e.Start;
25      DateTime finish = e.End;
26      TimeSpan days = finish - begin;
27      int duration = days.Days + 1;    //获取租期天数
28      float money = 1_500.0F;
29      switch(duration)
30      {
31          //省略部程序代码
32          case 5: case 6:
33              money *= 0.9F;
34              break;
35          default:
36              money *= 0.8F;
37              break;
38      }
39      lblShow.Text = $"{duration.ToString()}天 租金：" +
40              $"{duration*money:c0}";
41  }
```

【生成可执行程序再执行】

按 F5 键，若无错误打开"窗体"窗口。

【程序说明】

- 第 1~18 行：窗体加载事件，设置标签和 MonthCalendar 控件的属性。
- 第 11 行：属性 FirstDayOfWeek 让日历以星期一为每周的第一天。
- 第 12~14 行：以属性 MaxDate 和 MinDate 来决定日历的开始和停止日期，最小日期设为今天。
- 第 15 行：属性 MaxSelectionCount，表示每次用鼠标选择日期最大值只能有 10 天。
- 第 16 行：属性 ShowWeekNumbers 设为"True"会在每月日期的开头显示周数（即星期数），根据 MaxDate 和 MinDate 的属性值来排定周数。
- 第 21~41 行：当用鼠标选择日期时会触发 moncalSchedule_DateChanged()事件。通过参数 "e" 来获取开始和结束日期，再根据获取的天数来计算短期租金的总额。

11.3.2　DateTimePicker

若要显示特定的日期和时间，DateTimePicker 控件是一个不错的选择，它提供了一个下拉列表供用户选择日期，如图 11-44 所示。

图 11-44　选择日期

DateTimePicker 控件的最小值（MinDate）和最大值（MaxDate）可用于设置日期区间，下面看看它还有哪些属性。

⊃ 控件的外观

加入 DateTimePicker 控件后，在程序运行状态下，单击它右侧的▼按钮就会弹出下拉式日历，再用鼠标选择日期即可。如果觉得下拉式列表太占位置，属性 ShowUpDown 可以隐藏下拉式列表，只用微调按钮进行区间选择，具体做法是将 ShowUpDown 属性值设置为"True"（默认为 False），原来的▼按钮被上下的微调按钮所取代，如图 11-45 所示。

图 11-45　微调按钮

还可以把 ShowCheckBox 属性值设置为"True"（默认为 False）来配合 ShowUpDown 属性。它会在选定的日期前方加上复选框。有勾选时可以将日期进行微调，没有勾选时则无法微调。如果再加上 MinDate、MaxDate 属性，还能设置进一步微调的期间值，如图 11-46 所示。

图 11-46　勾选与未勾选

如果以程序来改变 ShowCheckBox 属性，那么语句如下：

```
//设置日期期间值: 2015 /1/1 ~ 2018/12/31
dateTimePicker1.MinDate = new DateTime(2015, 1, 1);
dateTimePicker1.MaxDate = new DateTime(2018, 12,31);
dateTimePicker1.ShowCheckBox = True;//勾选了复选框
dateTimePicker1.ShowUpDown = True;  //有微调按钮
```

○ 日期的格式

控件 DateTimePicker 的 Format 属性提供了以下 4 种格式设置。

- Long（默认值，长日期）：格式"2018 年 4 月 18 日"。
- Short（短日期）：格式"2018/4/18"。
- Time（时间）：格式"下午 3:15:20"。
- Custom（自定义）：配合属性 CustomFormat 进行设置。

如果想要以自定义格式表示"月 日, 年-星期"，就得先了解 Format 属性自定义的格式字符串所代表的意义。有关这些格式字符串的说明请参考表 11-15。

表 11-15　自定义时间的格式字符

格式字符	说　明
y	年份只显示 1 位数，如 2014 以"4"表示
yy	年份显示 2 位数，如 2014 以"14"表示
yyy	年份显示 4 位数，如 2014 以"2014"表示
M	月份只显示 1 位数，如三月以"3"表示
MM	月份显示 2 位数，如三月以"03"表示
MMM	月份缩写，7 月以"JUL"表示，中文是"七月"
MMMM	完整月份，7 月以"July"表示，中文是"七月"
d	日期只显示 1 位数，如 2015/5/2 以"2"表示
dd	日期显示 2 位数，如 2015/5/2 以"02"表示
ddd	"星期"缩写，如 2015/3/6 为星期五，会以"FRI"表示

（续表）

格式字符	说　　明
dddd	星期完整名称，如 2015/3/6 以 "Friday" 表示，中文是 "星期五"
H	以 24 小时制来表示，如 16 点以一或两位数表示为 "16"
HH	以 24 小时制来表示，如 2 点以两位数表示为 "02"
h	以 12 小时制来表示，如 11 点以一或两位数表示为 "11"
hh	以 12 小时制来表示，如 2 点以两位数表示为 "02"
m	表示 "分"，以一或两位数表示
mm	表示 "分"，以两位数表示
s	表示 "秒"，以一或两位数表示
ss	表示 "秒"，以两位数表示
t	显示 AM 或 PM 的缩写，如 "A" 或 "P"
tt	显示 AM 或 PM 的缩写

使用属性窗口设置日期的自定义格式。①把 format 属性值修改为 "Custom"；②在属性 CustomFormat 中输入 "MMM, dd, yyy-ddd"，如图 11-47 所示，之后 DateTimePicker 控件就会以自定义格式来显示。

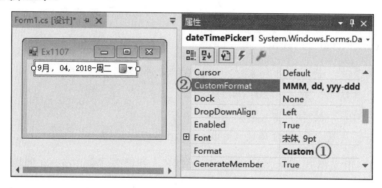

图 11-47　设置日期的自定义格式

当然，自定义格式也能以程序代码编写的方式来设置。

```
//自定义格式
dateTimePicker1.Format = DateTimePickerFormat.Custom;
dateTimePicker1.CustomFormat = "MMM dd, yyy - ddd";
```

◆　表示要使用 DateTimePickerFormat 的枚举类型成员来提供这 4 个常数值。

范例　项目 "Ex1107.csproj" 使用 DateTimePicker 控件

01　创建 Windows 窗体项目，在窗体上加入如表 11-16 所示的控件并设置它们的属性值。

表 11-16　范例项目"Ex1107"使用的控件及其属性设置值

控　件	属　性	值	控　件	Name	Text
Label4	AutoSize	False	Button	btnOK	确认
	BorderStyle	FixedSingle	Label1		预订日期
	BackColor	LightCyan	Label2		名称
DateTimePicker	Name	dtpPreDate	Label3		订购票数
	MinDate	2018/4/1	Label4	lblShow	
	MaxDate	2018/12/31			

02 完成的窗体如图 11-48 所示。

图 11-48　完成的窗体

03 在窗体空白处双击鼠标进入"Form1.cs"程序文件的编辑区，编写"Form1_Load()"事件处理程序。

```
01  private void btnOK_Click(object sender, EventArgs e)
02  {
03      string name = txtName.Text;
04      int pay = 1_200;
05      int ticket = int.Parse(txtTicket.Text);
06      pay *= ticket;
07      string order = dtpPreDate.Value.ToLongDateString();
08      lblShow.Text = $"Hi! {name}\n " +
09          $"预订日期: {order}\n" +
10          $"您订了{ticket}张票, 共{pay:c0}";
11  }
```

【生成可执行程序再执行】

按 F5 键，若生成可执行程序无错误，则程序启动后即会开启"窗体"画面，如图 11-49 所示。

【程序说明】

- 获取两个文本框输入的内容，把 DateTimePicker 控件选择的日期以 ToLongDateString()方法转换为日期，最后全部由标签控件显示信息。

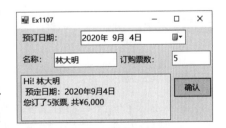

图 11-49　开启窗体

11.4 重点整理

- Label（标签）控件的常用属性：AutoSize 设为"True"能随字符长度来调整标签的宽度；BorderStyle 用来设置框线样式；ForeColor 用于设置前景颜色；TextAlign 提供了多种变化的对齐方式；而 Visible 能让标签控件在运行时决定是否显示在窗体上。

- LinkLabel（超链接标签）使用 ActiveLinkColor、LinkColor 和 VisitedColor 属性设置超链接的颜色以及超链接要不要加下画线效果，配合 LinkBehavior 属性值使用。而 LinkArea 能够决定部分文字显示超链接是否起作用。超链接标签控件除了能打开 IE 浏览器外，也能打开电子邮件和执行指定的应用软件。

- 由于 ProgressBar（进度条）控件提供了进度显示，因此必须设置 Maximum（最大）、Minimum（最小）和 Value 属性，配合 Increment() 方法来显示进度效果。

- Timer 组件具有计时功能，执行时并不会在窗体上显现，使用 Interval 属性来决定计时的间隔，通过 Tick() 事件来处理设置间隔时间所有要处理的事件。

- TextBox 控件除了常用的 Text 属性外，Copy() 方法能将选择的文字复制到系统剪贴板中，而 Cut() 方法能将选择的文字搬移到系统剪贴板中，然后通过 Paste() 方法从剪贴板中取回文字。此外，也能使用 Undo() 方法来撤销文本框中原有的编辑操作，文本框的 Text 属性被改变时会触发 TextChange() 事件。

- 所有 Windows 应用程序都共享"系统剪贴板"，配合 Clipboard 类提供了两个方法：SetDataObject() 方法将数据存放于剪贴板中；GetDataObject() 方法提取剪贴板中的数据。

- RichTextBox 控件比 TextBox 控件提供了更多格式化功能。SelectionFont 属性用来变更字体和字体大小，SelectionColor 用于设置字体颜色，LoadFile() 方法用于加载文件，SaveFile() 方法可用于保存文件，而 Find() 方法可用于在 RichTextBox 文本框中指定的字符串中并进行查找。

- MonthCalendar 控件使用属性 MaxSelectionCount 配合 SelectionRange 的 Start 和 End 选择某个日期区间。通过 MinDate 和 MaxDate 属性限制日期和时间的最小值和最大值。

- DateTimePicker 控件可选择特定日期，单击右侧的▼按钮会弹出下拉式日历，属性 ShowUpDown 可用于隐藏下拉式日历，而只以微调按钮进行日期的区间选择。

11.5 课后习题

一、填空题

1. 在标签控件中，对齐文字的属性是_____，它会调用_____枚举类型的常数值，共有_____种对齐方式。

2. 超链接标签控件的属性 LinkBehavior 用来设置超链接标签控件中的文字是否要加下画线，共有 4 种属性值；①系统默认值_____；②表示永远要加下画线_____；③鼠标指针停留时加下画线_____；④永远不加下画线_____。

3. 在窗体中控件的 Tab 键顺序由属性_____来决定，进入 Tab 键顺序的编辑画面，按_____键可关闭画面。

4. 文本框要显示多行时，属性_____设为_____；要让文本框变成只读，属性_____设为_____。

5. 要清除文本框的内容时，要使用_____方法，获取输入焦点要使用_____方法，改变文本框内容时会触发_____事件。

6. 所有 Windows 应用程序都共享 "系统剪贴板"，Clipboard 类提供两个方法：_____方法将数据存放于剪贴板；_____方法来提取剪贴板的数据内容或信息。

7. 控件的 Dock 属性有 5 种设置值：①_____；②_____；③_____；④_____；⑤_____。

8. RichTextBox 控件，使用_____方法来打开文件，_____方法来保存文件，_____方法查找特定的字符串。

9. Timer 组件启动时要调用_____方法，停止要调用_____方法；属性_____可用于设置时间的间隔，设置值会触发_____事件。

10. 在 MonthCalendar 控件中，要限制日期的开始和结束，可用_____和_____属性进行设置；要设置每年固定的日期如法定假日,可使用属性_____。

11. DateTimePicker 控件的属性 Format 有四种格式：①_____、②_____、③_____、④_____。

二、问答题与实践题

1. 在窗体中加入按钮和标签，单击按钮后会显示当前的时间，同时字体颜色和背景颜色都会改变，加入单线边框并设置为水平、垂直都居中。参考图 11-50 所示的窗体设计。

图 11-50 窗体设计

2. 延续前一个范例，让标签控件显示的时间能跳动，必须加入哪一种组件？执行后让按钮隐藏并放大标签的字号为 20。

3. 在窗体上加入一个超链接控件，单击此控件之后

- 打开 MSN 网站；被浏览过的链接其颜色显示为绿色。
- 鼠标指针停留时不加下底线，未放开鼠标按键之前超链接所显示的颜色为红色。

4. 在窗体上加入三个标签来显示随机数值，其中有一个数值为"7"就停止程序的运行。参考图 11-51 所示的窗体设计。

- 加入 Timer 控件。
- 加入"Thread.Sleep（毫秒）"产生时间差，显示的三个随机数值才会不一样。

图 11-51　窗体设计

第12章

提供互动的对话框

章 | 节 | 重 | 点

✳ 打开文件与保存文件可使用 OpenFileDialog 和 SaveFileDialog 对话框。

✳ 浏览文件夹可使用 FolderBrowserDialog 对话框。

✳ FontDialog 可用于设置字体；ColorDialog 以调色板方式进行颜色设置。

✳ 打印文件时，设置打印机要用 PrintDialog 对话框，产生预览效果可使用 PrintPreviewDialog 对话框，进行版面设置则使用 PageSetupDialog 对话框。

12.1 ▶ 认识对话框

对话框的作用就是提供一个友好的用户界面来与用户互动、沟通。有哪些常用的对话框呢？可参考表 12-1 的简介。

表 12-1　常用的对话框

功　　能	对　话　框	说　　明
处置文件	OpenFileDialog	打开文件
	SaveFileDialog	保存文件
	FolderBrowserDialog	浏览文件夹
字体设置	FontDialog	提供窗口系统已安装的字体设置
颜色调配	ColorDialog	提供调色板来选择颜色
打印文件	PrintDialog	设置打印机
	PrintPreviewDialog	打印时提供预览
	PageSetupDialog	设置页面效果

这些对话框放在工具箱的"对话框"类中，在窗体中加入这些对话框时并不会出现在窗体上，只会放在窗体底部的"匣子"中。同样要选择控件后才能进行属性的设置。

12.2 ▶ 文件对话框

在 Windows 操作系统中，无论使用哪种应用程序，"打开文件"和"保存文件"都是必不可少的步骤，Windows 窗体提供了两个处理文件的对话框：OpenFileDialog 和 SaveFileDialog，它们都继承了抽象类 FileDialog 所实现的类。

12.2.1　OpenFileDialog

OpenFileDialog 对话框用来打开文件。①展开工具箱的"对话框"类；②将 OpenFileDialog 对话框加入窗体时会存放在窗体底部的"匣子"中，如图 12-1 所示。

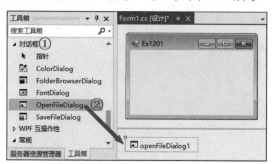

图 12-1　展开"对话框"类

如图 12-1 所示，想想看，在记事本选择"打开/文件"菜单选项之后所呈现的类似画面，即进入了"打开"（Title）对话框。从"查询"处会看到默认的文件位置（InitialDirectory）及要打开的文件名（FileName）。文件类型有"*.txt""*.*"等，这些是经过筛选（Filter）的文件类型，默认的文件类型是"*.文本文件"（FileIndex）。参照图 12-2 来说明一下，一个"打开"对话框具有的属性：①Title（标题）、②InitialDirectory（文件位置）、③FileIndex（文本文件）、④Filter（筛选类型）。

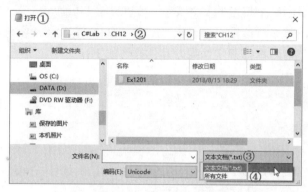

图 12-2 "打开"对话框

有关 OpenFileDialog 类成员的简要说明，可参考表 12-2。

表 12-2 OpenFileDialog 的常用属性

OpenFileDialog 成员	说　明
Filter	设置文件类型
DefaultExt	获取或设置文件的扩展名
FileName	获取或设置文件的名称、显示的"文件类型"
FileIndex	获取或设置 Filter 属性的搜索值
Title	获取或设置文件对话框的标题名称
InitialDirectory	获取或设置文件的初始目录
RestoreDirectory	关闭文件对话框之前是否要获取原有目录
MultiSelect	是否允许选择多个文件
ShowReadOnly	决定对话框中是否要显示只读复选框
AddExtension	文件名之后是否要附加扩展名（默认 True 会附加）
CheckExtensions	返回文件时会先检查文件是否存在（True 会检查）
ReadOnlyCheck	是否选择只读复选框，True 表示文件为只读
OpenFile()方法	打开属性设为只读文件
ShowDialog()方法	显示常规的对话框

不同的应用程序，会通过 Filter 属性来进行文件的筛选，让某些文件类型能通过"打开"对话框中的"文件类型"下拉列表进行选择，可以通过以下程序语句来实现。

```
openFileDialog1.Filter = "说明文字(*.扩展名) | *.扩展名";
```

Filter 属性值属于字符串类型，可以根据实际需求来设置不同条件的筛选，并使用"|"（Pipe）字符来分隔不同的筛选条件。例如，文件类型是文本文件和 RTF，如何设置 Filter 属性？程序代码编写如下：

```
openFileDialog1.Filter =
    "文本文件(*.txt)|*.txt | RTF格式 | *.rtf | 所有文件(*.*)|*.*";
```

如果要在对话框显示某个特定的文件类型，可以设置 FilterIndex 属性值，上面的语句中若设"FilterIndex = 2"，那么对话框只会显示"RTF 格式(*.rtf)"（请参考图 12-2 中的③）。

如何应用"打开"对话框打开文件呢？具体操作如下：

操作 "打开文件"

01 创建数据流读取器。

由于文件是以数据流来处理，必须使用 using 关键字导入"System.IO"命名空间，以 StreamReader 类所创建的对象来打开文件。它的构造函数可以指定文件名或者配合"打开"（OpenFileDialog）对话框的属性"FileName"。

```
using System.IO;            //处理数据流
StreamReader  sr = new      //创建 StreamReader 类的对象
    StreamReader(openFileDialog1.FileName);
```

02 使用 OpenFile()方法来指定具有只读性质的特殊文件。

```
this.Cursor = new Cursor(
    openFileDialog1.OpenFile());  //打开的文件类型(*.cur)文件
```

03 调用 LoadFile()方法来加载文件。

使用 TextBox 或 RichTextBox 文本框来显示所读取的文件，若以 RichTexBox 来承载文件内容，就可以略过步骤 1 和 2。由 RichTexBox 控件的 LoadFile()方法配合 OpenFileDialog 对话框即可。LoadFile()是一个重载方法，先前介绍过它以路径来读取文件（参考第 11.2.2 小节），下面认识 LoadFile()另一种调用的语法。

```
public void LoadFile(Stream data, RichTextBoxStreamType fileType );
```

- data: 要加载 RichTextBox 控件中的数据流。
- fileType: 为 RichTextBoxStreamType 枚举类型的常数值，请参考第 11 章表 11-9 的说明。

使用 RichTextBox 控件，编写如下程序代码。

```
richTextBox1.LoadFile(dlgOpenFile.FileName,
    RichTextBoxStreamType.PlainText);
```

04 调用 ShowDialog()方法。

最后，调用 ShowDialog()方法对打开的文件进行确认。（ShowDialog()方法请参考第 12.2.2 小节的介绍）。

```
openFileDialog1.ShowDialog();
```

12.2.2 SaveFileDialog

要保存文件，就调用 SaveFileDialog 对话框进行处理，把它加入窗体时依旧会被存放于窗体底部的"匣子"中，如图 12-3 所示。

图 12-3 调用 SaveFileDialog 对话框

SaveFileDialog 对话框的大部分属性都与 OpenFileDialog 相同，它特有的属性有：

- AddExtension 属性：存储文件时是否要在文件名自动加入扩展名，默认属性值为"True"会自动附加文件的扩展名，"False"表示不会自动附加文件的扩展名。
- OverwritePrompt 属性：在另存新文件的过程中，如果存储的文件名已经存在，OverwritePrompt 用来显示是否要进行覆写操作。默认属性值"True"表示覆写前会提醒用户，设为"False"表示不会提醒用户而直接覆写。

操作"保存文件"

01 创建数据流写入器，配合 SaveFileDialog 对话框准备存盘。

要把文件存盘，相对数据流的 StreamReader 作为读取器，我们会用 StreamWriter 来创建写入器。创建数据流对象的语法如下：

```
StreamWriter(String path, Boolean append, Encoding);
```

- path：文件路径 3002。
- append：表示文件是否要以附加方式来处理。若文件已存在，则"False"会覆写原来的文件，"True"不会进行覆写的操作；若文件不存在，则通过 StreamWriter 的构造函数来产生一个新的文件对象。
- Encoding：编码方式，如果没有特别指定，就采用 UTF-8 编码。

简单的范例程序语句如下：

```
using System.IO;    //使用 StreamWriter 导入的命名空间
```

```
StreamWriter sw;    //创建数据流对象写入器
sw = new StreamWriter(
    dlgSaveFile.FileName, False, Encoding.Default);
```

02 保存文件对话框（SaveFileDialog）调用 ShowDialog()方法，可进一步判断用户是否要保存文件。

```
saveFileDialog1.ShowDialog();
```

03 写入文件后再关闭数据流对象。

写入器会调用 Write()方法执行文件写入操作，然后关闭写入器。

```
sw.Write(richTextBox1.Text);//从文本框获取内容执行写入操作
sw.Close();   //关闭写入器
```

○ ShowDialog()方法

使用对话框都会调用 ShowDialog()来执行所对应的对话框，用来打开通用型对话框，再获取按钮的返回值来执行相关的操作。在后面的章节中介绍相关的对话框时，大部分都会调用 ShowDialog()方法。就 OpenFileDialog 对话框而言，它实现了 CommonDialog 类（指定用于屏幕上显示对话框的基类），执行时要使用 if 语句判断用户是单击了"确定"按钮还是单击了"取消"按钮。程序代码编写如下：

```
if(dlgOpenFile.ShowDialog() == DialogResult.OK)
{
    richTextBox.LoadFile(dlgOpenFile.FileName,
        RichTextBoxStreamType.PlainText);
}
```

◆ 单击"确定"按钮（即 OK 按钮，来自于 DialogResult 枚举类）就会调用 RichTextBox 的 LoadFile()方法来加载文件。

范例 项目"Ex1201.csproj"范例说明

■ 使用文本框为中介，OpenFileDialog 对话框将文本文件加载（读取）到文本框：①必须指定路径；②Filter 属性用于筛选文件类型；③属性 FilterIndex 用于指定显示的文件。
■ 改变文本框的内容后，通过 SaveFileDialog 对话框执行"保存文件"的操作，写入到一个新的文件中。

范例 项目"Ex1201.csproj"操作

01 执行程序加载窗体。①单击"打开文件"按钮，会弹出"打开"对话框；②选择"Demo.txt"文件；③单击"打开"按钮，随后内容就会加载到文本框上，如图 12-4 所示。

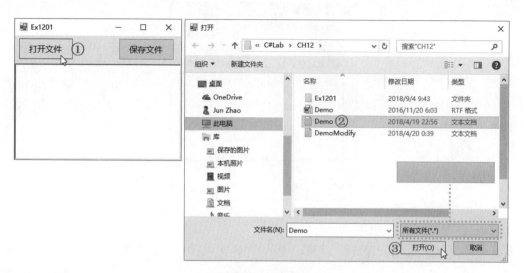

图 12-4 打开文件

02 ①在文本框内加入一些内容；②单击"保存文件"按钮会进入"另存为"对话框；③输入新的文件名（避免覆写原来的文件）；④单击"保存"按钮，如图 12-5 所示。

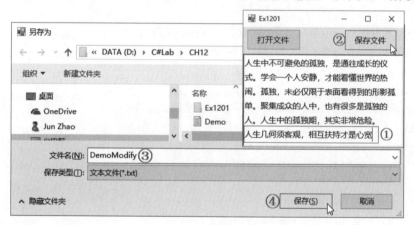

图 12-5 "另存为"对话框

范例 项目"Ex1201.csproj"动手实践

01 创建 Windows 窗体项目，在窗体上加入如表 12-3 所示的控件并设置它们的属性值。

表 12-3 范例项目"Ex1201"使用的控件及其属性设置值

控 件	属 性	值	控 件	属 性	值
OpenFileDialog	Name	dlgOpenFile	Button1	Name	btnOpen
SaveFileDialog	Name	dlgSaveFile		Text	打开文件
RichTextBox	Name	rtxtShow	Button2	Name	btnSave
	Dock	Bottom		Text	保存文件

02 完成的窗体如图 12-6 所示。

图 12-6　完成的窗体

03 利用鼠标双击"打开文件"按钮，编写"btnOpen_Click"事件处理程序。

```
01  using System.IO;    //导入以便处理文件的输入输出
02  private void btnOpen_Click(object sender, EventArgs e)
03  {
04      DlgOpenFile.InitialDirectory = "D:\\C#Lab\\CH12";
05      DlgOpenFile.Filter =
06          "文本文件(*.txt)|*.txt|所有文件(*.*)|*.*";
07      //获取 Filter 筛选条件为 2 进行设置，默认为文本文件
08      DlgOpenFile.FilterIndex = 2;
09      DlgOpenFile.DefaultExt = "*.txt";
10      DlgOpenFile.FileName = "";  //清除文件名的字符串
11      //指定上一次打开的路径
12      DlgOpenFile.RestoreDirectory = True;
13      if (DlgOpenFile.ShowDialog() == DialogResult.OK)
14      {
15          rtxtShow.LoadFile(DlgOpenFile.FileName,
16              RichTextBoxStreamType.PlainText);
17      }
18  }
```

04 按 Shift + F7 组合键回到 Form1.cs[设计]页签，利用鼠标双击"保存文件"按钮，编写 "btnSave_Click"事件处理程序。

```
21  private void btnSave_Click(object sender, EventArgs e)
22  {
23      //省略部分程序代码
24      DlgSaveFile.RestoreDirectory = True;
25      DlgSaveFile.DefaultExt = "*.txt";
26      if (DlgSaveFile.ShowDialog() == DialogResult.OK)
27      {
28          //建立保存文件的 StreamWriter 对象
```

29	StreamWriter sw = new StreamWriter(
30	DlgSaveFile.FileName, False, Encoding.Default);
31	**sw.Write(rtxtShow.Text);**
32	sw.Close();
33	}
34	}

【生成可执行程序再执行】

按 F5 键，若生成可执行文件无错误，则程序启动后即会开启"窗体"后画面。

【程序说明】

- 第 2~18 行：打开纯文本文件时，针对 OpenFileDialog 对话框本身进行属性设置。
- 第 4 行：InitialDirectory 属性用于设置要打开文件的初始路径。文件路径的文件夹之间采用 "\\" 是为了避免被误认为是 "\" 转义字符。
- 第 5、6 行：Filter 属性筛选文件类型为文本文件和所有文件（与文本文件有关）。
- 第 13~17 行：如果用户单击"确定"按钮，就会调用 ShowDialog()方法，且通过 RichTextBox 控件提供的 LoadFile()方法来加载文件，其文件数据流为纯文本。
- 第 21~34 行：保存文件时，使用 SaveFileDialog 对话框来设置相关属性。
- 第 26~33 行：调用 ShowDialog()方法来准备存盘操作，如果用户单击"确定"按钮，就会使用 StreamWriter 对象来写入文件，并以原有格式存盘。
- 第 31、32 行：调用数据流对象的 Write()方法执行字符的写入操作，再以 Close()方法关闭 StreamWriter 对象。

12.2.3 FolderBrowserDialog

FolderBrowserDialog 是"浏览文件夹"对话框，指定选择的文件夹进行浏览，获取某个文件夹的路径或获取更多内容，如图 12-7 所示。

以图 12-8 为例，左下角还有一个"新建文件夹"按钮，其属性 ShowNewFolderButton 为"True"时可以创建新的文件夹；为"False"时就不能创建新的文件夹。

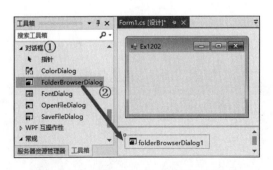

图 12-7　调用 FolderBrowserDialog 对话框

图 12-8　"浏览文件夹"对话框

FolderBrowserDialog 对话框的常用属性可参照表 12-4 的说明。

表 12-4　FolderBrowserDialog 成员

成　　　员	说　　　明
Description	树状视图控件在对话框上方的描述文字
RootFolder	设置或获取开始浏览的根文件夹位置
SelectedPath	获取或设置用户所选择的路径
ShowNewFolderButton	是否要显示"新建文件夹"按钮
Reset()方法	将属性重置回默认值
ShowDialog()方法	打开"浏览文件夹"对话框

属性 RootFolder 可用来设置浏览文件夹的起始位置，其默认值为"Desktop"（桌面），可以通过属性窗口查看 Environment.SpecialFolder 枚举类型的成员，如图 12-9 所示。

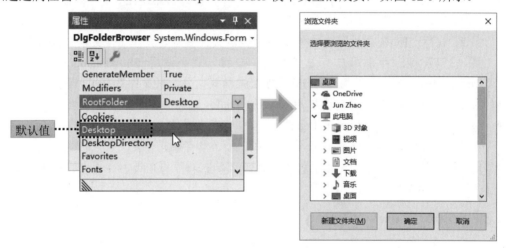

图 12-9　查看 Environment.SpecialFolder 枚举类型的成员

同样可以通过编写程序代码来指定 Environment.SpecialFolder 枚举类型的成员。

```
folderBrowserDialog1 = Environment.SpecialFolder.Personal;
```

Environment.SpecialFolder 枚举类型包含众多的成员，下面为几个常用的成员。

- Personal 泛指 "MyDocuments"。
- MyComputer 在 Windows 10 系统中会指向本机。
- DesktopDirectory 表示用来实际存储桌面上文件对象的目录。

范例　项目 "Ex1202.csproj" 浏览文件夹对话框

用 FolderBrowserDialog 对话框来加载指定的文件夹，配合 OpenFileDialog 进入"打开文件"对话框，选择 RTF 格式文件载入到文本框内。

范例 项目 "Ex1202.csproj" 浏览文件夹对话框的操作

01 在窗体启动后，①单击"打开文件夹"按钮打开"浏览文件夹"对话框，将 SelectedPath 属性值设为 D 驱动器；②单击"确定"按钮进入"打开文件"对话框，如图 12-10 所示。

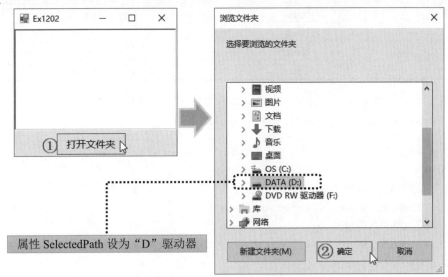

图 12-10　"浏览文件夹"对话框

02 ①选择"Demo.rtf"文件；②单击"打开"按钮，会将文件内容载入到文本框（RichTextBox）中，如图 12-11 所示。

图 12-11　"打开文件"对话框

范例 项目 "Ex1202.csproj" 浏览文件夹对话框

01 创建 Windows 窗体项目，在窗体上加入如表 12-5 所示的控件并设置它们的属性值。

表 12-5 范例项目 "Ex1202" 使用的控件及其属性设置值

控　　件	属　　性	值
OpenFileDialog	Name	dlgOpenFile
FolderBrowserDialog	Name	dlgBrowserFolder
RichTextBox	Name	rtxtShow
	Dock	Top
Button	Name	btnOpen
	Text	打开文件夹

02 在窗体空白处双击鼠标进入 "Form1.cs" 程序文件的编辑状态，在这个程序文件中编写 "Form1_Load()" 事件处理程序。

```
01  private void Form1_Load(object sender, EventArgs e)
02  {
03      //指定要浏览的文件夹为 D 驱动器
04      DlgFolderBrowser.SelectedPath = @"D:\";
05      //浏览文件夹的提示文字
06      DlgFolderBrowser.Description = "选择要浏览的文件夹";
07      DlgOpenFile.Title = "打开文件";
08  }
```

03 按 Shift + F7 组合键回到 Form1.cs[设计]页签，利用鼠标双击 "打开文件夹" 按钮，编写 "btnFolder_Click" 事件处理程序。

```
11  private void btnOpen_Click(object sender, EventArgs e)
12  {
13      bool fileOpened = False;   //判断文件是否打开
14      string openFileName;
15      //要打开文件的路径
16      DlgOpenFile.InitialDirectory = "D:\\C#Lab\\CH12";
17      DlgOpenFile.Filter =
18          "RTF 格式(*.RTF)|*.RTF|所有文件(*.*)|*.*";
19      DlgOpenFile.FilterIndex = 1;
20      DlgOpenFile.DefaultExt = "*.RTF";
21      DlgFolderBrowser.ShowDialog();  //打开浏览文件夹
22      if (!fileOpened)   //将打开文件的默认路径设为浏览路径
23      {
24          DlgFolderBrowser.SelectedPath =
25              DlgOpenFile.InitialDirectory;
26          DlgOpenFile.FileName = null;
27      }
28      DialogResult result = DlgOpenFile.ShowDialog();
29      //省略部分程序代码
30  }
```

【生成可执行程序再执行】

按 F5 键，若生成可执行程序无错误，则程序启动后即会开启"窗体"画面。

【程序说明】

◆ 第 1~8 行：窗体加载时，设置浏览文件夹的位置为"D"驱动器。
◆ 第 11~30 行：单击"打开文件夹"按钮后会执行的对应事件处理程序。先进入浏览文件夹的对话框，选择要浏览的文件夹后，进入第二个"打开文件"对话框，选择要打开的 RTF 格式文件并载入到文本框中。
◆ 第 13 行：fileOpened 为标志，判断文件的打开状态。文件打开时设为"True"，文件未打开时设为"False"。
◆ 第 16~20 行：设置加载文件的路径并指定文件格式为 RTF。
◆ 第 21 行：调用 ShowDialog()方法来打开"浏览文件夹"对话框。
◆ 第 22~27 行：使用 if 语句判断，若文件已打开，则将"打开"对话框设好的路径值赋给"浏览文件夹"对话框，作为选择的文件夹路径。

12.3 设置字体与颜色

一份完成的文件，有了字体的变化和颜色的辅佐能够丰富文件的内容。.NET Framework 提供了两个组件：FontDialog 设置字体；ColorDialog 设置颜色。

图 12-12　调用 FontDialog 对话框

12.3.1 FontDialog

FontDialog 对话框用来显示 Windows 系统中已经安装的字体，提供给设计者使用。在窗体中加入 FontDialog 组件时，也是放置在窗体下方的"匣子"中，如图 12-12 所示。

FontDialog 对话框提供与字体有关的样式，如粗体或下画线。常用成员如表 12-6 所示。

表 12-6　FontDialog 的常用属性

FontDialog	默认值	说　明
Font		获取或设置对话框中所指定的字体
Color		获取或设置对话框中所指定的颜色
ShowColor	False	对话框是否显示颜色选择，True 才会显示
ShowEffect	True	对话框是否包含允许用户指定删除线、下画线和文字颜色选项的控件
ShowApply	False	对话框是否包含"应用"按钮
ShowHelp	False	对话框是否显示"帮助"按钮
Reset()方法		将所有对话框选项重置回默认值

⊃ 了解更多的字体

命名空间"System.Drawing"的 Font 类提供了字体、大小和字体样式，调用 Font 的构造函数来初始化对象，其语法如下：

```
Font(FontFamily, Single, FontSytle);
```

- ✦ FontFamily 用来设置字体。
- ✦ Single 用来设置字号，以 float 来表示。
- ✦ FontStyle 用来设置字体样式。

可以通过表 12-7 来认识 Font 类的属性，包括 FontStyle。

表 12-7　Font 类的属性

Font 类属性	说　明
Bold	设置 Font 为粗体
Italic	设置 Font 为斜体
Strikeout	Font 加上删除线
Underline	Font 加上下画线
FontFamily	获取与这个 Font 关联的 FontFamily
Height	获取这个字体的行距
Name	获取 Font 的字体名称
Size	获取 Font 字体大小，以 Unit 属性指定的单位来测量
Style	获取 Font 的样式信息
SystemFontName	IsSystemFont 属性返回 True，获取系统字体的名称

由于 Font 类提供的是重载构造函数，我们可以根据程序的需求来设置，例如：设置字体（Font）和字体样式（FontStyle）。

```
Font printFont = new Font("楷体", FontStyle.Bold);
```

- ✦ 设置打印的字体"printFont"以楷体、粗体的样式打印输出。

12.3.2　ColorDialog

ColorDialog 组件用调色板来提供颜色选择，也能将自定义的颜色加入调色板中。ColorDialog 常见的属性可参考表 12-8 的简要说明。

表 12-8　ColorDialog 常用的属性

ColorDialog	默认值	说　明
Color		获取或设置颜色对话框中所指定的颜色
AllowFullOpen	True	用户是否可以通过对话框来自定义颜色
FullOpen	False	打开对话框，是否可以用自定义颜色的控件

（续表）

ColorDialog	默认值	说　明
AnyColor	False	对话框是否显示所有可用的基本颜色
SolidColorOnly		对话框是否限制用户只能选择纯色

这些属性的相关值究竟是什么呢？下面参照图 12-13 来进行说明。进入"颜色"对话框时，右下角的"添加到自定义颜色"按钮与属性 AllowFullOpen 设置值有关，属性设为"True"就可以看到自选颜色的调色板，①单击某个颜色值会添加到窗口左下方的"自定义颜色"下方的色块中；②单击右侧的◀按钮可以调整颜色的深浅；③单击"添加到自定义颜色"按钮可以把选好和设置好的颜色加到"自定义颜色"下方的方块中。

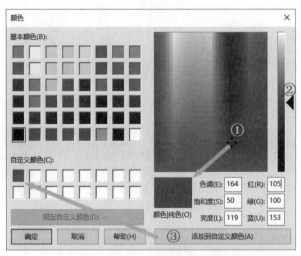

图 12-13　"颜色"对话框的自定义颜色

- AllowFullOpen 属性值为 True，而 FullOpen 属性值也为 True，进入颜色对话框后会自动打开窗口右侧的自定义颜色。
- AllowFullOpen 属性值 True，而 FullOpen 属性值为 False，进入颜色对话框后必须单击窗口左下角的"规定自定义颜色"按钮才能打开窗口右侧的自定义颜色。

范 例　项目"Ex1203.csproj"范例说明

为了对 FontDialog 和 ColorDialog 对话框的使用方式有更多了解，这个范例项目使用两个按钮加上一个 RichTextBox 控件来进行字体和颜色的设置。

范 例　项目"Ex1203.csproj"操作

01 在文本框输入文字，单击"字体"按钮进入"字体"对话框进行字体的选择，单击窗体右上角的"×"按钮关闭窗体，如图 12-14 所示。

02 单击"颜色"按钮进入"颜色"对话框，设置背景颜色，如图 12-15 所示。

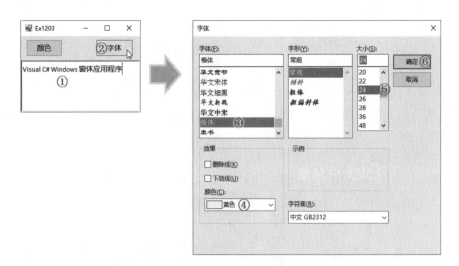

图 12-14 "字体"对话框

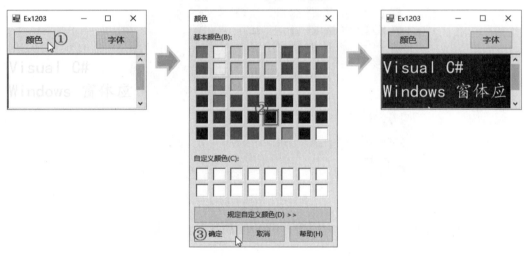

图 12-15 "颜色"对话框

范 例 项目"Ex1203.csproj"动手实践

01 创建 Windows 窗体项目，在窗体上加入如表 12-9 所示的控件并设置它们的属性值。

表 12-9 范例项目"Ex1203"使用的控件及其属性设置值

控件	属性	值	控件	属性	值
RichTextBox	Name	rtxtShow	Button1	Name	btnFont
	Dock	Bottom		Text	字体
FontDialog	Name	dlgFont	Button2	Name	btnColor
ColorDialog	Name	dlgColor		Text	颜色

02 利用鼠标双击"字体"按钮进入程序代码编辑区，编写"btnFont_Click"事件处理程序。

```
01  private void btnFont_Click(object sender, EventArgs e)
02  {
03     dlgFont.ShowColor = True;        //显示颜色选择
04     dlgFont.Font = rtxtShow.Font;  //获取系统中的字体
05     dlgFont.Color = rtxtShow.ForeColor;//获取前景颜色
06     if (dlgFont.ShowDialog() != DialogResult.Cancel)
07     {
08        rtxtShow.Font = dlgFont.Font;    //改变文本框的字体
09        rtxtShow.ForeColor = dlgFont.Color;
10     }
11  }
```

STEP 03 切换到 Form1.cs[设计]页签，利用鼠标双击"颜色"按钮，编写"btnColor_Click"事件处理程序。

```
21  private void btnColor_Click(object sender, EventArgs e)
22  {
23     dlgColor.AllowFullOpen = False;
24     dlgColor.ShowHelp = True;//显示帮助按钮
25     dlgColor.AnyColor = True;//显示所有可用的基本颜色
26     dlgColor.Color = rtxtShow.ForeColor;
27     //用户如果单击"确定"按钮，就变更背景颜色
28     if (dlgColor.ShowDialog() == DialogResult.OK)
29        rtxtShow.BackColor = dlgColor.Color;
30  }
```

【生成可执行程序再执行】

按 F5 键，若生成可执行程序无错误，则程序启动后即会开启"窗体"画面。

【程序说明】

* 第 3~5 行：设置 FontDialog 对话框的属性，包含显示颜色选择的 ShowColor、获取 Windows 系统字体的 Font 和设置字体颜色的 ForeColor。

* 第 6~10 行：调用 ShowDialog() 来判断用户是否已单击了"取消"按钮，若没有，则把已设置的字体、字体样式等赋值给文本框。

* 第 21~30 行：设置 ColorDialog 对话框的属性，属性值设为"False"时，用户就无法自定义颜色的 AllowFullOpen 属性；属性值设为"True"时就可提供帮助的 ShowHelp 属性和显示所有基本颜色的 AnyColor 属性。

* 第 28、29 行：调用 ShowDialog() 来判断用户是否单击了"确定"按钮，如果是，就用已设置的背景颜色来变更文本框背景色。

* 结论：单击"字体"按钮时会打开"字体"对话框，可设置字体、字体样式、字体大小、字体效果（下画线和删除线）以及字体颜色。单击"颜色"按钮时会打开"颜色"对话框，可以设置文本框的背景颜色。

12.4 ▶ 支持打印的组件

先想想看，如果用 Word 软件写完一份报告，打印时要考虑什么呢？当然要有打印机。打印之前要按照纸张大小调整版面，可能包含边界的设置，这份报告打印时要有多少页（考虑多页的问题），或者使用打印预览查看打印的效果。

.NET Framework 提供的控件或组件中也支持文件打印，包含进入打印的"PrintDialog"对话框、支持页面设置的"PageSetupDialog"对话框以及提供打印预览效果的"PrintPreviewDialog"对话框，最重要的是可重复使用的打印文件 PrintDocument，下面就先从 PrintDocument 谈起。

12.4.1 PrintDocument 控件

PrintDocument 控件主要是在 Windows 应用程序打印时，为打印文件提供参数设置。换句话说，要编写打印的应用程序，首先要通过 PrintDocument 控件来创建可传送到打印机的打印文件。

如何加入 PrintDocument 控件？①从工具箱展开"打印"控件分类；②利用鼠标双击 PrintDocument 控件，同样会被放到窗体底部的"匣子"中，如图 12-16 所示。

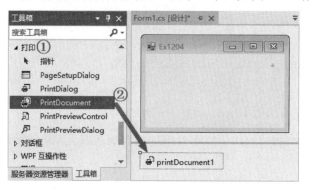

图 12-16　调用 PrintDocument 控件

当然，也可以利用程序代码来产生打印对象，声明如下：

```
PrintDocument document = new PrintDocument;
```

使用 new 运算符实例化一个打印文件对象，然后用 PrintPage()事件来编写打印的处理程序。有了打印文件才能执行打印操作、进行页面设置、执行预览效果。PrintDocument 的常见成员可参考表 12-10 的说明。

表 12-10　PrintDocument 控件的常见属性

PrintDocument 成员	说　　明
DefaultPageSettings	获取或设置页面的默认值
DocumentName	获取或设置打印文件时要显示的文件名称

（续表）

PrintDocument 成员	说　明
PrinterSettings	获取或设置要打印文件的打印机
Print()方法	启动文件的打印处理
BeginPrint()事件	在打印第一页文件之前，调用 Print()函数时发生
EndPrint()事件	在打印最后一页文件时发生
PrintPage()事件	打印当前页面时发生

要打印文件就要调用 DrawString()方法，它来自于 System.Drawing 命名空间的 Graphics 类，以绘制方法来打印文字。DrawString()方法的语法如下。

```
public void DrawString(string s, Font font, Brush brush,
    Point point, StringFormat format);
```

- s: 要绘制的字符串，可用来指定加载文件名或文本框的文字。
- font: 定义字符串的文字格式，打印时可调用 Font 结构创建新的字体。
- brush: 决定所绘制文字的颜色和纹理。
- point: 指定绘制文字的左上角。
- format: 指定应用到所绘制文字的格式化属性，例如行距和对齐方式。

➲ 打印的步骤

打印时大概分成两个步骤：①准备打印，声明 PrintDocument 的对象，调用 Print()方法；②打印输出时，使用 PrintPage()事件将文件打印出来，包含打印时绘制文字需调用的 DrawString()方法。打印文件是用 StriwerReader 来读取文件，或者使用 RichTextBox 来加载内容。相关步骤说明如下。

01 创建打印文件，调用 Print()方法。

打印文件时需对文字或图片进行描绘才能印在纸张上。因为 PrintDocument 来自于 System.Drawing.Printing 命名空间，所以声明 PrintDocument 对象时，要使用"using"关键字导入此命名空间。

```
using System.Drawing.Printing;
//窗体加入 PrintDocument 控件进行打印
printDoucment1.Print();
```

02 调用 PrintPage()事件处理程序执行打印输出。①指定绘图对象，设置打印文件的字体和颜色。

在 PrintPage()事件处理程序中，打印文件是否超过一页？每页文件要打印多少行？这些要处理的事项必须配合 PrintPage()事件处理程序的参数之一 PrintPageEventArgs 类来处理，它的属性有以下几种。

- Cancel 是否应该取消打印作业。
- Graphics 用来绘制页面的相关内容。
- HasMorePages 是否应该打印其他页面。
- MarginBounds 获取边界内页面部分的矩形区域。
- PageBounds 获取整个页面的矩形区域。
- PageSettings 获取当前页面的页面设置。

编写如下程序代码：

```
private void document_PrintPage(object sender,
        PrintPageEventArgs pageArgs)
{
    //①指定绘图对象，设置打印字体
    Graphics g = pageArgs.Graphics;    //声明绘制对象 g
    Font fontPrint = new Font("楷体", 12);
}
```

- ◆ 事件处理程序的参数是 PrintPageEventArgs 类，它有一个 Graphics 属性，用来绘制页面，所以通过它的对象 pageArgs 赋值给绘图类的对象 g。

03 调用 PrintPage() 方法执行打印输出。②MeasureString() 方法测量要输出的文字。

PrintPageEventArgs 类的 Graphics 属性要算出文件内容行的长度与每页的行数，以便进行每页内容的描绘，必须使用 MeasureString() 方法，它的语法如下：

```
public SizeF MeasureString(string text, Font font,
  SizeF layoutArea, StringFormat stringFormat,
  out int charactersFitted, out int linesFilled);
```

- ◆ text：要测量的字符串。
- ◆ font：定义字符串的文字格式。
- ◆ layoutArea：指定文字的最大布局区域。
- ◆ stringFormat：表示字符串的格式化信息，如行距。
- ◆ charactersFitted：字符串中的字符数。
- ◆ linesFilled：字符串中的文字行数。

编写如下程序代码。

```
private void document_PrintPage(object sender,
        PrintPageEventArgs pageArgs)
{
    //①指定绘图对象
    //②调用 MeasureString() 方法
    g.MeasureString();
}
```

04 调用 PrintPage()方法执行打印输出。③打印文件是否超出一页，如果没有，就调用 DrawString()将文字内容绘出。

PrintPageEventArgs 类的 HasMorePages 属性（默认为 False）能用来判断当前所打印的文件是否为最后一页，属性值为"True"会继续选择下一页，属性值为"False"则不会继续打印。

```
private void document_PrintPage(object sender,
        PrintPageEventArgs pageArgs)
{
   //①指定绘图对象
   //②调用 MeasureString()方法
   //③调用 DrawString()方法
   g.DrawString(richTextBox1.Text, fontPrint,
     Brushes.Black, pageArgs.MarginBounds,
     new StringFormat());
}
```

◆ 使用 DrawString()方法时，它以 RichTextBox 为打印内容，定义好的 fontPrint 提供字体，画笔设成黑色（Brushes.Black），通过 PrintPageEventArgs 类的 MarginBounds 属性获取文本框内的矩形区域，最后调用 StringFormat 类的构造函数来产生新的字符串。

范例 项目 "Ex1204.csproj" 打印文件的操作

01 加载文件后，单击"打印"按钮之后会闪现一个"正在打印"对话框，如图 12-17 所示。

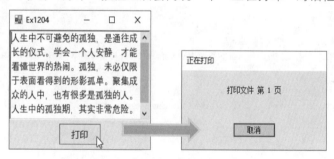

图 12-17 "正在打印"对话框

02 为了了解打印文件是否成功，以 PDF 格式取代打印机，如图 12-18 所示。

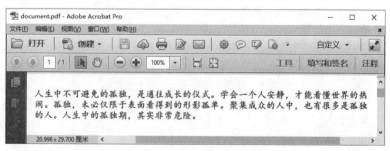

图 12-18 PDF 格式

范 例 项目 "Ex1204.csproj" 动手实践

01 创建 Windows 窗体项目，在窗体上加入如表 12-11 所示的控件并设置它们的属性值。

表 12-11　范例项目 "Ex1204" 使用的控件及其属性设置值

控　件	属　性	值	控　件	属　性	值
PrintDocument	Name	document	Button	Name	btnPrint
RichTextBox	Name	rtxtShow		Text	打印
	Dock	Bottom			

02 利用鼠标双击 "打印" 按钮，编写 "btnPrint_Click()" 事件处理程序。

```
01  using System.Drawing.Printing;
02  private void btnPrint_Click(object sender, EventArgs e)
03  {
04     try
05     {
06        document.Print();       //1.进行打印
07        document.DocumentName = "打印文件";
08     }
09     catch (Exception ex)
10     {
11        MessageBox.Show(ex.Message);
12     }
13  }
```

03 切换到 Form1.cs[设计]页签，利用鼠标双击 "PrintDocuemnt"，编写 "document_PrintPage()" 事件处理程序。

```
21  private void document_PrintPage(object sender,
22      System.Drawing.Printing.PrintPageEventArgs pageArgs)
23  {
24     Graphics g = pageArgs.Graphics;   //2-1.声明绘图对象 g
25     //设置新的字体
26     fontPrint = new Font("楷体", 12);
27     int morePages = 0; //计算每份文件的页数
28     int OnPageChars = 0;//计算每页的字符数
29     //2-2.测量要绘制的字符串
30     g.MeasureString(rtxtShow.Text,
31        fontPrint, pageArgs.MarginBounds.Size,
32        StringFormat.GenericTypographic,
33        out OnPageChars, out morePages);
34     //2-3.绘制边界内的字体
35     g.DrawString(rtxtShow.Text, fontPrint,
```

```
36        Brushes.Black, pageArgs.MarginBounds,
37        new StringFormat());
38   }
```

【生成可执行程序再执行】

按 F5 键，若生成可执行程序无错误，则程序启动后即会开启"窗体"画面。

【程序说明】

- 第 1 行：使用 using 关键字导入 System.Drawing.Printing 命名空间。
- 第 2~13 行：单击"打印"按钮所触发的事件处理程序。使用 try/catch 语句来防止打印文件调用 Print()方法发生错误。
- 第 21~38 行：执行 Print() 方法所触发的 PrintPage() 事件处理程序。通过 PrintPageEventArgs 类的 pageArgs 作为传递的参数。使用绘图对象 g 的 MeasureString() 方法来测量每页的字符数，再调用 DrawString()方法将打印文件输出（或进行绘制）。
- 第 24 行：将对象 pageArgs 获取的内容赋值给绘图对象 g。
- 第 30~33 行：MeasureString()方法根据加载的文件内容进行字符的测量，属性 MarginBounds 能根据打印的矩形区域大小来获取每页的字符和页数。
- 第 35~37 行：DrawString()方法，根据文件内容重设字体，以黑色画笔绘制打印区域的字符。

12.4.2　PrintDialog

要打印一份文件，只要执行"打印"指令，PrintDialog 对话框会引导用户进入"打印"对话框，选择要打印的打印机，并指定打印区域和打印份数。但是 PrintDialog 不能单独使用，必须先通过 PrintDocument 创建打印对象，再配合 PrintDialog 选择打印机、打印页面、打印页数以及打印区域。一般打开的"打印"对话框如图 12-19 所示。

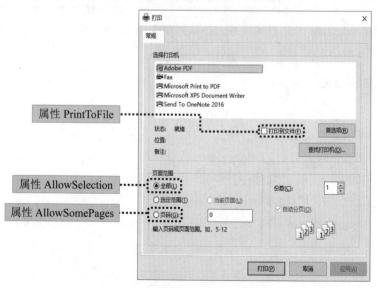

图 12-19　PrintDialog 显示"打印"对话框

PrintDialog 的相关属性和方法如表 12-12 所示。

表 12-12　PrintDialog 控件的常见属性和方法

PrintDialog 成员	说　　明
AllowPrintToFile	在对话框中是否启用"打印到文件"复选框
AllowCurrentPage	在对话框中是否显示"当前的页面"单选按钮
AllowSelection	在对话框中是否启用"选定范围"单选按钮
AllowSomePages	在对话框中是否启用"页码"单选按钮
Document	获取或设置 PrinterSettings 属性中的 PrintDocument
PrinterSettings	获取或设置对话框中修改打印机的设置
ShowHelp	在对话框中是否显示"帮助"按钮
ShowNetwork	在对话框中是否显示"网络"按钮
PrintToFile	获取或设置"打印到文件"的复选框
ShowDialog()方法	显示通用对话框

通过 PrintDialog 来编写打印程序的程序代码如下：

```
//必须先创建打印对象
PrintDocument document = new PrintDocument;
//启用"页码"单选按钮
dlgPrint.AllowSomePages = True;
//启用"选定范围"单选按钮
dlgPrint.AllowSelection = True;
dlgPrint.Document = document; //设置 PrintDocument
. . .
document.Print(); //调用打印方法进行打印
```

先通过 PrintDocument 产生打印文件，再将其赋值给 PrintDialog 对话框的文件对象并设置打印的相关属性，最后调用 Print()方法执行打印程序。

12.4.3　PageSetupDialog

打印时进行页面设置是免不了的。要打印的文件的上、下、左、右边界，是否要加入页首或页尾，文件要纵向打印还是横向打印，这些都是在页面设置下进行。PageSetupDialog 组件能提供这样的服务，在设计时以 Windows 对话框作为基础，为用户提供设置框线和边界的调整，以及提供加入页首和页尾、纵向打印或横向打印的选择。使用 PageSetupDialog 打开的"页面设置"对话框如图 12-20 所示。

PageSetupDialog 的常用属性可参考表 12-13 的说明。

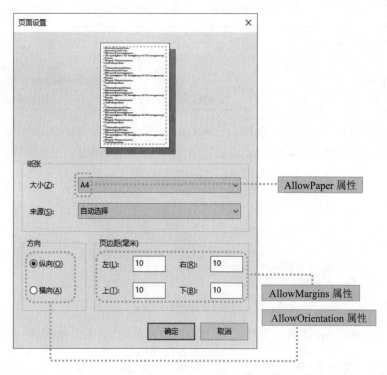

图 12-20 "页面设置"对话框

表 12-13 PageSetupDialog 的常见属性

PageSetupDialog 成员	说　　明
AllowMargins	对话框中是否启用页边距
AllowOrientation	对话框中是否启用方向（横向和纵向）
AllowPaper	对话框中是否启用纸张（纸张大小、来源）
AllowPrinter	在对话框中是否启用"打印机"按钮
Document	PrintDocument 对象从何处获取页面设置
EnableMetric	以毫米显示页边距设置时，是否要将毫米与 1/100 英寸自动转换
MinMargins	允许用户选择的最小页边距，以百分之一英寸为单位
PageSettings	要修改的页面设置
PrinterSettings	用户单击"打印机"按钮时能修改打印机的设置

12.4.4 PrintPreviewDialog

操作应用软件将页面设置好之后，通常会通过"打印预览"的效果来了解文件打印的实际情况。进入打印预览窗口可以将文件放大或缩小，如果是多页数的文件还可以调整成整页或多页显示。而 PrintPreviewDialog 对话框提供了相关功能，例如打印、放大、显示一页或多页以及关闭对话框等，它与前面所介绍的 FontDialog、ColorDialog 以及"文件"对话框相同，都是通过 ShowDialog()方法来显示通用型对话框。PrintPreviewDialog 的常用属性可参照表 12-14 的说明。

表 12-14　PrintPreviewDialog 的常用属性

PrintPreviewDialog 属性	说　明
Document	获取或设置要预览的文件
PrintPreviewControl	获取窗体中含有的 PrintPreviewControl 对象
UseAntiAlias	打印时是否要启用反锯齿功能（显示平滑文字）

另一个与打印预览有关的是 PrintPreviewControl 控件。使用 PrintDocument 控件来处理打印文件时，可通过 PrintPreviewControl 显示打印预览的外观，如图 12-21 所示。

图 12-21　调用 PrintPreviewControl 控件

把 PrintPreviewControl 控件加到窗体中，与其他的打印控件不太相同，它会显示于窗体中。

范 例 项目"Ex1205.csproj"范例说明

使用 PrintDocument 控件创建打印文件，配合使用 PrintDialog 和 PrintPreviewDialog 对话框控件打开"打印"对话框和"打印预览"对话框。

范 例 项目"Ex1205.csproj"操作

01 加载窗体后，单击"打印"按钮打开"打印"对话框，如图 12-22 所示。

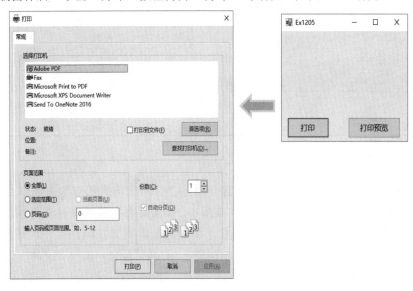

图 12-22　"打印"对话框

02 ①单击"打印预览"按钮,先会显示"正在生成预览"——共有 2 页,打印到最后一页时会弹出消息框;②单击"确定"按钮之后开启"打印预览"对话框,单击窗体右上角的关闭"×"按钮关闭窗体,如图 12-23 和图 12-24 所示。

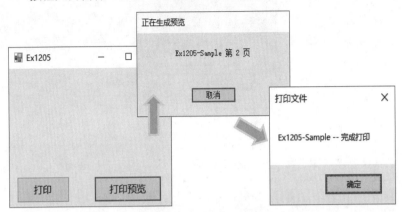

图 12-23　正在生成预览

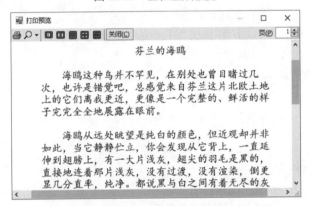

图 12-24　"打印预览"对话框

范例 项目"Ex1205.csproj"动手实践

01 创建 Windows 窗体项目,在窗体上加入如表 12-15 所示的控件并设置它们的属性值。

表 12-15　范例项目"Ex1205"使用的控件及其属性设置值

控　　件	属　　性	值	控　　件	属　　性	值
PrintDocument	Name	DocumentPrt	Form1	Font	11
PrintDialog	Name	DlgPrint	Button1	Name	btnPrint
PrintPreviewDialog	Name	DlgPrintPreview		Text	打印
PrintPreviewControl	Name	CrlPrintPreview	Button2	Name	btnPreview
	Visible	False		Text	打印预览

02 完成的窗体如图 12-25 所示。

图 12-25　完成的窗体

STEP 03 利用鼠标双击"打印"按钮进入程序代码编辑区，编写"btnPrint_Click"事件处理程序。

```
01 using System.IO;
02 public partial class Form1 : Form
03 {
04    //存储从文件载入、要打印的内容
05    private string readToPrint, allContents;
06    private Font printFont;  //打印字体
07    //其他程序代码
08 }
```

```
11 private void btnPrint_Click(object sender, EventArgs e)
12 {
13    ReadPrintFile();//调用载入文件的方法
14    DlgPrint.AllowSomePages = True;
15    DlgPrint.AllowSelection = True;
16    //把打印文件赋值给打印对话框的文件对象
17    DlgPrint.Document = DocumentPrt;
18    DialogResult result = DlgPrint.ShowDialog();
19    if (result == DialogResult.OK)
20       DocumentPrt.Print();
21 }
```

STEP 04 切换到 Form1.cs[设计]页签，利用鼠标双击"打印预览"，编写"btnPreview_Click"事件处理程序。

```
31  private void btnPreview_Click(object sender, EventArgs e)
32  {
33    ReadPrintFile();
34    CrlPrintPreview.Zoom = 0.25;//打印预览的输出比例
35    CrlPrintPreview.UseAntiAlias = True;//启用平滑字效果
36    CrlPrintPreview.Document = DocumentPrt;
37    CrlPrintPreview.Document.DocumentName =
38       "Ex1205-Sample";
```

```
39    DlgPrintPreview.Document = DocumentPrt;
40    DlgPrintPreview.ShowDialog();//显示打印预览对话框
41  }
```

05 切换到 Form1.cs[设计]页签，选择"PrintDocument"控件，在属性窗口变更事件，找到 EndPrint()事件，再利用鼠标双击进入程序代码编辑窗口，编写"DocumentPrt_EndPage()"事件处理程序。

有关 PrintPage()事件的细节，请参考前一个范例项目"Ex1204"的说明。

```
51  private void DocumentPrt_EndPrint(object sender,
52      System.Drawing.Printing.PrintEventArgs e)
53  {
54    MessageBox.Show(DocumentPrt.DocumentName +
55    " -- 完成打印", "打印文件");
56  }
```

06 编写 ReadPrintFile()方法的程序代码。

```
61  private void ReadPrintFile()
62  {
63    //设置要读取的文件名和路径
64    string printFile = "Sample.txt";
65    string filePath = @"D:\\C#Lab\\CH12\\";
66    //读取的文件名"Sample.txt"为打印文件的文件名
67    DocumentPrt.DocumentName = printFile;
68    //创建文件并以 Open 打开，以 using 指定为只读
69    using (FileStream stream = new FileStream(
70      filePath + printFile, FileMode.Open))
71    using (StreamReader reader = new
72    StreamReader(stream)) //指定区块为只读
73    {
74      //allContents 存放文件的内容
75      allContents = reader.ReadToEnd();
76    }
77    readToPrint = allContents;
78    printFont = new Font("楷体", 20);
79  }
```

【生成可执行程序再执行】

按 F5 键，若生成可执行程序无错误，则程序启动后即会开启"窗体"画面。

【程序说明】

◆ 第 11~21 行：单击"打印"按钮时打开"打印"对话框，启用"页码"和"选定范围"设置。

- 第 14、15 行：将属性 AllowSomePages、AllowSelection 设为 "True"，"打印" 对话框会显示 "页码" 和 "选定范围"。

- 第 19、20 行：使用 if 语句来确认单击 "打印" 按钮时执行打印作业。

- 第 31~41 行：单击 "打印预览" 按钮时所触发的事件。用打印预览对话框的 Document 获取打印文件 DocumentPrt。

- 第 51~56 行：打印到最后一页时触发 EndPrint() 事件，打印到最后一页时用消息框来显示 "完成打印"。

- 第 61~79 行：ReadPrintFile() 方法。创建 FileStream 对象来打开文件，以 RTF 格式读取指定路径和文件名，配合 using 语句来指定范围，由 StreamReader 读取内容。

- 第 69~76 行：以 FileStream 的 Open 模式来打开读取的文件，using 语句限定产生的 StreamReader 类的 reader 只能读取文件；ReadToEnd() 方法会读取到文件结束，然后用 allContents 变量来存储读取的文件内容。

- 第 77 行：使用 readToPrint 变量来获取所读取的文件内容。

12.5 重点整理

- OpenFileDialog 打开文件对话框，Filter 属性设置文件类型；配合 FileIndex 属性，以 Filter 属性的索引值来指定默认的文件类型。

- SaveFileDialog 保存文件对话框。AddExtension 属性可用来决定是否要在保存文件时自动加入文件扩展名。OverwriteAPrompt 属性则在另存新文件的过程中，用来决定遇到已经存在的文件名，进行文件覆写操作前是否要显示提示信息。

- FolderBrowserDialog 是文件夹浏览对话框，指定选择的文件夹进行浏览；属性 RootFolder 可用来设置浏览文件夹的默认位置，通过 Environment.SpecialFolder 枚举类型来浏览计算机里一些特定的文件夹。

- FontDialog 对话框显示 Windows 系统已经安装的字体，提供给设计者使用。Font 属性获取或设置对话框中指定的字体。Color 属性获取或设置对话框中指定的颜色。

- ColorDialog 提供调色板来选择颜色，也能将自定义颜色加入调色板。AllowFullOpen 属性设为 True，用户可以通过对话框来自定义颜色；FullOpen 设为 False，在打开对话框时，就不能使用自定义颜色的控件了。

- .NET Framework 支持文件打印的控件或组件，提供了打印的 "PrintDialog" 对话框、支持页面设置的 "PageSetupDialog" 对话框和提供打印预览效果的 "PrintPreviewDialog 对话框"。不过，这些相关控件都必须使用 PrintDocument 控件创建打印对象之后才能产生作用。

12.6 课后习题

一、填空题

1. 请填写如图 12-26 所示的"打开"对话框所对应的属性：①_____；
②_____；③_____；④_____。

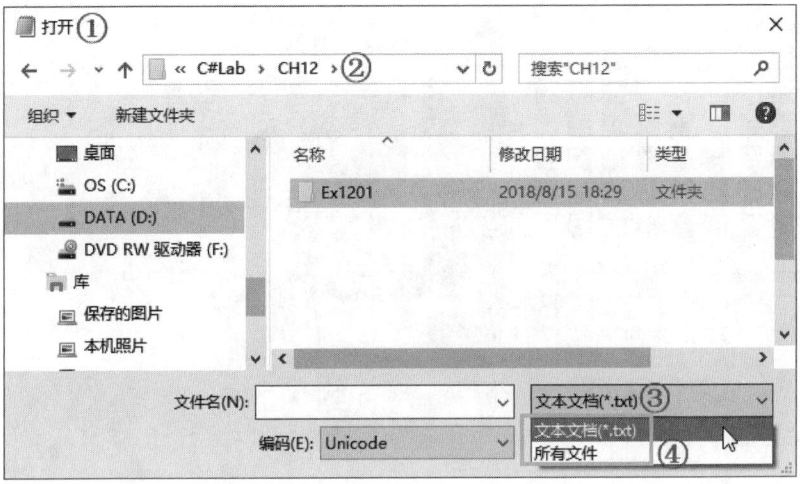

图 12-26 "打开"对话框

2. 无论是哪一种对话框都会调用_____方法来执行所对应的对话框，确认用户单击_____枚举类型的"确定"常数值之后才会执行相关的程序。

3. 打开文件时，可以使用_____对话框，浏览文件夹使用_____对话框，保存文件使用_____对话框。

4. FolderBrowserDialog 对话框的属性_____能设置浏览文件夹的起始位置，通过 Environment.SpecialFolder 枚举类型能浏览计算机中一些特定的文件夹，成员 Personal 泛指_____。

5. 设置字体时，可以调用_____对话框，设置颜色要使用_____对话框。

6. 文件要打印时，第一个操作是要产生_____对象，调用_____方法执行打印，最后交给_____事件来处理。

7. 打印文件时，调用_____方法测量要打印的文字，_____方法绘制输出的文字。

8. PrintPageEventArgs 类处理打印事项，属性_____可确认打印文件是否为最后一页；属性_____获取边界内的页面。

9. 文件要打印前，可使用对话框_____进行打印机的设置，对话框_____进行页面设置，要了解打印预览效果，使用对话框_____。

二、问答题与实践题

1. 参考范例项目"Ex1201"，将原来的两个按钮改成 ToolStrip 工具栏的 ToolStripButton。在文本框上输入文字内容，使用 SaveFileDialog 对话框将文件保存成 RTF 格式，再以 OpenFileDialog 打开文件并显示于文本框中。

2. 使用 ColorDialog 对话框改变第一个标签的背景色，第二个标签获取 RGB 的颜色值，参考图 12-27 的运行结果。

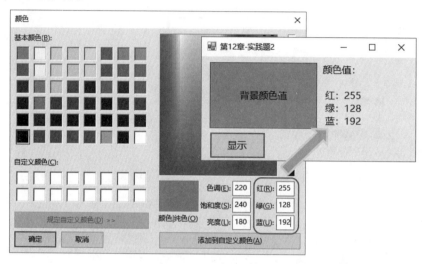

图 12-27　运行结果

修改范例项目"Ex1205"，在窗体加入 PageSetupDialog 对话框，单击"打印"按钮时先进入"页面设置"对话框，单击"确定"按钮再进入"打印"对话框，参考图 12-28 所示的运行结果。

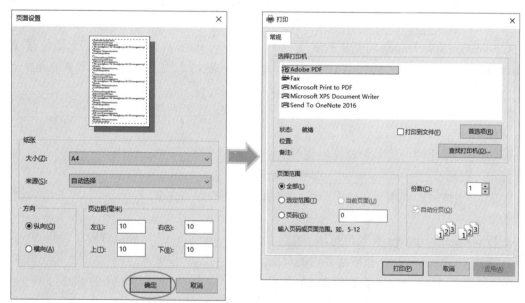

图 12-28　运行结果

第13章

选项控件和菜单

章 | 节 | 重 | 点

✕ 具有选项的 RadioButton、CheckBox 控件，它们可以与容器 GroupBox 一同使用。

✕ 产生列表的 ComboBox、ListBox、CheckedListBox 控件。

✕ 利用 MenuStrip 控件制作菜单，它能快速产生简易的标准菜单，也能逐步设置自定义菜单。

✕ 要有快捷菜单必须使用 ContextMenuStrip 控件，而产生工具按钮则要使用 ToolStrip 控件。

13.1 具有选项的控件

学会使用具有容器功能的 GroupBox 控件，让它和 RadioButton、CheckBox 控件一起配合使用。通过了解控件的外观和属性，对它们有更多的认识。

13.1.1 具有容器的 GroupBox

窗体可以当作容器（Container），在窗体的界面设计（或接口设计）中可以加入不同的控件。除了窗体，还有各种不同"容器"可供 Windows 窗体应用程序作为界面设计或接口来使用。容器通常具有下述特性：

- 形成独立空间：将容器内的控件与外部的控件分隔开。
- 移动容器时，内部的控件可以随着移动。

较常见的做法就是和 RadioButton 控件或是 CheckBox 控件一起配合使用的 GroupBox 控件。①从工具箱展开"容器"控件分类；②将 Group 控件拖曳到窗体中，如图 13-1 所示。

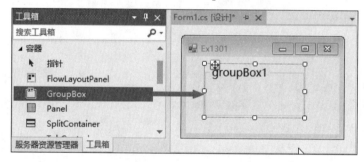

图 13-1 具有容器功能的 GroupBox 控件

操作 "GroupBox 控件"加入 RadioButton 控件

01 参考图 13-1，在窗体上先加入 GroupBox 控件。

02 使用属性窗口，把 GroupBox 控件的 Text 属性修改为选项组的标题，如图 13-2 所示。

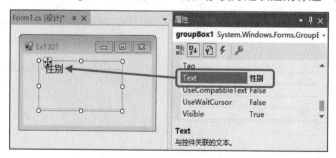

图 13-2 修改 Text 属性

03 利用鼠标把 RadioButton 控件拖曳到 GroupBox 容器内，如图 13-3 所示。

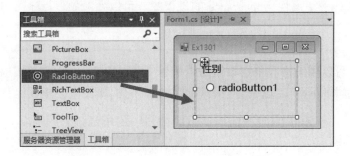

图 13-3　加入 GroupBox 控件

04 利用鼠标按住 GroupBox 控件左上角的 ⊞ 图标，即可移动容器和它所包含的控件，如
图 13-4 所示。

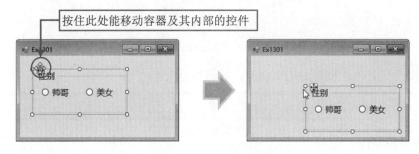

图 13-4　移动容器和控件

13.1.2　单选按钮

RadioButton（单选按钮）控件可建立多个选项，由于具有互斥性（Mutually Exclusive），
因此只能从中选择一个。RadioButton 可以用来显示文字、图片。RadioButton 的常见属性如表
13-1 所示。

表 13-1　单选按钮的常见属性

单选按钮属性	默 认 值	说 明
Text	32767	设置文本框输入的最大字符数
Appearance	Normal	设置单选按钮的外观
Checked	False	检查单选按钮是否被选择
TextAlign	MiddleLeft	设置单选按钮文字要显示的位置
AutoCheck	True	判断单选按钮是否能变更 Checked 状态

⊃ **控件的外观**

Appearance 属性分为以下两种：

- Normal：为常规单选按钮，参考图 13-5 的右侧。
- Button：原来的单选按钮会变成按钮的样子。不过，
  可别误会，它和其他的 Button 控件并无关联，可参
  考图 13-5 的左侧。

图 13-5　单选按钮的 Appearance 属性
有两种样式

如何用程序代码变更属性 Appearance 的设置呢？可以参考如下程序语句。

```
radioButton1.Appearance = Appearance.Button;
```

Checked 属性可以用来检查单选按钮是否被选中。设计初始时，属性 Checked 是处于未选中状态，默认值为"False"，选中对应的单选按钮，它的属性值会变成"True"，如图 13-6 所示。

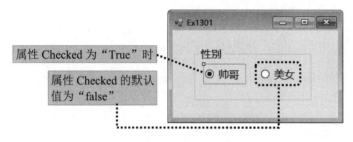

属性 Checked 为"True"时

属性 Checked 的默认值为"false"

图 13-6　Checked 属性

用程序代码变更单选按钮为选中状态时，程序语句如下。

```
radioButton1.Checked = True;   //表示被选中
```

⊃ **单选按钮常用事件**

当 Checked 属性被改变时会触发 CheckedChanged()事件处理程序，它也是单选按钮的默认事件（双击鼠标即可进入程序代码编辑器以编写这个事件处理程序）。另一个是 Click()事件，只要单选按钮被鼠标单击时都会触发这个事件处理程序。

范例 项目"Ex1301.csproj"范例说明

在窗体上，用户输入姓名、出生日期、选择性别，单击"确认"按钮之后，以数组方式一行行读取，再存放到 RichTextBox 的属性 Lines 中，再由 RichTextBox 控件进行显示。性别则以 GroupBox 配合 RadioButton 建立单选按钮组。

范例 项目"Ex1301.csproj"操作

启动程序加载窗体，填入相关数据，单击"确认"按钮会把填写的数据显示在右下角的文本框中。如果性别选择了"帅哥"，由于加入了 RadioButton 的 CheckedChanged()事件处理程序，因此选中后会变更背景色，性别是"美女"就维持不变，如图 13-7 所示。

图 13-7　加入了 RadioButton 的 CheckedChanged()
事件处理程序

范例 项目"Ex1301.csproj"动手实践

01 创建 Windows 窗体项目，在窗体上加入如表 13-2 所示的控件并设置它们的属性值。

表 13-2 范例项目"Ex1301"使用的控件及其属性

控 件	Name	Text	控 件	属 性	值
GroupBox1		性别	Label1	Text	名称：
RadioButton1	rabMale	男	Label2	Text	生日：
RadioButton2	rabFemale	女	DateTimePicker	Name	dtpBirth
TextBox	txtName			MaxDate	2018/12/31
RichTextBox	rtxtData			MinDate	1985/1/1
Button	Confirm	确认		ShowUpDown	True

02 利用鼠标双击"确认"按钮，编写"btnConfirm_Click"事件处理程序。

```
01  private void btnConfirm_Click(object sender, EventArgs e)
02  {
03      //创建一个处理文本框字符串的数组
04      String[] temps = new String[3];
05      String distin;
06      rtxtData.Font = new Font("楷体", 14);
07      rtxtData.ForeColor = Color.Indigo;
08      temps[0] = $"姓名：{ txtName.Text }";
09      temps[1] = $"生日：{ dtpBirth.Text }";
10      distin = (rabMale.Checked) ?
11          rabMale.Text : rabFemale.Text;
12      temps[2] = $"性别：{ distin }";
13      //获取数组内容放入文本框中
14      rtxtData.Lines = temps;
15  }
```

```
21  private void rabMale_CheckedChanged(object sender,
22      EventArgs e)
23  {
24      rabMale.BackColor = Color.Yellow;   //改变背景色
25  }
```

【生成可执行程序再执行】

按 F5 键，若生成可执行程序无错误，则程序启动后即会开启"窗体"画面。

【程序说明】

- 第 4 行：为了将这些一行行获取的数据显示于 RichTextBox 文本框上，声明一个可以暂存数据的数组 temps。
- 第 6、7 行：使用 Font、ForeColor 属性来设置文本框的字体和颜色。

- 第 8、9 行：将输入的名字和生日放入数组元素中。使用 DateTimePicker 控件设置出生日期。

- 第 10、11 行：根据选择的性别来输出称谓，使用三目运算符 "? :" 判断用户选中了哪一个单选按钮，将获取的结果存放到数组里。

- 第 21~25 行：了解在什么情况下会触发 CheckedChanged() 事件，当用户选择了性别的"帅哥"时，其单选按钮的背景色会改变。

13.1.3 复选框

CheckBox（复选框）控件也提供了选择功能，与 RadioButton 控件的功能类似，不同的地方在于复选框彼此不互斥，用户能同时选择多个复选框。在窗体中加入复选框控件的方式如图 13-8 所示。

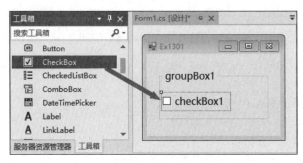

图 13-8　GroupBox 容器中的 CheckBox 控件

如果有多个 CheckBox 控件，也要把它们放入 GroupBox 容器中。复选框的常见属性及其简要说明如表 13-3 所示。

表 13-3　复选框常见的属性

复选框属性	默　认　值	说　　明
Text	32767	设置文本框输入的最大字符数
Checked	False	检查复选框是否被选择
ThreeState	False	设置复选框是两种或三种状态
CheckState	Unchecked	配合 ThreeState 设置复选框的状态

○ 属性 ThreeState 拥有三种状态

在程序运行期间，ThreeState 属性默认为 False，复选框有①"未勾选"；②"勾选"两种变化。如果它的属性值为 True 时，属性 CheckState 参照图 13-9 所示有三种变化。①"勾选"（属性值为 Checked）；②"未勾选"（属性值 Unchecked）；③不确定（属性值 Indeterminate）。

图 13-9　属性 ThreeState 为 True 时有三种状态

以图 13-19 来说，"上海"被勾选了，"杭州"未勾选，而"南京"的状态则表示不确定是否勾选了。属性 ThreeState 的值为"True"和"False"时状态变化，可参考表 13-4 的说明。

表 13-4　属性 ThreeState 的状态变化

属性 ThreeState	Unchecked	Checked	Indeterminate
True（有三种）	有	有	有
False（只有二种）	有	有	无

使用 CheckBox 控件会触发的事件有以下两种：

- CheckedChanged()事件：当 Checked 属性的值发生变化时。
- CheckStateChanged()事件：当 CheckState 属性的值被变更时。

范 例　项目"Ex1302.csproj"操作

延续前一个范例项目，用 GroupBox 容器和复选框组成城市，用户填写后的数据在文本框中显示出来，如图 13-10 所示。

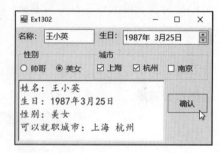

图 13-10　显示效果

范 例　项目"Ex1302.csproj"动手实践

01 创建 Windows 窗体项目，在窗体上加入如表 13-5 所示的控件并设置它们的属性值。

表 13-5　范例项目"Ex1302"使用的控件及其属性设置值

控 件	Name	Text
GroupBox1		城市
CheckBox1	ckbSH	上海
CheckBox2	ckbHZ	杭州
CheckBox3	ckbNJ	南京

02 在"btnConfirm_Click"事件处理程序中加入与复选框有关的程序代码。

```
30  private void btnConfirm_Click(object sender, EventArgs e)
31  {
32    //省略部分程序代码，判断使用者勾选了哪些城市
33    if (ckbSH.Checked == True)         //上海
34      city1 = ckbSH.Text;
35    if (ckbHZ.Checked == True)         //杭州
36      city2 = ckbHZ.Text;
37    if(ckbNJ.Checked == True)          //南京
38      city3 = ckbNJ.Text;
```

```
39      temps[3] += $"可以就职城市：{city1} {city2} {city3}";
40   }
```

【程序说明】

→ 由于复选框是多选，用 if 语句判断属性 Checked 的布尔值，被勾选的选项就会获取 Text
属性值，将它对应的城市名称加到数组变量 temps[3]中。

13.2 具有列表的控件

具有列表的控件包含 ComboBox、ListBox 和 CheckListBox。这些控件都具有集合属性 Items，
无论是列表表项的添加和删除都与 ArrayList 类息息相关，下面来一起认识它们吧。

13.2.1 下拉列表

下拉列表（ComboBox）控件提供了下拉式选项列表，当列表中无表项可供选择时，用户
还能自行输入。把列表框（ComboBox）控件加到窗体中，如图 13-11 所示。

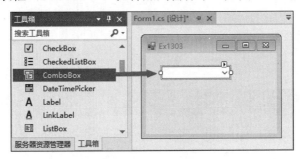

图 13-11 ComboBox 控件

根据默认样式，ComboBox 控件会有两个部分：上层是一个能让用户输入列表表项的"文
字字段"，下层是显示表项列表的"列表框"，提供用户从中选择一个表项。

⊃ **制作列表表项**

ComboBox 控件的作用就是提供列表。如何使用属性窗口的 Items 属性呢？就是在设计模
式下添加列表表项，操作如下。

操作 "ComboBox"编辑列表表项

01 ①单击▶按钮（随后按钮变成◀）展开 ComboBox 任务列表；②用鼠标单击"编辑项"即
可打开"字符串集合编辑器"对话框，如图 13-12 所示。

02 在"字符串集合编辑器"对话框中输入表项并按 Enter 键换行，单击"确定"按钮结束编
辑，如图 13-13 所示。

图 13-12　单击"编辑项"

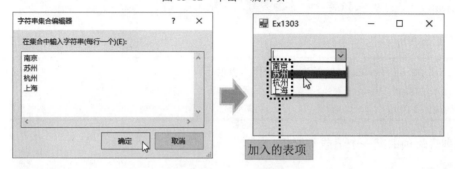

图 13-13　加入表项

要用程序来添加表项，可以调用 Add()方法将指定表项加到列表末端，或者调用 Insert() 方法把表项加入到指定的位置。语法如下：

```
int Add(NewItem);
Virtual void Insert(index, NewItem);
```

- ◆ NewItem 指的是要加入列表的表项。
- ◆ Index：下标位置。

范例程序语句一：

```
comboBox1.Item.Add("武汉");
comboBox1.Item.Insert(1, "广州");  //下标编号 1 的位置加入一个表项
```

- ◆ 属性 Items 本身属于集合，可通过 ArrayList 类提供的 Insert()方法在指定的位置加入表项。

设计时倘若不是使用"字符串集合编辑器"来输入列表表项，而是以程序代码方式来加入表项，则必须通过 AddRange()方法。编写的程序语句如下：

```
string[] fontDemo = new string[] {  //字体数组
        "宋体", "楷体","微软雅黑", "仿宋"};
comboBox2.Items.AddRange(fontDemo);
```

同样也是调用 ArrayList 类提供的 AddRange()方法来产生列表表项。先创建一个字符串数组 fontDemo，然后调用 AddRange()方法，如果列表中已有列表表项存在时，此时就会把数组中的表项加到列表的末端。

➲ 删除列表表项

如何删除列表表项？方法 Remove()、RemoveAt()和 Clear()都能达到删除列表表项的目的，说明如下：

- Remove()方法：删除指定的表项。
- RemoveAt：指定下标值来从列表表项中删除对应的表项。
- Clear()方法：删除列表中所有的表项。

范例程序语句二：

```
comboBox1.Item.Remove("武汉");   //指定表项
comboBox1.Item.Remove(2);        //指定下标编号
comboBox1.Item.Clear();          //全部删除
```

➲ 获取列表表项的某一个值或下标值

选择了 ComboBox 列表表项中某一个表项时，可以使用属性 SelectedIndex 和 SelectedItem 来获取表项的下标值或表项的内容。当 SelectedIndex 属性被改变时，会触发 SelectedIndexChanged()事件。程序代码编写如下：

```
int result = comboBox1.SelectedIndex;
```
```
int outcome = comboBox1.SelectedItem;
```

➲ DropDownStyle 属性

DropDownStyle 属性为 ComboBox 控件下拉列表提供了外观设置和功能，默认属性值为"DropDown"，除了能将下拉列表隐藏之外，还提供了字段编辑的功能。DropDownStyle 属性值共有三种：Simple、DropDown 和 DropDownList，可参考图 13-14。

图 13-14　DropDownStyle 属性

- Simple：只提供文字字段部分，可进行文字编辑，选择列表时必须通过箭头按钮来选择列表。
- DropDown：默认的下拉列表框，用户还可以根据需求进行文字字段的编辑。
- DropDownList：下拉列表框，用户只能按列表内容来选择，无法编辑文本框。

ComboxBox 下拉列表中其他的常见属性如表 13-6 所示。

表 13-6　ComboBox 的其他属性

ComboBox 属性	默 认 值	说 明
Text		设置要选择的表项内容
DropDownWidth		用来设置下拉式列表的宽度
MaxLength	0	设置文字字段能输入的字符数
MaxDropDownItems	8	设置下拉列表框能显示的表项

范例 项目"Ex1303.csproj"范例说明

用 ComboBox 控件的下拉列表功能设置字体样式和字体效果。通过选择表项的下标值来触发 SelectedIndexChanged()事件，继而改变标签控件的字体和大小。

范例 项目"Ex1303.csproj"操作

启动程序加载窗体后，通过下拉列表来选择字体样式和字体效果，窗体下方的标签控件会显示结果，再单击窗体右上角的"X"按钮即可关闭窗体。程序的执行过程如图 13-15 所示。

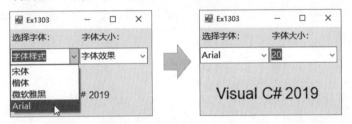

图 13-15　程序执行过程

范例 范例项目"Ex1303.csproj"动手实践

01 创建 Windows 窗体项目，在窗体上加入如表 13-7 所示的控件并设置它们的属性值。

表 13-7　范例项目"Ex1303"使用的控件及其属性设置值

控 件	Name	Text	控 件	属 性	值
Label1		字体大小	Label3	Name	lblDisplay
Label2		选择字体		Text	窗口程序
ComboBox1	cobFontSize	12		AutoSize	False
ComboBox2	cobFontChoice	微软雅黑		BackColor	255, 224, 192

02 编写 ComboBox 控件"字体大小""cobFontSize_SelectedIndexChanged()"事件处理程序。

```
01  private void cobFontSize_SelectedIndexChanged(
02      object sender, EventArgs e)
03  {
04      int index = cobFontSize.SelectedIndex;
```

```
05      //根据获取的 index 来判断要显示的字体大小
06      switch (index)
07      {
08        case 0:
09          lblDisplay.Font = new Font(
10            lblDisplay.Font.Name, 10.0F);
11          break;
12        case 1:
13          lblDisplay.Font = new Font(
14            lblDisplay.Font.Name, 12.0F);
15          break;
16        case 2:
17          lblDisplay.Font = new Font(
18            lblDisplay.Font.Name, 14.0F);
19          break;
20        //省略部分程序代码
21      }
22  }
```

STEP 03 编写 ComboBox 控件"选择字体""cobFontChoice_SelectedIndexChanged()"事件处理
程序。

```
31  private void cobFontChoice_SelectedIndexChanged(
32      object sender, EventArgs e)
33  {
34    //获取选择字体表项的下标值
35    int index = cobFontChoice.SelectedIndex;
36    lblDisplay.Font = new Font(
37    cobFontChoice.Text, lblDisplay.Font.Size);
38  }
```

【生成可执行程序再执行】

按 F5 键，若生成可执行程序无错误，则程序启动后即会开启"窗体"画面。

【程序说明】

- 第 1~22 行：用户单击"字体大小"下拉列表来选择字号时就会触发此事件处理程序。
- 第 4 行：获取 ComboBox 控件的 SelectedIndex 属性，以 index 变量来存储。
- 第 6~21 行：根据 index 的值，使用 switch 语句判断用户选择哪一种字体。调用 Font
  结构的构造函数，根据标签控件的字体来重建字体大小，以 float 数据类型为主。
- 第 31~38 行：同样以 index 变量来获取 SelectedIndex 属性值，属性 Text 获取用户选取
  的字体,并根据标签控件的字体大小来调用 Font 结构的构造函数执行字体重设的操作。

13.2.2 列表框

列表框（ListBox）控件会显示列表表项，供用户从中选择一个或多个表项。其功能和 ComboBox 控件很相似，只不过 ComboBox 提供下拉列表，还能让用户输入表项内容；而 ListBox 只提供表项选择，无法让用户进行编辑操作。如图 13-16 所示是将列表框（ListBox）控件添加窗体中。

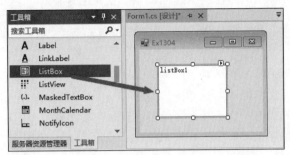

图 13-16　在窗体中添加 ListBox 控件

ListBox 控件的列表表项无论进行添加、删除，还是获取表项值，这些属性和方法都和 ComboBox 一样。表 13-8 列出了 ListBox 控件的属性。

表 13-8　ListBox 的成员

ListBox 成员	默 认 值	说　　明
SelectionMode	one	设置列表表项的选择方式
MultiColumn	False	列表框是否显示多列
Sorted	False	列表表项是否按字母排序
Items.Count		获取列表表项的总数
Items.Clear()		删除列表内所有表项
Items.Remove()		删除列表内指定的表项
SelectedIndex		获取或设置当前选择表项的下标值
Text		运行时存放选择的表项
SetSelected()方法		指定列表表项的对应状态
GetSelected( )方法		用来判断是否为选择的表项
ClearSelected()方法		取消被选择表项的状态

列表框通过 SelectionModes 属性来设置列表表项的选择方式。SelectionMode 枚举类型提供了 4 位成员。

- None: 表示无法选取。
- One: 表示一次只能选取一个表项。
- MultiSimple: 可以选取多个表项，使用鼠标或者以键盘的箭头键配合空格键来选择。
- MultiExtended: 可以选取多个表项，但是必须以鼠标配合 Shift 或 Ctrl 键来进行连续或不连续的选取。

ListBox 控件一般只会显示单列，将 MultiColumn 属性设为"True"时，会以多列方式显示。同样地，若将 Sorted 设为"True"，则列表表项会按照字母顺序排序。

范例 项目"Ex1304.csproj"范例说明

列表框的简易操作。调用 Add()方法将文本框输入内容加到 ListBox 控件中，选择列表框的某个表项，调用 RemoveAt()方法根据返回的下标值把它删除掉。

范例 项目"Ex1304.csproj"操作

STEP 01 ①在文本框中输入表项；②单击"添加"按钮加到列表框中并同时清空文本框，如图 13-17 所示。

STEP 02 ①从列表框中选择某一个表项；②单击"删除"按钮就能将其删除，如图 13-18 所示。

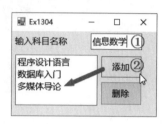

图 13-17　加入表项

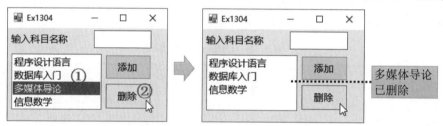

图 13-18　删除表项

范例 项目"Ex1304.csproj"动手实践

STEP 01 创建 Windows 窗体项目，在窗体上加入如表 13-9 所示的控件并设置它们的属性值。

表 13-9　范例项目"Ex1304"使用的控件及其属性设置值

控　件	Name	Text	控　件	属　性	属性值
Button1	btnOK	添加	ListBox	Name	lstCourse
Button2	btnDel	删除	TextBox	Name	txtCourse

STEP 02 编写"btnOK_Click()"事件处理程序。

```
01 private void btnOK_Click(object sender, EventArgs e)
02 {
03     lstCourse.Items.Add(txtCourse.Text);
04     txtCourse.Clear();
05     txtCourse.Focus();
06 }
```

编写"btnOK_Click()"事件处理程序。

```
11 private void btnDel_Click(object sender, EventArgs e)
12 {
13     lstCourse.Items.RemoveAt(lstCourse.SelectedIndex);
14 }
```

【生成可执行程序再执行】

按 F5 键，若生成可执行程序无错误，则程序启动后即会开启"窗体"画面。

【程序说明】

- 第 3 行：获取文本框输入的表项，调用 Add()方法加到列表框中。
- 第 4、5 行：调用 Clear()方法清空文本框并以 Focus()重新取得输入焦点。
- 第 13 行：根据选择表项返回的下标值，删除列表框的表项。

13.2.3 CheckedListBox

CheckedListBox 控件扩充了 ListBox 控件的功能。它涵盖了列表框大部分属性，在列表表项的左侧显示复选标记。它也具有 Items 属性，在设计阶段可以添加、删除表项。Add()和 Remove()函数也适用，可视为 ListBox 和 CheckBox 的组合。如图 13-19 所示是将 CheckedListBox 控件添加窗体中。

⊃ **列表表项的选择**

创建 ListBox 控件的列表表项时，只需单击，如果要选择 CheckedListBox 的列表表项，就必须确认复选框已经被勾选，这样表项才算被选中，如图 13-20 所示。

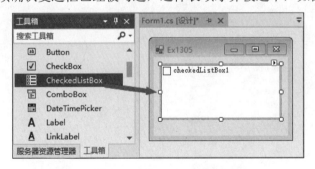

图 13-19 CheckedListBox 控件

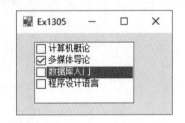

图 13-20   勾选 CheckedListBox

由图 13-20 可知，利用鼠标单击"数据库入门"表项时只有选取效果，必须再单击鼠标让左侧的复选框变为"勾选"状态，像"多媒体导论"那样才是已选中的表项。

⊃ **属性 CheckOnClick**

由于复选框本身就具有多选的功能，因此 CheckedListBox 控件虽然拥有 SelectionMode 属性却不支持。只要将 CheckOnClick 属性设为 True（默认为 False），就能让鼠标单击产生"勾选"作用。

➲ **常用的方法和事件**

使用 CheckedListBox 控件时，想要知道哪些表项被勾选，可使用 GetItemChecked()方法逐一检查，语法如下：

```
bool GetItemChecked(Index);
```

◆ index 代表列表表项的下标值，该方法的返回值为 bool。

如果要设置下标值对应选项的勾选状态，可以使用 SetItemChecked()方法指定要勾选的表项，True 表示勾选，False 表示未勾选。

CheckedListBox 控件常用的事件处理有以下两种。

■ SelectedIndexChanged()事件：用户单击列表中任何一个表项时所触发的事件处理程序。
■ ItemCheck()事件：列表中某个表项被勾选时所触发的事件处理程序。

13.3 菜单

使用 Windows 应用程序，只要把鼠标移向菜单栏，就会展开相关菜单项，非常方便用户的操作。菜单属于分层式结构，先产生主菜单栏，根据设计需求加入其菜单项，主菜单栏包含子菜单，产生子选项，按序延伸出子子菜单。下面以 Visual Studio 2019 的操作界面来说明菜单结构，如图 13-21 所示。

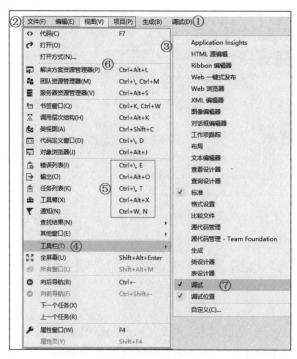

图 13-21　菜单的结构

① 主菜单栏（MenuStrip）。

② 主菜单项（ToolStripMenuItem），如文件、编辑、视图等。

③ 展开"视图"主菜单（MenuItem），可以看到子菜单项（ToolStripMenuItem）。

④ 子菜单中还有子菜单项（ToolStripMenuItem），如"工具栏"。

⑤ 子菜单项可以设置快捷键。例如：工具箱可使用 Ctrl + Alt + X 组合键调出来。

⑥ 分隔线（Separator）能分隔不同作用的子菜单项，例如"打开方式"和"解决方案资源管理器"之间以分隔线隔开，说明它们是两个功能不同的组。

⑦ 子菜单项"工具栏"右侧有▶符号，表示可以展开下一层菜单，"调试"项显示为复选标记（Checked），表示启用了调试模式。

从图 13-21 可知，必须先创建主菜单才能加入主菜单项，如文件、视图都是属于"主菜单"的菜单选项。通常"文件"除了可以利用鼠标单击之外，还可以用键盘上的 Alt + F 组合键展开，称为"快捷键"。主菜单下可以展开它的子菜单，然后加入子菜单项，如图 13-21 中"视图"主菜单中的"解决方案资源管理器""类视图"都属于子菜单项。此外，性质相同的子菜单项可以群聚在一起，将不同性质的子菜单项通过"分隔线"隔开。子菜单项可以视需求加入快捷键（Shortcut Key），或者加上复选标记。Visual C# 2017 中创建菜单的控件有哪些呢？请参考表 13-10 的简介。

表 13-10　菜单和成员

菜　　单	说　　明
MenuStrip	创建主菜单
ToolStrip	产生 Windows 窗体的用户界面工具栏
ToolStripMenuItem	用来创建菜单或快捷菜单的菜单项
ToolStripDropDown	允许用户单击鼠标时，从列表选择单一表项
ToolStripDropDownItem	单击时会显示下拉式列表
ContextMenuStrip	用来设置快捷菜单（用户右击）

13.3.1　MenuStrip 控件

先介绍可以产生主菜单的 MenuStrip 控件，对它提供的功能做简单描述。要加入 MenuStrip 控件，必须先展开工具箱①菜单与工具栏；②利用鼠标双击 MenuStrip 控件，它会将菜单面板放到窗体顶端，窗体底部的"匣子"会存放它的控件，因此要对菜单做进一步的编辑，可以直接选择控件，再对菜单面板进行编辑就是一种不错的方式。如图 13-22 所示就是把 MenuStrip 控件添加到窗体中。

图 13-22　MenuStrip 控件

MenuStrip 控件的功能如下：

■ 创建标准菜单，只要通过鼠标的拖曳方式就能创建经常使用的菜单，并进一步支持高级用户界面和设置功能。

■ 提供容器和收纳功能，以自定义方式创建菜单，获取操作系统的外观和行为。

如何创建菜单，一般的步骤如下：

（1）先以 MenuStrip 创建主菜单。

（2）通过 Items 属性加入 ToolStripMenuItem 控件，作为第一层主菜单的菜单项。

（3）如果想要继续建立第二层（子）菜单，获取某个 ToolStripMenuItem 控件的 "DropDownItems" 属性，再按序加入 ToolStripMenuItem 控件来作为第二层菜单项。

（4）如果还要创建第三层，就要获取 ToolStripMenuItem 控件的"DropDownItems"属性，再加入 ToolStripMenuItem 控件来作为第三层菜单的菜单项。

● 快速生成菜单

如果菜单变动性不是太大，则可以使用 MenuStrip 控件所提供的"插入标准菜单"来生成一个由系统提供的菜单。

操作 "MenuStrip" 快速生成菜单

📠01 加入 MenuStrip 控件之后，单击右上角的▶按钮展开任务列表（展开后▶按钮后变更为◀按钮），再单击"插入标准项"，如图 13-23 所示。

📠02 加入一个简易的菜单（见图 13-24），再编写事件处理程序。

图 13-23　MenuStrip 控件

图 13-24　加入一个简单的菜单

仔细观察，每一个主菜单项都有快捷键可以使用。程序运行时，"编辑"菜单要以键盘启动的话，按 Alt + E 组合键就能展开，如图 13-24 所示。可以通过属性窗口来观察"编辑"菜单项的 Name 和 Text 属性有何不同？

13.3.2　直接编辑菜单项

使用 MenuStrip 控件快速生成菜单之后，大家是否发现添加到窗体的 MenuStrip 控件提供的是一个面板，选中它之后可以直接进行文字编辑。直接编辑菜单要如何做呢？参照下列步骤在菜单中添加、删除菜单项。

操作 "MenuStrip" 编辑菜单项

📠01 确认窗体有 MenuStrip 控件并利用鼠标单击，如图 13-25 的左图所示。

02 输入主菜单项。①看到"请在此处键入"
表示可以输入主菜单项,如"文件(&F)"
(&F 表示加入快捷键);②完成"文件"
输入之后在水平和垂直方向都可输入菜
单项,如图 13-25 的右图所示。

03 垂直方向是生成"文件"的子菜单及其
菜单项,水平方向可加入第二个主菜单
项。在垂直方向加入文件的子菜单项"打
开文件"和"保存文件",如图 13-26 所示。

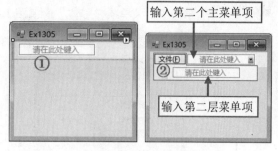

图 13-25 输入主菜单项

04 如果还要生成子子菜单项,在"保存文件"水平方向再加入"另存为"和"其他格式",
如图 13-27 所示。

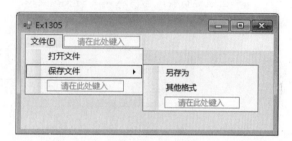

图 13-26 加入子菜单   图 13-27 加入子子菜单项

05 在"保存文件"下方加入分隔线,直接在下方的"请在此处键入"输入"-"(减号),
再按 Enter 键即可形成分隔线,如图 13-28 所示。

图 13-28 加入分隔线 1

步 骤 说 明

◆ 加入分隔线的第二种方式:单击"请在此处键入"右侧的▼按钮
展开菜单,选择"Separator"来加入,如图 13-29 所示。

图 13-29 加入分隔线 2

06 添加第二个主菜单项"字体",如图 13-30 所示。

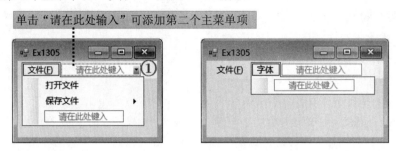

图 13-30

07 要删除某个菜单项,选中该菜单项并按 Delete 键即可删除;或者在要删除的菜单项上①单击鼠标右键;②再从弹出的快捷菜单中选择"删除"选项,如图 13-31 所示。

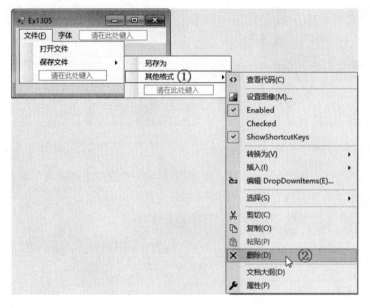

图 13-31

13.3.3 用项集合编辑器生成菜单项

在窗体中添加了 MenuStrip 控件之后,还可以使用"项集合编辑器"来生成一个多层次的菜单。如何进入项集合编辑器呢?无论是在属性窗口展开属性 Items 或单击控件右上角的 ▶ 按钮来展开控件的任务列表,这两种方式都可以进入项集合编辑器的对话框。进入项集合编辑器对话框之后,我们来认识一下它的基本操作。

◯ 属性 Items——第一层项集合编辑器

进入项集合编辑器的左上角,展开下拉列表选择想要添加的成员,通常选择"MenuItem"为主菜单项,如图 13-32 所示。

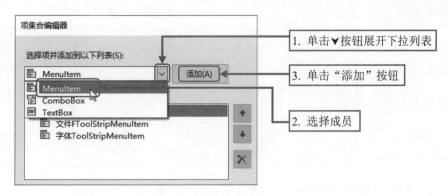

图 13-32 "项集合编辑器"对话框

进入"项集合编辑器"对话框可以看到两个菜单项：文件和字体，如图 13-33 所示。

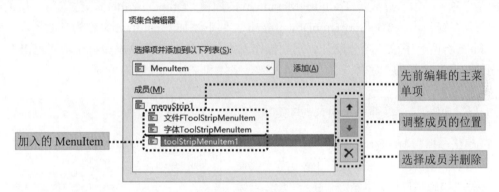

图 13-33 文件和字体

项集合编辑器右半部是属性窗口，可以选择"按分类顺序"或"按字母顺序"排列属性，选择窗口左侧的成员，就可以在右边的"属性"窗口设置属性值，如图 13-34 所示。

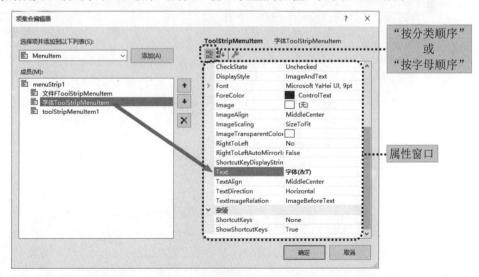

图 13-34 设置属性值

要完成的菜单项如表 13-11 所示（灰色是先前步骤所生产的）。

表 13-11 菜单及其菜单项

主 菜 单	子 菜 单	第三层子菜单
文件	打开文件	
	保存文件	另存为
	分隔线	
	退出	
字体	选择字体	楷体
	字体样式	粗体

⊃ 属性 DropDownItems——第二层项集合编辑器

每个主菜单都可根据实际需求生成子菜单并加入菜单项。例如"文件"主菜单要添加子菜单的菜单项，必须通过成员 ToolStripMenuItem 的属性"DropDownItems"进入第二层的"项集合编辑器"窗口，在 ToolStripDropDownMenu 控件下添加 MenuItem 来作为子菜单项，或者以 Separator 将两个子菜单项分隔开。下列操作就为"文件"主菜单添加第 4 项"退出"（分隔线为第 3 项）；而为"字体"主菜单加入选择字体和字体样式的菜单项。

操作 "MenuStrip"添加子菜单及其菜单项

STEP **01** 确认选择"MenuStrip"控件，①单击▶按钮（随后变成了◀按钮）展开下拉列表；②单击"编辑项目"文字链接，进入"项集合编辑器"对话框，如图 13-35 所示。

STEP **02** 添加子菜单项"ToolStripMenuItem"。①从成员中选择"文件"菜单项；②从"属性"窗口找到"DropDownItems"，利用鼠标左键单击其右侧的...按钮，进入子菜单

图 13-35 单击"编辑项目"

（toolStripMenuItem1.DropDownItems）集合编辑器，如图 13-36 所示

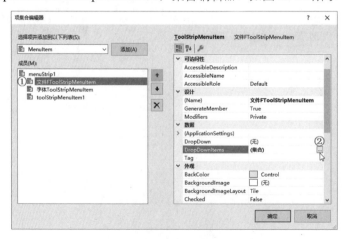

图 13-36 添加子菜单项

03 加入子菜单项。①选择 MenuItem；②单击"添加"按钮；③添加 toolStripMenuItem3 后，选择它；④将 Text 更改为"退出"；⑤单击"确定"按钮回到第一层"项集合编辑器"对话框，操作步骤如图 13-37 所示。

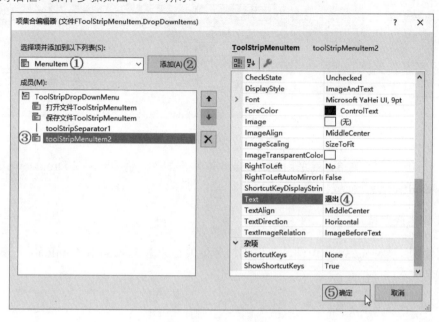

图 13-37　加入子菜单项

04 根据前面步骤添加的"字体"菜单，为其添加子菜单项："选择字体"和"字体样式"；连续单击两个"确定"按钮关闭"项集合编辑器"对话框，如图 13-38 所示。

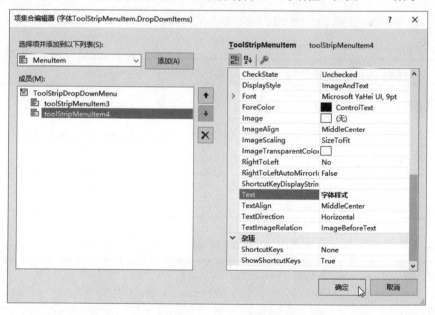

图 13-38　添加"字体"菜单

05 参照表 13-11 完成的菜单如图 13-39 所示。

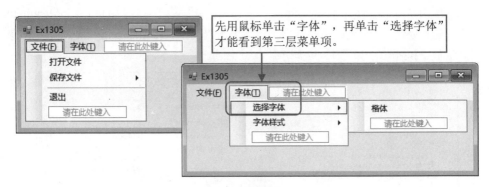

图 13-39　完成的菜单

实际上，组合一个菜单，就是由 MenuStrip 控件再配合属性 Items 或 DropDownItems 添加 ToolStripMenuItem 组合而成。

⊃ **程序代码生成菜单**

在窗体中加入 MenuStrip 控件，首先添加菜单项必须由 ToolStripMenuItem 类来生成。语法如下：

```
菜单项类 菜单项名称 = new 菜单项类(要显示的文字);
```

程序语句例一：添加第三个主菜单项 mainWnd，要显示的文字为"窗口"。

```
ToolStripMenuItem mainWnd = new ToolStripMenuItem("窗口");
```

第二步把生成的菜单项 mainWnd 用 Items.Add()方法添加到 MenuStrip 控件中。程序语句如下：

```
mainMenu.Items.Add(mainWnd);
```

◆　mainMenu 为 MenuStrip 控件的名称。

第三步添加子菜单项。同样先生成子菜单项，再调用 DropDownItems.Add()方法加到子菜单中。程序语句如下：

```
ToolStripMenuItem childExplain = new ToolStripMenuItem("帮助");
mainWnd.DropDownItems.Add(childExplain);
```

要添加多个子菜单项，则要调用 AddRange()方法。程序语句如下：

```
ToolStripMenuItem wndRange = new ToolStripMenuItem("排列");
ToolStripMenuItem wndHide = new ToolStripMenuItem("隐藏");
mainWnd.DropDownItems.AddRange(new ToolStripItem[] {wndRange, wndHide });
```

◆　先生成两个子菜单项：wndRange 和 wndHide。
◆　调用 DropDownItems.AddRange()方法加到子菜单中。

13.3.4　菜单常用的属性

前文已经介绍了 MenuStrip 控件的属性 Items 和 DropDownItems，下面介绍几个常用属性。

- 属性 Text：菜单项显示的文字。
- ShortCutKeys：设置菜单项的快捷键。
- ShowShortCutKeys：是否将菜单的快捷键显示在菜单项的后面，默认值为 True，表示会显示。
- CheckOnClick：用鼠标单击菜单项是否要切换为勾选状态，默认值为 False，表示不进行切换，属性值为 True 才会进行切换。
- Checked：菜单项前面是否显示✓符号，默认值为 False，表示不显示，属性值为 True 才会显示。

⮕ 设置快捷键

设置的快捷键可以快速执行菜单的某个菜单项（即菜单指令），例如要选择执行菜单项的"复制"时，可按 Ctrl + C 组合键来实现同样的操作，这就是快捷键。只有子菜单项设置了快捷键才能实现直接执行的效果，在主菜单项加入快捷键只能打开菜单项，并不会实现直接执行菜单项的效果。要设置 ShortcutKeys（快捷键）属性，必须结合另一个属性 ShowShortcutKeys 属性（默认为"True"）才能把快捷键显示在子菜单项的右侧，如果属性值设为"False"，那么即使设置了快捷键也不会显示出来。

下列步骤将为"文件"菜单的"打开文件"子菜单项加入 Ctrl + R 组合键的设置。

操作　"打开文件"子菜单项设置快捷键

⮕ **01**　①选择"打开文件"子菜单项。在"属性"窗口中找到 ShortcutKeys 属性；②单击右侧的 ∨ 按钮展开，如图 13-40 所示。

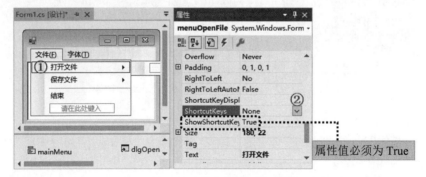

图 13-40　设置属性值

⮕ **02**　①勾选修饰符的任意一个，在本范例中勾选"Ctrl"；②利用鼠标单击打开下拉列表；③从列表中选择一个"键"，本范例中选择"Q"，如图 13-41 所示。

⮕ **03**　打开"文件"菜单，"打开文件"菜单项的右侧已经显示出设置好的快捷键，如图 13-42 所示。

图 13-41　设置快捷键

图 13-42　设置完成

范例 项目"Ex1305.csproj"范例说明

创建一个简单的记事本。

- "文件"菜单可用来创建新文件、打开文件、另存为和保存文件。
- "字体"菜单可用来设置字体和字体样式，配合属性"Checked"来产生勾选/不勾选的效果。

范例 项目"Ex1305.csproj"操作

01 利用鼠标单击"文件"菜单中的"打开文件"菜单项，进入"打开文件"对话框以便我们来选择文本文件，之后文本文件的内容就会被加载内容文本框中，如图 13-43 所示。

加载文件后显示文件的路径

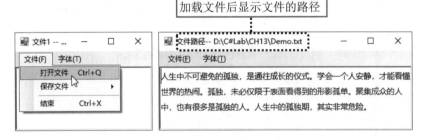

图 13-43　加载文件

02 勾选"楷体"后，文本框的字体会随之改变，取消勾选"楷体"，字体会变回"微软雅黑"，如图 13-44 所示。

图 13-44　设置字体

范例 项目"Ex1305.csproj"动手实践

01 创建 Windows 窗体项目，菜单规划请参考表 13-11 所示。

02 主菜单及其菜单项的 Name 和 Text 设置如表 13-12 所示。

表 13-12 主菜单及其菜单项的 Name 和 Text 设置

控 件	Name	Text
MenuStrip	mainMenu	
ToolStripMenuItem1	menuFile	文件(&F)
ToolStripMenuItem2	menuFont	字体(&T)

03 "文件"主菜单中子菜单项的属性设置如表 13-13 所示。

表 13-13 "文件"主菜单中子菜单项的属性设置

控 件	Name	Text	ShortcutKeys
ToolStripMenuItem4	menuOpenFile	打开文件	Ctrl + O
ToolStripMenuItem5	menuSaveFile	保存文件	F4
ToolStripMenuItem6	menuSaveAsFile	另存为	F2
ToolStripSeparator			
ToolStripMenuItem7	menuEnd	退出	Ctrl + X

04 "字体"主菜单中子菜单项的属性设置如表 13-14 所示。

表 13-14 "字体"主菜单中子菜单项的属性设置

控 件	Name	Text	ShortcutKeys
ToolStripMenuItem8	menuSelectFont	选择字体	
ToolStripMenuItem9	menuFontTp	楷体	Shift + F3
ToolStripMenuItem10	menuFontStyle	字体样式	
ToolStripMenuItem11	menuBoldFont	粗体	Shift + F4

05 其他控件的属性设置如表 13-15 所示。

表 13-15 范例项目"Ex1305"中其他控件的属性设置

控 件	Name	Dock
RichTextBox	rtxtShow	Fill
OpenFileDialog	dlgOpenFile	
SaveFileDialog	dlgSaveFile	

06 编写"Form1_Load()"事件处理程序。

```
01 using System.IO;
02 String ptrfile;//创建文件指针，用来记录创建文件的路径
03 private void Form1_Load(object sender, EventArgs e)
04 {
```

```
05    rtxtShow.Clear();//清除文本框
06    this.Text = "文件1 -- 简易记事本";
07    menuFontTp.CheckOnClick = True;
08    menuBoldFont.CheckOnClick = True;
09  }
```

07 编写文件菜单"打开文件"对应的"menuOpenFile_Click"事件处理程序。

```
11  private void menuOpenFile_Click(object sender,
12      EventArgs e)
13  {
14    //文件的格式为纯文本文件
15    dlgOpenFile.Filter =
16      "文本文件(*.txt) | *.txt | 所有文件(*.*) | *.*";
17    dlgOpenFile.FilterIndex = 2;
18    //省略部分程序代码
19    DialogResult result = dlgOpenFile.ShowDialog();
20    if (result == DialogResult.OK)
21    {
22      ptrfile = dlgOpenFile.FileName;
23      rtxtShow.LoadFile(ptrfile,
24        RichTextBoxStreamType.PlainText);
25      this.Text = String.Concat("文件路径-- ", ptrfile);
26    }
27  }
```

08 编写文件菜单"另存为"对应的"menuSaveAsFile_Click"事件处理程序。

```
31  private void menuSaveAsFile_Click(object sender, EventArgs e)
32  {
33    //省略部分程序代码
34    DialogResult result = dlgSaveFile.ShowDialog();
35    if (result == DialogResult.OK)
36    {
37      ptrfile = dlgSaveFile.FileName;
38      StreamWriter swfile = new StreamWriter(
39        ptrfile, False, Encoding.Default);
40      swfile.Write(rtxtShow.Text);//写入文件
41      swfile.Close();//关闭数据流
42      this.Text = String.Concat("简易记事本: ", ptrfile);
43    }
44  }
```

09 编写字体菜单"楷体"对应的"menuFontTp_Click"事件处理程序。

```
51   private void menuFontTp_CheckedChanged(object sender,
52       EventArgs e)
53   {
54     if (menuFontTp.Checked)
55       rtxtShow.Font = new Font("楷体", 12);
56     else
57       rtxtShow.Font = new Font("微软雅黑", 11);
58   }
```

【生成可执行程序再执行】

按 F5 键，若生成可执行程序无错误，则程序启动后即会开启"窗体"画面。

【程序说明】

◆ 第 2 行：字符串变量 ptrfile 用来记录创建文件的路径，必须在"public partial class Form1 : Form"类中声明。

◆ 第 3~9 行：在窗体加载事件中，先清除文本框内容，并改变窗体的 Text 属性值；启用字体子菜单项中的"楷体""粗体"复选标记使之起作用。

◆ 第 11~27 行：单击"文件"菜单中的"打开文件"（ddmOpen）菜单项，程序会通过 OpenFileDialog 控件来开启"打开文件"对话框，以便我们选择要载入的文件。

◆ 第 20~26 行：在用户单击"确认"按钮之后，调用 LoadFile()方法将选择的文件载入。

◆ 第 25 行：使用窗体本身的 Text 属性将获取的文件路径显示在标题栏。

◆ 第 31~44 行：单击文件菜单中的"另存为"（menuSaveAsFile）菜单项，程序会通过 SaveFileDialog 对话框打开"另存为"对话框来协助保持文件。

◆ 第 35~43 行：存盘操作。单击"保存"按钮时，先判断文件是否存在。如果不存在，StreamWriter 类的构造函数会创建新文件，以 UTF-8 编码来保持文本框中的内容。

◆ 第 51~58 行：根据有无勾选来决定文本框显示的字体。用 If/else 语句判断属性"Checked"是否勾选，有勾选的话就以"楷体"字体来显示，取消勾选就以"微软雅黑"字体来显示。

13.4 ▶ 与菜单有关的外围控件

除了 MenuStrip 控件之外，与菜单密切相关的另外一个控件就是 ContextMenu，它提供了单击鼠标右键后弹出的快捷菜单。在应用程序操作时，还有提供窗口信息的状态栏和具有图标功能的工具栏，下面来认识一下它们吧。

13.4.1 ContextMenuStrip 控件

单击鼠标右键时会弹出快捷菜单，菜单中会显示一些设置好的指令（选项）供用户执行。ContextMenuStrip 控件（或称为内容菜单）提供了快捷菜单的设计，让用户在窗体控件或其他区域单击鼠标右键后会弹出此类快捷菜单。通常快捷菜单会结合窗体中已设置好的菜单项。

要加入 ContextMenuStrip 控件，①先展开工具箱的"菜单和工具栏"；②用鼠标双击 ContextMenuStrip 控件，这个控件的面板就会被添加到窗体中，窗体底部的"匣子"会存放这个控件，如图 13-45 所示。

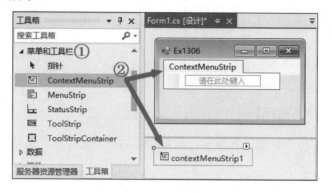

图 13-45　ContextMenuStrip 控件

➲ 创建快捷菜单

使用 ContextMenuStrip 控件来创建菜单项的做法和 MenuStrip 控件类似，看到"请在此处键入"就直接输入菜单项名称即可。如果想在窗体和 RichTextBox 文本框上单击鼠标右键就能显示出快捷菜单，那么就要将这些快捷菜单项与窗体和文本框建立关联。只有如此，在我们单击鼠标右键时才会弹出快捷菜单。延续范例项目"Ex1304"，为它创建快捷菜单，以窗体为对象创建如下的程序。

操作 "ContextMenuStri"加入窗体并建立关联

01 在窗体中添加"ContextMenu"控件，然后直接输入快捷菜单项，如图 13-46 所示。

02 把 ContextMenuStrip 的属性 Name 修改为 ctmQuickMenu。①选择窗体，找到"ContextMenuStrip"属性；②单击▼按钮拉开下拉列表；③从中选择"ctmQuickMenu"选项，如图 13-47 所示。

03 采取相同的操作，将 RichTextBox 控件的"ContextMenuStrip"属性设置为"ctmQuickMenu"。

图 13-46　添加"ContextMenu"控件

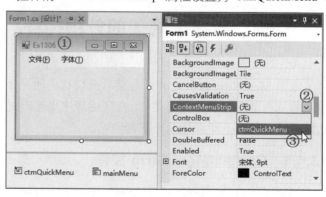

图 13-47　修改属性值

◗ ContextMenuStrip 控件的事件

使用 ContextMenuStrip 控件除了以鼠标单击某个菜单项来触发的 Click 事件外，还有就是选择快捷菜单中选项的 ItemClicked()事件，使用参数"e"可以得知选择了哪一个选项。范例程序语句如下：

```
private void ctmQuickMenu_ItemClicked(object sender,
    ToolStripItemClickedEventArgs e)
{
  if(e.ClickedItem.ToString()=="打开文件")
    menuOpenFile_Click(sender, e);
}
```

➡ 如果快捷菜单中的"打开文件"选项被鼠标单击，就会去调用"打开文件"的事件处理程序。

范例 项目"Ex1306.csproj"操作

启动窗体加载程序，在文本框上单击鼠标右键就会弹出快捷菜单的选项，如图 13-48 所示。

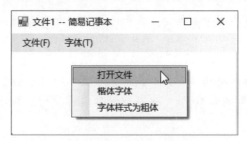

图 13-48   启动窗体

范例 项目"Ex1306.csproj"动手实践

➡**01** 创建 Windows 窗体项目，延续前一个范例，将加入的快捷菜单项的其属性值设置列于表 13-16 中。

表 13-16   范例项目"Ex1306"中快捷菜单项及其属性设置

控　　件	Name	Text
ContextMenuStrip		ctmQuickMenu
ToolStripMenuItem1	ctmQuickFile	打开文件
ToolStripMenuItem2	ctmQuickFont	楷体字体
ToolStripMenuItem3	ctmQuickBold	字体样式为粗体

➡**02** 编写"打开文件"对应的"ctmQuickMenu_ItemClicked()"事件处理程序。

```
01  private void ctmQuickMenu_ItemClicked(object sender,
02      ToolStripItemClickedEventArgs e)
```

```
03  {
04    switch (e.ClickedItem.ToString())
05    {
06      case "打开文件":   //调用打开文件处理程序
07        menuOpenFile_Click(sender, e);
08        break;
09      case "楷体字体":
10        rtxtShow.Font = ftStd;
11        menuFontTp.Checked = True;
12        break;
13      case "字体样式为粗体":
14        rtxtShow.Font = new Font(rtxtShow.Font.Name,
15          rtxtShow.Font.Size, ftBold);
16        menuBoldFont.Checked = True;
17        break;
18    }
19  }
```

【生成可执行程序再执行】

按 F5 键，若生成可执行程序无错误，则程序启动后即会开启"窗体"画面。

【程序说明】

➜ 第 4~18 行：switch/case 语句，判断快捷菜单哪一个选项被选中（即被鼠标单击），根据 ItemClicked()事件的参数 "e" 来获取选项名称，而后执行对应的处理程序。

13.4.2 ToolStrip

ToolStrip 控件提供了工具栏，通用架构可组合工具栏、状态栏和菜单到操作界面。例如 Visual Studio 2019 操作界面提供的工具栏，内含图标按钮，鼠标移向某一个按钮会显示提示说明，如图 13-49 所示。

图 13-49　工具栏按钮和文字说明

ToolStrip 控件本身也是一个容器，常见的 ToolStrip 控件包含以下内容。

- ToolStripButton：工具栏按钮。
- ToolStripLabel：工具栏标签。
- ToolStripComboBox：提供工具栏的下拉选项列表。
- ToolStripTextBox：工具栏文本框，让用户输入文字。
- ToolStripSeparator：工具栏的分隔线。

ToolStrip 控件的常用属性和方法可参考表 13-17 中的说明。

表 13-17　ToolStrip 控件的常用属性和方法

ToolStrip 成员	说　明
Dock	设置控件紧靠容器（通常是窗体）某一边
Items	编辑控件的表项
Image	设置 ToolStrip 的图像
ImageScalingSize	默认值为"SizeToFit"，根据 ToolStrip 大小调整，"None"为原图大小
IsDropDown	设置哪一个是 ToolStripDropDown 控件
Size	设置工具栏的大小，若要改变设置值，则要把属性 AutoSize 设置为 False
ToolTipText	控件的提示文字
GetNextItem()方法	获取下一个 ToolStripItem 表项
Items.ADD()方法	新建表项到 ToolStrip

　　如何制作工具按钮？同样地，添加 ToolStrip 控件，通过"属性"窗口中的"Items"属性，进入"项集合编辑器"也可以编辑或查看添加的表项。或者在窗体上添加工具按钮后，参照下列步骤进行。

范 例　"ToolStrip"设置工具栏按钮

01 添加 ToolStrip 控件作为工具栏按钮，如图 13-50 所示。

02 添加第一个按钮对象（ToolStripButton）。从下拉列表中选择 Button，把 Name 属性更改为"toolOpen"，属性 Text 更改为"打开文件"，属性 ToolTipText 也会同步更改，如图 13-51 所示。

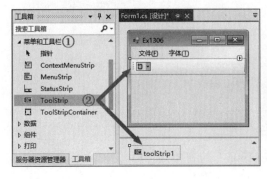  

图 13-50　添加 ToolStrip 控件　　　　　　图 13-51　添加第一个按钮对象

03 添加第二个按钮对象：从下拉列表中选取 Button，把 Name 属性更改为"toolSave"，属性 Text 更改为"保存文件"，属性 ToolTipText 更改为"保存文件"。

04 单击第一个对象 ToolStripButton，①找到"属性"窗口中的"Images"属性，导入图标；②选择"项目资源文件"；③单击"导入"按钮导入图标；④再选择图片；⑤单击"确定"按钮后，图标即会添加到 Images 属性中，如图 13-52 所示。

图 13-52　添加第一个对象 ToolStripButton

步　骤　说　明

◆ 使用属性 Image 导入图片文件之后，会在"解决方案资源管理器"窗口中产生一个"Resources"文件夹，存放导入的图片，如图 13-53 所示。

图 13-53　产生"Resources"文件夹

STEP 05 程序运行时，即可看到工具按钮会有相关功能的图标说明。

范例 项目"Ex1306.csproj"（续）范例说明

将 ToolStrip 加入窗体的操作，以范例项目"Ex1306"的窗体为目标。

范例 项目"Ex1306.csproj"（续）动手实践

编写"toolOpen_Click()"事件处理程序。

```
01  private void toolOpen_Click(object sender, EventArgs e)
02  {
03    menuOpenFile_Click(sender, e); //调用"打开文件"菜单项的事件处理程序
04    return;
05  }
```

13.4.3 状态栏

使用 Windows 运行环境时，无论是文件资源管理器还是应用软件，底部通常会有状态栏，用来显示某些信息。.NET Framework 提供了控件 StatusStrip 来作为状态栏。通过 StatusStrip 控件可获取窗体上控件或组件的相关信息。通常状态栏会有两个部分组成：①以框架固定位置和 ②加入面板显示信息。先来认识 StatusStrip 控件以框架方式加入窗体之后的情况。如图 13-54 所示为把状态栏控件 StatusStrip 添加到窗体中。

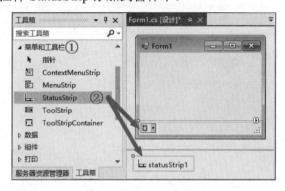

图 13-54 添加 StatusStrip 控件

⮞ 加入面板

StatusStrip 控件只提供框架，必须加入面板才能发挥其功能，显示文字或图标等。这些面板包含 ToolStripStatusLabel、ToolStripDropDownButton、ToolStripSplitButton 和 ToolStripProgressBar 等控件。加入控件 StatusStrip 之后，如何加入面板？

操作 "ToolStrip" 状态栏加入面板

单击控件 StatusStrip 右侧的▼按钮展开下拉列表，选择"StatusLabel"选项，如图 13-55 所示。

范例 项目 "Ex1306.csproj"（续）操作

使用 StatusStrip 控件加入两个 ToolStripStatusLabel：第一个用于"提示文字"；第二个显示当前时间。所以程序运行时加载窗体就会在窗体底部显示相关的信息，如图 13-56 所示。

图 13-55 StatusStrip 控件

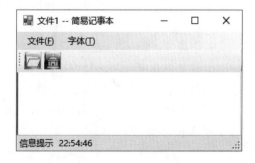

图 13-56 显示相关信息

范 例 项目"Ex1306.csproj"（续）动手实践

01 控件属性的设置可参考表 13-18。

表 13-18 范例项目"Ex1306"中 ToolStrip 控件的属性值

控　　件	Name	Text
StatusStrip	statusInform	
ToolStripStatusLabel1	statusMsg	提示信息
ToolStripStatusLabel2	statusTime	显示时间

02 编写加载窗体"Form1_Load()"事件的相关程序代码。

```
01  private void Form1_Load(object sender, EventArgs e)
02  {
03    //之前范例的程序代码
04    statusTime.Text = DateTime.Now.ToLongTimeString();
05  }
```

13.5 重点整理

- RadioButton（单选按钮）控件具有选项功能，本身具有互斥性（Mutually Exclusive），多个单选按钮只能从中选择一个。配合 GroupBox 可以组成群组。Appearance 属性用于设置外观，Checked 属性用来查看单选按钮是否被选择，AutoCheck 属性用来判断单选按钮的状态，并同时维持只有一个单选按钮被选择，Checked 属性被改变时会触发 CheckedChanged()事件。

- CheckBox（复选框）控件也提供选择功能，但彼此间不互斥，用户能同时选择多个复选框。Checked 属性用来表示复选框是否被勾选，ThreeState 属性值为 True 时有勾选、不勾选和不确定勾选三种变化，需与 CheckState 属性配合才会起作用。

- ComboBox 控件可供用户从中选择一个表项。DropDownStyle 属性给 ComboBox 控件提供了下拉列表框的外观和功能。Item 属性用于编辑列表表项，程序代码中以 Add()、Remove()来添加或删除列表中的表项，当选择 ComboBox 列表表项中的某一个表项时，可使用 SelectedIndex 和 SelectedItem 属性来获取下标值或表项内容。

- ListBox（列表框）控件和 ComboBox 控件很相近。提供列表表项供用户从中选择一个或多个表项，但是 ListBox 只提供表项选择，不能进行编辑操作。属性 SelectionMode 用于设置列表表项的选择方式。

- CheckedListBox 控件扩充了 ListBox 功能，在列表表项的左侧显示复选标记。选择表项时复选框被勾选才表示此表项被选择。常用的事件处理有 SelectedIndexChanged()事件和 ItemCheck()事件。

- 生成菜单时，以 ToolStripMenuItem 控件来生成菜单项，通过 ShortcutKeys 属性来设置快捷键，用 Checked 属性在菜单项上加入复选标记。
- ContextMenuStrip 提供快捷菜单，窗体上加入此组件后，必须将控件的 ContextMenuStrip 属性与快捷菜单建立关联，再加上处理程序即可。
- ToolStrip 控件提供了工具栏的通用架构，可用来把工具栏、状态栏和菜单组合到操作界面中。
- .NET Framework 提供了控件 StatusStrip 来作为状态栏。通过 StatusStrip 控件可获取窗体上控件或组件的相关信息。通常状态栏会有两个部分组成：①以框架固定位置和②加入面板显示信息。

13.6 课后习题

一、填空题

1. 复选框的 ThreeState 属性值为 True 时，必须进一步配合＿＿＿＿＿＿属性才产生哪三种变化？①＿＿＿＿＿＿；②＿＿＿＿＿＿；③＿＿＿＿＿＿。

2. ComboBox 控件设置列表表项时，要使用属性＿＿＿＿＿＿进行编辑；指定表项以便删除使用的是＿＿＿＿＿＿方法，清除所有表项要使用＿＿＿＿＿＿方法。

3. ComboBox 控件以 DropDownStyle 属性来提供下拉列表的外观,有哪三种属性值可供选择？①＿＿＿＿＿＿；②＿＿＿＿＿＿；③＿＿＿＿＿＿。

4. 列表框的属性 SelectionMode 用于设置列表表项的选择方式，有哪 4 个成员？
①＿＿＿＿＿＿、②＿＿＿＿＿＿、③＿＿＿＿＿＿、④＿＿＿＿＿＿。

5. 使用 CheckedListBox 控件时，想要知道哪些选项被勾选，使用＿＿＿＿＿＿方法来逐一检查，当列表的某个选项被勾选时会触发＿＿＿＿＿＿事件。

6. MenuStrip 生成主菜单，通过＿＿＿＿＿＿属性来加入第一层主菜单的菜单项。如果还要继续建立第二层（子）菜单，则要使用＿＿＿＿＿＿属性。

7. 使用 ContextMenuStrip 控件除了以鼠标单击某个菜单项所触发的＿＿＿＿＿＿事件外，就是选择快捷菜单项的＿＿＿＿＿＿事件，通过参数 "e" 可以得知哪个选项被选中了。

8. ToolStrip 控件要以属性＿＿＿＿＿＿来作为控件的提示文字，如果要加入工具栏按钮，则要用＿＿＿＿＿＿。

二、问答题与实践题

1. 创建如图 13-57 所示的 Windows 窗体程序，单击 "计算" 按钮后以消息框显示结果，单击 "清除" 按钮则会清除当前所有的选择。

图 13-57　Windows 窗体程序

2. 在窗体中添加 MenuStrip 控件之后，使用程序代码来生成如图 13-58 所示的菜单。

图 13-58　生成菜单

第14章

鼠标、键盘、多文档

章 | 节 | 重 | 点

❋ 制作 MDI 父、子窗体，配合 LayoutMdi()方法进行不同的排列。

❋ 除了 Click 和 DoubleClick 事件外，认识相关的其他鼠标事件。

❋ 键盘事件有 KeyDown、KeyUp 和 KeyPress 事件。

❋ 从窗体的坐标系统认识画布的基本工作原理，介绍 Graphics 类绘图的相关方法。

14.1　多文档界面

先来解释两个名词"单文档界面"（Single Document Interface，SDI）和"多文档界面"（Multiple Document Interface，MDI）。SDI 一次只能打开一份文件，例如使用"记事本"；MDI 则能同时编辑多份文件，例如 MS Word。使用 Word 打开多份文件时，还能使用"视图"菜单下的"新建窗口""全部重排"及"拆分"选项对打开的文件进行管理。

14.1.1　认识多文档界面

一般来说，SDI 文件可以出现于屏幕任何地方。MDI 文件就不同了，所有 MDI 文件只能在 MDI 父窗口的工作区域内显示，接受 MDI 父窗口的管辖。举个简单的例子，使用 Word 软件时，能关闭某份文件，执行环境（父窗口）并不会关闭。由 MDI 父窗口所打开的窗口称为"子窗口"（Child Window），父窗口只会有一个，子窗口也无法转变成父窗口。由于子窗口接受父窗口的管辖，因此没有"最大化""最小化"和"窗口大小"的调整。

1. 创建 MDI 父窗体

在前面章节中，程序项目都是以 SDI 窗体来运行的，这意味着一个项目只会打开一个窗体。如何创建 MDI 父窗体呢？属性"IsMDIContainer"用来决定它是否成为 MDI 窗体，方法如下：

- 创建 MDI 父窗体。创建常规窗体后，将属性"IsMDIContainer"更改为"True"来产生 MDI 父窗体，进一步作为 MDI 子窗体的容器。
- 添加 MDI 子窗体。同样添加常规窗体，通过属性"MDIParent"来指定 MDI 父窗体。

范例 项目"Ex1401.csproj"动手实践

01 创建 Windows 窗体项目，指定父窗体，将窗体的"IsMDIContainer"属性设置为 True 即可。完成的窗体外观如图 14-1 所示。

图 14-1　MDI 父窗体

02 MDI 父窗体以 MenuStrip 控件生成一个简单的菜单，控件属性的设置可参考表 14-1，并将控件 ToolStripMenuItem6~ToolStripMenuItem8 的属性"CheckOnClick"更改为"True"。

表 14-1 MenuStrip 和 ToolStrip 控件属性的设置值

控件	Name	Text	备 注
MenuStrip	menuMain		主菜单
ToolStripMenuItem1	tsmFile	文件(&F)	主菜单项
ToolStripMenuItem2	tsmWnd	窗口(&W)	主菜单项
ToolStripMenuItem3	tsmNewFile	新建	"文件"第二层
ToolStripMenuItem4	tsmClose	关闭	"文件"第二层
ToolStripMenuItem5	tsmArrange	窗口排列	"窗口"第二层
ToolStripMenuItem6	tsmHorizon	水平	"窗口"第三层
ToolStripMenuItem7	tsmVertical	垂直	"窗口"第三层
ToolStripMenuItem8	tsmCascade	重叠	"窗口"第三层

03 将 MenuStrip 控件的 MdiWindowListItem 属性指定给"窗口"菜单（tsmWnd），让处于活跃状态的子窗体可以获取焦点，并以复选标记显示出来。

步 骤 说 明

◆ 有多份 MDI 子窗体时，可以用"窗口"菜单进行维护，如图 14-2 所示。

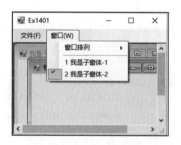

图 14-2 窗口菜单

2. 添加 MDI 子窗体

完成父窗口的建立后，接着就是加入 MDI 子窗口。必须加入第二个窗体来成为 MDI 子窗口的模板。

范例 项目"Ex1401.csproj"（续）操作

选择"文件"菜单中的"新建"选项就会产生新的 MDI 子窗体，如图 14-3 所示。

图 14-3 MDI 子窗体

范例 项目 "Ex1401.csproj"（续）动手实践

01 依次选择 "项目→添加 Windows 窗体" 菜单选项。

02 加入 MID 子窗体。选择 Windows 窗体，并命名为 "MDIChild"，单击 "添加" 按钮，如图 14-4 所示。

图 14-4　添加 MID 子窗体

03 把 MDIChild 窗体的 MdiParent 属性通过程序代码赋值给 Form1。

```
01  private void tsmNewFile_Click(object sender, EventArgs e)
02  {
03      MDIChild newChild = new MDIChild(); //创建子窗体
04      newChild.MdiParent = this;
05      //记录子窗体的数量
06      int count = this.MdiChildren.Length;
07      newChild.Text = $"我是子窗体-{count.ToString()}";
08      newChild.Show();//显示 MDI 子窗体
09  }
```

【生成可执行程序再执行】

按 F5 键，若生成可执行程序无错误，则程序启动后即会开启 "窗体" 画面。

【程序说明】

◆ 第 3、4 行：根据添加的 MDIChild 来实例化子窗体对象。将创建的子窗体通过 MdiParent 属性加入父窗体中。

◆ 第 6、7 行：计算子窗体的数量，使用 Text 属性将新添加的子窗体以 "我是子窗体-X" 显示在 MDI 子窗体的标题栏。

14.1.2　MDI 窗体的成员

MDI 父、子窗体包含相当多的属性，表 14-2 简单介绍了常用的属性。

表 14-2　MDI 窗体的相关属性

MDI 子窗体属性	说　　明
IsMdiChild	属性值为 True 时会创建一个 MDI 子窗体
MdiParent	在 MDI 窗体中指定子窗体的 MDI 父窗体
ActiveMdiChild	获取当前活动中的 MDI 子窗体
IsMdiContainer	是否要将窗体创建为 MDI 子窗体的容器
MdiChildren	返回以此窗体为父窗体的 MDI 子窗体数组

MDI 窗体常用方法和事件简介如下：

- LayoutMdi()方法：在 MDI 父窗体内排列 MDI 子窗体。
- MdiChildActivate()事件：MDI 子窗体打开或关闭时所触发的事件。

14.1.3　窗体的排列

MDI 窗体在运行时可以拥有多个 MDI 子窗体，LayoutMdi()方法能指定其排列方式，下面来认识一下它的常数值：

- ArrangeIcons：将最小化的 MDI 子窗体以图标排列。
- Cascade：所有 MDI 子窗口重叠（Cascade）在 MDI 父窗体工作区。
- TileHorizontal：所有 MDI 子窗口水平排列在 MDI 父窗体工作区。
- TileVertical：所有 MDI 子窗口垂直排列在 MDI 父窗体工作区。

要通过程序代码来排列 MDI 子窗体，可参考如下程序语句（执行结果如图 14-5 所示）。

```
this.LayoutMdi( MdiLayout.TileHorizontal);  //水平排列
```

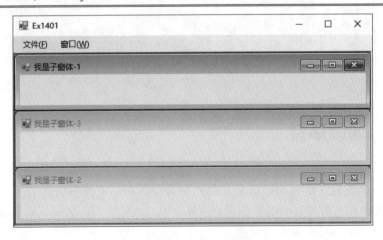

图 14-5　窗体水平排列

```
this.LayoutMdi(MdiLayout.TileVertical);   //垂直排列
```

执行结果如图 14-6 所示。

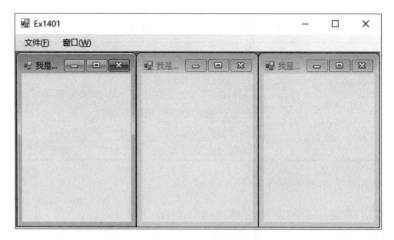

图 14-6　窗体垂直排列

```
this.LayoutMdi( MdiLayout.Cascade);        //重叠排序
```

执行结果如图 14-7 所示。

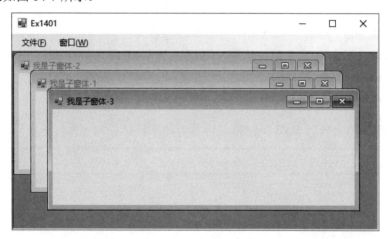

图 14-7　窗体重叠排列

14.2　键盘事件

使用计算机系统时，键盘和鼠标是常用的输入设备。如果按下键盘的某个按键再放开，就会有一些事件要进行处理。单击鼠标后，选择某个对象拖曳，再放开鼠标的按键，又会触发一些事件。现在就来一起来认识它们吧。

14.2.1　认识键盘事件

在 Windows 操作系统中要获取输入的信息，除了鼠标外，另一个就是键盘的输入。从程序设计的观点来看，Windows 窗体若要获取键盘输入的信息，必须通过键盘事件处理程序来处理键盘的输入。

用户按下键盘的按键时，Windows 窗体会将键盘输入的标识符由位 Keys 枚举类型转换为虚拟按键码（Virtual Key Code）。通过 Keys 枚举类型，可以组合一系列按键来产生一个值。可以使用 KeyDown 或 KeyUp 事件检测大部分实际按键。再通过字符键（Keys 枚举类型的子集）来对应到 WM_CHAR 和 WM_SYSCHAR 值。使用 KeyPress 事件来检测组合按键的某一个字符。一般来说，在键盘按下某个按键，事件处理步骤为"KeyDown"→"KeyPress"→"KeyUp"；若按下的是控制键，则触发的事件过程为"KeyDown"→"KeyUp"。

14.2.2 KeyDown 和 KeyUp 事件

KeyDown 事件会发生一次，当用户按下键盘按键时，Windows 窗体会按 KeyDown 事件来处理，放开键盘按键则会触发 KeyUp 事件，它的处理程序如下。

```
private void 控件_KeyDown(Object sender,
    KeyEventArgs e)
{
   //处理事件的程序区块
}
```

当键盘的按键被放开时会触发 KeyUp 事件，它的处理程序如下。

```
private void 控件_KeyUp(Object sender,
    KeyEventArgs e)
{
   //处理事件的程序区块
}
```

用来处理 KeyDown 或 KeyUp 的事件处理程序 KeyEventArgs 本身就是类，由对象 e 接收用户按下的按键来获取相关事件信息，其属性列于表 14-3 中。

表 14-3　KeyEventArgs 的属性

e 的属性	说　　明
Alt	是否已按 Alt 键
Shift	是否已按 Shift 键
Control	是否已按 Ctrl 键
Handled	设置是否要响应按键的操作
KeyCode	获取按键码
KeyValue	获取按键值
KeyData	结合按键码和组合按键
Modifiers	判断用户按下组合键 Shift、Ctrl 或 Alt 中的哪一个按键
SuppressKeyPress	用来隐藏该按键操作的 KeyPress 和 KeyUp 事件

KeyCode 属性用来获取按键值。键盘的每个按键都有定义好的 KeyValue（按键值），但使用率较低，表 14-4 简单列出了 KeyCode 和 KeyValue 对照表。

表 14-4　KeyCode 和 KeyValue 的对照

按　　键	KeyCode 的枚举常数值	KeyValue
数字键 0~9	Keys.D0~Keys.D9	48~57
数字键 0~9（九宫格）	Keys.NumPad0~Keys.NumPad9	96~105
A~Z	Keys.A~Keys.Z	65~90
F1~F12	Keys.F1~Keys.F12	112~123

例如，键盘右侧的数字按键会以 NumPad0~NumPad9 来表示，如果是退格键（Backspace）就以 Back 来表示。程序代码中可以用 if 语句来进行判断，可以参考如下程序语句：

```
if(e.KeyCode < Keys.NumPad0 || e.KeyCode > Keys.NumPad9){
    //程序语句
}
```

◆　判断键盘右侧数字键组成的九宫格是否被按下。

⊃　使用 PictureBox 控件

PictureBox（图片框）控件用来显示图片（或图像），可以使用的图片格式有 BMP、JPG、GIF 和 WMF（图元文件）。如图 14-8 所示是将 PictureBox 控件添加到窗体中。

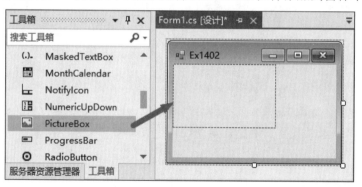

图 14-8　PictureBox 控件

PictureBox 控件的图片如何加载，如何清除？通过下面的步骤来说明。

操作　"PictureBox"显示图片

01　在窗体上添加 PictureBox 控件之后，同样展开"Picture 任务"列表（如图 14-9 所示，其中的选项有"选择图像"，对应的属性为"Image"；选项"大小模式"对应的属性"SizeMode"），利用鼠标单击"选择图像"或"属性"窗口中"Image"属性右侧的"..."按钮，即可进入"选择资源"对话框。

图 14-9　单击"选择图像"

02 如图 14-10 和图 14-11 所示，进入"选择资源"对话框。①单击"项目资源文件"单选按钮；②再单击"导入"按钮进入"打开"对话框；③选择图片；④单击"打开"按钮，回到"选择资源"对话框。

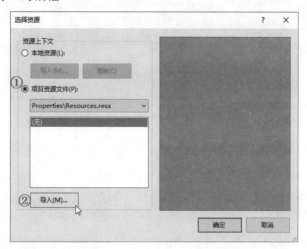

图 14-10 "选择资源"对话框

图 14-11 "打开"对话框

03 可以看到导入的图片，如图 14-12 所示，单击"确定"按钮后即可加载图片。

图 14-12 加载图片

04 加载图片后记得将属性"大小模式"设置为"StretchImage",让图片随图框调整,如图 14-13 所示。

图 14-13　设置"大小模式"

如何清除导入的图片?由于 PictureBox 是使用属性 Image 来加载图片,因此同样可以使用 Image 属性来清除图片。

操作 "PictureBox"清除图片

利用鼠标右键单击"属性"窗口中的"Image"属性,弹出快捷菜单,从中选择"重置"选项,如图 14-14 所示。

此外,在"选择资源"对话框中,"资源上下文"有以下两个选项。

- 本地资源:导入的图片不会存放于项目文件夹中,以后项目文件的有变动时,必须将图片复制并转存。
- 项目资源文件:会另存于项目文件夹下,随着项目一起移动。

图 14-14　选择"重置"选项

用 PictureBox 控件加载图片时有大有小,"SizeMode"属性可用于调整图片,它的属性值对应的作用可以参考 14-5。

表 14-5　SizeMode 的属性值

SizeMode 属性值	执行的操作
Normal	不进行调整
StretchImage	图片随图片框大小进行调整
AutoSize	图片框随图片大小调整
CenterImage	将图片居中
Zoom	将图片调小

范例 项目"Ex1402.cspro"范例说明

窗体上一个 PictureBox 控件和两个 Label 控件,程序运行时可以使用方向键向上或向下来移动图片,按 F10 键则显示出坐标值,并以标签显示哪个按键被按下,同时返回键值。

范例 项目"Ex1402.csproj"操作

按键盘上的向上或向下方向键来移动图片，或者按 F10 键显示坐标，并通过标签显示相应的信息，如图 14-15 所示。

图 14-15 显示相应的信息

范例 项目"Ex1402.csproj"动手实践

01 创建 Windows 窗体项目，在窗体上加入如表 14-6 所示的控件并设置它们的属性值。

表 14-6 范例项目"Ex1402"使用的控件及其属性设置值

控 件	属 性	值	控 件	属 性	值
PictureBox	Name	picShow	Label1	Name	lblState
	SizeMode	StretchImage	Label2	Name	lblData
	Image	006.jpg			

02 编写窗体"KeyDown()"事件处理程序。

```
01  private void Form1_KeyDown(object sender, KeyEventArgs e)
02  {
03    if (e.KeyCode == Keys.Up)
04    {
05      lblState.Text = "向上";
06      if (picShow.Top + picShow.Height <= 0)
07        picShow.Top = picShow.Height;
08      else
09        picShow.Top -= 15;
10    }
11    else if (e.KeyCode == Keys.Down)
12    {
13      lblState.Text = "向下";
14      if (picShow.Top >= this.Height)
15        picShow.Top = 0 - picShow.Height;
16      else
17        picShow.Top += 15;
```

```
18      }
19      else if(e.KeyCode == Keys.F10)
20      {
21        lblState.Text = "坐标: " + (new Point(picShow.Right,
22          picShow.Bottom)).ToString();
23      }
24      lblData.Text = $"按键值: {e.KeyValue.ToString()}";
25  }
```

【程序说明】

- 第 1~25 行: 在窗体中按下键盘的向上或向下方向键所触发的事件。第一层 if/else 语句用于判断用户是按向上或向下方向键来移动图片。
- 第 6~9 行: 第二层 if/else 语句用于判断用户按向上方向键移动图片，使用图片框的属性 Top 和 Height 来获取图片位置，让图片在窗体的范围内每次移动为 15 个像素（Pixel）。
- 第 21、22 行: 用结构 Point 获取图片属性 Right、Bottom 来得到图片当前的坐标。
- 第 24 行: 按键的信息使用标签的 Text 属性来显示。

14.2.3 KeyPress 事件

当用户拥有输入焦点并按下按键时，会触发 KeyPress 事件。通常会直接响应此事件，而无法得知按键是被一直按住还是已经放开了。KeyPress 事件的 KeyPressEventArgs 参数包含以下内容。

- **Handled:** 用来设置是否响应按键的操作，属性值设为 "True" 表示不进行响应; 属性值为 "False" 才会进行响应。
- **KeyChar:** 用来获取按键的字符码，这些组合的 ASCII 值对于每个字符按键和辅助按键都是独一无二的。

当在键盘按下某个字符时，我们可以使用 KeyPressEventArgs 参数 e 来获取按下的字符。范例程序语句如下:

```
private void txtBox1_KeyPress(object sender,
    KeyPressEventArgs e)
{
  label1.Text = e.KeyChar.ToString();
}
```

- 在文本框中输入的字符可调用 KeyPress()事件处理程序，这样标签就能获取用户输入的字符。

范例 项目 "Ex1403.csproj" 范例说明

在文本框中输入账号和密码，使用 KeyChar 的特性，密码只能输入数值，按 Enter 键后由另一个标签显示结果。

范例 项目 "Ex1403.csproj" 操作

若密码输入的是字符而并不是数字，下方的标签就会有提示。输入名称和密码后按 Enter 键，下方的标签就会显示出信息，如图 14-16 所示。

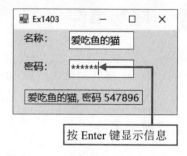

图 14-16　显示信息

范例 项目 "Ex1403.csproj" 动手实践

STEP 01 创建 Windows 窗体项目，在窗体上加入如表 14-7 所示的控件并设置它们的属性值。

表 14-7　范例项目 "Ex1403" 使用的控件及其属性设置值

控　　件	属　　性	属　性　值	控　　件	Name	Text
Label3	Name	lblMsg	Label1		名称：
	BorderStyle	FixedSingle	Label2		密码：
TextBox2	Name	txtPwd	TextBox1	txtName	
	PasswordChar	*			
	MaxLength	6			

STEP 02 利用鼠标双击窗体空白处进入 "Form1.cs" 程序文件编辑状态，编写 "txtMoney_KeyPress()" 事件处理程序。

```
01  private void txtMoney_KeyPress(object sender,
02      KeyPressEventArgs e)
03  {
04    string name = txtName.Text;
05    string pwd = "";
06    if ((byte)e.KeyChar < 48 || (byte)e.KeyChar > 57)
07    {
08      lblMsg.Text = "必须使用数字";
09      if (e.KeyChar == (char)Keys.Enter)
10      {
11        pwd = txtPwd.Text;
12        lblMsg.Text = $"{name}, 密码 {pwd}";
13      }
14    }
15  }
```

【程序说明】

- 第 6~14 行: 第一层 if 语句用于判断输入的是否为数字 (KeyChar45~57)。
- 第 9~13 行: 第二层 if 语句用于判断按下 Enter 键后由标签显示结果。

14.3 鼠标事件

在前面的章节中, 事件处理都是以 Click 事件为主。但是触发的事件处理不可能只有 Click 事件, 还包含鼠标和键盘的事件处理, 通过它们来认识更多的鼠标事件。

14.3.1 认识鼠标事件

对于 Windows 应用程序来说, 通过鼠标来操作和处理相关程序是非常普遍的。当鼠标在控件上移动或单击鼠标, 触发的事件可参考表 14-8 的介绍。

表 14-8　鼠标事件

鼠标事件	事件处理类	触发时机
Click	EventArgs	放开鼠标按键所触发, 通常发生于 MouseUp 事件之前
DoubleClick	EventArgs	在控件上双击鼠标时触发
MouseEnter	EventArg	鼠标指针进入控件的框线或工作区 (视控件类型而定) 内所触发
MouseClick	MouseEventArgs	鼠标单击控件所触发
MouseDoubleClick	MouseEventArgs	用户在控件上双击鼠标时触发
MouseLeave	EventArgs	鼠标指针离开控件的框线或工作区所触发
MouseMove	MouseEventArgs	鼠标在控件上移动所触发
MouseHover	EventArgs	鼠标指针在控件上静止不动所触发
MouseDown	MouseEventArgs	用户将鼠标移至控件上并单击鼠标按键时所触发
MouseWheel	MouseEventArgs	用户在具有焦点的控件中转动鼠标滚轮所触发
MouseUp	MouseEventArgs	用户把鼠标指针移至控件并放开鼠标按键时所触发

从表 14-9 可知鼠标事件的处理程序分为两大类: EventArgs 和 MouseEventArgs。那么这些鼠标事件执行的顺序是什么呢? 如果是以鼠标事件来区分, 那么触发顺序如图 14-17 所示。

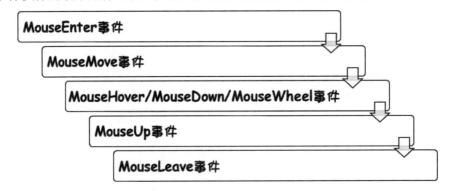

图 14-17　鼠标事件触发的顺序

将鼠标指针移向控件时会触发 MouseEnter 事件，在控件上移动鼠标会不断触发 MouseMove（移动）事件，鼠标指针停驻在控件上不动会触发 MouseHover 事件，在控件上单击鼠标按键或滚动鼠标滚轮会触发 MouseDown 和 MouseWheel 事件，放开鼠标时触发 MouseUp 事件，离开时则触发 MouseLeave 事件。

如果鼠标指针是移向某个控件再单击鼠标按键，则由控件所触发事件的顺序如图 14-18 所示。

若鼠标指针移向控件并双击该控件，则由控件触发的事件顺序如图 14-19 所示。

图 14-18　单击控件，由控制所触的事件　　图 14-19　用鼠标双击控件，由控件所触发的事件顺序

14.3.2　获取鼠标信息

在屏幕上移动鼠标时，通常会想要知道鼠标指针的位置和鼠标按键的状态，操作系统也会随着鼠标指针的移动来更新位置。鼠标指针是一种包含单一像素的热点（Hot Spot，或作用点），操作系统会通过它来追踪并辨识指针位置。移动鼠标或单击鼠标按键时，会通过 Control 类触发适当的鼠标事件，通过 MouseEventArgs 可以了解鼠标当前的状态，包含"工作区坐标"（Client Coordinate）中鼠标指针的位置、鼠标哪个按钮被单击以及鼠标滚轮是否已滚动等信息。因此，它是一个会传送单击鼠标按键的事件并追踪鼠标移动相关事件的处理程序。MouseEventArgs 鼠标事件处理程序会将 EventArgs 传送至事件处理程序，但不会含有任何信息。

➲ 鼠标按键的常数值

如何获取鼠标按键的当前状态或鼠标指针位置呢？通过 Control 类的 MouseButtons 属性来"得知"当前鼠标的哪一个按键被单击，MousePosition 属性可用于获取鼠标指针在屏幕坐标（Screen Coordinate）上的位置。表 14-9 列出了鼠标按键的常数值及其说明。

表 14-9　鼠标按键的常数值

鼠标按键	说　　明
Left	鼠标左键
Middle	鼠标中间键
Right	鼠标右键
None	没有单击任何鼠标按键
XButton1	具有 5 个按键的 Microsoft IntelliMouse，XButton1 能向后浏览
XButton2	具有 5 个按键的 Microsoft IntelliMouse，XButton2 能向前浏览

范例 项目"Ex1404.csproj"范例说明

在窗体上移动鼠标时，MouseMove()事件获取坐标，而在窗体上单击鼠标某个按键则可以通过 MouseDown()获取按键信息。

范例 项目"Ex1404.csproj"操作（运行结果如图 14-20 所示）

 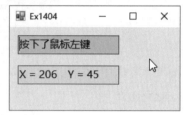

图 14-20　执行结果

范例 项目"Ex1404.csproj"动手实践

01 创建 Windows 窗体项目，在窗体上加入如表 14-10 所示的控件并设置它们的属性值。

表 14-10　范例项目"Ex1404"使用的控件及其属性设置值

控　　件	Name	BorderStyle	BackColor
TextBox1	txtEvent	FixedSingle	PowerBlue
TextBox1	Position	FixedSingle	Bisque

02 编写窗体的"Form1_MouseDown()"鼠标事件处理程序。

```
01  private void Form1_MouseDown(object sender,
02      MouseEventArgs e)
03  {
04    txtEvent.Clear(); txtPosition.Clear();
05    string info = $"X = {e.X.ToString()}\t" +
06         $"Y = {e.Y.ToString()}";
07    switch (e.Button)   //判断用户按下了哪一个按键
08    {
09      case MouseButtons.Left:
10        txtEvent.Text = "按下了鼠标左键";
11        //获取 X, Y 坐标位置
12        txtPosition.Text = info;
13        break;
14      case MouseButtons.Right:
15        txtEvent.Text = "按下了鼠标右键";
16        txtPosition.Text = info;
17        break;
```

```
18          case MouseButtons.None:
19            txtEvent.Text = "没有按下鼠标按键";
20            txtPosition.Text = info;
21            break;
22      }
23  }
```

▶03 编写窗体的"Form1_MouseMove()"鼠标事件处理程序。

```
31  private void Form1_MouseMove(object sender,
32        MouseEventArgs e)
33  {
34    txtEvent.Text = "鼠标在移动...";
35    txtPosition.Text = $"X = {e.X.ToString()}\t" +
36        $"Y = {e.Y.ToString()}";
37  }
```

【程序说明】

- 第 1~23 行: MouseDown 事件, 用户单击鼠标或移动鼠标指针。
- 第 7~22 行: switch 语句判断鼠标的哪一个按键被单击, 使用 MouseEventArgs 的 e 对象来获取 X、Y 坐标位置, 再显示在文本框上。
- 第 31~37 行: MouseMove 事件, 只要鼠标移动它就会不断地被触发。

结论: 当用户在窗体上单击鼠标时会触发 MouseDown 事件和 MouseMove 事件。

14.3.3 鼠标的拖曳功能

鼠标的"拖放操作"就是拖曳对象并越过其他控件。在 Windows 系统中以鼠标进行拖曳操作时, 可根据拖曳的对象分为以目标为主的拖放操作和以来源为主的拖放操作。

◯ 以鼠标拖曳的目标对象为主

如果是以目标为拖曳对象, 就用 DragEventArgs 类来提供鼠标指针的位置、鼠标按键和键盘辅助按键的当前状态、正在拖曳的数据, 其事件处理程序可参考表 14-11 的说明。

表 14-11 DragEventArgs 类的事件处理程序

拖曳事件	事件处理程序	说　明
DragEnter	DragEventArgs	用户拖曳对象时, 移动鼠标指针到另一个控件上
DragOver	DragEventArgs	用户拖曳对象时移动鼠标指针越过另一个控件
DragDrop	DragEventArgs	用户完成拖放操作放开鼠标按键, 将某个对象放置于另一个控件上
DragLeave	EventArgs	对象拖曳时超出控件界限所触发的事件

DragEventArgs 类中的 AllowedEffect 属性用于设置对源对象进行拖曳时的效果, 使用 DragDropEffects 枚举类型的值进行设置, 如表 14-12 所示。

表 14-12　DragDropEffects 所设置的值

常　数　值	拖　曳　时
All	结合 Copy、Move 以及 Scroll 的效果
Copy	复制数据到目标对象中
Link	将源数据以拖曳方式和目标对象链接
Move	将源数据以拖曳方式搬移至目标对象
Scroll	滚动至目标对象
None	目标不接受数据

范例　项目 "Ex1405.csproj" 范例说明

由于 RichTextBox 控件并没有对应的拖曳事件处理程序，因此必须自行定义，程序运行时用 Word 打开文件 "Demo.rtf"，然后把选好的一段文字拖曳到文本框中。

范例　项目 "Ex1405.csproj" 操作

01 用 Word 载入 "Demo.rtf" 文件并选择要拖曳的一段文字，如图 14-21 所示。

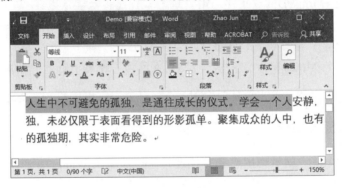

图 14-21　选择文字

02 将选好的文字拖曳到窗体的文本框中，如图 14-22 所示。要关闭窗体，单击窗体右上角的 "×" 按钮即可。

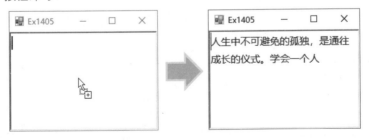

图 14-22　拖曳到窗体文本框中

范例　项目 "Ex1405.csproj" 动手实践

01 创建 Windows 窗体项目，只放入一个 RichTextBox 控件，将 Dock 属性设为 "Fill"。

STEP *02* 进入程序代码编辑区，在 Form1()中先定义 RichTextBox 要处理的拖曳事件。

```
01  public Form1()
02  {
03    InitializeComponent();
04
05    this.rtxtShow.DragDrop += new DragEventHandler(
06      this.rtxtShow_DragDrop);
07    this.rtxtShow.DragEnter += new DragEventHandler(
08      this.rtxtShow_DragEnter);
09  }
```

STEP *03* 编写 DragDrop 和 DragEnter 事件处理程序。

```
11  private void rtxtShow_DragEnter(Object sender,
12      DragEventArgs e)
13  {
14    //如果是文字内容，则以复制方式将文字复制到文本框中
15    if (e.Data.GetDataPresent(DataFormats.Text))
16      e.Effect = DragDropEffects.Copy;
17    else
18      e.Effect = DragDropEffects.None;
19  }
```

```
21  private void rtxtShow_DragDrop(Object sender,
22      DragEventArgs e)
23  {
24    int locate;
25    string data = null;
26    //获取选好文字的起始位置.
27    locate = rtxtShow.SelectionStart;
28    data = rtxtShow.Text.Substring(locate);
29    rtxtShow.Text = rtxtShow.Text.Substring(0, locate);
30    //拖曳到文本框中
31    string str = String.Concat(rtxtShow.Text,
32      e.Data.GetData(DataFormats.Text).ToString());
33    rtxtShow.Text = String.Concat(str, data);
34  }
```

【程序说明】

+ 第 1~9 行：DragEnter 和 DragDrop 并不是一般的默认事件，须定义 RichTextBox 控件这两个事件处理程序。

+ 第 11~19 行：把源对象拖曳到 RichTextBox，鼠标指针移向 RichTextBox 文本框时触发的事件。

- 第 15~18 行：判断源对象为文字时，将文字复制到 RichTextBox 文本框中，使用 DragDropEffects 枚举类型进行值的设置。
- 第 21~34 行：源文字以拖曳方式放入 RichTextBox 文本框，放开鼠标按键所触发的事件。
- 第 28 行：Substring()方法获取 RichTextBox 文本框文字的起始位置，如果文本框没有文字，就从最前面开始；如果已有文字，则从插入点开始。

⊃ 以源对象为主

如果鼠标的拖放操作是以源为主，就必须获取鼠标按键和键盘辅助按键的当前状态，判断用户是否按了 Esc 键，这些操作由 QueryContinueDragEventArgs 类进行处理，而拖放操作是否继续，则通过 DragAction 的值来设置。通过 QueryContinueDragEventArgs 类处理的事件处理如表 14-13 所示。

表 14-13　拖放操作源对象所触发的事件

拖曳操作	事件处理程序	说　　明
GiveFeedback	GiveFeedbackEventArgs	鼠标指针改变时拖放操作是否取消
QueryContinueDrag	QueryContinueDragEventArgs	拖曳源对象时是否取消拖放操作

在拖放过程中，会用 QueryContinueDragEventArgs 对象来指定拖放操作是否要继续以及如何进行呢？判断有无任何辅助按键（Modifier Key）被按下，用户有没有按下 Esc 键。一般来说，QueryContinueDrag 事件会在按下 Esc 键时触发，而 DragAction 要设置哪些值呢？请参考表 14-14。

表 14-14　DragAction 的设置值

拖曳操作	事件处理程序
Cancel	取消操作
Continue	操作将继续
Drop	操作会因为鼠标放下而停止

14.4　图形设备接口

可以通过 Windows 中的"图形设备接口"（Graphics Device Interface，GDI）在 Windows 应用程序中绘出颜色和字体。位于 System.Drawing 命名空间下的 GDI+是旧版 GDI 的扩充版本。GDI+对于绘图路径功能、图像文件格式提供更多支持。GDI+可创建图形、绘制文字，以及将图形图像当作对象来管理，能在 Windows 窗体和控件上显示图形图像，其特色是隔离应用程序与显示图形的硬件，让程序设计人员能够创建与设备无关的应用程序。下列命名空间提供了与绘制有关的功能（或函数）。

- System.Drawing：提供对 GDI+基本绘图功能的存取。
- System.Drawing.Drawing2D：提供高级的 2D 和向量图形功能。

- System.Drawing.Imaging：提供高级的 GDI+图像处理功能。
- System.Drawing.Text：提供高级的 GDI+文字处理功能。
- System.Drawing.Printing：提供和打印相关的服务。

14.4.1　窗体的坐标系统

创建图形的首要条件就是认识窗体的版面。对于 Visual Studio 2019 而言，每一个窗体都有自己的坐标系统，起始点位于窗体的左上角(0, 0)，X 轴为水平方向，Y 轴为垂直方向，X、Y 交叉之处可以定位坐标的一个点。绘制图形时，像素（Pixel）是窗体的最小单位。一般来说，坐标具有下述特性：

- 坐标系统的原点(0,0)位于窗体图形左上角。
- (X,Y)坐标中，X 值指向水平轴，而 Y 值指向垂直轴。
- 测量单位是窗体图形的高度和宽度的百分比，坐标值介于 0～100。
- GDI+使用三个坐标空间：世界、页面和设备。

  - 世界坐标（World Coordinate）：制作特定绘图自然模型的坐标，也就是在 .NET Framework 中传递给方法（Method）的坐标。
  - 页面坐标（Page Coordinate）：代表绘图接口（如窗体或控件）使用的坐标系统。通常可以使用属性窗口的 Location 来引用。
  - 设备坐标（Device Coordinate）：在屏幕或纸张进行绘图的物理设备所采用的坐标。

➲ 坐标转换

使用 DrawLine()方法绘制线条时，可以参考如下程序语句。

```
myGraphics.DrawLine(myPen, 0, 0, 180, 60)
```

调用 DrawLine()方法的后 4 个参数((0, 0)和(180, 60))代表它是全局坐标空间。使用 Graphics 类的相关方法在屏幕上绘制线条之前，坐标会先经过转换序列，将"世界坐标"转换为"页面坐标"，再将"页面坐标"转换为"设备坐标"。

- **世界坐标转换**：Graphics 类的 Transform 属性会存放世界坐标转换为页面坐标的矩阵（Matrix）。
- **页面坐标转换**：当页面坐标转为设备坐标，Graphics 类的 PageUnit 和 PageScale 属性会进行管理。

➲ 认识 Graphics 类

要想进行绘制，当然得请 Graphics 类来帮忙，下面通过表 14-15 来认识它的常用属性。

表 14-15　Graphics 类的常用属性

Graphics 属性	说　明
DpiX	获取 Graphics 对象的水平分辨率
DpiY	获取 Graphics 对象的垂直分辨率

（续表）

Graphics 属性	说　明
IsClipEmpty	Graphics 的剪切区域是否为空的
PageScale	Graphics 世界坐标和页面坐标单位之间的缩放
PageUnit	Graphics 页面坐标使用的测量单位
Transform	存储 Graphics 对象世界坐标转换的矩阵

Graphics 类提供了相当多的绘制方法，可参考表 14-16 的说明。

表 14-16　Graphics 类的常用方法

Graphics 方法	说　明
Blend()	定义 LinearGradientBrush 对象的渐变图样
BeginContainer()	打开并使用新的图形容器，存储 Graphics 的当前状态
EndContainer()	关闭当前的图形容器
Clear()	清除整个绘图接口，并指定背景颜色来填充
Dispose()	释放 Graphics 所使用的资源
DrawArc()	绘制弧形，由 X、Y 坐标以及宽度和高度指定
DrawBezier()	绘制由 4 个点组成的贝塞尔曲线
DrawCloseCurve()	绘制封闭的基本曲线
DrawImage()	以原始图像的大小在指定位置绘制指定的图像
DrawString()	利用笔刷和字体对象在指定位置绘制字符串
FillRang()	为 Point 定义的多边形内部填充颜色
FromImage()	指定 Image 类来产生新的 Graphics 对象
SetClip()	设置剪切区域

14.4.2　产生画布

使用 GDI+绘制图形对象时，必须先创建 Graphics 对象，利用绘图接口创建图形图像的对象。创建图形对象的步骤如下：

（1）创建 Graphics 图形对象。

（2）将窗体或控件转换成画布，通过 Graphics 对象提供的方法，可绘制线条和形状、显示文字或管理图像。

可以通过以下三种方式创建 Graphics 图形对象。

- 使用窗体或控件的 Paint()事件。
- 调用控件或窗体的 CreateGraphics()方法。
- 使用 Image 对象。

➲ 方式一：Paint()事件

使用窗体或控件的 Paint()事件时，通过事件处理程序 PaintEventHandler 来获取 Graphics 对象引用的方式。

- 指定 PaintEventArgs 为 Graphics 对象引用参数传递的一部分。
- 声明 Graphics 对象并给对象赋值。
- 绘制窗体或控件。

```
private void Form1_Paint(object sender, PaintEventArgs pe)
{
    Image bkground = Image.FromFile("10.jpg");
    Graphics g = pe.Graphics;
    pe.Graphics.DrawImage(bkground, 0, 0);
}
```

➲ 方式二：调用 CreateGraphics()方法

在窗体或控件上进行绘图时，调用 CreateGraphics()方法来获取该控件或窗体绘图接口的 Graphics 对象引用。

```
Label Show = new Label();
Show.CreateGraphics();
```

➲ 方式三：使用 Image 对象

通过 Image 类来创建 Graphics 对象，必须调用 Graphics.FromImage()方法，提供要创建 Graphics 对象的 Imagem 容器。

```
Image bkground = Image.FromFile("10.jpg");
Graphics.FromImage(bkground);
```

14.4.3 绘制图形

.NET Framework 提供了 Graphics、Pen、Brush、Font 和 Color 等绘图类，可用于窗体彩绘。简介如下：

- **Graphics：** 提供画布，如同画图一样，要有画布对象才能作画。
- **Pen：** 画笔，用来绘制线条或任何几何图形。
- **Brush：** 笔刷，用来填充颜色。
- **Font：** 绘制文字，包含字体样式、大小和字体效果。
- **Color：** 设置颜色。

无论是用窗体还是控件加载图片时，都要调用 Image 类的 FromFile()方法指定要加载图像的名称，其语法如下：

```
public static Image FromFile(string filename);
```

- filename: 图像或图片文件的名称,要指明其加载的路径,或者放入项目文件的"bin"文件夹。
- 可支持的图像文件格式为 BMP、GIF、JPEG、PNG、TIFF。

第一个方法就是配合 Paint()事件的 PaintEventArgs 获取 Graphics 对象引用,再调用 DrawImage()方法,语法如下:

```
Public Sub DrawImage(image As Image, point As Point)
```

- image: 要绘制的 Image。
- point: 指定绘制图像的左上角位置。

范 例 项目"Ex1406.csproj"操作(程序运行的结果如图 14-23 所示)

图 14-23　运行结果

范 例 项目"Ex1406.csproj"动手实践

STEP 01 创建 Windows 窗体项目,无控件,以窗体为画布。

STEP 02 为窗体编写"Form1__Paint()"事件处理程序。

```
01  private void Form1_Paint(object sender,
02      PaintEventArgs pe)
03  {
04    //获取 Image 图像,再以 Graphics 绘制
05    Image img = Image.FromFile(
06      "D:\\C#Lab\\Icon\\004.jpg");
07    Graphics gs = pe.Graphics;//声明 Graphics 对象
08    gs.DrawImage(img, 0, 0);
09  }
```

【程序说明】

- 第 5 行: 创建 Image 类的对象,调用 FromFile()方法,设置图像文件的路径。
- 第 7 行: pe 通过属性 Graphics 获取绘图对象的引用后,再调用 DrawImage()方法。

范例 项目"Ex1407.csproj"范例说明

以标签控件来显示图片，调用 GreateGraphics()方法绘图，运行结果与前一个范例相同。

范例 项目"Ex1407.csproj"动手实践

创建 Windows 窗体项目，无控件，以窗体为画布；为窗体编写"Form1_Paint()"事件处理程序。

```
01  private void Form1_Paint(object sender, PaintEventArgs e)
02  {
03    Image bkground = Image.FromFile(
04      "D:\\C#Lab\\Icon\\004.jpg");
05    Label Show = new Label();      //创建标签控件
06    Show.Size = bkground.Size;     //获取图像大小
07    Show.Image = bkground;         //按图像大小显示
08    Graphics gs = Show.CreateGraphics();
09    Controls.Add(Show);            //加入控件
10    gs.Dispose();                  //释放 Graphics 占用的资源
11  }
```

【程序说明】

- 第 4~7 行：创建一个标签控件，将图像的大小赋值给控件之后，按此大小来显示图像。
- 第 8 行：由标签控件调用 CreateGraphics()方法再赋值给 Graphics 对象进行绘制。
- 第 10 行：调用 Graphics 对象的 Dispose()方法，释放所占用的资源。

14.4.4 绘制线条、几何图形

Graphics 类提供了画布，要有画笔才能在画布上尽情挥洒。使用 Pen 类可以绘制线条、几何图形，根据需求还能设置画笔的颜色和粗细。而线条是图形的基本组成，多个线条可以形成矩形、椭圆形等几何形状。Graphics 对象提供实际的绘制，而 Pen 对象用来存储属性，如线条颜色、宽度和样式。表 14-17 所示为 Pen 类的常用成员及其简要说明。

表 14-17　Pen 类的常用成员

Pen 类常用成员	说　　明
Brush	设置画笔以填充方式来绘制直线或曲线
Color	设置或获取画笔颜色
DashStyle	设置线条的虚线样式，枚举类型可参考表 14-19 的说明
LineJoin	设置连接的两条线
PenType	设置或获取直线样式
Width	设置或获取画笔宽度

（续表）

Pen 类常用成员	说　明
Dispose()	释放 Pen 使用的所有资源
EndCap	终结点的形状
StartCap	起始点的形状

Pen 类的构造函数可配合 Brush 设置图形内部，或者以 Color 指定颜色，语法如下：

```
Pen(Brush brush)           //指定笔刷
Pen(Brush, float width)    //设置笔刷和画笔的宽度
Pen(Color color)           //指定颜色
Pen(Color, float width)    //设置颜色和画笔的宽度
```

例如：创建一支黑色、线条宽度为 4 的画笔。

```
Pen myPen = new Pen(Color.Black, 4);
```

Pen 类的两个属性 StartCap 和 EndCap 可以决定线条起始点和终结点的形状是平面的、方的、圆角的、三角形的还是自定义的。这两个属性会调用 LineCap 枚举类型，其常数值可以参考表 14-18。

表 14-18　LineCap 枚举值

LineCap 枚举类型	说　明
Custom	用户自定义线条的端点（起始点和终结点）
AnchorMask	指定屏蔽，用来检查线条端点是否为锚定端点
ArrowAnchor	箭头锚定端点
DiamondAnchor	菱形锚定端点
Flat	一般线条的端点
NoAnchor	没有指定锚定端点
Round	圆形线条的端点
RoundAnchor	圆形锚定的端点
Square	方形线条的端点
SquareAnchor	正方形锚定的线条端点
Triangle	三角形线条的端点

◆ DashStyle 指定线条的样式

用画笔绘制线条时有可能是实线或虚线。DashStyle 用来指定线条的样式，其枚举值可参考表 14-19。

表 14-19　DashStyle 枚举值

DashStyle 枚举类型	说　明
Custom	用户自定义虚线样式
Dash	指定含有虚线的线条
DashDot	指定含有"虚线-点"的线条
DashDoDot	指定含有"虚线-点-点"的线条
Dot	指定含有点的线条
Solid	指定实线

⊃　绘制线条

绘制线条时起码要两点坐标来作为线条的起始点和终结点。DrawLine()方法的语法如下：

```
public void DrawLine(Pen, int x1, int y1, int x2, int y2);
```

- ◆ pen：画笔，用来指定线条的颜色、宽度和样式。
- ◆ x1、y1：绘制线条的坐标为起点；x2、y2 为绘制线条的第二点。

范 例 项目 "Ex1408.csproj" 操作（程序运行结果如图 14-24 所示）

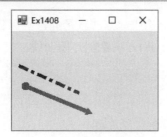

图 14-24　运行结果

范 例 项目 "Ex1408.csproj" 动手实践

创建 Windows 窗体项目，无控件，以窗体为画布。为窗体编写 "Form1_Paint()" 事件处理程序。

```
01 using System.Drawing.Drawing2D;
02 private void Form1_Paint(object sender, PaintEventArgs e)
03 {
04     Pen bluePen = new Pen(Color.Blue, 5);
05     Pen redPen = new Pen(Brushes.Red, 6);
06     //设置"虚线-点"
07     bluePen.DashStyle = DashStyle.DashDot;
08     //设置要绘制线条的坐标
09     Point pt1 = new Point(10, 50);
10     Point pt2 = new Point(100, 90);
```

```
11    e.Graphics.DrawLine(bluePen, pt1, pt2);
12    //设置起始端点和终结端点
13    redPen.StartCap = LineCap.RoundAnchor;
14    redPen.EndCap = LineCap.ArrowAnchor;
15    //绘制有端点的线条
16    e.Graphics.DrawLine(redPen,
17       20.0F, 80.0F, 120.0F, 120.0F);
18    //释放画笔占用的资源
19    bluePen.Dispose();
20    redPen.Dispose();
21  }
```

【程序说明】

- ◆ 第 1 行:使用 LineCap 或 DashStyle 枚举类型时,都要纳入"System.Drawing.Drawing2D"命名空间,或者在程序代码开头使用 using 语句导入。
- ◆ 第 4~5 行:创建两个画笔,分别是线宽为 5 的蓝笔和线宽为 6 的红笔。
- ◆ 第 11 行:根据所设坐标调用 DrawLine()方法绘制线条。

⮧ 绘制曲线

绘制曲线,表示由多个坐标点构成,方法就是创建坐标数组。调用 DrawCurve()方法来绘制基本曲线,调用 DrawClosedCurve()方法绘制封闭曲线,它们的语法如下:

```
public void DrawCurve(Pen pen, PointF[] points)
public void DrawClosedCurve(Pen pen, Point[] points)
```

- ◆ pen:画笔,指定曲线的颜色、宽度和样式。
- ◆ points:定义曲线的坐标数组。

范例 项目"Ex1409.csproj"操作(程序运行结果如图 14-25 所示)

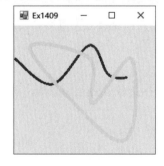

图 14-25 运行结果

范例 项目"Ex1409.csproj"动手实践

创建 Windows 窗体项目,为窗体编写"Form1__Paint()"事件处理程序。

```
01   private void Form1_Paint(object sender, PaintEventArgs e)
02   {
03       Pen greenPen = new Pen(Brushes.DarkGreen, 4);
04       Pen bisPen = new Pen(Brushes.Bisque, 6);
05       //将 e 对象赋值给 Graphics 的对象 gs
06       Graphics gs = e.Graphics;
07       //创建曲线坐标
08       Point[] pts1 = {new Point(0, 50), new Point(60, 90),
09           new Point(120, 30), new Point(150, 75),
10           new Point(180, 80)};
11       Point[] pts2 = {new Point(25, 36), new Point(120, 50),
12           new Point(125, 120), new Point(185, 50),
13           new Point(190, 150), new Point(150, 170)};
14       //绘制曲线
15       gs.DrawCurve(greenPen, pts1);
16       gs.DrawClosedCurve(bisPen, pts2);
17   }
```

14.4.5 绘制几何图形

对绘制线条的基本用法有了初步的认识之后，绘制几何形状（未填颜色）就不是难事了，这些几何形状包含矩形、椭圆、多边形等。绘制矩形是调用 Graphics 类的 DrawRectangle()方法，其语法如下：

```
public void DrawRectangle(Pen pen, int x, int y, int width, int height);
```

- ● pen: 使用 Pen 类来指定矩形的颜色、宽度和样式。
- ● x、y: 绘制矩形左上角的 X、Y 坐标。
- ● width、height: 绘制矩形的宽度和高度。

⬢ 绘制椭圆

若要绘制椭圆，则调用 DrawEllipse()方法，它与 DrawRetangle()方法很类似，不同的是以矩形产生的 4 个点框住椭圆。它的语法如下：

```
public void DrawEllipse(Pen pen, float x, float y, float width, float height);
```

- ● pen: 使用 Pen 类来指定椭圆的颜色、宽度和样式。
- ● x、y: 定义椭圆的圆框，以左上角为主的 X 轴、Y 轴坐标。
- ● width、height: 定义椭圆周框的宽度、高度。

⬢ 绘制多边形

若要绘制多边形，则要调用 DrawPolygon()方法，以画笔 pen 配合 Point 数组对象，而 Point 数组中的每一个点都代表一个顶点的坐标。它的语法如下：

```
public void DrawPolygon(Pen pen, PointF[] points);
```

  ◆ 使用 Point 类的数组方式构成的顶点来绘制多边形。

范例 项目 "Ex1410.csproj" 操作（程序运行的结果如图 14-26 所示）

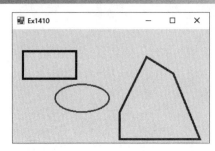

图 14-26　程序运行结果

范例 项目 "Ex1410.csproj" 动手实践

创建 Windows 窗体项目，为窗体编写 "Form1__Paint()" 事件处理程序。

```
01  private void Form1_Paint(object sender, PaintEventArgs e)
02  {
03    Pen pen1 = new Pen(Brushes.Blue, 4);
04    Pen pen2 = new Pen(Brushes.Red, 3);
05    Pen pen3 = new Pen(Brushes.Green, 4);
06    Graphics gs = e.Graphics;
07    //绘制矩形
08    gs.DrawRectangle(pen1, 20, 40, 100, 50);
09    //绘制椭圆
10    gs.DrawEllipse(pen2, 80.0f, 100.0f, 100, 50);
11    //创建多边形的坐标
12    Point[] pts = {new Point(350, 200),
13      new Point(200, 200), new Point(200, 150),
14      new Point(250, 50), new Point(300, 80)};
15    //绘制多边形
16    gs.DrawPolygon(pen3, pts);
17    //绘制有阴影效果的字体
18    Color brushColor = Color.FromArgb(150, Color.DarkRed);
19    SolidBrush brushFt = new SolidBrush(brushColor);
20    gs.DrawString("Hello!", new Font("Arial", 36),
21      brushFt, 154.0f, 210.0f);
22    gs.DrawString("Hello!", new Font("Arial", 36),
23      Brushes.Cyan, 160.0f, 212.0f);
24    gs.Dispose();
25  }
```

【程序说明】

- 第 6 行：除了直接调用 Paint()事件的 PaintEventArgs 的对象 e 之外，也可将 e 对象赋值给 Graphics 对象 "gs"，再进一步调用相关方法。

14.4.6　字体和笔刷

Graphics 类以 DrawString()方法来绘制字体。字体绘制主要包括两部分：字体系列和字体对象，简介如下。

- **字体系列**：将字体相同但样式不同的字体组成字体系列。例如，以 Arial 字体来说，包含 Arial Regular（标准）、Arial Bold（粗体）、Arial Italic（斜体）和 Arial Bold Italic（粗斜体）。
- **字体对象**：绘制文字之前要先创建 FontFamily 对象和 Font 对象。FontFamily 对象会指定字体（如 Arial），Font 对象则会指定大小、样式和单位。此外，当 Font 对象创建完成后便无法修改其属性，若需要不同效果的 Font 对象，则可通过构造函数来自定义 Font 对象。

绘制文字可调用 Graphics 类提供的 DrawString()方法，其语法如下：

```
public void DrawString(string s, Font font, Brush brush, PointF point)
```

- String: 表示要绘制的字符串。
- Font: 用来定义字符串的格式。
- Brush: 指定绘制文字的颜色和纹理。
- PointF: 指定绘制文字的左上角。

⊃ **善用笔刷**

一般来说，使用笔刷画图时，Brush 类能够绘制矩形、椭圆等相关的几何图形。由于 Brush 是抽象类，因此必须借助派生类才能实现它的方法。另一个笔刷是 Brushes，没有继承类，提供了标准颜色，可以直接使用。范例程序语句的如下：

```
//定义一个矩形
Rectangle rect = new Rectangle(80, 80, 200, 100);
//创建绘图对象 gs，配合 Brushes 画一个矩形
Graphics gs;
gs.Graphics.DrawRectangle(Brushes.Blue, rect);
```

Brush 的派生类为笔刷提供了各种不同的填充效果，可参考表 14-20 的说明。

表 14-20　提供渐变效果的 Brush 子类

Brush 派生类	说　　明
SolidBrush	定义单种颜色的笔刷
HatchBrush	通过规划样式、前景和背景颜色来定义矩形笔刷

（续表）

Brush 派生类	说　　明
TextureBrush	填充图形的内部
LinearGradienBrush	设置线性渐变
PathGradienBrush	设置路径渐变

使用 SolidBrush 类只要配合颜色就能绘制几何对象，它的构造函数语法如下：

```
public SolidBrush(Color color)
```

- color 为 Color 结构，表示笔刷的颜色。

另一个可产生线性渐变的 LinearGradienBrush 方法，它的构造函数语法如下：

```
public LinearGradientBrush(Rectangle rect,
    Color color1, Color color2, float angle)
```

- rect：设置矩形的坐标及长和宽。
- color1、color2：设置颜色。
- angle：渐变方向线的角度（角度从 X 轴以顺时针方向来测量）。

如果要让矩形填充颜色，就要调用 FillRectangle() 方法，语法如下：

```
public void FillRectangle(Brush brush, Rectangle rect);
```

- brush：除了使用笔刷之外，也可使用相关的派生类。
- rect：表示要绘制的矩形，要设置 x、y 坐标，矩形的长和宽。

范例　项目"Ex1411.csproj"操作

配合笔刷来产生一个填充线性渐变颜色的矩形，程序运行的结果如图 14-27 所示。

图 14-27　程序运行结果

范例　项目"Ex1411.csproj"动手实践

01　创建 Windows 窗体项目，添加一个 PictureBox 控件，将 Name 变更为"picShow"。

02　绘制字体，为窗体编写"Form1_Paint()"事件处理程序。

```
01  private void Form1_Paint(object sender, PaintEventArgs e)
02  {
03      //将 e 对象赋值给 Graphics 的对象 gs
04      Graphics gs = e.Graphics;
05      //绘制有阴影效果的字体
06      Color brushColor = Color.FromArgb(150, Color.DarkRed);
07      SolidBrush brushFt = new SolidBrush(brushColor);
08      gs.DrawString("Hello!", new Font("Arial", 36), brushFt, 174.0f, 80.0f);
09      gs.DrawString("Hello!", new Font("Arial", 36), Brushes.Cyan, 180.0f,
    83.0f);
10      gs.Dispose();
11  }
```

03 绘制字体，为窗体编写"Form1__Paint()"事件处理程序。

```
12  private void Form1_Paint(object sender, PaintEventArgs e)
13  {
14      Graphics gs = e.Graphics;  //绘图对象
15      Color colr1 = Color.FromArgb(200, 250, 0, 255);
16      Color colr2 = Color.FromArgb(150, 15, 255, 0);
17      Rectangle rect = new Rectangle(20, 20, 130, 90);
18      //设置笔刷
19      LinearGradientBrush brush = new LinearGradientBrush(rect, colr1, colr2,
    60.0f);
20      //矩形填充线性渐变颜色
21      gs.FillRectangle(brush, rect);
22  }
```

【程序说明】

- 第 7、8 行：Font 和 SolidBrush 类必须使用 new 运算符配合构造函数创建新的对象。以"Brushes"类为笔刷，它只能用来设置标准颜色，不需要创建新的对象。
- 15、16 行：调用 Color 结构的 FromArgb()方法来定义线性渐变笔刷的颜色。
- 第 17 行：定义矩形的坐标及长和宽。
- 第 19 行：调用 LinearGradientBrush 的构造函数，设置笔刷的相关参数。

14.5 重点整理

- "单文档界面"（Single Document Interface，SDI）一次只能打开一份文件，如使用的"记事本"。"多文档界面"（Multiple Document Interface，MDI）能同时编辑多份文件，例如 MS Word。

⊕ 产生常规窗体后，属性"IsMDIContainer"设为 True 时会成为 MDI 父窗体；常规窗体使用 MdiParent 属性加入父窗体后会成为 MDI 子窗体。

⊕ 用户按下键盘按键，Windows 窗体会将键盘输入的标识符由位 Keys 枚举类型转换为虚拟按键码（Virtual Key Code）。通过 Keys 枚举类型，可以组合一系列按键来产生一个值。使用 KeyDown 或 KeyUp 事件检测大部分实际按键，再通过字符键（Keys 枚举类型的子集）对应到 WM_CHAR 和 WM_SYSCHAR 值。

⊕ 处理 KeyDown 或 KeyUp 事件的事件处理程序 KeyEventArgs，由对象 e 接收事件信息，属性 KeyCode 用于获取按键值，KeyValue 用于获取键盘值。

⊕ 当用户拥有输入焦点并按下按键时，会触发 KeyPress 事件；由 KeyPressEventArgs 类来处理；属性 Handled 用来设置是否响应按键的动作；KeyChar 用来获取按键的字符码。

⊕ 移动鼠标或单击鼠标按键时，由 Control 类触发适当的鼠标事件，通过 MouseEventArgs 了解鼠标当前的状态，包含"工作区坐标"（Client Coordinate）中鼠标指针的位置、鼠标的哪一个按键被单击以及鼠标滚轮是否已滚动等信息。

⊕ 如何获取鼠标按键的当前状态或鼠标指针的位置呢？通过 Control 类的 MouseButtons 属性来"得知"当前鼠标的哪一个按键被单击，MousePosition 属性则用于获取鼠标指针在屏幕坐标（Screen Coordinate）上的位置。

⊕ 在鼠标拖曳操作中，若以目标为拖曳对象，则会用 DragEventArgs 类来提供鼠标指针的位置、鼠标按键和键盘辅助按键的当前状态以及正在拖曳的对象。

⊕ 鼠标的拖曳操作以源为主，必须获取鼠标按键和键盘辅助按键的当前状态，判断用户是否按下了键盘上的 Esc 键，这些操作由 QueryContinueDragEventArgs 类进行处理。

⊕ 使用 GDI+绘制图形对象时，必须先创建 Graphics 对象，使用图形对象创建的步骤如下：①创建 Graphics 图形对象；②将窗体或控件转换成画布，通过 Graphics 对象提供的方法，绘制线条和形状、显示文字或管理图像。

14.6 课后习题

一、填空题

1. 一次只能打开一个文件，称为_____；在一个窗口下能同时打开多个文件，称为_____。

2. MDI 窗体中有多个 MDI 子窗体，LayoutMdi()方法可以将窗体进行 4 种不同的排列，以图标排列要使用_____；重叠排列使用_____；水平排列使用_____；垂直排列使用_____。

3. 在 PictureBox 控件中，属性 SizeMode 用来调整图像的大小，属性值_____是图像随图框大小进行调整；属性值_____是图框随图像大小调整。

4. 处理 KeyDown 或 KeyUp 事件的事件处理程序 KeyEventArgs，由对象 e 接收事件信息，属性_____获取按键值；属性_____获取键盘值；属性_____结合按键码和组合按键。

5. 当我们按下鼠标按键时触发 MouseDown 事件，这个事件由＿＿＿＿＿＿＿＿＿类来处理；Click 事件，它的事件由＿＿＿＿＿＿＿＿来处理。

6. 在鼠标的拖曳操作中，以目标为拖曳对象，DragEventArgs 类负责哪三种拖曳？①＿＿＿＿＿＿＿＿、②＿＿＿＿＿＿＿＿、③＿＿＿＿＿＿＿＿。

7. 在绘制图案时，提供画布的是＿＿＿＿＿＿＿＿类，类＿＿＿＿＿＿＿＿作为画笔，而类＿＿＿＿＿＿＿＿为笔刷，配合＿＿＿＿＿＿＿＿构填充颜色。

8. 绘制线条使用＿＿＿＿＿＿＿＿方法，绘制基本曲线则是使用＿＿＿＿＿＿＿＿方法。

二、问答题与实践题

1. 参考第 14.1 节的范例项目来创建有菜单的 MDI 父、子窗体，并把子窗体水平、垂直和重叠排列。

2. 将范例项目"Ex1402"改写，按下按键，获取图片上、下、左、右的坐标。

3. 请简单说明用鼠标在控件上双击时会触发什么事件？

4. 利用 KeyPress 的概念来编写一个密码判断程序。

- 密码只能输入数字。
- 密码不能大于 7 个字符。

第 15 章

IO 与数据处理

章 | 节 | 重 | 点

- NET Framework 处理数据流的概念与 System.IO 命名空间。
- 目录的创建、查看目录的文件信息。
- 使用数据流的写入器和读取器来处理数据。

15.1 数据流与 System.IO

如何让数据写入文件或从文件中读取内容呢？与这些过程息息相关的就是数据流。在探讨文件之前，先了解什么是数据流（Data Stream，串流）。可以把 Stream 想象成一根管子，数据如同管子中的液体，只能单向流动。水可以用不同的容器装载，而数据也能存储于不同的媒体。在前面章节的范例中，控制台应用程序都是使用 Console 类的 Read()或 ReadLine()方法来读取数据，或使用 Write()、WriteLine()方法通过命令提示符窗口输出数据。在 Windows 窗体中则会使用 RichTextBox 配合 OpenFileDialog 来读取文本文件或 RTF 文件，使用 MessageBox 显示信息。以数据流的概念来看，可分为以下两种。

- 输出数据流：把数据传到输出设备（如屏幕、磁盘等）上。
- 输入数据流：通过输入设备（如键盘、磁盘等）读取数据。

这些输入、输出数据流由 .NET Framework 的 System.IO 命名空间提供许多类成员，如图 15-1 所示。

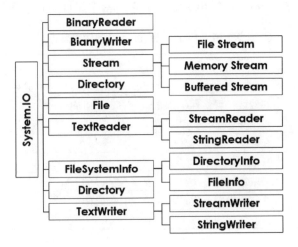

图 15-1　System.IO 命名空间

15.2 文件与数据流

了解了数据流的基本概念，那么文件和数据流又有什么关系呢？通常看到的就是把存储于磁盘介质的数据重复地写入或读出。只有了解了文件处理的过程，才能把辛苦建立的数据存储在文件中，程序运行时，直接到文件中读取所需的数据内容。这样才能将数据长久的保存下来（除非磁盘中存放数据的文件被删除了）。

以数据流的概念来看，文件可视为一种具有永续性存放的"设备"，也是一种已经排序的字节的集合。使用文件时，它包含存放的目录路径、磁盘存储设备，以及文件和目录名称。

与文件相比，数据流是由字节序列组成的，是读取和写入数据的备份存储区，它可以用磁盘或内存来作为备份存储区，所以它具有多元性。与文件、目录有关的类，存放于"System.IO"命名空间的有哪些呢？可参照表 15-1 的说明。

表 15-1　System.IO 命名空间

文件、目录类	说　　明
Directory	目录的常规操作有复制、移动、重新命名、创建和删除目录
DirectoryInfo	提供创建、移动目录和子目录的实例方法
DriveInfo	提供与磁盘驱动器有关的创建方法
File	提供创建、复制、删除、移动和打开文件的静态方法
FileInfo	提供创建、复制、删除、移动和打开文件的实例化方法
FileSystemInfo	是 FileInfo 和 DirectoryInfo 的抽象基类
Path	提供处理目录字符串的方法和属性

FileSystemInfo 是一个抽象基类，其派生类包含 DirectoryInfo、FileInfo 两个类，它含有文件和目录管理的通用方法。实例化的 FileSystemInfo 对象可以作为 FileInfo 或 DirectoryInfo 对象的基础。从表 15-1 可知，创建文件和目录时，除了可以直接使用 DirectoryInfo、FileInfo 类之外，还可以使用 FileSystemInfo 的相关成员，它的常用属性可以参考表 15-2 的说明。

表 15-2　FileSystemInfo 类的常用属性

FileSystemInfo 属性	说　　明
Attributes	获取或设置文件属性，例如 ReadOnly（只读）或处于 Archive（存档）状态
CreationTime	获取或设置文件/目录的创建日期与时间
Exists	指出文件/目录是否存在
Extension	获取文件的扩展名
FullName	获取目录/文件的完整路径
LastAccessTime	获取或设置上次存取目录/文件的时间
LastWriteTime	获取或设置上次写入目录/文件的时间
Name	获取文件的名称

15.2.1　文件目录

通常以文件资源管理器进入某个目录，就是为了查看此目录中有哪些文件或存放了哪种类型的文件，也有可能新建一个目录（文件夹）或把某一个目录删除。Directory 静态类提供了目录处理的功能，如创建、移动文件夹。由于提供的是静态方法，因此通常可直接使用，表15-3 所示为 Directory 类的常用方法。

表 15-3　Directory 类的常用方法

Directory 类方法	执行的操作
CreateDirectory()	产生一个目录并以 DirectoryInfo 返回相关信息
Delete()	删除指定的目录
Exists()	判断目录是否存在，返回 True 表示存在，返回 False 表示不存在

Directory 类方法	执行的操作
GetDirectories()	获取指定目录中子目录的名称
GetFiles()	获取指定目录的文件名
GetFileSystemEntries()	获取指定目录中所有子目录和文件名
Move()	移动目录和文件到指定位置
SetCurrentDirectory()	将应用程序的工作目录指定为当前目录
SetLastWriteTime()	设置目录上次被写入的日期和时间

CreateDirectory(string path)方法用来创建目录，使用时要在前面加上 Directory 类名称，其文件路径以字符串形式来表示，同样目录之间要以 "\\\\" 双斜线来隔开。

```
Directory.CreateDirector("D:\\Demo\\Sample\\ ");
Directory.CreateDirector(@"D:\Demo\Sample\ ");
```

- 使用@字符带出完整的路径，用双引号括住，用单斜线即可。
- @是表明后面跟随的字符所包含的 "\" 并不是转义字符。

Exits(string path)方法用来检查 path 所指定的文件路径是否存在。如果存在，就返回"True"；如果不存在，就返回"False"。要删除文件可以使用 Delete()方法，指定删除文件的路径，还可以进一步决定是否连同它底下的子目录、文件也要一起删除。它的语法如下：

```
public static void Delete(string path);
public static void Delete(string path, bool recursive);
```

- path：要删除的目录对应的名称。
- recursive：是否要删除 path 中的目录、子目录和文件，True 是一起删除，False 则是删除操作会停顿。

下面的范例语句说明了 Delete()方法的用法。

```
Directory.Delete(@"D:\Demo", True);
```

要把目录移到指定的位置，可以调用 Move()方法，调用时必须以参数来创建目的地目录，完成操作后会自动删除源目录。它的语法如下：

```
public static void Move(string sourceDirName, string destDirName);
```

- sourceDirName：要移动的文件或目录的路径。
- destDirName：sourceDirName 的目的地目录的路径。

调用 GetDirectories()方法可获取指定目录的所有子目录名称，调用 GetFiles()方法可获取指定目录内的所有文件名，所以这两个方法会以数组返回结果值。它们的语法如下：

```
public static string[] GetDirectories(string path);
public static string[] GetFiles(string path);
```

另一个类是 DirectoryInfo，想要针对某一个目录进行维护工作，就要以 DirectoryInfo 来创建实体对象，其常用成员如表 15-4 所示。

表 15-4　DirectoryInfo 类的常用成员

DirectoryInfo 成员	执行的操作
Parent	获取指定路径的上一层目录
Root	获取当前路径的根目录
Create()	创建目录
CreateSubdirectory()	在指定目录下创建子目录
Delete()	删除目录
MoveTo()	将当前目录移到指定位置
GetDirectory()	返回当前目录的子目录
GetFiles()	返回指定目录的文件列表

要用 DirectoryInfo 类设置路径时，必须用构造函数实例化对象，再指定存放的目录。简单的范例程序语句如下：

```
DirectoryInfo myPath = new DirecotryInfo("@D:\Demo\Sample\");
```

范例 项目 "Ex1501.csproj" 说明

通过 DirectoryInfo 类来添加或删除路径，并获取某一个目录下的文件信息。由于处理的对象是文件和文件夹，因此必须导入 "System.IO" 命名空间。

范例 项目 "Ex1501.csproj" 操作

01 单击 "查看目录" 按钮加载 PNG 格式的文件，如图 15-2 所示。

02 单击 "添加目录" 按钮会在指定目录添加一个文件夹，单击 "删除目录" 按钮会删除刚才添加的文件夹，如图 15-3 所示。

图 15-2　加载 PNG 格式的文件

图 15-3　删除添加的文件夹

范例 项目 "Ex1501.csproj" 动手实践

01 创建 Windows 窗体项目，在窗体上加入如表 15-5 所示的控件并设置它们的属性值。

表 15-5 范例项目"Ex1501"使用的控件及其属性设置值

控 件	Name	Text	控 件	属 性	值
Button1	btnView	查看目录	TextBox	Name	txtInfo
Button2	btnAddDir	添加目录		MultiLine	True
Button3	btnDeleteDir	删除目录		ScrollBars	Vertical
				Duck	Left

02 编写"查看目录"按钮对应的"btnView_Click"事件处理程序。

```
02 using System.IO;
03 string path1 = @"D:\C#Lab\Testing";
04 private void btnView_Click(object sender, EventArgs e)
05 {
06   //存储要返回的文件路径和文件类型
07   string path2 = @"D:\C#Lab\Icon";
08   string fnShow = "文件列表---<*.PNG>" +
09     Environment.NewLine;
10   try
11   {
12     DirectoryInfo currentDir = new DirectoryInfo(path2);
13     FileInfo[] listFile = currentDir.GetFiles("*.png");
14     //设置文件的标题
15     string fnName = "文件名", fnLength = "文件长度";
16     string fnDate = "修改日期";
17     string header = fnShow +
18       $"{fnName,-20}{fnLength,-9}{fnDate,-11}"
19       + Environment.NewLine;
20     txtInfo.Text = header;
21     foreach (FileInfo getInfo in listFile)
22     {
23       txtInfo.Text += $"{getInfo.Name,-20}" +
24         $"{getInfo.Length.ToString(),-9}" +
25         $"{getInfo.LastWriteTime.ToShortDateString()}"
26         + Environment.NewLine;
27     }
28   }
29   catch (Exception ex)
30   {
31     MessageBox.Show("无此文件夹" + ex.Message);
32   }
33 }
```

03 编写"添加目录"按钮对应的"btnAddDir_Click()"事件处理程序。

```
34   private void btnAddDir_Click(object sender, EventArgs e)
35   {
36     try
37     {
38       if (Directory.Exists(path1))
39         txtInfo.Text = "文件夹已经存在！";
40       //创建新的文件夹
41       DirectoryInfo newDir =
42         Directory.CreateDirectory(path1);
43       txtInfo.Text = "文件夹创建成功..." +
44         Environment.NewLine +
45         Directory.GetCreationTime(path1);
46     }
47     catch (Exception ex2)
48     {
49       MessageBox.Show("文件夹创建失败！" + ex2.Message);
50     }
51   }
```

【程序说明】

- 第 2 行：指定的文件夹 "Testing" 并不存在，测试时才会创建此文件夹，测试后再把它删除。

- 第 4~33 行：单击 "查看目录" 按钮会按指定的目录查看是否有 "PNG" 文件。

- 第 10~32 行：try/catch 语句设置异常情况处理程序，用于异常情况发生后的处理。

- 第 12 行：将 DirectoryInfo 类实例化，创建一个可以传入指定路径的文件夹对象。

- 第 13 行：创建一个 FileInfo 对象数组，获取文件路径后，调用 GetFiles()方法指定存放文件的类型是 "png"。

- 第 15~19 行：创建显示文件的文件名、文件大小和修改日期的标题，再放入文本框中。

- 第 21~27 行：通过 foreach 循环读取指定的文件类型，并使用 FileSystemInfo 的属性 Name 返回文件名、Length 取文件的长度和 LastWriteTime 获取最后修改的日期，再通过文本框显示结果。

- 第 34~51 行：单击 "添加目录" 按钮来判断文件夹是否存在，如果不存在，就创建一个目录，并以 try/catch 来进行异常情况的处理。

- 第 38、39 行：调用 Directory 类的 Exists()方法确认指定的路径的目录是否存在。

- 第 41~42 行：在指定路径创建新的文件夹，DirectoryInfo 类会以实例化对象调用 CreateDirectory()来创建文件夹，然后调用 Directory 静态类的 GetCreationTime 方法显示创建的时间。

15.2.2 文件信息

大家应该很熟悉文件，与它有关的基本操作有复制、移动和删除等。那么文件本身呢？要打开某个文件，首先需要知道这个文件是否存在。打开文件之前要先了解文件的相关信息，比如文件是文本文件还是 RTF 格式的文件？打开文件后是否要写入其他内容？FileInfo 类和 File 静态类会配合 FileStream 来提供这些相关的服务。FileInfo 相关成员的说明请参照表 15-6。

表 15-6　FileInfo 成员

FileInfo 成员	说　明
Exists	检测文件对象是否存在（True 表示存在）
Directory	获取当前文件的存放目录
DirectoryName	获取当前文件存放的完整路径
FullName	获取完整的文件名，包含文件路径
Length	获取当前文件的长度
AppendText()	把指定字符串附加至文件，若文件不存在则创建一个文件
CopyTo()	复制现有的文件到新的文件
Create()	创建文件
CreateText()	创建并打开指定的文件对象，配合 StreamWriter 类
Delete()	删除指定的文件
MoveTo()	将当前文件移动到指定位置
Open()	打开方法

FileInfo 类包含了文件的基本操作，它的构造函数的语法如下：

```
public FileInfo (string fileName);
```

◆ fileName：要创建的文件名，同时也包含文件的路径。

范例程序语句 1：先设置路径，再由 FileInfo 创建文件对象实体。

```
string path = @"D:\C#Lab\File\Test.txt";
FileInfo createFile = new FileInfo(path);
```

调用 Create()方法来创建文件时，所指定的文件夹路径必须存在，否则会发生错误。但也要注意，若要创建的文件已经存在，Create()方法则会删除原来的文件。此外，创建的文件对象必须以 Close()方法来关闭，这样占用的资源才能被释放。

范例程序语句 2：配合 FileStream 来获取 FileInfo 文件对象的信息。

```
FileStream fs = createFile.Create();
```

若调用 Open()方法来打开文件，则必须指定打开模式。语法如下：

```
Open(mode, access, share);
```

◆ mode：用于指定打开的模式，有关 FileMode 参数可参考表 15-7。
◆ access：文件存取方式，FileAccess 参数有三个：Read 是只读文件、Write 只能写入文件、ReadWrite 表示文件能读能写。

- share: 决定文件的共享模式，有关 FilesShare 参数可参考表 15-8。

Open()方法参数之一的 FileMode，本身为枚举类型，用来指定文件的打开模式。FileMode
的常数值可参考表 15-7。

表 15-7　FileMode 常数

FileMode 常数	说　　明
Create	创建新文件。文件存在时会被覆写。文件不存在则与 CreateNew 作用相同
CreateNew	创建新文件。文件存在时会抛出 IOException 异常情况
Open	打开现有的文件。文件不存在时，会抛出 FileNotFoundException 异常情况
OpenOrCreate	打开已存在的文件，否则就创建新文件
Truncate	打开现有文件并将数据清空
Append	如果文件存在，就打开并搜索至文件末端，文件不存在就创建新文件

Open()方法参数之二的 FileShare 为文件共享方式，用于指定是否允许其他程序打开相同
的文件。FileShare 常数可参考表 15-8。

表 15-8　FileShare 常数

FileShare 常数	说　　明
None	拒绝文件共享，会造成其他程序无法成功打开
Read	允许其他程序打开为只读文件
Write	允许其他程序打开为唯写文件
ReadWrite	允许其他程序打开为能读能写文件

复制文件可调用 CopyTo()方法。语法如下：

```
CopyTo(string destFileName);    //不能覆写现有的文件
CopyTo(string destFileName, bool overwrite);
```

- destFileName：要复制的文件名，必须包含完整路径。
- overwrite：设置为 True 才能覆写现有文件，设置为 False 则不能覆写。

范例程序语句 3：用文件对象来指定文件，调用 CopyTo()方法进行复制。

```
string path = @"D:\C#Lab\File\Test.txt";
FileInfo copyFile = new FileInfo(path);
copyFile.CopyTo(@"D:\C#Lab\File\TestNew.txt");
```

要移动文件，可调用 MoveTo()方法。语法如下：

```
MoveTo(string destFileName);
```

- destFileName：要移动文件对应的文件名，必须包含完整路径。

范例程序语句 4：用文件对象来指定文件，调用 Delete()方法删除文件。

```
string path = @"D:\C#Lab\File\Test.txttmp";
FileInfo delFile = new FileInfo(path);
if (delFile.Exists == False)  //查看文件是否存在
   MessageBox.Show("无此文件");
else
   delFile.Delete();   //删除文件
```

* 通过 if/else 语句查看删除文件时，先用属性 Exists 判断，如果它返回 True，就调用 Delete()
  方法删除。

范例 项目 "Ex1502.csproj" 范例说明

在窗体中添加 4 个按钮，分别是添加、复制、删除和查看，每执行一个与文件操作有关
的操作，都可以使用"查看"按钮将操作执行的结果显示在文本框中，以便查看。在窗体加载
时，只有"添加"和"查看"按钮起作用。添加文件后，"复制"按钮起作用，完成文件复制
后，"删除"按钮起作用。

范例 项目 "Ex1502.csproj" 操作

STEP 01 程序运行并加载窗体后，先单击"添加"按钮，再
单击"查看"按钮，文本框会显示添加的一个"Test.txt"
文件，如图 15-4 所示。

STEP 02 单击"复制"按钮，再单击"查看"按钮就有三个
文件显示于文本框中，被复制的文件以"Test.txttmp"
为文件名显示出来，如图 15-5 所示。

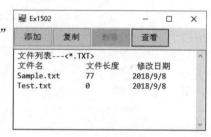

图 15-4 "Test.txt" 文件

图 15-5 显示文件

范例 项目 "Ex1502.csproj" 动手实践

STEP 01 创建 Windows 窗体项目，在窗体上加入如表 15-9 所示的控件并设置它们的属性值。

表 15-9　范例项目"Ex1502"使用的控件及其属性设置值

控　　件	Name	Text	控　　件	属　　性	值
Button1	btnCreate	添加		Name	txtShow
Button2	btnCopy	复制		MultiLine	True
Button3	btnDelete	删除	TextBox	ScrollBars	Vertical
Button4	btnView	查看		Duck	Bottom

02 编写"查看"按钮对应的"btnCreate_Click()"事件处理程序，其他的事件处理程序请参考下载的完整范例。

```
01  private void btnView_Click(object sender, EventArgs e)
02  {
03      btnCopy.Enabled = True;
04      string path2 = @"D:\C#Lab\File";
05      string fnShow = "文件列表---<*.TXT>";
06      try
07      {
08          DirectoryInfo currentDir = new DirectoryInfo(path2);
09          FileInfo[] listFile = currentDir.GetFiles("*.txt*");
10          //输出文件的相关标题
11          string header = string.Format("{0,-13}{1,-8}{2,-10}"
12              , "文件名","文件长度", "修改日期");
13          string title = fnShow + Environment.NewLine +
14              header + Environment.NewLine;
15          txtShow.Text = title;
16          foreach (FileInfo getInfo in listFile)
17          {
18              txtShow.Text += $"{getInfo.Name, -16}" +
19                  $"{getInfo.Length.ToString(), -11}" +
20                  $"{getInfo.LastWriteTime.ToShortDateString(),-10}"
21                  + Environment.NewLine;
22          }
23      }
24      catch (Exception ex)
25      {
26          MessageBox.Show(ex.Message);
27      }
28  }
```

【程序说明】

◆ 第 9 行：创建 DirectoryInfo 对象获取文件路径，并调用 GetFils()方法指定文件类型为文本文件，配合 FileInfo 对象存储文件的相关信息。

- 第 16~22 行：通过 foreach 循环读取文件对象 listFile，输出文件名，通过属性 Length 获取文件长度，通过属性 LastWriteTime 获取文件最后写入的时间。

15.2.3 使用 File 静态类

一般来说，File 类和 FileInfo 类的功能几乎相同。File 类提供了静态方法，所以不能使用 File 类来实例化对象，而是使用 FileInfo 类将对象实例化。表 15-10 所示为 File 静态类常用的方法。

表 15-10 File 静态类方法

File 静态类方法	执行的操作
AppendText()	将 UTF-8 编码文字附加到现有的文件或新文件（由 StreamWriter 创建的对象）
CreateText()	创建或打开编码方式为 UTF-8 的文本文件
Exists()	判断文件是否存在，若存在则返回 True
GetCreationTime()	DateTime 对象，返回文件产生的时间
OpenRead()	读取打开的文件
OpenText()	读取已打开的 UTF-8 编码文本文件
OpenWrite()	写入打开的文件

⊃ 数据写入文本文件

要将数据写入到文本文件，使用 StreamWriter 类创建的写入器对象，配合 File 静态类或 FileInfo 来写入一个文本文件。下面说明具体步骤。

01 创建 FileInfo 类的实体对象 fileIn，让它指向要写入的文本文件。

```
string path = @ "D:\Test\demo.txt";    //文件路径
FileInfo fileIn = new FileInfo(path);
```

02 选择要创建的数据模式，调用 CreateText()方法或 AppendText()方法，配合 StreamWriter 数据流对象打开文件。

File 静态类 CreateText()、AppendText()这两个方法的语法如下：

```
public static StreamWriter CreateText(string path);
public static StreamWriter AppendText(string path);
```

- path：要写入的文件包含其路径。

使用静态方法 CreateText()方法来创建或打开文件，如果文件不存在，就会创建一个新的文件；如果文件已经存在，就会覆写原有文件并清空内容。使用时通常会以 FileInfo 对象或直接以 File 静态类调用 CreateText()方法，将指定的数据写入对象为 StreamWriter 的数据流对象。

```
StreamWriter sw = fileIn.CreateText();
StreamWriter sw = File.CreateText(path));
```

03 以数据流对象（在下面的简例中是 sw）来调用 Write()或 WriteLine()方法，将指定的数据写入。

```
sw.WriteLine("990025, 李小兰");   //sw 是 StreamWriter 对象
```

04 将数据流内的数据写入数据文件并清空缓冲区，然后关闭数据文件。

```
sw.Flush();   //清除缓冲区
sw.Close();   //关闭文件，释放资源
```

● 打开文本文件

从文本文件读取数据时要使用 StreamReader 类，以数据流对象创建读取器，具体步骤如下。

01 使用 FileInfo 类来创建实体对象 fileIn，让它指向要读取文本文件的路径。

```
string path = @"D:\Test\domo.txt";   //文件路径
FileInfo fileIn = new FileInfo(path);
```

02 选择要读取的数据模式，调用 OpenText()方法，配合 StreamReader 数据流对象读取文件内容。

OpenText()方法打开已存在的文本文件，同样地，也是以参数 path 指定文件名。语法如下：

```
OpenText(path);
```

◆ path：要创建或打开文件的路径。

由于读取文件是以数据流方式来进行的，因此要有 StreamReader 类所创建的对象。使用时通常会用 FileInfo 对象或直接用 File 静态类调用 OpenText()方法将指定的数据加载到 StreamReader 数据流对象。

```
StreamReader read = File.OpenText(path);
```

03 调用 Read()或 ReadLine()方法读取指定的数据。

因为 Read()方法一次只读取一个字符，所以可以调用 Peek()方法来检查，读取完毕时返回"-1"，配合文本框显示内容。

```
while(True){
  char wd =(char) read.Read();
  if(read.Peek() == -1)
    break;//表示读取完毕，中断程序
  textBox1.Text += ch;
}
```

ReadLine()方法可以读取整行文字，不过读取这些内容时必须加入换行字符""r\n\""；读取到数据末行时，可用"null"来判断是否读取完毕。

```
while(True){
    string data = read.ReadLine();
    if(data == null)
        break;
    txtShow.Text += data + "\r\n";
}
```

04 读取完毕，调用 Close()方法关闭文件，释放资源。

范例 项目"Ex1503.csproj"范例说明

调用静态类 File 的 CreateText()方法创建"Sample.txt"文件，而调用 OpenText()方法用于打开文件并读取。

范例 项目"Ex1503.csproj"操作

01 单击"创建文件"按钮完成文件的创建后显示出消息对话框，单击"确定"按钮即可关闭对话框，如图 15-6 所示。

02 打击"打开文件"按钮加载刚刚所创建的文件，如图 15-7 所示。

图 15-6 显示消息对话框

图 15-7 加载文件

范例 项目"Ex1503.csproj" 动手实践

01 创建 Windows 窗体项目，在窗体上加入如表 15-11 所示的控件并设置它们的属性值。

表 15-11 范例项目 u "Ex1503"使用的控件及其属性设置值

控 件	Name	Text	控 件	Name	Multiline
Button1	btnCreate	创建文件	TextBox	txtShow	True
Button2	btnOpen	打开文件			

02 编写"创建文件"按钮对应的"btnCreate_Click()"事件处理程序。

```
01 using System.IO;
02 string path = @"D:\C#Lab\File\Sample.txt";
03 private void btnCreate_Click(object sender, EventArgs e)
04 {
05     if (File.Exists(path) == False)
06     {
```

```
07        using (StreamWriter note = File.CreateText(path))
08        {
09            //写入 4 笔数据
10            note.WriteLine("990025, 李小兰");
11            note.WriteLine("990028, 张四端");
12            note.WriteLine("990032, 王春娇");
13            note.WriteLine("990041, 林志鸣");
14            note.Flush();  //清除缓冲区
15            note.Close();  //关闭文件
16        } //using 结束时自动调用 note 的 Dispose()方法释放资源
17        MessageBox.Show("文件已创建", "CH15");
18    }
19 }
```

03 编写"打开文件"按钮对应的"btnOpen_Click()"事件处理程序。

```
21 private void btnOpen_Click(object sender, EventArgs e)
22 {
23    StreamReader read = File.OpenText(path);
24    //返回下一个字符,直到-1 表示已读完
25    while (True)
26    {
27        string data = read.ReadLine();
28        if (data == null)
29            break;
30        txtShow.Text += data + "\r\n";
31    }
32 }
```

【程序说明】

- 第 5~18 行: if 语句判断文件是否存在,若文件不存在,则通过 StreamWriter 的对象,调用 CreateText()方法创建一个文本文件(Sample.txt)。
- 第 7~16 行: using 语句程序区块跟着 StreamWriter 对象写入数据,完成时会自动调用 Dispose()来释放资源。
- 第 23 行: 以 StreamReader 对象调用 OpenText 方法来读取刚刚创建的"Sample.txt"文件。
- 第 25~31 行: 使用 while 循环来读取文件内容,若返回 null 值,则表示读取完毕,将内容显示于文本框中。

15.3 ▶ 标准数据流

System.IO 命名空间提供了从数据流读取编码字符及将编码字符写入数据流的相关类。通

常数据流是针对字节的输入输出所设计的。读取器和写入器类型会处理编码字符与字节之间的转换，让数据流能够完成参照，不同的读取器和写入器类都会有相关联的数据流。

.NET Framework 把每个文件都视为串行化的"数据流"（Stream，串流），处理对象包含字符、字节及二进制（Binary）等。System.IO 下的 Stream 类是所有数据流的抽象基类。Stream 类和它的派生类提供了不同类型的输入和输出。当数据以文件方式存储时，为了便于写入或读取，可用 StreamWriter 或 StreamReader 来读取和写入各种格式的数据。BufferedStream 提供了缓冲数据流，以改善读取和写入的性能。FileStream 支持文件的打开操作。表 15-12 列出了这些数据流读取/写入的类及其说明。

表 15-12　数据流写入/读取类

类　名　称	说　　明
BinaryReader	以二进制方式读取 Stream 类和基本数据类型
BinaryWriter	以二进制写入 Stream 类和基本数据类型
FileStream	可同步和异步来打开文件，使用 Seek 方法来随机存取文件
StreamReader	自定义字节数据流方式来读取 TextReader 的字符
StreamWriter	自定义字节数据流方式将字符写入 TextWriter
StringReader	读取 TextReader 实现的字符串
StringWriter	将实现的字符串写入 TextWriter
TextReader	StreamReader 和 StringReader 抽象基类，输出 Unicode 字符
TextWriter	StreamWriter 和 StringWriter 抽象基类，输入 Unicode 字符

TextReader 类是 StreamReader 和 StringReader 的抽象基类，用来读取数据流和字符串。而派生类能用来打开文本文件，以读取指定范围的字符，或者根据现有数据流创建读取器。TextWriter 类则是 StreamWriter 和 StringWriter 的抽象基类，用来将字符写入数据流和字符串。创建 TextWriter 的实例对象时，能将对象写入字符串、将字符串写入文件，或者将 XML 串行化。

15.3.1　FileStream

使用 FileStream 类能读取、写入、打开和关闭文件。使用标准数据流处理时，能将读取和写入操作指定为同步或异步。FileStream 会缓冲处理输入和输出，以获取较佳的性能。其构造函数的语法如下：

```
public FileStream(string path, File mode, FileAccess access, FileShare share);
```

* path：要打开的文件所在的目录位置及文件名，为 String 类型。
* mode：指定文件模式，为 FileMode 常数，可参考表 15-7。
* access：指定文件的存取方式，为 FileAccess 常数。
* share：是否要将文件与其他程序共享，为 FileShare 常数，可参考表 15-8。

使用 FileStream 类，Seek() 方法用于在指定目标位置进行搜索，也可以调用 Read() 方法读取数据流，或者调用 Write() 方法将数据流写入。常见的属性、方法及其说明可参照表 15-13。

表 15-13 FileStream 类的成员

FileStream 成员	说　　明
CanRead	当前获取数据流是否支持读取
CanSeek	当前获取数据流是否支持搜索
CanWrite	当前获取数据流是否支持写入
Length	获取数据流的比特长度
Name	获取传递给 FileStream 的构造函数名称
Position	获取或设置当前数据流的位置
Close()	关闭数据流
Dispose()	释放数据流的所有资源
Finalize()	确认释出资源，于再使用 FileStream 时执行其他清除操作
Flush()	清除数据流的所有缓冲区，并让数据全部写入文件系统
Read()	从数据流读取字节区块，并将数据写入指定缓冲区
ReadByte()	从文件读取一个字节，并将读取位置前移一个字节
Seek()	指定数据流位置来作为搜索的起点
SetLength()	设置这个数据流长度为指定数值
Write()	使用缓冲区，将字节区块写入这个数据流
WriteByte()	写入一个字节到文件数据流中的当前位置

调用 Seek() 方法处理数据流的位置时。语法如下：

```
Seek(offset, origin)
```

- offset：搜索起点，以 Long 为数据类型。
- origin：搜索位置，为 SeekOrigin 参数，"Begin"表示数据流的开端，"Current"表示数据流的当前位置，"End"表示数据流的结尾。

⊃ 使用 using 关键字

当我们创建数据流对象来写入或读取文件时会占用一些资源，完成文件的相关操作后会调用 Dispose() 来释放这些属于 Unmanaged 的资源。为了让系统自动释放这些资源，可以使用 using 语句，以大括号来定义程序段的范围，让数据流对象在此程序块内进行处理。

也就是通过 using 语句，让这些 Unmanaged 的资源自动实现 IDisposable 接口，让创建的数据流对象自动调用 Dispose() 方法。在 using 程序段（或程序块）内，对象为只读且不可修改或重新赋值。回顾一下范例项目"Ex1503"的编写方法。

```
using (StreamWriter note = File.CreateText(path))
{
    note.WriteLine("990025, 李小兰");
    note.WriteLine("990028, 张四端");
    note.WriteLine("990032, 王春娇");
}
```

完成写入的操作之后，数据流对象 note 会自动调用 Dispose() 方法释放占用的资源。

范例 项目"Ex1504.csproj"范例说明

以文本框为载体，查看二进制数据的写入和读出。

范例 项目"Ex1504.csproj"操作

执行程序加载窗体后，单击"读取位"按钮，每单击一次按钮就会有 5 个随机数值显示在文本框中，写入和输出是相同的数值，如图 15-8 所示。

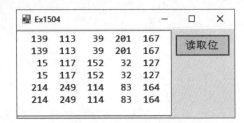

图 15-8　显示随机数

范例 项目"Ex1504.csproj"动手实践

▶01 创建 Windows 窗体项目，在窗体上加入如表 15-14 所示的控件并设置它们的属性值。

表 15-14　范例"Ex1504"使用的控件及其属性设置值

控　　件	属　　性	值	控　　件	属　　性	值
Button	Name	btnCreate	TextBox	Name	txtShow
	Text	读取位		Dock	Bottom

▶02 编写"读取位"按钮对应的"btnCreate_Click()"事件处理程序。

```
01  private void btnCreate_Click(object sender, EventArgs e)
02  {
03    string path = @"D:\C#Lab\File\Demo.dat";
04    Random rand = new Random();
05    byte[] numbers = new byte[5];
06    rand.NextBytes(numbers);
07    FileStream outData = File.Create(path);
08    //进行异常处理
09    try
10    {
11      using (BinaryWriter wr = new BinaryWriter(outData))
12      {
13        //以位方式将数据写入文件
14        foreach (byte item in numbers)
15        {
16          wr.Write(item);   //Write()方法将值编码成字节
17          txtShow.Text += $"{item, 5}";
18        }
```

459

```
19        }
20        txtShow.Text += Environment.NewLine;
21        byte[] dataInput = File.ReadAllBytes(path);
22        foreach (byte item in dataInput)
23        {
24           txtShow.Text += $"{item, 5}";
25        }
26        txtShow.Text += Environment.NewLine;
27     }
28     catch (IOException)
29     {
30        MessageBox.Show(txtShow.Text + "不存在",
31           "Ex1504", MessageBoxButtons.OK,
32           MessageBoxIcon.Error);
33     }
34  }
```

【程序说明】

- 第 3 行：设置要写入/读取数据的路径和文件名，由于是二进制数据，因此以 "*.dat " 为文件扩展名。
- 第 4~6 行：用 Random 产生 5 个随机数，使用 numbers 数组来存放。
- 第 7 行：调用 File.Create() 方法创建新文件（若文件已存在，则会先把它删除），配合 FileStream 创建数据流对象来写入文件。
- 第 11~19 行：要写入数据时先以 using 关键字建立范围，BinaryWriter 以 UTF-8 编码创建写入器以便写入二进制数据。
- 第 14~18 行：调用 Write() 方法将 foreach 循环读取的随机数值写入。
- 第 21 行：声明一个数组来存放 ReadAllBytes() 方法所读取的二进制数据，再通过 foreach 循环来输出数据。

15.3.2 StreamWriter 写入器

Stream 是所有数据流的抽象基类。以数据处理的观点来看，若是字节数据，则 FileStream 类比较适当。而 StreamWriter 写入器，我们已经用了好几次，配合字符编码格式，将其写入纯文本或 RTF 格式数据。它的构造函数语法如下：

```
StreamWriter sw = new StreamWriter(stream, encoding);
StreamWriter sw = new StreamWriter(path, encoding);
```

- stream：以 Stream 类为数据流。
- path：要读取文件的完整路径，为 String 类型。
- encoding：要读取的数据流必须指定编码方式，这些编码方式包含 UTF8、NASI、ASCII 等，以 Encoding 为类型。

StreamWriter 常用成员及其说明可参考表 15-15。

表 15-15 StreamWriter 成员

StreamWriter 成员	说　　明
AutoFlush	调用 Write 方法后，是否要将缓冲区清除
Encoding	获取输入输出的 Encoding
NewLine	获取或设置当前 TextWriter 所使用的行终止符
Close()	数据写入 Stream 后关闭缓冲区
Flush()	数据写入 Stream 后清除缓冲区
Write()	将数据写到数据流（Stream），包含字符串、字符等
WriteLine()	将数据一行行写入 Stream

15.3.3 StreamReader 读取器

StreamReader 类用来读取数据流的数据，其默认编码为 UTF-8，而非 ANSI 代码页（Code Page）。若想处理多种编码，则必须在程序开头导入"using System.Text"命名空间。StreamReader 构造函数的语法如下：

```
StreamReader sr = new StreamReader(stream, encoding);
StreamReader sr = new StreamReader(path, encoding);
```

例如，读取一个编码为 ASCII 的文件。

```
StreamReader srASCII = New StreamReader("Test01.txt",
    System.Text.Encoding.ASCII);
```

StreamReader 通常会用 ReadLine()方法来逐行读取数据，用 Peek()方法来判断是否读到文件尾。StreamReater 成员简介如表 15-16 所示。

表 15-16 StreamReader 成员

StreamReader 成员	说　　明
ReadToEnd()	从当前所在位置的字符读取到字符串结尾，并将其还原成单一字符串
Peek()	返回下一个可供使用的字符，－1 值表示文件尾
Read()	从当前数据流读取下一个字符，并将当前位置往前移一个字符
ReadLine()	从当前数据流读取一行字符

范 例 项目"Ex1505.csproj"范例说明

使用 File 静态类的 AppendText()来创建文件，调用 logFile()方法来获取特定文件的信息，然后写入文件，再调用 RecordLog()方法来读取记录文件的内容。

范 例 项目"Ex1505.csproj"操作

执行程序加载窗体后，单击"写入数据"按钮来显示文件信息，如图 15-9 所示。

图 15-9　显示文件信息

范例　项目 "Ex1505.csproj" 动手实践

01　创建 Windows 窗体项目，在窗体上加入如表 15-17 所示的控件并设置它们的属性值。

表 15-17　范例项目 "Ex1502" 使用的控件

控　件	属　性	值	控　件	属　性	值
Button	Name	btnWrite	TextBox	Name	txtShow
	Text	写入数据		MultiLine	True

02　编写 "写入数据" 按钮对应的 "btnWrite_Click()" 事件处理程序。

```
01  private void btnWrite_Click(object sender, EventArgs e)
02  {
03    txtShow.Clear();
04    //AppendText：数据附加到文件末尾，文件不存在则会新建一个文件
05    using (StreamWriter sw = File.AppendText
06        (@"D:\C#Lab\File\log.txt"))
07    {
08      logFile("Sample01", sw);
09      logFile("Sample02", sw);
10      sw.Flush(); //清除缓冲区的数据
11      sw.Close(); //关闭文件
12    }
13    using (StreamReader sr = File.OpenText
14        (@"D:\C#Lab\File\log.txt"))
15    {
16      RecordLog(sr);//调用 RecordLog()方法读取记录
17    }
18  }
```

03　编写 "logFile()" 方法的程序代码。

```
21  private void logFile(string rdFile, TextWriter tw)
22  {
23    string record = $"记录：{tw.NewLine} {rdFile}-- " +
24        $"{DateTime.Now.ToLongDateString()} " +
```

```
25        DateTime.Now.ToLongTimeString() + tw.NewLine;
26    tw.WriteLine(record);
27    txtShow.Text += record;
28    tw.Flush(); //清除缓冲区的数据
29  }
```

【程序说明】

♦ 第 5~12 行：先以 using 语句建立数据流对象的使用范围。调用 AppendText()方法来指定路径和文件名并赋值给数据流对象。指定文件名后，调用 logFile()执行写入操作。

♦ 第 13~17 行：调用 File 静态类的 OpenText()方法来打开指定路径的文件，配合 StreamReader 的读取器对象调用 RecordLog()方法。

♦ 第 21~29 行：logFile()方法以文件名来获取时间和日期并记录。

♦ 第 23~26 行：将文件和获取的日期和时间使用 record 字符串对象存储后，再调用写入器 tw 的 WriteLine()方法将信息一行行写入。

15.4 ▶ 重点整理

⊕ 数据流可分为两种：①输出数据流是把数据传到输出设备（如屏幕、磁盘等）上；②输入数据流是通过输入设备（如键盘、磁盘等）来读取数据。

⊕ .NET Framework 把每个文件视为串行化的"数据流"（Stream，串流），处理对象包含字符、字节以及二进制（Binary）等。System.IO 下的 Stream 类是所有数据流的抽象基类。StreamWriter 或 StreamReader 可用于读取和写入各种格式的数据。BufferedStream 提供缓冲数据流，以改善读取和写入的性能。FileStream 支持文件打开操作。

⊕ FileSystemInfo 与文件和目录有关，是一个抽象基类，派生类包含 DirectoryInfo 和 FileInfo 两个类。创建文件和目录时除了可以直接使用 DirectoryInfo、FileInfo 类外，也可以使用 FileSystemInfo 相关成员。

⊕ 静态类 Directory 提供了目录处理的能力，如创建、移动文件夹，具有静态方法可以直接使用。另一个类是 DirectoryInfo，若想对某一个目录进行维护操作，则需用 DirectoryInfo 来创建实例对象。

⊕ FileInfo 类创建文件对象后，可调用 Create()方法创建文件，以 CopyTo()方法复制文件，而 Delete()方法则用于删除文件。

⊕ FileInfo 类创建文件对象后，可调用 Open()方法打开文件，参数 mode 用于指定打开的模式，access 用于指定文件的存取是 Read 或 Write，参数 share 则用于指定文件是否采用共享模式。

⊕ System.IO 下的 Stream 类是所有数据流的抽象基类。Stream 类和它的派生类提供了不同类型的输入和输出，其中的 FileStream 能以同步或异步方式来打开文件，配合 Seek 方法能随机存取文件。

⊕ StreamWriter 用来写入纯文本数据，并且提供了字符编码格式的处理。

⊹ StreamReader 类用来读取数据流的数据，其默认编码为 UTF-8，而非 ANSI 代码页（Code Page）。若想处理多种编码，则必须在程序开头导入 "Imports System.Text" 命名空间。

15.5 课后习题

一、填空题

1. FileSystemInfo 是一个抽象基类，其派生类有两个：①＿＿＿＿＿＿、②＿＿＿＿＿＿。

2. 查看文件最后一次的访问时间，可通过 FileSystemInfo 的属性＿＿＿＿＿＿、文件最后一次的写入时间则可以查看属性＿＿＿＿＿＿。

3. Directory 静态类要创建目录调用＿＿＿＿＿＿方法，删除指定的目录调用＿＿＿＿＿＿方法，获取指定目录的文件名则调用＿＿＿＿＿＿方法。

4. 要把目录移动到指定的位置，调用 Directory 静态类的 Move() 方法，它的两个参数是①＿＿＿＿＿＿要移动的文件或目录的路径；②＿＿＿＿＿＿目地目录的路径。

5. FileInfo 类创建文件对象后，以 Open() 方法打开文件，有三个参数：①＿＿＿＿＿＿指定打开模式；②＿＿＿＿＿＿指定文件存取方式；③＿＿＿＿＿＿指定文件共享模式。

6. 要获取当前文件的存放路径，可使用 FileInfo 类的属性＿＿＿＿＿＿，要获取存放文件的完整路径则使用属性＿＿＿＿＿＿。

7. FileInfo 类创建文件对象后，判断要创建的文件存在与否？属性＿＿＿＿＿＿用于检测；调用＿＿＿＿＿＿方法创建文件，以＿＿＿＿＿＿方法复制文件，而＿＿＿＿＿＿方法则用于删除文件。

8. File 静态类以＿＿＿＿＿＿方法来创建文本文件；以＿＿＿＿＿＿方法来打开文件；以＿＿＿＿＿＿方法把内容附加到现有文件。

9. 使用数据流对象的读取器时，＿＿＿＿＿＿方法用于逐个读取字符；数据流对象的写入器调用＿＿＿＿＿＿方法可以把数据整行写入。

10. 使用 StreamWriter 写入器写入数据后，调用＿＿＿＿＿＿方法会清除缓冲区数据，再以＿＿＿＿＿＿方法关闭缓冲区。

二、问答题与实践题

1. 请解释 using 语句的作用。

2. 使用两个文本框搜索目录或文件。由于没有使用按钮，因此利用第一个文本框的 "KeyDown 事件"，在输入字符串按下 Enter 键之后列出指定位置的目录或文件。

```
private void txtSerach_KeyDown(object sender,
    KeyEventArgs e)
{
  if (e.KeyCode == Keys.Enter){}
}
```

第16章

Access 数据库和 ADO 组件

章 | 节 | 重 | 点

✳ 认识数据库系统，了解关系数据库的特性。

✳ 组成 ADO.NET 架构的 .NET Framework 数据提供程序和 DataSet。

✳ 用"数据源配置向导"程序获取数据库的内容。

✳ 了解"查询生成器"如何产生 SQL 语句。

✳ 介绍 SQL 语句 SELECT、WHERE、INSERT、UPDATE 和 DELETE。

✳ 用程序代码编写连接字符串、执行 SQL 语句，DataReader 显示查询结果。

✳ 使用 DataAdapter 对象将查询结果加载到 DataSet 对象，再用 DataGridView 控件显示。

16.1 ▶ 数据库基础

通过手机可以记录他人的电话号码，其目的何在？其实就是便于下次拨打时使用。如果把手机视为一个简易数据库，将存储的电话号码予以分类，就能以电话号码或姓名来搜索联系人。若从其他视角思考，"数据库"（Database）就是一些相关数据的集合。

所谓数据库，其实是"数据库系统"（Database System）的一部分，一个完整的数据库系统由数据库（Database）、数据库管理系统（Database Management System，DBMS）和用户（User）组成。

16.1.1 数据库系统

以下列数据来说，只能看出它们是姓名和对应的分数，但是这些数据的真正用途却无法得知。

王大树	79
陈伯明	65
孙亚美	75
林玉煌	81.67
朱梅英	64.67

若是将这些数据予以整理，则会发现这是一份成绩单，如表 16-1 所示。

表 16-1　经过整理的数据

通讯录					
学系：应用数学			班级：一年级 2 班		
姓名	平均成绩	数学	英文	语文	备注
王大树	79.00	78	96	63	
陈伯明	65.00	63	47	85	
孙亚美	75.00	77	85	63	
林玉煌	81.67	92	88	65	
朱梅英	64.67	85	47	62	

因此，数据必须经过多个步骤的处理，才能转换为有用的信息。而数据库、数据库管理系统和数据库系统是三个不同的概念，数据库提供的是数据的存储，数据库的操作与管理必须通过数据库管理系统，而数据库系统提供的是一个整合的环境。

16.1.2 认识关系数据库

关系数据库中，数据存储于二维表格中，称为"数据表"（Table）。所谓"关系"，就是数据表与数据表之间字段值的相关关系（或关联），通过这种关系可筛选出所需的信息。

关系数据库的数据表是一个行列组合的二维表格,每一列(垂直)视为一个"字段"(Field),为属性值的集合,每一行(水平)称为元组(Tuple,值组),就是一般所说的"一笔记录"。使用关系数据库须具有下列特性:

- 一个存储位置只能有一个存储值。
- 每列(栏)的字段名都必须是一个单独的名称。
- 每行的数据不能重复,即表示每笔记录都是不同的。
- 行、列的顺序是没有关系的。
- 主索引用来标识行的值,创建数据库后,必须为每个数据表设置一个主索引,其字段值具有唯一性,而且不能重复。

在关系数据库中,关联的种类分为以下三种。

- **一对一的关联**(1:1):指一个实体(Entity)的记录只能关联到另一个实体的一笔记录。如一个部门里必定会有员工,同时一个员工也只能隶属于一个部门。
- **一对多的关联**(1:M):指一个实体的记录关联到另一个实体的多笔记录。如一个客户会有多笔交易的订单。
- **多对多的关联**(M:N):指一个实体的多笔记录关联到另一个实体的多笔记录。如一个客户可订购多项商品,一项商品也能被不同的客户订购。

16.2 认识 ADO.NET

想要存取其他来源的数据(如 SQL Server、Excel 文件),可使用 ADO.NET 再配合 OLE DB 和 ODBC。使用 ADO.NET 连接至所需的数据源,还能进一步提取、处理以及更新其中的内容。

16.2.1 System.Data 命名空间

由于 ADO.NET 是 .NET Framework 类库的一环,因此在介绍 ADO.NET 之前,先来了解所使用的命名空间"System.Data"及相关的命名空间。"System.Data"命名空间用来存取 ADO.NET 架构的类,以便有效地管理来自多个数据源的数据。System.Data 命名空间下常用的类如表 16-2 所示。

表 16-2　System.Data 命名空间

类	说　明
DataColumn	描述 Schema,表示 DataTable 中数据字段的结构
DataColumnCollection	表示 DataTable 的 DataColumn 对象集合
DataRelation	表示两个 DataTable 对象之间的父/子关系
DataRow	表示 DataTable 中的数据行
DataRowView	表示 DataRow 的自定义查看

（续表）

类	说　　明
DataSet	存储于内存中快取的数据
DataTable	存储于内存中的虚拟数据表
DataTableReader	以一个或多个只读顺序类型结果集的形式来获取 DataTable 对象的内容
DataView	自定义 DataTable 的可绑定数据的查看表，用于排序、筛选、搜索、编辑和遍历

除此之外，还有哪些命名空间和 ADO.NET 有关，可参考表 16-3 的概述。

表 16-3　与 ADO.NET 有关的命名空间

命名空间	说　　明
System.Data.Common	为 .NET Framework 数据提供程序所共享的类，用来存取数据源，包含 DataAdapter、DbConnection 等
System.Data.OleDb	数据源 Access 数据库，提供.NET Framework Data Provider for OLE DB，包含 OleDbDataAdapter、OleDbDataReader、OleDbCommand 和 OleDbConnection 等类
System.Data.Sql	支持 SQL Server 特定功能的类

16.2.2　ADO.NET 架构

ADO.NET 由 .NET Framework 类库所提供，在编写 Visual C#应用程序时，通过 ADO.NET 来创建数据库应用程序。其架构包含两大类：.NET Framework 数据提供程序和 DataSet，如图 16-1 所示。

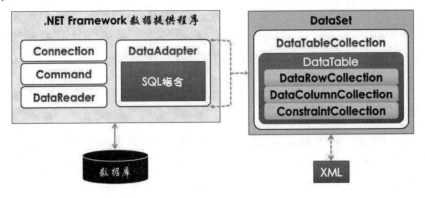

图 16-1　ADO.NET 架构

⊃　认识 DataSet

DataSet（数据集）为 ADO.NET 架构的主要组件，是客户端内存的虚拟数据库，用于显示查询结果。由 DataTable 对象的集合所组成的是一种脱机式对象，也就是存取 DataSet 对象时，并不需要与数据库保持连接。使用 DataRelation 对象将对象产生关联，以 UniqueConstraint 和 ForeignKeyConstraint 对象来获取使用数据的完整性。当用户修改数据，或者要获取当前最新的查询结果的，才会通过 DataTable 存取数据库的内容。

⊃ .NET Framework 数据提供程序

".NET Framework 数据提供程序"用于数据操作，提供了 ADO.NET 4 个核心组件。

- Connection 对象：提供数据源的连接。OLE DB(如 Access 数据库)使用 OleDbConnection 对象；若是 SQL Server，则使用 SqlConnection 对象。
- Command 对象：能执行数据库命令，用 SQL 语句来新增、修改、删除数据，执行存储过程（Stored Procedure）等。OLE DB 使用 OleDbCommand 对象，SQL Server 则是 SqlCommand 对象。DbCommand 类是所有 Command 对象的基类。
- DataReader 对象：显示 Command 对象执行 SQL 语句所得的查询结果，获取只读和只能向前(顺序读取)的高性能数据流。DbDataReader 类是所有 DataReader 对象的基类。
- DataAdapter 对象：提供 DataSet 对象与数据源之间的沟通桥梁。将 SQL 语句所得结果，配合 DataSet 对象和 DataGridView 控件显示出来。

16.3　获取数据源

如何获取数据源？方法一是使用"数据源配置向导"产生数据集（DataSet），并自动加入"DataSet.xdc"；方法二是以 Visual C#编写程序代码。

16.3.1　生成 DataSet

由于 ADO.NET 在"数据绑定"中扮演数据提供程序的角色，完成 DataSet 对象之后，就可以在窗体上使用控件来显示数据库内容。用 Visual Studio 2019 创建项目后，使用数据绑定（Databinding）控件，便于设计人员快速地制作数据库窗体。必须有以下几个操作。

- "数据源"窗口用来与数据库产生连接。
- 生成 DataSet、TableAdapter 对象。
- 自动生成 BindingNavigator 控件和 BindingSource 组件。
- 配合其他控件：DataGridView、ListBox、ComboBox 等显示数据内容。

⊃ 安装 AccessDataEngine

由于 Access 版本之故，目前需安装"Microsoft Access 2010 数据库引擎可再发行程序包"。

01 到微软官方网站下载"AccessDatabaseEngine.exe"软件，网址为 https://www.microsoft.com/zh-cn/download/details.aspx?id=13255。

02 启动安装软件。单击"下一步"按钮进入用户授权合约画面，如图 16-2 所示。

03 勾选"我接受《许可协议》中的条款"复选框，单击"下一步"按钮进入下一个窗口，如图 16-3 所示。

图 16-2　安装 Microsoft Access 2010 数据库引擎可再发行程序包

图 16-3　接受软件许可条款

04 勾选选择安装路径后，单击"安装"按钮，继续完成软件的安装，如图 16-4 所示。

图 16-4　选择安装路径，再继续软件的安装

如何将 Windows 窗体应用程序与 Access 数据库进行链接？使用"数据源配置向导"产生数据库的连接字符串。

范例 项目"Ex1601.csproj" 创建数据库连接字符串

01 创建 Windows 窗体项目。依次选择"视图→其他窗口→数据源"菜单选项，启动"数据源"窗口并停驻于 Visual Studio 2019 的左侧，再单击"添加新数据源"，如图 16-5 所示。

02 在出现的"数据源配置向导"对话框中选择数据源类型。①选择"数据库"；②单击"下一步"按钮，如图 16-6 所示。

图 16-5　单击添加数据库

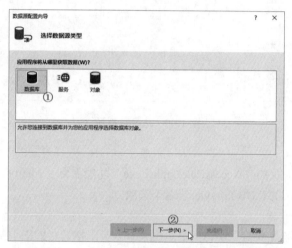

图 16-6　"数据源配置向导"对话框

03 选择数据库模型。保持默认选择"数据集"，单击"下一步"按钮，如图 16-7 所示。

04 选择数据连接。单击"新建连接"按钮，如图 16-8 所示，进入"选择数据源"对话框。

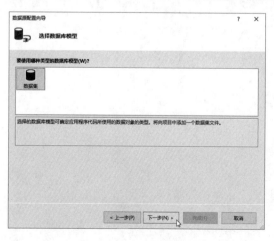

图 16-7　选择数据库模型

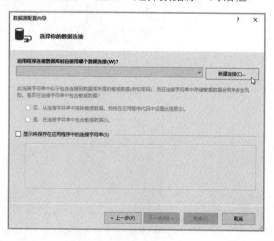

图 16-8　选择数据连接

05 选择数据源①选择"Microsoft Access 数据库文件 (OLE DB)";②单击"浏览"按钮选择 Accesss 数据库;③单击"测试连接"按钮进行数据库的连接测试;若没有问题,先关掉对话框;④单击"确定"按钮,回到原来的对话框;⑤再单击"确定"按钮回到"数据源配置向导"对话框,如图 16-9 所示。

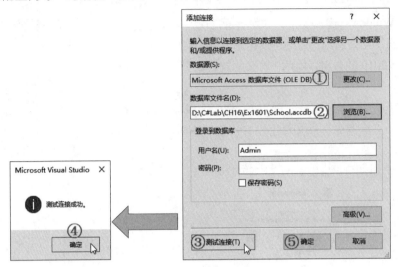

图 16-9　选择数据源

步 骤 说 明

◆ 必须安装前面提及的"AccessDataEngine.exe"才能看到"Microsoft Office 14.0 Access Database Engine OLE DB Provider"这个选项。

06 回到"数据源配置向导"对话框,单击"下一步"按钮,如图 16-10 所示。

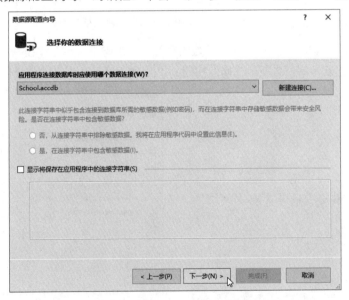

图 16-10　直接单击"下一步"按钮

步　骤　说　明

步骤 05 会离开"数据源配置向导"对话框，完成 Access 数据库的设置之后才会回到该"数据源配置向导"对话框。

07 由于数据库文件并不是与项目在同一个文件夹，因此会显示如图 16-11 所示的警告信息，提示是否要把数据库复制到现有的项目中来，单击"是"按钮继续。

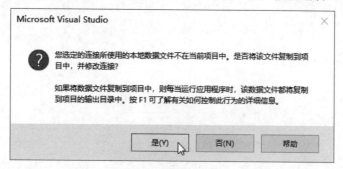

图 16-11　警告信息

08 默认勾选"是，将连接保存为"复选框，即表示将连接字符串保存到应用程序配置文件中，单击"下一步"按钮，如图 16-12 所示。

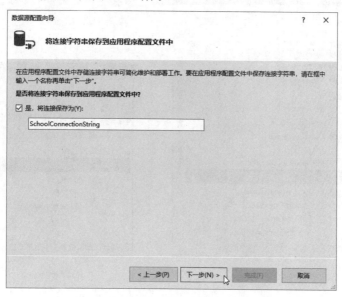

图 16-12　勾选"是，将连接保存为"复选框

09 ①勾选"表"复选框展开相关的其他数据表，数据集名称保持默认的"SchoolDataSet"即可；②再单击"完成"按钮，如图 16-13 所示。

将 Access 数据库加到项目中之后，在"解决方案资源管理器"窗口中可以看到 Access 数据库"School.accdb"及相关文件，而在 Visual Studio 2019 工作界面左侧的"服务器资源管理器"面板中也能看到它的身影，如图 16-14 所示。

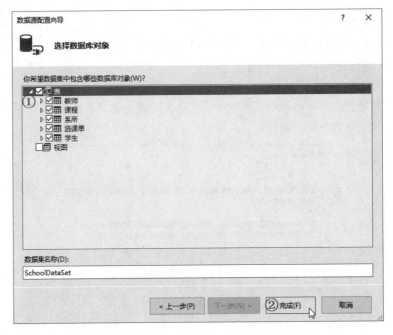

图 16-13　勾选"表"复选框

图 16-14　Access 数据库"School.accdb"及相关文件

⊃ "查看设计器"

　　找到位于解决方案资源管理器的"SchoolDataSet2.xsd"文件，它是一个描述数据表、字段、数据类型和其他元素的 XML 结构定义文件。利用鼠标右键单击这个结构定义文件，从弹出的快捷菜单中选择"打开"选项（或用鼠标双击这个文件），就可以看到此数据库所设置的关联，如图 16-15 所示。

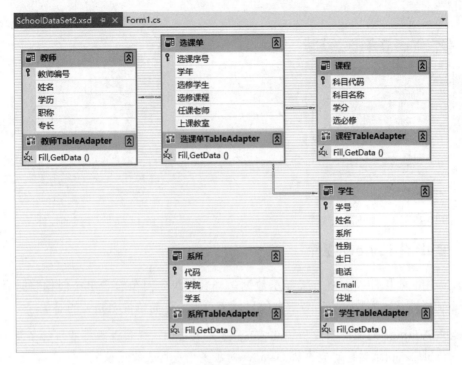

图 16-15　查看设计器

16.3.2　查看"数据源"窗口

从"数据源"窗口可以看到"SchoolDataSet"下面所导入的数据表，先来认识一下"数据源"的工具栏，从左到右简单介绍有关的功能，如图 16-16 所示。

① **添加新数据源**：会进入"数据源配置向导"获取新的数据源。

② **使用设计器编辑数据集**：打开"SchoolDataSet2.xsd"结构定义文件。

③ **使用向导配置数据源**：会重新进入"数据源配置向导"，设置要显示的数据库对象（参考前面的步骤）。

图 16-16　"数据源"窗口

数据表的内容如何在窗体上显示呢？单击选择"数据源"窗口的某个数据表时，会在窗口右侧显示▼按钮，单击此按钮会显示相关的选项。下拉菜单把"DataGridView"作为默认选项，将数据表拖曳到窗体，直接以这个控件显示显示数据表的字段和记录，如图 16-17 所示。若变更为"详细信息"，则会根据数据表的每一个字段自动创建对应的控件，并在窗体中以单笔数据的方式显示其内容。

如图 16-18 所示，展开"教师"数据表，还可以进一步选取某个字段，单击此字段右侧的▼按钮，决定要以哪一个控件在窗体上显示其内容。

图 16-17 显示数据绑定控件

图 16-18 设置字段的控件

16.3.3 DataGridView 控件

DataGridView 控件以表格方式显示数据。当数据绑定对象包含多个数据表时，还能将 DataMember 属性设置为数据表所要绑定的目标字符串。先简单说明相关的对象：

- **TableAdapter 对象**：功能和 DataAdapter 对象相似，通过源数据能执行多次查询。借助 TableAdapter 对象，能更新 DataSet 对象多个数据表的记录。

- **BindingNavigator 控件**：用来绑定至数据的控件。负责数据记录遍历和操作用户界面（UI）。用户可以通过 Windows 窗体来操作数据。

- **BindingSource 组件**：提供间接取值（Indirection）的作用。当窗体上的控件绑定至数据时，BindingSource 组件绑定至数据源，而窗体上的控件会绑定至 BindingSource 组件。操作数据时（包括遍历、排序、筛选和更新），都会调用 BindingSource 组件来完成。

范例 项目"Ex1601.csproj"（续）窗体加入 DataGridView 控件

01 ①从"数据源"窗口单击■按钮展开"教师"数据表的 DataTable 对象；②将选项 "DataGridView"拖曳至窗体，就可以自动创建 DataGridView 控件。

02 同时会自动添加 TableAdapter、BindingSource 和 BindingNavigator 对象，如图 16-19 所示。

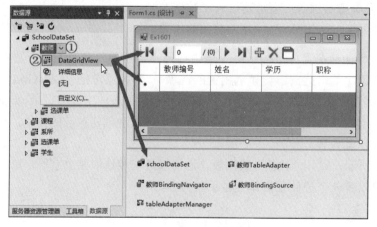

图 16-19 DataGridView 控件

03 单击 DataGridView 控件右上角的▶按钮，展开 DataGridView 任务列表，单击"预览数据"按钮，进入"预览数据"对话框，如图 16-20 所示。

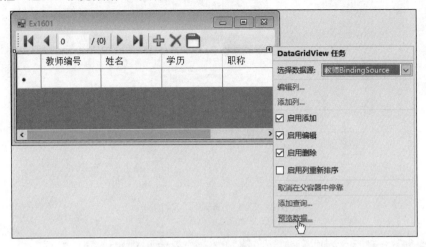

图 16-20 单击"预览表"按钮

04 再单击对话框中的"预览"按钮可以进一步浏览"教师"数据表的相关记录，然后单击对话框右下角的"关闭"按钮关闭此对话框，如图 16-21 所示。

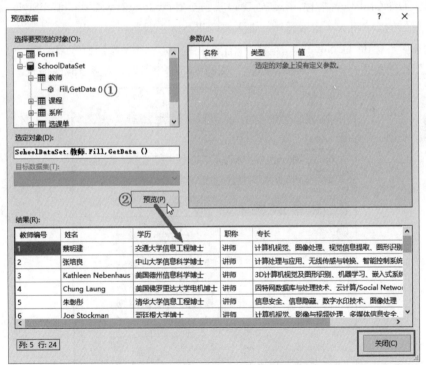

图 16-21 "预览数据"对话框

05 通过"DataGridView 任务"窗口的"编辑列"（参考步骤 03. DataGridView 任务列表）来添加、移除字段，如图 16-22 所示。

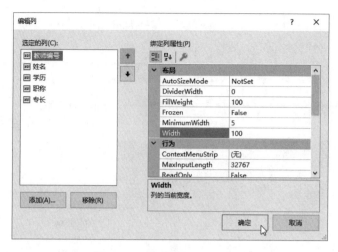

图 16-22　"编辑列"对话框

范 例 项目 "Ex1601.csproj"（续）设置 DataGridView 控件属性

01 在窗体中添加 DataGridView 控件后，将它的 Dock 属性设为"Fill"（或是选择 DataGridView 下拉列表中的"在父容器中停靠"选项）。

02 选择 DataGridView 控件，从属性窗口找到"AlternatingRowsDefaultCellStyle"，然后单击其后面的…按钮（节省按钮），进入"CellStyle 生成器"对话框。

03 ①在属性"BackColor"单击鼠标产生插入点；②单击▼按钮打开调色板；③选取"淡黄色"；④单击对话框下方的"确定"按钮即可结束设置，如图 16-23 所示。

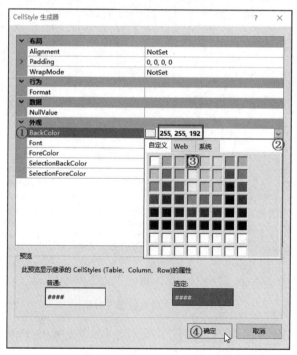

图 16-23　设置"BackColor"属性

04 按 F5 键，若生成可执行程序无错误，则程序启动后即会开启"窗体"画面。由于 "AlternatingRowsDefaultCellStyle"属性是对奇数数据行套用所设置的单元格样式（包含了字段标题栏那一行），因此程序运行的显示结果如图 16-24 所示。

教师编号	姓名	学历	职称	专长
1	蔡明建	交通大学信…	讲师	计算机视觉…
2	张培良	中山大学信…	讲师	计算处理与…
3	Kathleen N…	美国德州信…	讲师	3D计算机视…
4	Chung Laung	美国佛罗里…	讲师	因特网数据…
5	朱彰彤	清华大学信…	讲师	信息安全、…
6	Joe Stock	哥廷根大学…	讲师	计算机视觉…
7	陈培豪	浙江大学信…	教授	容错计算、…
8	Joyce Haug	美国麻省理…	教授	影像与视频…

图 16-24　运行结果

⊃ 显示单笔的详细信息

除了使用 DataGridView 控件来显示数据表的内容之外，还可以将数据表中较少的字段以单笔的"详细数据"方式来显示。

范例 项目"Ex1601.csproj"（续）加入第二个窗体 DataGridView 控件

01 依次选择"项目→添加 Windows 窗体"菜单选项，并将窗体文件命名为"Subject.cs"。

02 在"数据源"窗口找到"课程"数据表，单击其右侧的▼按钮，选择"详细信息"选项，把"课程"修改为"详细信息"，并将"课程"数据表拖曳至窗体中，如图 16-25 所示。

03 切换至 Form1 窗体，在窗体上方的工具栏加入编辑单门课程的"ToolStripButton"控件，把属性 Name 设置为"stbtnSubjectDetail"，Text 设置为"编辑单门课程"，如图 16-26 所示。

图 16-25　课程详细信息

图 16-26　加入编辑单门课程的"ToolStripButton"控件

04 编写工具按钮对应的"stbtnSubjectDetail_Click()"事件处理程序。

```
31  private void stbtnSubjectDetail_Click(object sender,
32      EventArgs e)
33  {
34    Subject course = new Subject();
```

```
35    course.Show(); //显示窗体
36    }
```

【生成可执行程序再执行】

按 F5 键，若生成可执行程序无错误，则程序启动后即会开启"窗体"画面，如图 16-27 所示。

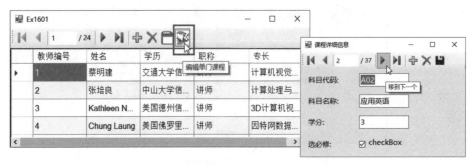

图 16-27　执行结果

在前面的范例中，我们使用"数据源配置向导"快速生成了数据库应用程序的接口。它的基本步骤如下：

01 完成创建的数据库。

02 使用 .NET Framework 数据提供程序的 Connection 对象产生连接字符串。

03 建立数据集（DataSet），让数据库的数据能存放于此，以便进行脱机操作。

04 把 BindingSource 控件的属性 DataSource 设为 DataSet 数据集，本范例程序中是 "schoolDataSet"，获取数据源并进一步与窗体建立连接，如图 16-28 所示。

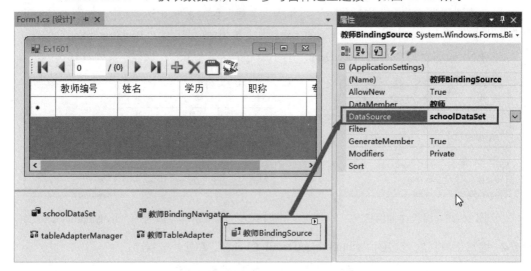

图 16-28　BindingSource 控件要连接到 School DataSet

05 创建数据连接控件，将 DataGridView 控件的属性 DataSource 设为所对应的 BindingSource 控件对象，让彼此之间可以互动，如图 16-29 所示。

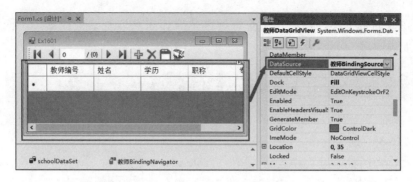

图 16-29　DataGridView 控件要连接到 BindingSource

16.4 简易 SQL 指令

SQL（Structured Query Language，结构化查询语言）用于关系数据库查询数据的一种结构化语言，通过 SQL 语句可存取和更新数据库的记录。SQL 语句基本上分为以下三类。

- 数据定义语言 DDL（Data Definition Language）：用来创建数据表，定义字段。
- 数据操作语言 DML（Data Manipulation Language）：定义数据记录的添加、更新、删除。
- 数据控制语言 DCL（Data Control Language）：属于数据库安全设置和权限管理的相关指令设置。

16.4.1　使用查询生成器

Visual Studio 2019 提供了"查询生成器"来生成 SQL 语句。通过生成的数据集，以可视化界面让不会使用 SQL 语句的设计者也能一窥 SQL 语句的面貌。它的环境简介如图 16-30 所示。

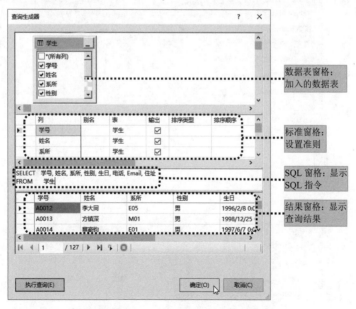

图 16-30　"查询生成器"对话框

配合已完成的数据集，可以使用查询标准生成器来获取查询生成器，下面以范例项目"Ex1602"来说明。

范例 项目"Ex1602.csproj" SQL 查询——查询标准生成器

STEP 01 打开范例项目"Ex1602.csproj"，将"学生数据表"以"详细信息"方式显示于窗体中，如图 16-31 所示。

STEP 02 在窗体下方的"匣子"中找到"学生 TableAdapter"控件，单击▶按钮展开其任务列表，选择"添加查询"选项，随后进入"查询标准生成器"对话框，如图 16-32 所示。

图 16-31 学生数据表　　　　　　　　　图 16-32 选择"添加查询"选项

STEP 03 加入要查询的数据表。①数据源数据表确认"SchoolDataSet 学生"；②新的查询名称为"SortBirth"；③单击"查询生成器"按钮，如图 16-33 所示。

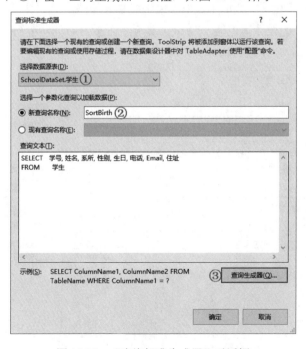

图 16-33 "查询标准生成器"对话框

04 将"生日"字段进行降序排序。①勾选的字段才会最终输出；②"生日"字段的排序类型选择"降序"；③排序顺序设置为 1；④单击"执行查询"按钮可预览查询结果；⑤单击"确定"按钮回到"查询标准生成器"对话框，再单击"确定"按钮关闭对话框，具体步骤如图 16-34 所示。

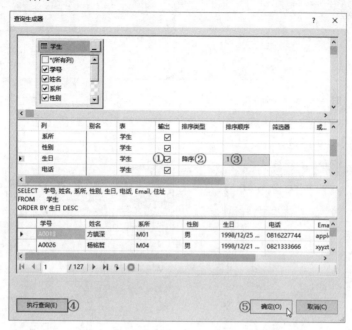

图 16-34　将"生日"字段进行降序排序

步 骤 说 明

◆ 可根据需求来勾选数据表要输出的字段，查看查询生成的结果，不过它只限于"查询生成器"对话框，如图 16-35 所示。

图 16-35　查看查询生成结果

◆ 如果数据表某个字段未勾选而关闭了"查询生成器"对话框，再关闭上一层"查询标准生成器"对话框，则会显示如图 16-36 所示的警告信息。

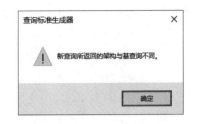

图 16-36　警告信息

05 按 F5 键，若生成可执行程序无错误，则程序启动后即会打开"学生数据表"对话框，单击工具栏中的"按生日排序"按钮，再单击▶按钮查看下一笔记录的生日是否按递减排序了，如图 16-37 所示。

图 16-37　学生数据表

步　骤　说　明

完成查询并关闭"查询标准生成器"对话框，窗体的工具栏会多了一个"SortBirth"按钮，在"属性"窗中口将属性 Text 更改为"按生日排序"。

16.4.2　使用查询窗口

除了使用"查询生成器"，还可以使用工具栏的"查询设计器"配合 SQL 执行查询。查询窗口的结构和查询生成器相同（参考图 16-38），但必须配合"查询设计器"来使用。执行查询时可单击工具栏中的"执行 SQL"或按 Ctrl + R 组合键来获取结果。

① **查询设计器**：进入查询窗口可以看到它，若无，则可以依次选择"视图→工具栏"菜单选项，查看其中的"查询设计器"是否被勾选。

② **数据表**：根据查询需求可加入数据表，左侧有勾选的字段会加入下方设置查询条件的"数据行"中。

③ **设置查询条件**：可按查询将数据表的字段拖曳到数据表，再加入其他查询标准，这些过程会自动产生 SQL 语句到下方的窗格中。

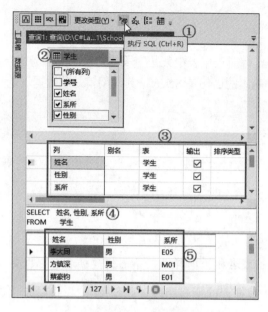

图 16-38 查询窗口

④ **SQL 语句**：可直接输入或由在上方窗格的操作而产生。

⑤ **查询结果**：单击工具栏中的"执行 SQL" 📧 按钮或按 Ctrl + R 组合键来获取结果。

范例 项目"Ex1602.csproj"（续）查询窗口

01 从窗口左侧的服务器资源管理器开始，从"数据连接"层层展开（▷变为◢），①看到学生数据表后单击鼠标右键弹出快捷菜单；②选择"新建查询"选项，即可在窗口中间以页签形式打开一个查询窗口，具体步骤如图 16-39 所示。

02 查询窗口会在中间的主窗口空间以页签形式打开。

03 删除数据表，从 Query 窗口选择数据表再按 Delete 键删除，如图 16-40 所示。

04 要添加欲查询的数据表，从"服务器资源管理器"面板直接拖曳数据表即可。

图 16-39 选择"新建查询"选项

图 16-40 删除数据表

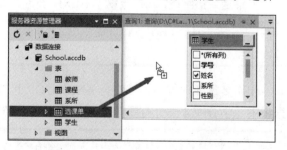

图 16-41 添加欲查询的数据表

16.4.3　SELECT 子句

数据库中含有数据表，针对数据表中某些字段或记录，使用选择查询（Select Query）来筛选所需的结果。SQL 语言中基本的语句是 Select，其作用就是从数据表选择数据，语法如下：

```
SELECT 字段1 [, 字段2, ...]
FROM 数据表1[, 数据表2]
```

使用 Select 语句可以获取学生数据表中"姓名""生日""系所"三个字段的数据。

```
SELECT 姓名, 生日, 系所 FROM 学生
SELECT * FROM 学生
```

- SELECT 指令：要有字段名，不同的字段以"，"（逗号）隔开。
- FROM 指令：数据表名称。同样地，不同的数据表名称也要以"，"（逗号）隔开。

若要进一步选择学生数据表的所有字段，则使用"*"符号来代表所有字段。

16.4.4　WHERE 子句

SQL 语言中的 WHERE 子句可配合条件进行查询，语法如下：

```
WHERE Condition
```

- Condition：设置查询条件，其作用就是从有关字段中找出符合条件的字段值。

如果是单一条件查询，文字字段必须加单引号或双引号。例如从"系所"字段中找出"理学院"。

```
SELECT 代码, 学院, 学系 FROM 系所
WHERE 学院 = '理学院'
```

查询时，WHERE 子句配合 LIKE 运算符提供"模糊查询"。此外，使用"%"（任意字符串）或"_"（单个字符）通配符来查找符合条件的字符串，如找出"理"开头的系所。

```
SELECT 代码, 学院, 学系 FROM 系所
WHERE 学院 LIKE "理%"
```

如果是数值字段，就直接以 WHERE 子句查询。例如，找出课程数据表学分等于 4 的科系。

```
SELECT 科目代码, 科目名称, 学分, 选必修 FROM 课程
WHERE 学分 = 4
```

使用多重条件查询，可配合 AND 或 OR 运算符来串接查询条件。例如，想要知道课程数据表中 3 学分或 4 学分有哪些科目，使用 WHERE 子句配合 OR 运算符。

```
SELECT 科目代码, 科目名称, 学分, 选必修 FROM 课程
WHERE (学分 = 4) OR (学分 = 3)
```

想要知道必修学分中是否有 3 学分或 4 学分的课程，WHERE 子句的简述如下。

```
SELECT 科目代码, 科目名称, 学分, 选必修 FROM 课程
WHERE (学分 = 4) AND (选必修 = True) OR
      (学分 = 3) AND (选必修 = True)
```

想要查询某一个范围的记录，还可以使用 WHERE BETWEEN。例如，查询学生数据表中生日是"1995/1/1"到"1998/12/31"的。

```
SELECT  学号, 姓名, 系所, 性别, 生日, 电话, Email, 住址
FROM  学生
WHERE (生日 BETWEEN #1/1/1995# AND #12/31/1998#)
```

➲ 将数据排序

使用 SQL 语句还能将数据进行排序，只要在 WHERE 子句后加上"ORDER BY"子句，未指定参数值默认是升序（ASC），降序排序的参数则是 DESC。例如，学生数据表中将学生按"姓名"进行升序方式排序。

```
SELECT  学号, 姓名, 系所, 性别, 生日, 电话, Email, 住址
FROM    学生
ORDER BY 姓名
```

16.4.5 动态查询

数据库的操作语言（DML）包含 INSERT（插入记录）、DELETE（删除记录）、UPDATE（更新记录）等 SQL 语句。可以使用查询窗口来熟悉 SQL 指令，先以查询工具的"更改类型"来选取要查询的指令，如"插入值"，再加入数据表，勾选字段，它会加入到下方的"数据列"中。然后在"新值"字段按序输入，添加的新值会变成下方的 SQL 指令，再单击工具栏中的"执行 SQL"按钮。

➲ INSERT

INSERT 用来插入记录（或添加记录），语法如下：

```
INSERT INTO table(column1, column2, ...) VALUES('value1', 'values', ...)
```

- ✦ table: 数据表名称。
- ✦ column: 为指定数据表的域名，以逗号将字段分隔。
- ✦ value: 字段值，必须与 column 对应，数据若是字符、日期则必须用引号括住；若为 Access 数据库日期，则使用"#"符号。

范例 项目"Ex1602.cspro"（续）运用查询窗口进行动态查询

STEP 01 ①单击查询设计器中"更改类型"右侧的▼按钮；②更改为插入值，如图 16-42 所示。

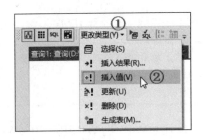

图 16-42　更改为插入值

02 在"系所"数据表添加一笔记录。

```
INSERT INTO 系所 (代码, 学院, 学系)
VALUES ('HL1', '管理学院', '财经法律学系')
```

03 添加"系所"数据表，勾选的字段会显示在下方的"数据列"中，而 SQL 语句也会加入所勾选的字段；按序输入"添加"也会实时反应于 SQL 语句中，如图 16-43 所示。

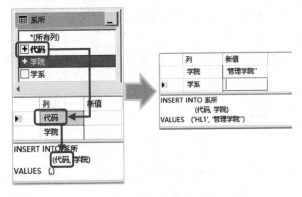

图 16-43　添加数据表

04 单击"执行 SQL"按钮，若无错误，则会显示如图 16-44 所示的信息，单击"确定"按钮关闭消息框。

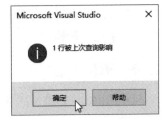

图 16-44　消息框

○ UPDATE

UPDATE 语句用来指定数据表中符合条件的记录，再将字段值予以更新，语法如下：

```
UPDATE table SET column1 = 'value1' WHERE CONDITIONS
```

- SET 指令之后是要更新的字段。
- WHERE 子句省略时，数据表所有字段都会被更新。

例如，在"系所"数据表中，将财经法律学系的代码变更为"HL1"。

```
UPDATE 系所
SET  代码 = 'HL1'
WHERE  学系 = '财经法律学系'
```

⊃ DELETE

DELETE 指令用来删除数据表内符合条件的记录，语法如下：

```
DELETE FROM table WHERE CONDITIONS
```

例如，在"系所"数据表中，删除代码为"HL1"的财经法律学系。

```
DELETE FROM 系统
WHERE 代码 = 'HL1'
```

16.5　用程序代码来提取、存入数据

命名空间 System.Data.OleDb 是 .NET Framework Data Provider for OLE DB，可用来存取 OLE DB 数据源。使用 OleDbDataAdapter 配合内存的 DataSet，可以查询及更新数据源。ADO.NET 的 DataReader 对象能读取数据库记录；DataAdapter 能从数据源提取数据，并填入 DataSet 的数据表。

本章前面的范例是用"数据源配置向导"创建连接字符串，再进一步和数据库产生连接，然后由 DataGridView 控件来显示数据表的内容。如果要用 C# 程序代码来编写，要如何着手呢？以图 16-45 中的步骤来说明。

1). 导入相关的命名空间

2). 用 Connection 对象连接数据库

3). 创建 Command 对象，执行 SQL 语句

4). 用 DataReader 对象获取查询结果

图 16-45　编写 C# 程序代码来存取数据库的步骤

16.5.1　导入相关命名空间

要连接数据库，首先应确认数据库类型。.NET Framework Data Provider 的用途是用来连接数据库、执行命令和提取结果。共有以下 4 个：

- .NET Framework Data Provider for SQL Server：适用于 Microsoft SQL Server 7.0 以后的版本，使用 System.Data.SqlClient 命名空间。
- .NET Framework Data Provider for OLE DB：适用于 Access 数据库，使用 System.Data.OleDb 命名空间。System.Data.OleDb 命名空间的常用类如表 16-4 所示。

表 16-4　System.Data.OleDb 命名空间的常用类

类	说　明
OleDbCommand	针对数据源执行的 SQL 语句或存储过程
OleDbConnection	建立数据源的连接
OleDbDataAdapter	数据命令集和数据库连接，用来填入 DataSet 并更新数据源
OleDbDataReader	提供数据源读取数据行的方法

- .NET Framework Data Provider for ODBC：适用于 ODBC 数据源的中介应用程序，使用 System.Data.Odbc 命名空间。
- .NET Framework Data Provider for Oracle：适用于 Oracle 数据库，支持 Oracle 客户端软件 8.1.7（含）以后版本，使用 System.Data.OracleClient 命名空间。

若是连接 Access 数据库，则必须导入"System.Data.OleDb"命名空间。

16.5.2　用 Connection 对象连接数据库

不同的数据库需要不同的 Connection 对象，因为 Access 数据库使用 OLE DB，所以要用".NET Framework 数据提供程序"的 OleDbConnection 对象来创建连接。其构造函数的语法如下：

```
public OleDbConnection(string connectionString);
```

- connectionString：用来打开数据库的连接。

所以要用 OleDbConnection 类来创建对象并指定连接的字符串。

```
//创建 OleDbConnection 对象 conn，并指定连接字符串
OleDbConnection conn;
conn = new OleDbConnection(connString);
```

connString 为指定数据源的连接字符串，以 Access 数据库而言，会有以下两种情况。

```
connString = "Provider = Microsoft.Jet.OLEDB.4.0;" +
    "Data Source=C:\bin\LocalAccess40.mdb"; //旧版 Access
connString = "Provider = Microsoft.ACE.OLEDB.12.0;" +
    "Data Source=D:\VBDemo\CH17\Loan.accdb"; //新版 Access
```

- Provider 属性：OLE DB 提供者名称以 Access 数据库为主，若连接 Access 2007 以后的版本，则是"Microsoft.ACE.OLEDB.12.0"，而非"Microsoft.Jet.OLEDB.4.0"。
- DataSource 属性：数据源，用来指出 Access 数据库的文件路径。
- 不同的数据源属性，须以";"（分号）字符分隔开。

完成 Connection 对象的创建后，用 Open 方法来打开数据库。

```
conn.Open();
```

OleDbConnection 类的常用成员可参考表 16-5 的说明。

表 16-5　OleDbConnection 类的常用成员

成　　员	说　　明
ConnectionString	获取或设置打开数据库的字符串
ConnectionTimeout	产生错误前尝试终止连接的等待时间
Database	获取或设置要连接的数据库名称
DataSource	获取或设置要连接的数据源名称
Provider	获取连接字符串"Provider ="子句指定的 OLE DB 提供者名称
Close()	关闭 OLE DB 数据库的连接
Dispose()	释放 OleDbConnection 所占用的资源
Open()	打开 OLE DB 数据库的连接

16.5.3　Command 对象执行 SQL 指令

Command 对象能用来执行相关的 SQL 语句。Command 对象主要通过两个方法来执行 SQL 语句：ExecuteReader 方法要配合 DataReader 使用，将 SQL 语句查询所得结果以 DataReader 来提取；ExecuteNonQuery 方法不返回数据记录，但可以返回变动的数据笔数，如使用 INSERT 或 UPDATE 语句等。用 OleDbCommand 类来创建 Command 对象，要先了解其构造函数：

```
OleDbCommand(String)
OleDbCommand(String, OleDbConnection)
OleDbCommand(String, OleDbConnection, OleDbTransaction)
```

* String: 为 SQL 语句。
* OleDbConnection: 数据库的连接对象。
* OleDbTransaction: 执行的数据库操作。

例如，要用 OleDbCommand 对象去获取"Reader"数据表的所有内容。

```
OleDbCommand cmd; //创建 OleDbCommand 对象 cmd
//SQL 语句：获取 Reader 数据表的所有记录
sqlShow = "SELECT * FROM Reader";
//OleDbConnection 对象
cmd = new OleDbCommand(sqlShow, conn);
```

OleDbCommand 类常见的成员可参考表 16-6。

表 16-6　OleDbCommand 类的成员

OleDbCommand	说　　明
CommandText	获取或设置数据源的 SQL 语句或存储过程
CommandTimeout	获取或设置错误产生之前的等待时间
CommandType	获取或设置 CommandText 属性的解译方法

（续表）

OleDbCommand	说　　明
Connection	获取或设置 OleDbCommand 所使用的 OleDbConnection
Parameters	获取 OleDbParameterCollection
Transaction	获取或设置 OleDbTransaction，执行其中的 OleDbCommand
Cancel()	用来尝试取消 OleDbCommand 的执行

产生 Command 对象，用 DataReader 对象读取数据库时，可调用"Command.ExecuteReader" 提取数据源的记录，然后由 DataReader 对象显示查询的结果。

```
OleDbDataReader rdDisplay;
rdDisplay = cmd.ExecuteReader();
```

Command 对象提供的 Execute()方法如下：

- ExecuteReader()：返回 DataReader 对象。
- ExecuteScalar()：从数据表获取单一字段数据，通常是第一笔记录第一个字段。
- ExecuteNonQuery()：执行 SQL 指令，但不会返回任何记录。

16.5.4　DataReader 显示内容

用 SQL 语句执行查询时，会将结果一直存储于客户端的网络缓冲区，直到使用 DataReader 的 Read()方法读取它们为止。由于可以立即提取可用的数据，而一次只将一个数据行存储到内存中，因此 DataReader 可以提高应用程序的性能、减少系统的负荷。DataReader 对象用来读取数据源的数据流，常见的属性和方法可参考表 16-7。

表 16-7　DataReader 类的成员

DataReader 成员	说　　明
FileCount	用来获取当前数据字段数的整数值
HasRows	判断 OleDbDataReader 是否有一个以上的数据行，返回布尔值
Item	用来获取 ColumnName 字段值
GetName()	获取指定的字段名
GetValue()	获取指定的字段值
IsDBNull()	判断指定的数据字段是否为空值，返回布尔值
Read()	读取记录时，一次一笔，直到记录读完为止

如何读取 DataReader 对象的内容？可通过 while 循环或 Do while 配合 DataReader 提供的 Read()方法，一次读取一笔记录。先以 for 循环获取要读取数据表的栏数（即字段数），将数据输出。

```
while(rdDisplay.Read()){
    MessageBox.Show(result);
```

```
    for (int ct = 0; ct < rdDisplay.FieldCount; ct++)
    {
        result += rdDisplay[ct].ToString() + "\t";
    }
    result += Environment.NewLine;
}
```

项目 "Ex1603.csproj" 用连接字符串读取数据表内容

01 创建 Windows 窗体项目并加入表 16-8 所示的控件，并设置好它们的属性。

表 16-8　范例项目 "Ex1603" 使用的控件及其属性设置值

控　件	属　性	值	控　件	属　性	值
Button	Name	btnAccess	TextBox	Name	txtDbShow
	Text	打开 Access 数据库		Multiline	True
				Dock	Bottom

02 编写 "打开 Access 数据库" 按钮对应的 "btnAccess_Click()" 事件处理程序。

```
01 using System.Data.OleDb;//步骤 1-导入命名空间
02 private void btnAccess_Click(object sender, EventArgs e)
03 {
04     //步骤 2--建立连接 Access 数据库的相关对象
05     OleDbConnection conn; //数据库的连接对象
06     OleDbCommand cmd; //执行 SQL 指令的 Command 对象
07     OleDbDataReader rdDisplay;
08     string connString, sqlText;
09     connString = "Provider=Microsoft.ACE.OLEDB.12.0;" +
10         @"Data Source = D:\C#Lab\DataBase\" +
11         "School.accdb";
12     conn = new OleDbConnection(connString);
13     conn.Open(); //打开数据库
14     //步骤 3--以 Command 对象 cmd 执行 SQL 指令,读取所有字段
15     sqlText = "SELECT * FROM 系所";
16     //sqlText = "SELECT TOP 3 * FROM 系所";
17     //获取 SQL 指令
18     cmd = new OleDbCommand(sqlText, conn);
19     rdDisplay = cmd.ExecuteReader(); //步骤 4
20     string result = "";
21     //for 循环读取字段数
22     for (int ct = 0; ct < rdDisplay.FieldCount; ct++)
23         result += rdDisplay.GetName(ct) + "\t";
24     string line = new string('-', 30);
25     result += Environment.NewLine;
```

```
26    result += line + '\n';
27    result += Environment.NewLine;
28    while (rdDisplay.Read())    //读取每一笔记录
29    {
30      for (int ct = 0; ct < rdDisplay.FieldCount; ct++)
31      {
32        result += rdDisplay[ct].ToString() + "\t";
33      }
34      result += Environment.NewLine;
35    }
36    rdDisplay.Close();//关闭数据表的读取
37    conn.Close();//关闭数据库
38    txtDbShow.Text = result;
39 }
```

【生成可执行程序再执行】

按 F5 键，若生成可执行程序无错误，则程序启动后即会开启"窗体"画面，单击"打开 Access 数据库"按钮就会加载读取的记录。程序的执行结果如何 16-46 所示。

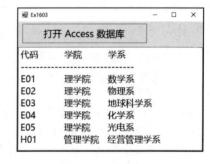

图 16-46 执行结果

【程序说明】

* 第 5~7 行：声明与数据库连接时有关的对象。
* 第 9~11 行：创建要打开数据库的相关对象，以连接字符串打开 Access 2007 版本的数据库。
* 第 19 行：执行 ExecuteReader 方法，将 SQL 语句获取的内容读取出来。
* 第 22、23 行：以 for 循环先读取字段名，暂时存放在 result 变量中。
* 第 28~35 行：while 循环，配合 DataReader 的 Read 方法，按序逐笔来读取记录。
* 第 36、37 行：以 Close 方法释放 DataReader 和 Connection 对象的资源。

16.5.5 DataAdapter 加载数据

DataAdapter 对象扮演"数据配送器"的角色，是数据源与 DataSet 之间的中介，将 SQL 命令的运行结果填入 DataSet 并更新数据源。DataAdapter 类常见的属性和方法可参考表 16-9。

表 16-9 DataAdapter 类的成员

DataAdapter 成员	说　明
SelectCommand	获取或设置 OLE DB 数据源所要执行的 SQL 语句
InsertCommand	将数据新增到 OLE DB 数据源所要执行的 SQL 语句
UpdateCommand	更新 OLE DB 数据源所要执行的 SQL 语句
DeleteCommand	将 OLE DB 数据源的数据删除所要执行的 SQL 语句

（续表）

DataAdapter 成员	说　　明
Fill 方法	将数据表的数据加载到 DataSet 对象
Update 方法	DataSet 对象要执行 SQL 语句（INSERT、UPDATE、DELETE）

如何使用 DataAdapter，程序如下：

- 先创建 Connection 对象来连接并打开数据库。
- 再用 DataAdapter 对象执行 SQL 语句，将所得数据存入 DataSet。例如，创建对象 daShow，通过 OleDbDataAdapter 构造函数传入参数 sqlText（SQL 语句）和 conn 对象（Connection）。

```
OleDbDataAdapter daShow;
daShow = new OleDbDataAdapter(sqlText, conn);
```

- 指定数据绑定的对象，用 Fill 方法加载 DataSet 对象，并指定控件的 "DataSource" 属性，显示数据表内容。

```
DataSet ds = new DataSet();
daShow.Fill(ds, "Reader")  'Fill 方法——将 Reader 数据表载入
dgvReader.DataSource = ds.Tables["Reader"].DefaultView
```

范例 项目 "Ex1604.csproj" 以连接字符串读取数据表内容

📖 *01* 创建 Windows 窗体项目加入下列控件：①控件 Button，把属性 Name 设置为 "btnOpen"，把 Text 设置为 "打开数据库"；②控件 DataGridView，把属性 Name 设置为 "readDataGridView"，把属性 Dock 设置为 "Bottom"。

📖 *02* 编写 "打开数据库" 按钮对应的 "btnOpen_Click()" 事件处理程序。

```
01 using System.Data.OleDb; //导入命名空间
02 private void btnOpen_Click(object sender, EventArgs e)
03 {
04   string sqlText = null, connString;
05   OleDbDataAdapter daShow;
06   DataSet ds = new DataSet();
07   //Step1 - 创建连接字符串
08   connString = "Provider = Microsoft.ACE.OLEDB.12.0;" +
09     @"Data Source = D:\C#Lab\DataBase\School.accdb";
10   try
11   {
12     using (OleDbConnection conn =
13       new OleDbConnection(connString))
14     {
15       conn.Open(); //打开数据库
16       sqlText = "SELECT * FROM 课程";
```

```
17          //step2 - 创建 DataAdapter 对象来执行 SQL 语句
18          daShow = new OleDbDataAdapter(sqlText, conn);
19          daShow.Fill(ds, "课程");//载入课程数据表
20          readDataGridView.DataSource =
21             ds.Tables["课程"].DefaultView;
22      }
23    }
24    catch (Exception)
25    {
26       MessageBox.Show("错误" + sqlText);
27    }
28 }
```

【生成可执行程序再执行】

按 F5 键, 若生成可执行程序无错误, 则程序启动后即会开启"窗体"画面, 单击"打开数据库"按钮就会加载读取的记录。程序运行结果如图 16-47所示。

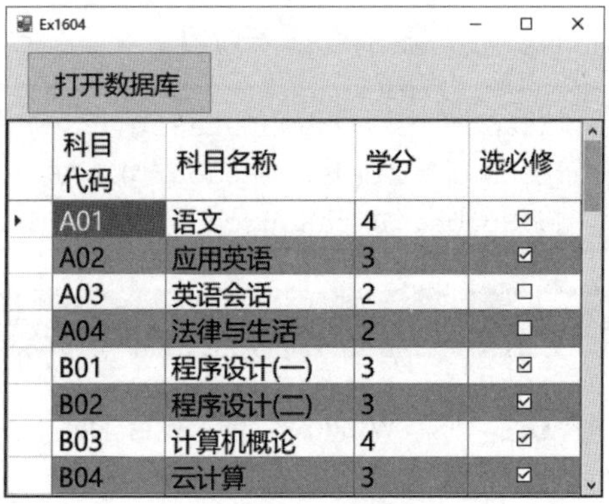

【程序说明】

- 第 4~9 行: 声明与数据库连接时有关的对象并创建连接字符串。
- 第 10~27 行: 使用 try/catch 语句来防止连接数据库所发生的错误。
- 第 12~22 行: using 语句创建资源区, 离开时会自动释放资源。

图 16-47 执行结果

- 第 18~21 行: 创建 OleDbDataAdapter 对象, 并用构造函数传入 SQL 语句和 Connection对象这两个参数; 再用 Fill 方法将数据集 (DataSet) 的"系所"数据表载入, 用"Tables"属性将存储于 DataSet 的数据表赋值给 DataGridView 的 "DataSource" 属性, 以便显示其内容。

16.6 重点整理

- 数据库、数据库管理系统和数据库系统是三个不同的概念。数据库提供的是数据的存储, 数据库的操作与管理必须通过数据库管理系统, 而数据库系统提供了一个整合的环境。
- 关系数据库的数据表是一个行列组合的二维表格, 将每一列 (垂直) 视为一个"字段" (Field), 为属性值的集合, 每一行称为元组 (Tuple, 或值组), 就是一般所说的"一笔记录"。

- 在关系数据库中，关联的种类分为三种：一对一的关联（1:1）、一对多的关联（1:M）、多对多的关联（M：N）。
- "System.Data"命名空间存取 ADO.NET 架构的类，使用 ADO.NET 能建立数据库应用程序。其架构包含两大类：.NET Framework 数据提供程序和 DataSet。
- DataSet（数据集）为 ADO.NET 架构的主要组件，是客户端内存中的虚拟数据库，用于显示查询结果。由 DataTable 对象的集合所组成的则是一种脱机式对象。
- ".NET Framework 数据提供程序"用于数据操作，提供了 ADO.NET 4 个核心组件：Connection、Command、DataReader 和 DataAdapter。
- Visual Studio 2019 创建项目获取数据库连接，用"数据源配置向导"来产生数据集，可选择以"DataGridView"控件显示所有数据内容，或者以单笔显示详细的数据，此时窗体自动新增 TableAdapter、DataConnector 和 DataNavigator 等相关对象。
- SQL（Structured Query Language）是用于关系数据库来查询数据的一种结构化语言，基本上分为三大类：数据定义语言 DDL（Data Definition Language）用于创建数据表，定义字段；数据操作语言 DML（Data Manipulation Language）用于定义数据记录的新增、更新、删除；数据控制语言 DCL（Data Control Language）属于数据库安全设置和权限管理的相关指令。
- 连接数据库，第一个要确认数据库类型。.NET Framework Data Provider 的用途是用来连接数据库、执行命令和提前结果。共有四个：① .NET Framework Data Provider for SQL Server；②.NET Framework Data Provider for OLE DB。③.NET Framework Data Provider for ODBC。③.NET Framework Data Provider for Oracle。
- SQL 语句中 SELECT 子句用来查询数据内容，WHERE 子句能设置查询条件，INSERT 语句用来新增记录，UPDATE 语句用于更新字段值，DELETE 则用于删除符合条件的记录。
- 提取数据的步骤：首先导入相关命名空间，用 Connection 对象连接数据库，然后创建 Command 对象，执行 SQL 语句，用 DataReader 对象获取查询结果。
- SQL 语句执行查询时，会将结果一直存储于客户端的网络缓冲区，直到使用 DataReader 的 Read 方法读取它们为止。因为可以立即提取可用的数据，而一次只将一个数据行存储到内存中，所以 DataReader 可以提高应用程序的性能、减少系统的负荷。
- DataAdapter 对象扮演"数据配送器"的角色，是数据源与 DataSet 之间的中介，将 SQL 命令的运行结果填入 DataSet 并更新数据源。

16.7 课后习题

一、填空题

1. ADO.NET 的架构包含两大类：①_____、②_____。

2. ".NET Framework 数据提供程序"用于数据操作，提供 ADO.NET 4 个核心组件：①_____对象、②_____对象、③_____对象、④_____对象。

3. 设置 DataGridView 控件的_____属性，改变它的 BackColor 设置值，以便呈现双行颜色交错的显示效果。

4. 将图 16-48 所示的"查询生成器"各个窗格的功能填入：①_____窗格、②_____窗格、③_____窗格、④_____窗格。

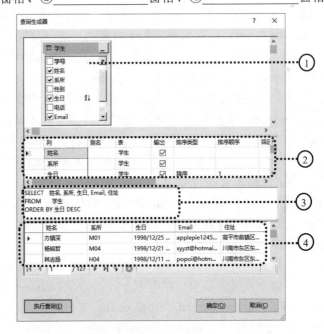

图 16-48 "查询生成器"对话框

5. 在 SQL 指令中,要添加或新增记录：_____指令；更新字段值：_____指令；删除记录：_____指令。

6. 连接 Access 数据库时,设置 ConnectionString 必须设置两个属性值：①_____、②_____。

7. Command 对象会以两个方法来执行 SQL 指令：①_____方法、②_____方法。

8. DataReader 对象以_____方法一笔笔读取数据源的数据。而_____方法可用于获取指定的字段名，_____方法可用于获取指定的字段值。

9. 使用 DataAdapter 处理数据源时，要先以_____对象连接数据库，再以 DataAdapter 对象执行 SQL 指令，最后将结果存入_____对象。

二、问答题与实践题

1. 请说明关系数据库的特色。

2. 通过"数据源配置向导"连接 Access 数据库的"School.accdb"：

① 以 DataGridView 显示"选课单"数据表的内容。

② 添加一个窗体显示单笔数据，这两个窗体之间能互相调用。

③ 使用选课单的查询生成器找出 2013 学年选课的学生有几位？